플랜트 건축설계의
핵심

천정크레인 주행보 피로설계 및 유지관리

임영도 지음

Fatigue Design for Overhead Crane Runway Girder and Maintenance

세진사

머리말

건축이란 인간이 땅위에서 자연의 뜻을 이해하고, 조화롭게 삶을 영위하는 생활을 담는 그릇을 창조하는 행위라 할 수 있다. 이전의 그릇은 아름다움, 튼튼함, 기능성의 세 요소가 잘 맞추어졌을 때 우리는 좋은 그릇 즉, 훌륭한 건축이라 하였다. 그러나 오늘날 인간의 생활은 너무나 복잡·다양하고 자유로움과 경제성을 추구하는 생활이기 때문에 건축 또한 세 요소로만 평가될 수 없고 때와 장소, 문화, 생각 등 다양한 요소를 만족해야 한다. 다양한 기능을 발휘하는 건축물 중에서 산업경제의 주체인 생산품을 담는 그릇을 우리는 산업건축 또는 공장건축이라고 한다. 이 그릇 또한 현대건축에서 국가경제와 밀접한 관계를 갖고 성장 발전해 왔다.

그러나 아직까지 우리나라 건축대학에서는 건축설계시간에 일반건축물에만 치중하여 교육되고 있으며 산업건축물은 거의 학생들에게 강의되지 않고 있는 실정이다. 그러나 역설적으로 현재 우리나라의 해외건설업 진출에서 플랜트분야가 큰 비중을 차지하고 있다는 점은 건축교육방향설정에 시사하는 바가 크다.

이 책은 대학졸업 후 건축사사무소와 엔지니어링회사에서 재교육해야 하는 산업건축물 설계자들에게 구조개념만 생각하는 단순한 사고를 탈피시키고, 산업건축 전반에 대한 종합적인 설계를 할 수 있는 능력을 배양하는데 목표를 두고 집필하였다.

특히 산업건축물에서 가장 핵심적인 운반설비인 천정크레인의 주행보는 토목분야의 철도교량과 같은 개념의 이동충격 반복하중에 대한 피로설계법이 적용되어야 하는 건축물에서 거의 유일한 구조부재라 할 수 있다. 그러나 아직도 우리나라 설계기준에서는 독자적으로 연구된 기술이 없으며 설계사무소에서도 거의 취급되지 않고 구조설계자가 단순한 하나의 구조부재로만 계산하는 실정이다.

최근의 건축은 분야별로 전문화되어 가고 있는 추세이고, 기술자 또한 전문화되어야 한다고 생각한다. 기초적인 정역학, 재료역학, 구조역학을 통해 구조시스템 설계를 폭넓게 연구함으로써 경제성과 구조안전성 및 기능성을 충족시키고 아름다운 모양의 산업건축물이 많이 건설되고 뛰어난 엔지니어가 많이 육성되기를 기대해 본다.

이 책을 저술하기까지 30년 이상의 수많은 공장건축물 설계 경험과 국내외의 기술보고서 및 설계기준과 여러 선현들의 문헌을 참고 · 인용하였다. 그리고 이 책의 내용은 크레인 주행보 설계이론과 설계기준, 종류별 설계 예제, 상세 설계도, 유지관리지침 등을 비교적 자세하게 수록하였으며 대학·대학원 참고서 및 산업건축 엔지니어링 설계사무소와 대형·중소공장 설계부서 등에서 설계자료로 활용할 수 있다. 이 책의 내용 중 미비점이나 잘못된 부분은 지속적으로 수정·보완할 예정이며 또한 이 책 이외에도 산업건축설계 요소기술 분야에 대한 더 많은 책들의 발간이 필요한 실정이다.

끝으로 이 책을 발간할 수 있었던 것은 본인이 오랫동안 몸 담았던 국내 굴지의 회사들 덕분이라 생각하고, 또한 20년 이상 산업건축만 설계해 온 우리 ㈜아림구조엔지니어링과 사랑하는 후배 모든 직원들의 도움이 크다고 생각합니다. 특히 워드작업, 그래픽 작업을 도와준 김재윤 군에게 감사의 마음을 전합니다.

아울러 이 책의 발간에 많은 도움을 주신 세진사 문형진 대표님께 진심으로 감사드리고, 사랑하는 내 가족들에게도 고마움을 전합니다.

2013년 11월

저자 임 영 도

차례

01 플랜트건축과 천정크레인

01 플랜트건축과 천정크레인

1.1 천정크레인의 기능과 역할

인류의 생산패턴이 산업혁명 이후 급속도로 공업화 되었고 현대의 고도산업화 시대에는 중화학 공업의 육성과 더불어 대규모 공장의 건설이 필수적으로 요구되었다. 이에 따라 생산 조업의 범위도 확장되어 수평길이의 증대와 수직높이도 증대되었고, 작업은 대부분 기계화, 신속화, 효율화를 요구하게 되어 사람의 손으로 할 수 있는 조업은 거의 보조적인 활동으로 전락하게 되었지만 대신 대량생산이 가능하게 되었다.

따라서 기계화된 대형공장에서 수평적으로 길게, 수직적으로 높게 재료와 제품의 운반이 필수적으로 가능해야 한다는 것은 너무나 당연하다. 이러한 기능을 담당하는 기계적 장치가 바로 천정크레인의 역할이라 할 수 있다.

도시의 빌딩과 아파트 건물에서 초고층화가 가능하게 된 것도 사실은 수직운송기능을 가진 고속 엘리베이터의 개발 없이는 불가능하다는 것을 우리는 잘 알고 있다. 특히 우리나라에서는 1960년대 이후 중공업의 육성과 더불어 눈부신 경제발전이 이룩되어 오늘날 세계 제일의 제철과 조선 강국이 되었다. 이러한 역사적인 성장과정에는 근면·성실하고 우수한 노동력도 중요했지만 서구의 선진설계기술의 신속한 습득과 과학 및 제조기술에 대한 연구와 개발을 중점 육성하였던 결실이라 할 수 있다.

이제는 우리도 세계 제일의 철강·조선 강국의 기술력을 바탕으로 국내뿐 아니라 해외에 우리의 기술을 주도적으로 전파해 나가야 한다. 대규모 공장에서 필수적인 기능과 역할을 담당하는 천정크레인의 설치와 운행에 대한 엔지니어링 기술을 철강기술과 접목하여 체계화하고 선진화하여 중공업산업 발전의 기초동력이 되어야 한다.

1.2 천정크레인의 시스템 및 설계시 고려사항

공장건물은 일반적으로 두 가지의 중요한 기능을 고려하여 설계한다. 즉 외부로부터 보호된 작업장을 만드는 기능과 재료 및 제품을 이동시키는 견인 장치를 설치하는 기능이다. 작업장을 설계하는 것은 경험과 시험을 통하여 널리 통용되는 설계지침에 의하여 제시되며 기계설비 등의 설치에 따른 요구조건 등을 반영한 비교적 자세한 절차에 의하여 설계한다.

그러나 이동장치 혹은 크레인 시스템을 설치하는 것은 기본설계절차가 매우 복잡하여 항상 만족한 결과를 얻는 것이 어렵고 거의 모든 공장 건물들이 크레인 시스템을 설치하는 방법에 많은 문제점을 안고 있다. 여러 형태의 크레인 중에서 가장 보편적인 것으로는 천정주행 크레인(overhead travelling crane)인데 이것이 공장 내부에서 여러 개가 단독으로 또는 조합을 이루면서 운행된다.

천정크레인은 구조물의 다른 요소에 직접적인 영향을 준다. 따라서 건축주는 크레인을 선택할 때 이동공간폭과 요구되는 용도의 종류에 대한 사항 등을 고려해야 한다. 또한 엔지니어는 크레인 주행보를 설계할 때 향후 변동될 하중재하능력, 크레인 대수의 증가 크레인의 운행상태에 따른 다양한 하중조합, 그리고 크레인 운행구간의 확장가능성 등을 면밀하게 고려해야 한다. 크레인의 주행보처럼 최대하중과 운행반복횟수에 따른 강재의 피로현상의 빈도가 높고 하중의 변동성이 많은 구조부재는 건축물에서 매우 드물며 이러한 점은 설계자가 반드시 고려해야 하며 크레인 시스템에 악영향을 끼치는 여러 가지 사항 등도 알아야 한다.

예를 들면 크레인 용량을 초과하는 견인하중, 흔들리는 하중, 제동력, 수평력, 이동하중에 따른 충격효과, 단부 스토퍼의 충격하중 등이다. 특히 반복운행하중에 따른 피로현상에 대한 용접 강재의 피로허용응력 산정은 매우 중요하다. 그리고 특히 동력장치에 의하여 수개의 바퀴가 충격을 동반하여 천정에서 탄성적인 장스팬 보위에서 운행하는 구조시스템이므로 수직·수평 처짐을 엄격히 제한하여 탈선과 과부하의 장해가 발생되지 않도록 세심하게 설계 되어야 한다. 천정주행크레인 시스템은 다음과 같은 요소로 구성된다. (그림 1.1)

- 크레인 차체(bridge girder) : 단부주행장치(end trucks), 주행권양기(trolley end hoist), 동력전달장치, 제어기, 운전자실(cabin)
- 크레인 주행레일과 부속품
- 크레인 주행보(runway girder), 백거더(back girder)
- 크레인 기둥
- 크레인 제동장치
- 수전레일 지지부(conduct rail support)

그림 1.2는 미국 AISE에서 제시하는 일반적인 크레인의 간격도를 보여주는 그림이다.

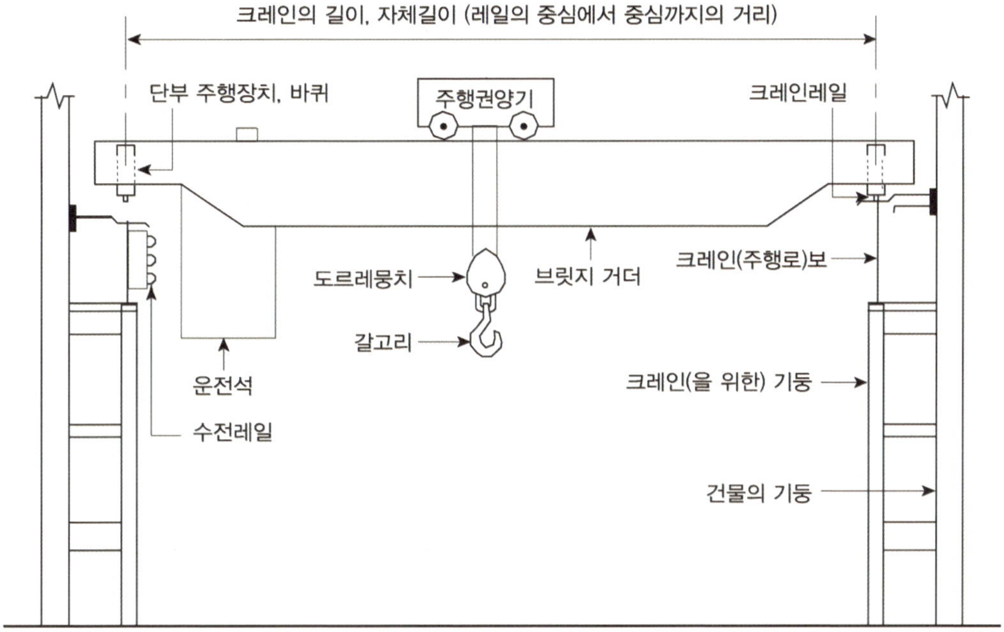

그림 1.1 천정주행크레인의 시스템

▲ **크레인 전경사진** _사진 1

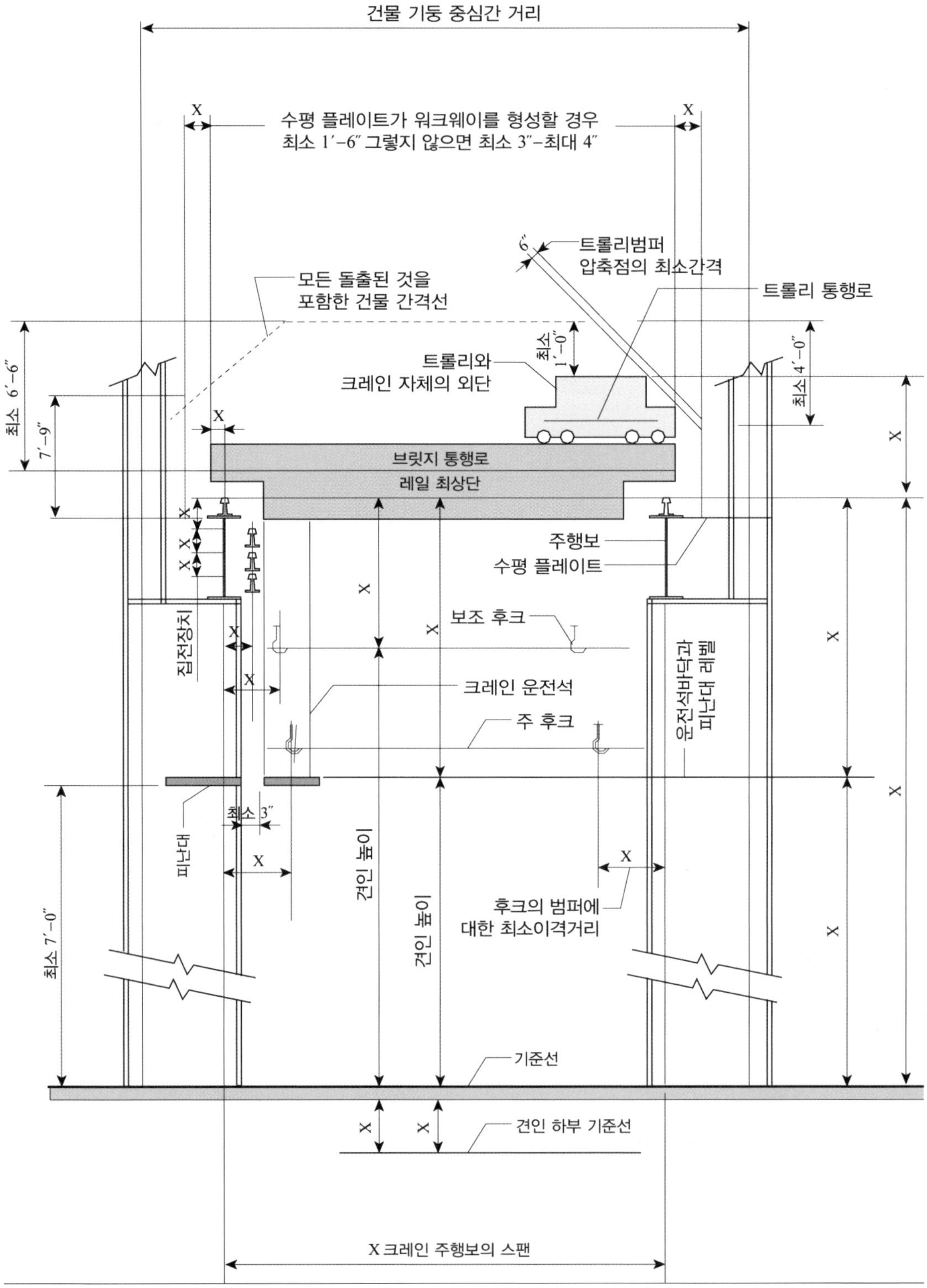

그림 1.2 일반적인 크레인 간격도(AISE #13)

1.3 크레인의 형태별 분류 및 특징

크레인의 기능은 앞서 설명한데로 공장내외부에서 자재와 제품을 수평, 수직 양방향으로 운반하는 동력 기계장치로서 생산성을 극대화 하고 작업의 효율성을 높이는 필수적인 작업도구이다.

일반적으로 공장내외부의 상부천정에 설치된 주행레일 위를 바퀴가 운행하면서 작업을 하기 때문에 규모의 차이만 있을뿐 기능은 거의 동일하다고 할 수 있다. 그러나 작업의 종류와 공장의 규모에 따라 그 형태는 다음과 같이 분류할 수 있다.

:: 천정크레인(over head crane, OHC)

일반적으로 공장크레인이라 하면 이러한 종류의 크레인을 지칭하며 공장바닥 천정에서 양쪽의 주행보 레일 위를 바퀴가 소정의 속도로 수평, 수직방향으로 운행하면서 자재와 제품을 훅크(hook)로 견인하여 상부케빈에서 운전자의 조작작업에 따라 운반하는 크레인을 총칭한다. 이러한 천정크레인은 견인하는 하중의 크기에 따라 소형, 중형, 대형으로 분류하며 차체의 중량만도 수십 내지 수백톤이 되어 그것을 운행하도록 하는 바퀴의 수도 한쪽레일에서만 최소 2개 내지 최대 12개 이상인 크레인도 있다. 또한 운행속도도 저속형과 고속형으로 다양하며 작업할 때에는 1대만이 충족된 하중을 견인하는 것이 원칙이지만 제품하중의 중량에 따라 2대가 조합하여 더 큰 하중을 동시에 견인할 수도 있다. _사진 2

▲ 천정크레인의 전경 사진 2

:: 마그네틱 크레인(magnetic hook crane)

이 크레인은 일반 천정크레인과 상부 주행보 구조와 크레인 차체의 모양, 그리고 작업조작 방법 등은 모두 거의 동일하지만 단지 하중을 견인하는 시스템이 일반천정크레인에서 하는 훅(hook) 방식이 아니고 수십 개의 매달린 마그네틱(자석) 견인줄에 의해서 철판 등의 제품을 견인하는 방식의 크레인을 말한다. 이러한 마그네틱 크레인의 특징은 작업시에 마그네틱 견인줄에 철판 등의 제품이 부착될 때 큰 충격하중이 발생된다는 것을 명심하여 크레인 주행보 설계시 일반천정크레인 보다 큰 수직방향 충격계수를 고려하여야 한다. _사진 3

▲ 마그네틱 크레인의 전경 _사진 3

:: 겐트리 크레인(gantry crane), 세미겐트리 크레인(semi gantry crane)

일반적으로 천장에 설치되는 크레인은 공장내부의 작업에 이용되도록 건물내에 설치되지만 공장외부에서 독립적인 차체의 크레인 구조 시스템으로 견인작업을 할 수 있도록 설치되는 크레인을 겐트리 크레인이라 한다. _사진 4, 6

겐트리 크레인은 완전히 공장건물과 분리되어 주행보레일이 상부천정에 없고 땅 바닥위에 레일이 독립적으로 설치되어 운행하기 때문에 주행보 설계가 필요 없으므로 이 책에서는 제외한다. 세미겐트리 크레인은 한쪽레일은 땅위에 설치되고 다른쪽 레일은 일반 천정크레인의 주행보레일과 동일하게 설치되는 크레인으로서 천정크레인과 겐트리 크레인이 조합된 크레인이라 할 수 있다. _사진 5, 7

주로 공장외부에서 견인작업을 하는 기능이지만 간혹 공장내부에서도 일정구간에 설치되어 상부의 천정크레인과 별도로 견인작업을 하기도 한다.

▲ 겐트리 크레인-1 _사진 4

▲ 세미겐트리 크레인-1 _사진 5

▲ 겐트리 크레인-2 _사진 6

▲ 세미겐트리 크레인-2 _사진 7

:: 월 크레인(wall crane) : 켄틸레버 크레인

층고가 아주 높은 대공간 공장에서 상부천정에 천정크레인이 설치되어 자재 및 제품 등을 견인작업을 하면서 별도로 하부에 일정구간을 한정하여 특정된 제품 등을 견인할 수 있도록 기둥 및 천정크레인 주행보 등 벽체 구조체에서 한쪽 편에만 레일 주행보를 설치하여 상·하부에서 지지되고 돌출된 크레인으로서 차체의 독특한 형태가 불안한 모양이며 중량이 큰 하중은 견인하기가 위험하여 설계시 처짐 및 구조안전성에 대한 면밀한 검토가 필요하고 시공 후 철저한 유지관리가 요구된다. _사진 8

▲ 월 크레인 전경 _사진 8

▲ 서스펜션 크레인 전경 _사진 9

:: 서스펜션 크레인(suspension crane)

일반적인 크레인은 기둥 등의 지지부재위에 설치된 주행보의 레일 위를 운행 하면서 견인작업을 하지만 서스펜션 크레인은 양쪽의 바퀴가 운행하는 주행보가 수직재인 기둥 등에 지지되어 설치되지 않고 지붕의 수평구조체에 수직으로 일정간격으로 매달려 설치되어 견인 작업하는 소형 천정크레인을 말한다.

이러한 크레인은 주로 기능이 소형 경공업 공장과 창고형 공장, 또는 대형공장의 높은 상부지붕에 설치되어 견인작업 및 유지관리용 작업을 하는데 사용된다. 지붕 트러스 구조에 지지되기 때문에 설계시 충분한 안전성이 확보될 수 있도록 지붕구조를 설계하여야 한다. _사진 9

:: 호이스트 크레인(hoist crane)

호이스트 크레인은 사진 10과 같이 소형 크레인으로 주로 창고형 공장 및 경공업 공장에서 간단한 견인작업을 주로 하는 기능 크레인으로서 운전조작 작업도 하부에서 수동 운전 버튼으로 작동하는 시스템이다. 이러한 크레인은 운행속도가 느리고 하중이 적기 때문에 주행보 또한 스팬이 짧고, 부재의 크기도 작은 일반형강재를 주로 사용한다. 그러나 주행보가 지지되는 구조체에는 수직, 수평방향의 집중하중을 안전하게 견딜 수 있도록 구조설계되어야 한다.

:: 모노레일 크레인(mono rail crane)

모노레일 크레인은 말 그대로 한 개의 레일 위를 작은 크레인이 레일 방향으로 운행하면서 견인작업하는 크레인이다. _사진 11

주로 실험실, 창고, 대형공장상부 지붕 등에 설치되어 유지관리용, 자재운반용등으로 사용되고 주행보는 주로 I형강의 기성자재를 일정간격으로 천정에 지지시켜 다양한 방향으로 운행시킬 수 있다. 그러나 이 크레인 또한 발생되는 수직·수평하중 등을 정확하게 산정하여 구조체에 안전하게 지지될 수 있도록 설계하여야 한다.

▲ **호이스트 크레인** _사진 10

▲ **모노레일 크레인** _사진 11

1.4 크레인 용도별 분류 및 특징

공업제품을 조립, 생산하는 공장은 소요자재와 생산제품의 종류와 규모에 따라 설치되는 크레인의 종류와 규모가 적합하게 설계 제작되어 시공된다. 산업혁명이후 현대의 산업플랜트를 분류하면 제품의 종류에 따라 제철플랜트, 조선플랜트, 발전플랜트, 화공플랜트, 자동차 공장, 기타 경공업공장 등으로 크게 나눌 수 있다. 이러한 플랜트 공장의 종류에 따라 여러 종류의 크레인이 요구되어 생산활동의 효율성과 극대화를 도모하고 있지만 어떠한 공장이든 크레인의 기능은 동일하고 단지 그 종류와 규모는 공장마다 다를 수 있다.

미국의 크레인제작자협회(CMAA)에서는 구매자가 가장 경제적인 크레인을 선택할 수 있도록 용도별 크레인 등급을 설정하였으며 여기에는 크레인 분류에 의하여 설계에 영향을 미치는 요소에 대한 특별 요구 조건이 포함되어 있다. 모든 등급의 크레인은 작동상태에 따라 영향을 받게 되며 크레인 분류등급은 다음과 같다.

:: 분류 A1 : **중요장비 설치 및 보수용**(stand by service)

이 등급은 발전소, 공공건물, 터빈실, 원자핵 반응건물 기계실 및 변전실과 같은 곳에 사용되는 크레인을 포함하며 이런 건물에서는 양정속도가 매우 느리고, 저속이며 중요한 기계장치의 정확한 취급이 요구되는 곳이다.

정격하중은 기계류의 초기 설치시에 검토되지만 보수를 할 경우에도 간혹 검토된다.

표 1.1 크레인 브릿지 공칭속도(m/min)

용량(톤)	저속형	중속형	고속형
10	60	90	120
50	60	75	90
100	30	45	60
150	30	38	45
200	30	38	45
250	30	38	45

:: 분류 A2 : **가끔 사용되는 장비보수 또는 작업용**(Infrequent use)

이런 크레인들은 소규모의 공장건물, 펌프실, 실험실 그리고 유사한 작업을 하는 곳에 설치되며 이런 곳은 비교적 하중이 가볍고 속도는 느리며 정확도가 떨어지는 크레인을 필요로 한다. 정격하중이 몇 개의 거중장치에 매일 또는 매달마다 주기적으로 0%에서 100%까지 재하되는 곳에서 사용되는 크레인을 말한다.

:: 분류 B : **가벼운 작업용**(light service)

이 등급은 수선공장, 경조립공장, 서비스건물, 경량창고 건물 등에 사용되는 크레인을 말하며 이런 곳은 크레인 용도가 가볍고 속도는 느린 것을 필요로 하는 곳이다. 하중은 0인 상태에서부터 평균 4.5m 높이, 시간당 2~5회 들어올리는 경우에 정격하중의 50%까지이며 정격하중시 들어올리는 하중의 50%이상을 초과하지 않아야 한다.

:: 분류 C : **보통작업용**(moderate service)

이 분류는 기계공장, 제지공장 등 중속형을 요구하는 곳에 사용되는 크레인을 말한다. 이런 형태의 크레인은 평균 4.5m 높이를 시간당 5~10회 들어올리는 경우에 정격하중의 50%를 사용하는 크레인이며 정격하중시 들어올리는 하중의 50% 이상을 초과하지 않아야 한다.

:: 분류 D : **무거운 작업용**(heavy duty)

이 분류는 항상 켑이 작동되는 중기계공장, 주물공장 조립공장 창고, 제재소, 그리고 표준규격의 버켓과 자석에 의한 작업, 특별한 작업의 주기가 없이 대량생산이 요구되는 곳에서 이용되는 크레인을 말한다.

정격하중의 50%에 도달한 하중이 작업기간동안 일정하게 사용된다. 고속형은 정격하중시 들어올리는 하중의 65% 이상을 초과하지 않으면서 평균 4.5m의 높이를 매 시간당 10~20회 들어올릴 수 있는 형태가 바람직하다.

:: 분류 E : **무겁고 심한 반복작업용**(service duty cycle service)

이 형태의 크레인은 미리 정해진 운전 싸이클에 의하여 매일 규정된 기간동안에 반복해서 빠른 속도로 정격하중을 다룰수 있는 중량급 크레인이다. 쓰레기 처리장, 시멘트 공장, 제재소, 비료공장 등에서와 같이 시간당 정격하중으로 20회 이상을 양정해야 하는 마그네틱, 버켓, 마그네틱 버켓 크레인등이 이에 해당한다.

:: 분류 F : **제철소용**(steel mill)

이 분류의 크레인은 미국철강기술자협회(AISE)의 기술보고서에서 제철소용 공장 크레인을 다양한 등급으로 분류하고 있으며 천정크레인의 운행반복횟수 별로 공장 구조물을 분류하고 있다.

1.5 공장구조물의 분류

미국의 철강기술자협회(AISE)에서는 공장구조물의 어느 부분에 예상되는 특정한 하중조건의 주기(cycle) 반복횟수에 따라 다음과 같이 구조물을 분류하고 있다. 구조물의 추정되는 수명과 하중의 반복횟수에 관해서는 건축주가 건물전체 혹은 일부구조에 대하여 구조물 분류를 명시할 수 있고 구조물의 수명은 50년으로 본다. 공장건물의 구조부재중에서는 크레인 주행보가 특별히 바퀴의 운행에 따른 응력의 반복횟수가 고려된 구조물 분류에 해당된다.

:: 분류 A

이 범주에 속하는 구조물은 구조물의 추정수명 내에 하중반복횟수가 500,000~2,000,000회(하중조건 3)이거나 2,000,000회 이상(하중조건 4)인 경우이다. 건축주는 용도를 분석하고 적용할 하중조건을 결정해야 한다.

분류 A에 속하는 공장건물은 다음과 같다.

- 열처리 공장
- 파쇄 야적장
- 균열로 공장
- 탈형공장
- 강괴적재장
- 분쇄공장
- 강판적재장
- 주물공장
- 제강공장
- 연주공장
- 기타 작업상 요구되는 공장

:: 분류 B

이 범주에 속하는 건물은 구조물의 추정수명 내에 하중반복횟수가 100,000~500,000회(하중조건 2) 또는 수명 50년 동안 5~25회/일 반복되는 경우의 구조물이다.

:: 분류 C

이 범주에 속하는 건물은 구조물의 추정수명 내에 하중반복횟수가 20,000~100,000회(하중조건 1) 또는 수명 50년 동안 1~5회/일 반복되는 경우의 구조물이다.

:: 분류 D

이 범주에 속하는 건물은 구조물의 추정수명 내에 하중반복횟수가 20,000회 이하인 경우의 구조물이다.

다음 표 1.2는 앞에서 기술한 크레인과 구조물의 분류를 각 기준별로 비교한 표이다.

표 1.2 AISE의 구조물 분류와 AISC 하중조건 대비 CMAA의 크레인의 용도별 분류 비교표－1

구조물 분류(AISE)	하중조건(AISC)	크레인의 용도별 분류(CMAA)
분류 A • 반복횟수＞2,000,000회	하중조건 4 • 반복횟수＞2,000,000회	분류 F • 제철소용 크레인 분류 E • 반복횟수≧20회/시간 (20×8×300×50≒2,400,000회) • 쓰레기처리장, 시멘트공장, 제재소, 비료공장 등 무겁고 심한 반복작업용
• 반복횟수 (500,000～2,000,000회)	하중조건 3 • 반복횟수(500,000～2,000,000회)	분류 D • 반복횟수 : 10～20회 / 시간 (1,200,000～2,000,000회) • 중기계공장, 주물공장, 조립공장, 창고, 제재소 등 무거운 작업용 분류 C • 반복횟수 : 5～10회/시간 (600,000～1,200,000회) • 기계공장, 제지공장 등 중속형의 보통 작업용

표 1.3 AISE의 구조물 분류와 AISC 하중조건대비 CMAA의 크레인의 용도별 분류 비교표－2

구조물 분류(AISE)	하중조건(AISC)	크레인의 용도별 분류(CMAA)
분류 B • 반복횟수 : 5～25회/일 (100,000～500,000회)	하중조건 2 • 반복횟수(100,000～500,000회)	분류 B • 반복횟수 : 2～5회/시간 (240,000～600,000회) • 수선공장, 경조립공장, 서비스건물 경량창고 등 가벼운 작업용
분류 C • 반복횟수 : 1～5회/일 (20,000～100,000회)	하중조건 1 • 반복횟수 (20,000～100,000회)	분류 A2 • 반복횟수 : 2～3회 / 일 또는 달 • 소규모 공장건물, 펌프실, 실험실 등 가끔 사용되는 장비보수 또는 작업용 • 중기계공장, 주물공장, 조립공장, 창고, 제재소 등 무거운 작업용
분류 D • 반복횟수＜20,000회	• 반복횟수＜20,000회	분류 A1 • 반복횟수 : 기계의 최초설치 및 보수할 경우 • 발전소, 공공건물, 터빈실, 원자핵 반응건물, 기계실, 핵연료 취급 및 저장소 등 중요한 기계를 설치 및 해체

02 천정크레인에 작용하는 하중

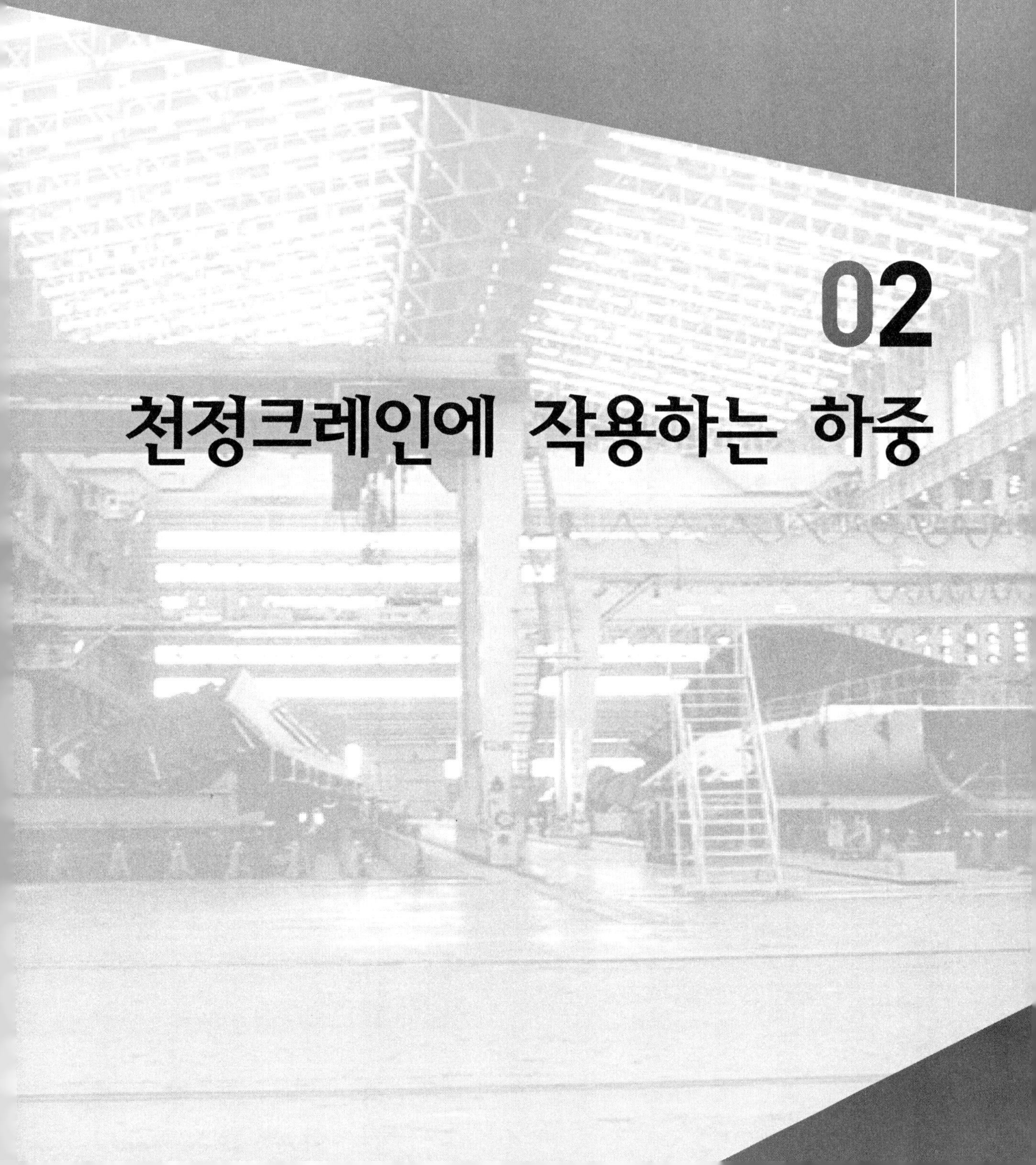

02 천정크레인에 작용하는 하중

2.1 하중형태

공장건물에서 조업중인 천정크레인은 짐을 견인함으로 인하여 기둥 등에 양단지지된 주행보(crane girder) 위에 설치된 레일 위를 바퀴가 굴러 운행하는 정지하중이 아닌 반복이동하는 동하중으로서 다음 그림 2.1과 같이 수직방향, 수평방향, 크레인진행방향의 세 방향으로 하중을 발생시켜 지지구조체를 통하여 안전하게 운행된다. 크레인 하중은 철로 위를 달리는 열차의

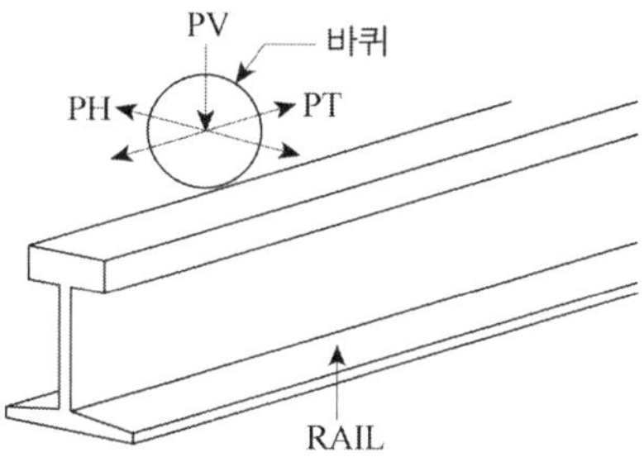

(a) 바퀴하중

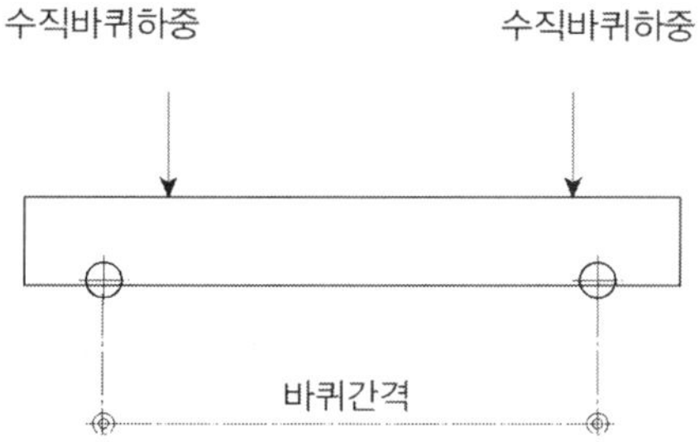

(b) 트롤리하중

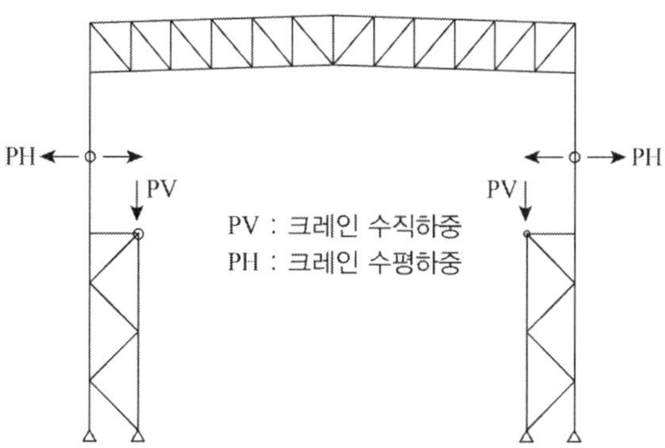

(c) 골조하중

그림 2.1 크레인 작용하중형태

반복되는 이동하중과 유사한 개념이지만 바퀴의 운행속도가 철도 운행속도보다 현저하게 느린 속도로 운행하기 때문에 이동충격효과는 아주 미미한 값으로 예상되며 크레인의 운행속도 및 용도분류에 따라 설계기준에 조금씩 다른 충격계수를 정해주고 있다.

그리고 각 방향으로 발생되는 하중은 일차적으로 크레인에 부착된 각각의 바퀴에 분산된 최대바퀴하중으로 환산되어 레일을 통하여 주행보에 작용하며 주행보를 지지하는 기둥과 수직브레이스, 기초로 전달되어 안전하게 지지된다.

크레인 운행방향과 직각방향으로 작용하는 수평하중은 풍하중, 지진하중등 다른하중과 조합되어 크레인 주행보 단부의 기둥으로 전달되어 구조체의 강성과 강도로 저항할 수 있도록 설계되며 또한 크레인 운행방향과 나란하게 발생되는 제동력(tractiv force)도 다음 그림 2.2와 같이 기둥과 수직브레이스(vertical brace)를 통하여 기초지반으로 안전하게 전달되어 저항된다.

(1) ┌ 주행바퀴 (최대 주행바퀴하중의 15%)
↓
└ 크레인 주행보 하부

↓

(2) ┌ 크레인 주행보의 하부부분에서의 연결부분
↓
다음크레인 주행보
↓
└ 반복적으로 전달

↓

(3) ┌ 수직브레이스가 설치된 구간의
↓
└ 크레인 주행보의 수평 래티스 부재

↓

(4) — 수직브레이스가 설치된 구간의 백거더

↓

(5) — 수직브레이스

↓

(6) — 전단키

↓

(7) — 기 초

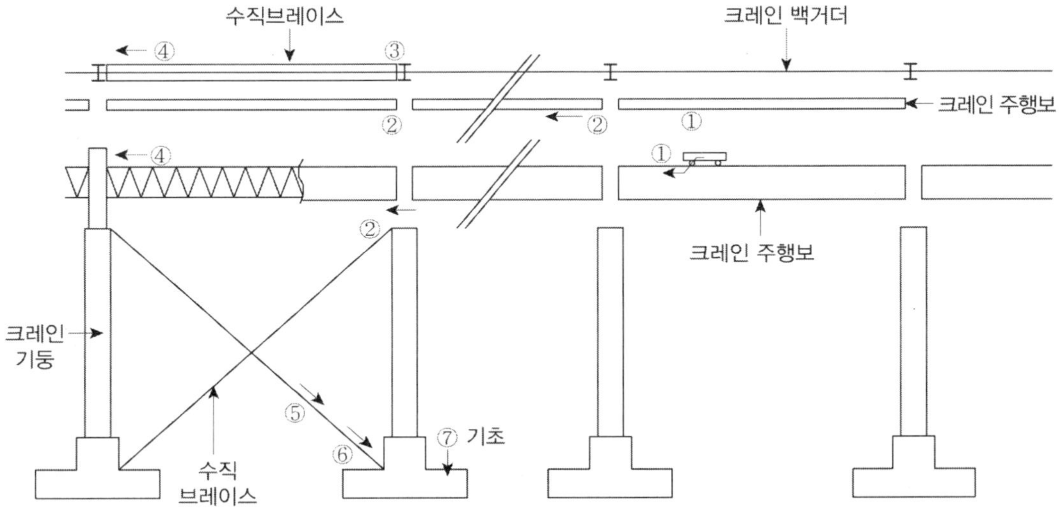

그림 2.2 크레인 추력의 전달 경로

2.2 크레인의 주행하중 산정

2.2.1 일반사항

크레인이 운행하는 동안 크레인은 지지구조체에 정적하중과 동적하중을 발생시킨다. 정적하중은 크레인 구성요소의 무게(차체, 트롤리, 견인장치, 새들 등등)와 견인하중이다. 이러한 하중은 크레인 제작자로부터 제공되고 수직방향 최대 바퀴하중으로 환산된다.

반면에 동적하중은 수직방향의 충격하중, 수평방향하중, 크레인의 진행방향 제동력으로 환산되고 크레인 구성요소의 관성력, 견인하중의 질량가속도 그리고 모든 기능적인 움직임에 대한 운행과정에서 발생된다. 동적하중의 해석적 산정은 공장건물과 주행보를 따라 운행하는 크레인 간의 상호작용도 고려되어야 한다. 실제로 이러한 순간적인 하중은 동시에 발생될 가능성은 확률적으로 매우 낮다. 기존에 있는 공장건물에서 현장크레인의 계측시험 방법은 크레인의 동적효과를 결정하는데 사용되기도 한다.

가장 중요한 크레인의 작용조건은 최대 충격계수와 제동추력을 산정하기 위하여 시험을 하는 것이 보다 합리적이다. 크레인 주행보와 크레인 차체에 부착된 스트레인 게이지 시스템은 동적하중을 발생시키는 응력변동을 계측하여 응력과 하중을 산정할 수 있다. 그러나 이러한 계측 시험은 오랜 기간 동안 다양한 조업운행 상태를 파악하여 면밀하게 시행하여야 한다.

2.2.2 이동하중의 충격효과를 고려한 수직하중

정지상태의 크레인의 수직방향하중은 크레인 차체의 자중과 기타 크레인에 부착된 각종 장치들의 자중을 포함하는 일종의 고정하중이다. 반면에 짐을 견인 운반하는 가동상태의 크레인은 진동을 포함하는 크레인 주행바퀴들이 주행보위를 시간에 따라 변화하며 반복되는 하중을 구조물에 발생시킨다. 이러한 경우 모든 견인하중은 크레인 자중인 고정하중과 합산되어 일종의 설계 활하중으로 작용하게 된다.

크레인 주행 바퀴들의 하중은 크레인이 탄성주행보위를 가장 불리한 위치에 주행할 때를 예상하여 산정된 최대바퀴하중(max. wheel load) 값을 크레인 활하중으로 채택하며 이 값은 이동 및 진동에 따른 충격효과를 고려하지 않은 정적인 하중이므로 구조물을 설계할 경우에는 설계기준에서 규정된 일정값의 수직충격계수를 곱한 값을 설계하중으로 적용하고 있는 실정이다.

이동 및 진동에 따른 충격효과를 고려하는 수직충격계수의 정확한 산정은 불가능하며 영향을 미치는 주요한 요소들을 보면 크레인의 종류, 호이스트 운행속도, 짐을 견인하는 훅크로프의 탄성, 크레인 주행보의 탄성, 견인속도 등 여러 가지 요소와 함수관계가 있다. 특히 견인작업시 크레인 운전자의 운전특성에 따라서도 큰 영향을 미친다고 할 수 있다. 이 값은 호이스트의 탄성작용이 약할수록 주행보의 관성이 클수록 초기 견인속도가 작을수록 그 값은 작다고 한다.

요약하면 크레인의 수직방향 충격계수는 크레인의 이동에 의한 진동의 영향과 짐을 들어올릴 때 발생하는 관성력의 영향을 고려한 것이며 일반적으로 이 두 영향이 동시에 발생하는 경우는 드물고 보통 크레인의 이동에 의한 진동의 영향보다는 견인할 때 발생하는 관성력의 영향이 더 크다. 왜냐하면 크레인의 운행속도는 매우 느리고 안정적으로 운행하기 때문에 그 충격효과는 아주적기 때문이다.

따라서 탄성체인 주행보에서 최초 짐을 들어 올릴 때 발생하는 관성력의 영향을 평가하여 수직 충격계수로 적용하는 것이 바람직하다. 이들의 영향을 동적해석이나 계측을 통하여 평가할 수 있으나 크레인의 종류가 다양하고 주행보의 스팬도 다양하므로 수많은 계측은 현실적으로 불가능하고 큰 의미가 없다고 할 수 있다. 따라서 수직충격계수는 각 나라마다 크레인 종류별로 다소 다르게 규정하고 있으며 보통 1.1~1.4 정도의 범위로 규정하고 있다. 특히 독일과 미국(CMAA)기준에서는 견인속도에 따라서 다른 값의 수직충격계수를 규정하고 있어 보다 합리적이라 할 수 있다.

공장건물에서 크레인 주행보 설계는 구조물에 미치는 영향이 매우 크므로 설계자는 주행보 설계시 다소 보수적으로 설계해야 한다는 원칙을 가지는 것이 바람직하다고 할 수 있다. 따라서 설계시 크레인 종류, 중요도, 발주자의 요구사항 등을 종합적으로 반영하여 크레인 수직 충격계수를 결정하는 것이 바람직하다.

2.2.3 크레인의 가로방향 진동 효과에 의한 수평력

천정크레인이 작업할 때 연직방향 충격력이나 주행방향으로의 제동력, 크레인레일과 직각 방향의 수평력이 발생되는 하중은 크레인의 가로방향 진동에 의한 힘이라 할 수 있으며, 이 경우는 주행크레인 차체 및 견인하중은 가장 불리한 상태에서 산정되어야 하며 각국별 설계하중 기준에서는 이러한 효과의 값을 크레인의 최대 바퀴하중의 몇 %로 정하여 규정하고 있다.

특히 크레인의 주행방향과 직각 방향으로 작용하는 힘이 발생하는 원인으로는

① 레일과 크레인 바퀴사이에서 상대적인 변위나 오차 혹은 크레인 차체의 변형이나 주행장치의 결함 등에 의해서 생기는 크레인의 사행운행
② 가로방향으로 운행하는 트롤리의 급발진, 급제동
③ 크레인이 견인하중을 사향으로 끌어 올리는 경우

이러한 세 가지를 생각할 수 있으나 ①에 대해서는 레일이나 크레인의 기계적인 정밀도에 관계되는 것이며, 이것에 의해 생기는 수평력을 수치적으로 산정하는 것은 불가능하며 여기서는 ②, ③의 원인에 의해 발생 된다고 생각되는 힘의 크기를 추산해 본다.

②의 원인에 대해 트롤리의 제동에 의한 수평력은 아래 식으로 나타낼 수 있다.

트롤리 차바퀴의 반을 제동하는 경우 $\Sigma P_h = \frac{Q}{2}\mu = \frac{Q}{14}$ ⋯⋯⋯ (2.1)

트롤리 차바퀴의 전부를 제동하는 경우 $\Sigma P_h = Q \times \mu = \frac{Q}{7}$ ⋯⋯⋯ (2.2)

여기서, ΣP_h : 트롤리의 제동에 의한 수평력의 합계
Q : 트롤리 중량과 견인하중의 합계
μ : 제동바퀴의 마찰계수 $\mu = \frac{1}{7}$

보통은 식 (2.1)을 고려한다. 이 수평력 ΣP_h가 트롤리와 가까운 쪽의 바퀴로 거의 전달되는 것으로 가정하여 위의 두식 ΣP_h를 한쪽 바퀴수로 나눈 것이 한 개의 바퀴에 전해지는 트롤리의 제동력, 즉 크레인 가로방향 진동에 의한 수평력으로 추정한다.

일반적으로 견인하중의 약 5% 정도가 한 개의 바퀴를 통해서 전해진다고 생각하면 된다. 한편 크레인의 바퀴하중(R)을 기준으로 수평력을 개략산정하면 크레인의 최대 바퀴하중은 소형 크레인의 경우(30톤 이하)는 견인하중(P)의 약 0.8배 정도가 최대바퀴하중이며 중형크레인(40~60톤)은 견인하중(P)의 약 0.7배 정도가 최대 바퀴하중이며 대형크레인(용량 70톤 이상)은 견인하중의 약 0.5배 정도가 최대 바퀴하중이 되어 수평력(P_h)과 최대바퀴하중(R)과의 관계식은 P_h=0.04~0.07R로 개략산정 할 수 있다.

또 ③의 사항견인의 문제에 대해서는 그림 2.3과 같이 비스듬히 매달은 하중의 각도(α)의 최대값을 10° 정도로 가정하면 tan10°=0.18이므로 여기에서 생기는 수평력 $\sum P_h$는 0.18p 이하에 있다고 생각할 수 있다. 이 값을 한쪽 바퀴만으로 전달되는 것으로 가정하면 수평력은 P_h=0.09가 되고 이것을 최대 바퀴하중(R)과의 관계식으로 추산하면 중형크레인(30~60톤)의 경우 P_h=0.1 정도로 개략 산정된다. 실제로 용량이 큰 대형크레인에서는 사향견인이 거의 발생되지 않으므로 이러한 경우의 수평력은 걱정할 필요가 없다.

이러한 근거로 각국의 설계기준을 보면 대부분 크레인의 수평력은 최대 바퀴하중의 약 10%를 적용하도록 규정되고 있다. 그러나 이것은 이만큼의 수평력이 가해진다는 추정일 뿐이며 실제로 발생되는 힘이나 변형과는 그다지 관계가 없다고 할 수 있다. 각국의 설계규정, P_h = 0.1R의 값은 실제로 이만큼의 수평력이 발생된다는 것이 아니고 수평방향으로 이정도의 하중을 고려하면 전체 골조의 수평방향에 대한 구조성능이 연직방향에 비해서 어느 정도 안전밸런스가 잡힐 것이라는 생각에서 나온 것이라 해석된다.

따라서 수많은 실제의 천정크레인에 대한 진동상황의 측정결과에 의해서 골조설계용 각종 충격계수의 적용이 보다 정확한 구조설계이지만 계수 측정 전 설계의 특성상 안전측 기준의 수치를 적용하는 것이 바람직하다고 할 수 있다.

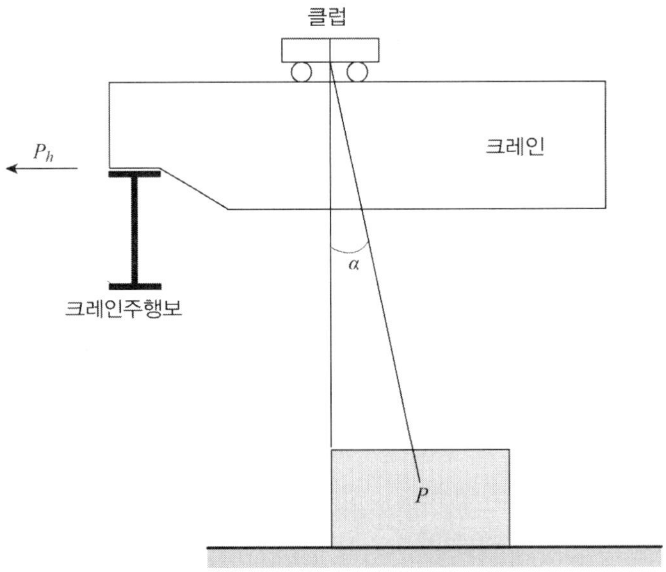

그림 2.3 크레인의 사향견인

2.2.4 크레인 운행방향의 제동력(tractive force)

크레인은 짐을 견인하여 두 방향으로 이동하면서 운행을 하게 된다. 트롤리의 운행으로 가로방향으로 이동하고 주행보위를 이동하면서 길이방향으로 운행함에 따라 각 방향으로 관성력과 제동력에 의한 일정량의 힘이 발생하게 된다. 여기에서 트롤리 운행에 따른 힘은 수평력으로 작용하고 길이방향으로 운행에 따른 제동력은 앞에서 설명한데로 주행보를 통해 단부의 기둥 지지부로 전달되고 또다시 건물의 길이 방향의 수직브레이스 구간에서 저항하여 결국 주각기초부위로 전달되면서 구조물의 안정성을 확보하게 된다.

그러나 이러한 길이방향 제동력의 정확한 값은 계산이 불가능하며 이 또한 크레인의 종류, 운행속도 견인하중의 종류와 크기 등 다양한 요인에 영향을 받게 되므로 보통 설계자는 건물의 중요도, 발주자의 요구사항 기타 다른 추가하중(풍하중, 지진하중 등) 등을 고려하여 각국의 설계기준에서 규정된 즉, 최대바퀴하중의 약 15~20% 정도 값을 적용하여 설계하는 것이 바람직하다. 다음은 독일기준에서 규정하고 있는 운행방향 제동력의 산정식을 나타낸다.

레일상부에서 (So) 레일을 따라 발생되는 수평력

$$L = 1.5f \times \sum R_{kt\,B} \qquad (2.3)$$

여기서, f : steel 위에서의 마찰계수=0.2

$\sum R_{kt\,B}$: 개별적으로 운행하는 크레인들에 대해서는 최소정적하중의 합

∴ 여러 대가 모여서 중앙집중으로 운행되는 크레인들에 대해서는 한쪽 운행면에 있는 빈차 크레인의 운행되거나 제동되는 모든 바퀴들의 최대 정적하중의 합

2.2.5 크레인 주행보 외단부 정지대(stopper)의 충격력

공장건물의 천정크레인은 짐을 견인하여 건물길이 방향으로 일정한 속도로 운행하면서 짐을 운반시킨다. 이때 모든 하중은 바퀴가 설치되어 있는 새들(saddle)을 통하여 이동되며 새들(saddle)의 끝부분에는 범퍼라는 충격흡수장치가 붙어 있어 크레인간의 충돌시 충격의 완화기능과 크레인 주행보 최 끝단부에 설치된 스토퍼(stopper)에 충돌할 때의 충격력을 흡수하여 정지 될 수 있도록 설계 되어야 한다.

이 충격력은 크레인의 운행속도에 따른 운동에너지로 환산되어 산정할 수 있다.

크레인 스토퍼에 발생되는 하중상태는 그림 2.4에 표시되어 있다. 크레인 주행보 상세 설계시 스토퍼의 부재와 접합부는 이 충격력을 충분히 지지할 수 있도록 설계되어야 한다.

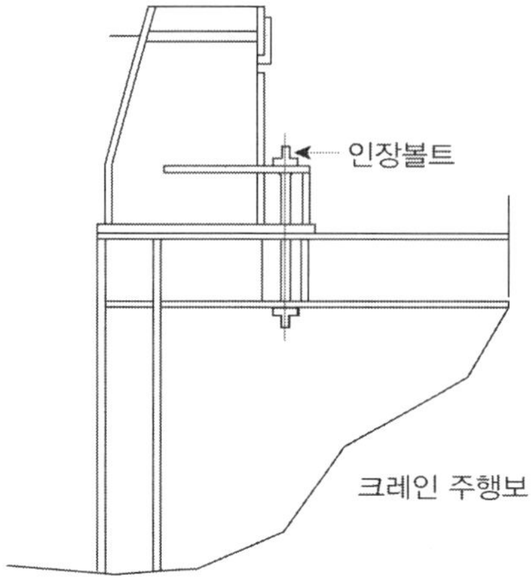

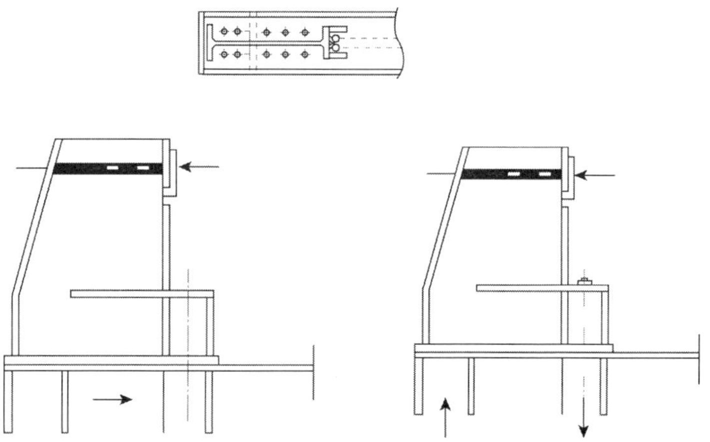

그림 2.4 크레인 정지대의 형태 및 작용하중

:: 충격력 산정식

❶ 스토퍼에 대한 충돌력 _일본 가와사키 제철소

크레인 충돌에 의해 스토퍼에 발생하는 주행방향 충돌력은 다음 식에 의해 구할 수 있다.

$$F = v\sqrt{\frac{KW}{g}} \quad \cdots\cdots (2.4)$$

여기서, F : 충돌력(t)

v : 충돌시의 크레인 속도(정격속도의 70%, cm/sec)

W : 크레인자중(t)

g : 중력가속도(980cm/sec^2)

K : 스토퍼의 탄력정수

❷ 스토퍼에 대한 충격력 _미국 AISE

$$F = \frac{WV^2}{g \cdot C_t} \quad \cdots\cdots (2.5)$$

여기서, W : 견인하중을 제외한 크레인 전체 중량

V : 충격 모멘트 작용시 명시된 크레인의 정격속도, m/sec

(AISE 기술보고서에서는 전하중 작용시의 정격속도의 50%를 규정하고 있다.)

C_t : 크레인 정지에너지가 완전히 흡수되는 지점에서의 스프링의 스트로크(stroke), m

F : 크레인 차체와 트롤리의 질량의 중심 높이에서 작용하는 길이방향으로의 전체 관성력으로 각 주행로 정지부(stopper)에 작용하는 힘은 그러한 위치에서 작용하는 관성력으로부터의 최대 충격반력이다.

g : 중력가속도(9.8m/sec^2)

❸ 크레인 범퍼 단부의 충격력 산정(예)

- 브릿지 무게(W_b)=100톤
- 브릿지 하중정격속도(V_b)=1.8m/sec
- 트롤리 무게(W_t)=20톤
- 트롤리 속도(V_t)=0.9m/sec
- 면당 충격무게 W_e =(0.5 W_b)+(0.9 W_t)=68톤
- 100% 완전하중 정격속도에서 흡수되는 운동에너지

$$K_e = \frac{W_e \times V_b^2}{2g} = \frac{68 \times (1.8)^2}{2 \times 9.8} = 11.2\,\mathrm{t \cdot m}$$

- 크레인 가속도를 중력가속도의 1/2로 가정했을 때 최대 허용단부 충격력

$$F_a = W_e \times \frac{4.9}{9.8} = 68 \times \frac{1}{2} = 34\text{톤}$$

이 값을 스토퍼에 발생되는 충격력으로 산정 할 수 있으나 크레인 새들 단부에 충격 흡수 장치인 범퍼가 부착되어 실제로는 더 작은 값이 발생된다고 생각하면 무난하다. 그러나 실제 설계시에 크레인 브릿지의 속도가 불분명한 때는 크레인 진행방향으로 발생 예상하는 제동력을 스토퍼 충격력으로 산정하여 안전측으로 설계하는 것도 무난한 방법이라 생각한다.

2.2.6 충격효과를 고려한 크레인 하중의 각국 기준별 요약비교

우리나라 및 각국별 기준에서 규정된 충격효과를 고려한 크레인의 하중을 요약하여 비교하면 다음 표 2.1과 같다.

표 2.1 각 기준별 크레인 주요하중

<table>
<tr><th>하중 종류</th><th>한국
(KS)</th><th>미국
(AISC)</th><th>미국
(AISE)</th><th>일본
(JIS)</th><th colspan="2">독일
(DIN)</th><th>미국
(CMAA)</th><th>비고</th></tr>
<tr><td rowspan="6">수직하중
충격계수</td><td>주행속도
60m/분 미만</td><td>수동 크레인</td><td>보수용 크레인</td><td>강재피로
고려하지
않은 경우</td><td colspan="2">호이스트
권상속도
따라 산정</td><td>호이스트
권상속도
따라 산정</td><td rowspan="6">최대바퀴
하중에
대한 값</td></tr>
<tr><td>1.1</td><td>1.1</td><td>1.2</td><td>1.2</td><td>등급</td><td>진동
계수</td><td>1+0.0164·
V_H</td></tr>
<tr><td rowspan="3">주행속도
60m/분 이상</td><td rowspan="3">전동크레인</td><td rowspan="3">기타크레인</td><td rowspan="3">강재피로
고려하는
경우</td><td>H_1</td><td>1.1</td><td rowspan="3">V_H : 호이스트 권상속도
(m/분)</td></tr>
<tr><td>H_2</td><td>1.2</td></tr>
<tr><td>H_3</td><td>1.3</td></tr>
<tr><td>1.25</td><td>1.25</td><td>1.25</td><td>1.2～1.3</td><td>H_4</td><td>1.4</td><td>1.15～1.5</td></tr>
<tr><td>수평력
(Side
Thrust)</td><td>(각 바퀴
하중의 10%)</td><td>(견인하중+
트롤리하중)
의 10%</td><td>다음 사항 중
가장 큰 하중
적용
1. (견인하중+
트롤리하중
+기둥하중)
의 10%
2. (견인하중+
트롤리하중
+바퀴하중
+크레인자중)
의 5%</td><td>최대바퀴
하중의
10%</td><td colspan="2">최대바퀴
하중의 10%</td><td>최대바퀴하
중의 10%
이상</td><td rowspan="2">크레인
양편에
각각
작용</td></tr>
<tr><td>주행방향의
제동력</td><td>각 바퀴
하중의 15%</td><td>최대바퀴
하중의 10%</td><td>최대바퀴
하중의 20%</td><td>최대바퀴
하중의 15%</td><td colspan="2">최대바퀴
하중의 30%</td><td>최대바퀴
하중의 20%</td></tr>
</table>

2.2.7 크레인의 주행바퀴하중

공장에 설치된 견인, 운반기능의 천정크레인은 철로위의 열차 운행처럼 여러개의 주행바퀴로 레일 위를 이동하면서 하중을 구조체에 전달시킨다. 따라서 크레인 차체 모든 장치의 자중과 견인하는 짐의 중량은 모두 운행하는 양측바퀴의 갯수에 분산되어 주행하는 보 위에 여러개의 집중하중으로 작용된다. 이와 같은 크레인의 바퀴하중은 설계하중으로서 구조체의 설계시 우선적으로 산정되어 제시되어야 한다.

일반적으로 크레인 차체의 설계 및 제작은 기계 설계분야로 분리되고 크레인 주행보 설계는 건축설계 분야로 일임되므로 건축설계 엔지니어들은 크레인의 사양에 대한 모든 자료를 기계 설계 엔지니어들에게 제공 받아서 구조물 설계를 수행하는 현실이다.

따라서 크레인의 바퀴하중에 대한 자료는 크레인 주행보등 건물구조물 설계전에 반드시 정확한 자료를 제공받고 설계하여야 한다. 이 때문에 현실에서는 부정확한 바퀴하중의 제공과, 잦은 변경자료 때문에 건축구조설계시 설계 시간의 지연과 분쟁이 야기되기도 한다. 크레인의 바퀴하중은 최대 바퀴하중(max. wheel load)과 최소바퀴하중(min. wheel load)으로 나누어 계산되는데 이것은 천정크레인의 주행바퀴가 양측 두 개의 주행보로 나뉘어 운행되며 견인하는 짐의 위치가 크레인 브릿지 정중앙부에 위치하지 않고 한쪽편에 최대로 접근된 위치에서 운반될 수도 있기 때문이다.

크레인 브릿지 무게는 양측바퀴에 균등하게 분담되지만, 짐과 트롤리 무게는 양측의 접근위치에 따라 다르게 분담된다. 보통 크레인 주행보 설계시에는 최대 바퀴하중(max. wheel load)으로 설계되지만 전체 건물의 설계시에는 한쪽이 최대바퀴하중으로 적용하면 다른 쪽에서는 최소 바퀴하중을 적용하여야 경제적인 설계를 할 수 있다.

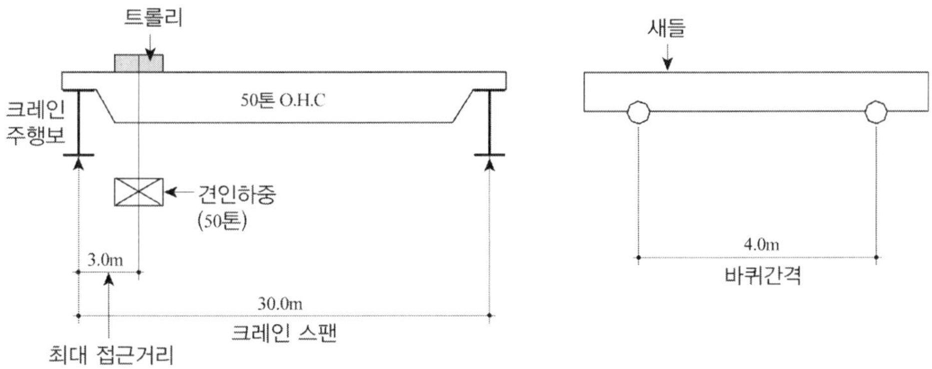

그림 2.5 크레인 주행바퀴 하중의 산정 예

- 크레인 용량 : 50톤
- 크레인 차체무게 : 60톤
- 바퀴수량 : 한쪽 2개, 양쪽 4개
- 단부최대 접근거리 : 3.0m
- 크레인 스팬 : 30.0m
- 트롤리 무게 : 10톤
- 바퀴간 거리 : 4.0m

* 최대바퀴하중 산정(R_{max}) : A지점

$$R_{max} = \frac{\text{크레인차체무게}}{\text{양쪽 총 바퀴수}} + \frac{(\text{트롤리무게} + \text{짐무게})}{\text{한쪽}(A\text{지점})\text{바퀴수}} \times \frac{27}{30}$$

$$= \frac{60}{4} + \frac{(10+50)}{2} \times \frac{27}{30} = 15 + 27 = 42\text{톤}/\text{EA}$$

* 최소바퀴하중산정(R_{min}) : B지점

$$R_{min} = \frac{\text{크레인차체무게}}{\text{양쪽총바퀴수}} + \frac{(\text{트롤리무게} + \text{짐무게})}{\text{한쪽}(B\text{지점})\text{바퀴수}} \times \frac{3}{30}$$
$$= \frac{60}{4} + \frac{(18+50)}{2} \times \frac{3}{30} = 15 + 3 = 18\text{톤/EA}$$

2.3 설계하중의 조합

2.3.1 크레인 운행의 인접조건과 근접조건

대형공장건물에서 천정크레인은 공장의 규모와 용도등에 따라 한 대 이상 수대의 크레인이 한 개의 베이(bay) 또는 수개의 베이를 같은 높이 또는 다른 높이에서 동시에 혹은 개별적으로 운행되고 있다.

이러한 천정크레인의 실제 조업 상황을 잘 파악하는 것이 매우 중요하다. 같은 베이 같은 높이에서의 크레인 간 충돌 방지와 견인 하중량에 따른 두 대의 동시 견인 조건 등을 고려하는 크레인 작업 조건을 근접조건 그림 2.6(a)라고 하고 인접베이에서 같은 높이 또는 다른 높이에서 운행 중인 크레인간의 운행 작업조건을 인접조건 그림 2.6(b)라 한다. 이러한 근접조건, 인접조건은 구조물 설계시 매우 중요한 요소이며 가장 잘 이해하는 사람은 실제로 공장에서의 작업프로세스를 지시하고, 결정하는 현장 조업팀이라 할 수 있다.

따라서 크레인 주행보 및 공장구조물 설계시 이러한 크레인 운행조건을 합리적으로 결정하여 설계자에게 제공되어야 안전하고 경제적인 설계를 할 수 있다. 그리고 크레인의 근접조건 및 인접조건을 고려하는 구조물 설계시에는 가능한한 불리한 작업조건을 고려하여 설계하는 것이 타당하지만 좀더 심사숙고 하는 설계자의 입장에서는 너무 과다설계를 할 수 있다는 것을 명심해 볼 필요도 있다. 즉, 크레인 주행보에서 인접조건의 운행횟수는 일일운행횟수 중에서 매우 드문 횟수이며 이러한 조건을 피로설계를 적용하여 설계할 경우에 운행반복횟수에 따른 피로허용응력을 산정하면 피로설계의 적용대상이 되지 않을 경우가 있을 수 있다.

또한 기둥이나 구조물에서 근접조건의 운행을 고려할 경우 기둥에서 주행보의 최대반력이 매우 짧은 순간에 일어날 수 있는 조건이며 이러한 경우에는 단기하중으로 적용하는 것이 타당할 수 있다.

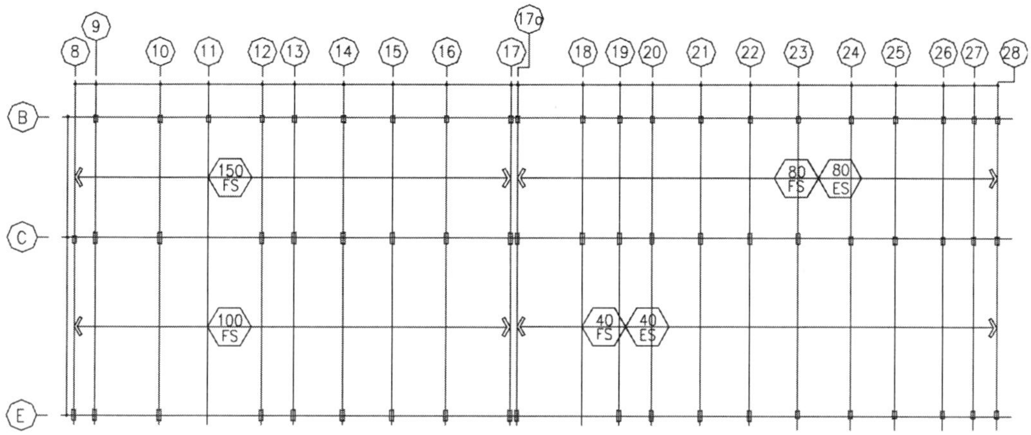

(a) 크레인 주행보 설계용 근접조건

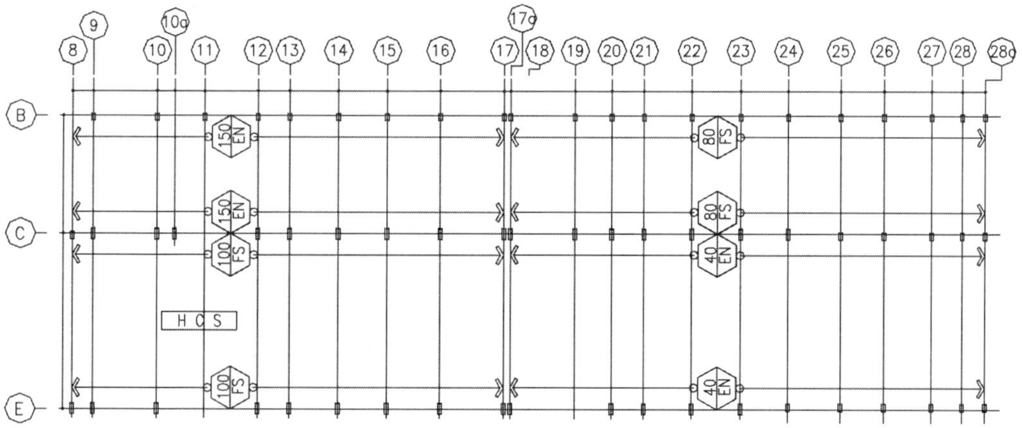

(b) 크레인 기둥 및 골조설계용 인접조건

그림 2.6 크레인의 근접조건과 인접조건

크레인 주행보 설계용 근접조건 예

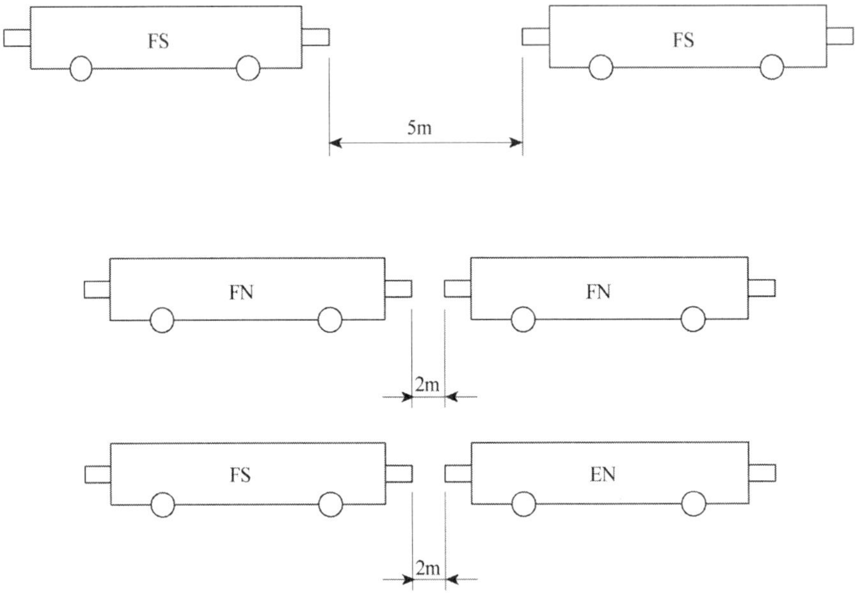

그림 2.7 크레인 주행보 설계용 근접조건 예

◆ 기호설명 ◆

F : 만재하중조건
E : 빈차하중조건
S : 충격효과 고려
N : 충격효과 미고려
●○ : 견인 위치
FS : 충격을 고려하는 만재하중조건
FN : 충격을 고려하지 않은 만재하중조건
EN : 충격을 고려하지 않은 빈차하중조건

골조설계용 크레인 인접조건 예

	1Bay	2Bay	3Bay
Case1	● PM-08 FS		
Case2	PM-08 ● FS	● PM-08 170S ● PM-08 FS	
Case3		PM-05 ● 170S PM-06 ● FS	● PM-07 FS
Case4			PM-07 ● FS
Case5	PM-08 ○ EN	● PM-05 FS	
Case6		PM-05 ● FS	○ PM-07 EN
Case7		● PM-05 FS	
Case8		PM-05 ● FS	
Case9		PM-05 ● 170S	○ PM-09 EN
Case10		PM-05 ○ EN	● PM-09 FS
Case11			PM-09 ● FS

그림 2.8 골조용 크레인 인접조건 예

2.3.2 크레인 하중의 조합

설계자는 구조물에 발생가능한 어떤 조건에서도 안전성을 보장할 수 있도록 설계하는 것이 원칙이므로 설계기준에서 규정된 내용을 최대한 적용하여 설계한다. 다만 상기와 같은 크레인 하중조건의 내용을 이해하면서 설계하는 자세가 바람직하다고 할 수 있다. 그리고 구조물설계 하중은 크레인하중 이외의 다른 외부하중(지붕하중, 고정하중, 활하중, 풍하중, 지진하중, 기타 설비하중 등)도 동시에 작용하므로 여러 가지의 하중조합을 고려하고 추가로 다음사항도 검토하여 설계해야 한다.

- 크레인에 의하여 지지구조부분에 발생되는 응력은 응력의 조합을 할 때 이를 활하중에 의한 응력으로 보고 산정한다.
- 2대 이상의 크레인이 동시에 지지 구조부에 영향을 줄 때 크레인에 의한 응력의 조합은 실제 조업상 생길수 있는 가장 불리한 조합을 적용한다.
- 태풍시에 크레인의 작업을 중지하는 것이 확실할 때는 실정에 따른 응력 조합을 할 수 있다.

다만 이때는 크레인 작업상 생길 수 있는 가장 불리한 응력과 태풍시 50%의 바람하중에 의한 응력의 조합에 대해서도 검토한다.

다음 표 2.2는 미국철강기술자협회(AISE)에서 제시한 3가지 경우의 크레인 하중조합의 예이다.

표 2.2 크레인 하중조합

구 분	제1의 경우	제2의 경우	제3의 경우
1. 적용	구조물 분류 A, B, C (D만 제외)	구조물 분류 A~D (모든 구조물)	구조물 분류 A~D (모든 구조물)
2. 설계하중	1. 크레인 한 대 작용할 때 $V=V_1'$ (⊙) $H=0.5H_1$ (←) $L_c=0$ 크레인 1 ⊙ ←	1. 크레인 한 대 작용할 때 $V=V_1'$ (⊙) $H=0.5H_1$ (←) $L_c=L_{c1}$ (↑) 크레인 1 ⊙ ← 2. 크레인 n대 작용할 때 $V=V_1+V_2+\cdots+V_n$(○) $H=H_1+H_2+\cdots+H_n$(←) $L_c=L_{c1}$ (↑) ($L_{c1}>L_{c2}>L_{cn}$의 경우)	1. 크레인 하중+풍하중 $V=V_1'$ (⊙) $H=W$ (←W) $L_c=0$ 크레인 1 ⊙ ←W 2. $V=V_1'$ (⊙) $H=0.5W+H_1$ (←W←H) $L_c=0$ 크레인 1 ⊙ ←W←H

표 2.2 크레인 하중조합(계속)

구 분	제1의 경우	제2의 경우	제3의 경우
2. 설계하중		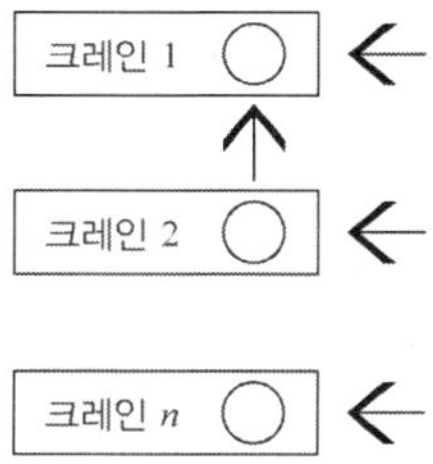 ※ 모든 고정하중(D) 및 활하중(L)을 포함함.	3. $V=D_1'$ (⊙) $H=W$ (←W) $L_c=0$ 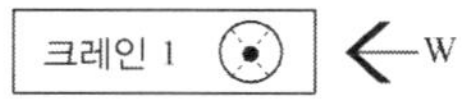 4. 크레인 하중+지진하중 $V=D_{c1}'+D_{c2}+\cdots+D_{cn}$ (⊙+⊗) $H=E$ (←E) $L_c=0$ 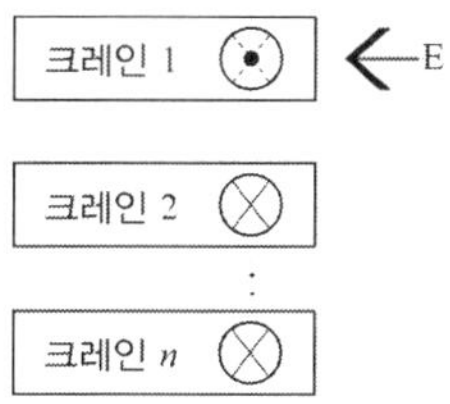 ※ 모든 고정하중(D) 및 활하중(L)을 포함함.
3. 설계하중 내용	반복하중에 대한 하중조합으로 충격력을 포함한 크레인 수직 하중과 50%의 크레인 수평하중을 적용한다.	모든 고정하중과 지붕활하중을 포함한 활하중과 크레인 한 대 혹은 특별한 조건이 근거가 되면 한 대 이상의 크레인 수평하중 및 크레인 한 대의 제동력을 적용하며 아래 사항 중 한 가지를 역시 적용한다. 1. 충격력을 포함한 한 대 크레인의 수직하중 2. 충격력을 포함하지 않은 해당되는 모든 크레인의 수직하중	한 대 크레인의 충격력을 포함한 모든 고정하중과 활하중을 적용하며 아래사항 중 한 가지를 역시 적용한다. 1. 크레인 한 대의 최대 수직하중과 100% 풍하중 2. 크레인 한 대의 최대 수직하중과 최대 수평하중 및 50% 풍하중 3. 활하중을 포함하지 않고 크레인 고정하중과 100% 풍하중 4. 모든 크레인의 고정하중과 그에 따른 최대 지진력
4. 허용응력	피로를 고려하여 허용응력은 AISC 1. 7항을 적용한다.(장기)	피로를 고려하지 않고 일반 허용응력을 변함없이 적용한다. (장기)	피로를 고려하지 않고 허용응력은 $33\frac{1}{3}$% 증가한다. (단기)

◆ **기호설명** ◆

V : 총 수직하중

$V_1 \cdots n$: 크레인 n대의 경우 충격력을 제외한 각 크레인의 수직하중 (○)

$V' \cdots n$: 크레인 n대의 경우 충격력을 포함한 각 크레인의 수직하중 (⊙)

H : 주행방향에 직각으로 작용하는 총 수평하중(크레인, 풍하중, 지진력 등)

$H_{\ldots}n$: 크레인 n대의 경우 각 크레인의 수평하중 (⇐ 50%, ⇐ 100%)

L_c : 주행방향에 작용하는 총 제동력

$L_{c1} \cdots n$: 주행방향에 작용하는 총 제동력 (⇑50%, ⇑100%)

W : 풍하중 (⇐ 50% W, ⇐100% W)

E : 지진력 (⇐100% E)

D : 고정하중

$D_{c1} \cdots n$: 크레인 n대의 경우 충격력을 제외한 각 크레인의 고정하중 (⊗)

$D_{c1}' \cdots n$: 크레인 n대의 경우 충격력을 포함한 각 크레인의 고정하중 (⨀)

:: 특별한 기준(specific criteria)

AISE 기술자료 #13에 의한 크레인 하중조합은 기술적인 결정을 해야 할 경우 일반적인 범주를 벗어나지 못한다. 소유주와 함께 상의하여 설계자는 특별한 기준으로 만들어 낼 수도 있으며 그 예로 다음과 같은 하중조합이 작성될 수 있다.

❶ 1-베이(bay)에 크레인 두 대가 작동할 때

$V = V_1 + V_2$ (○+○)

$H = 0.5(H_1 + H_{})$ (⇐+⇐)

$L_c = (L_1 + L_2)$ (⇑+⇑)

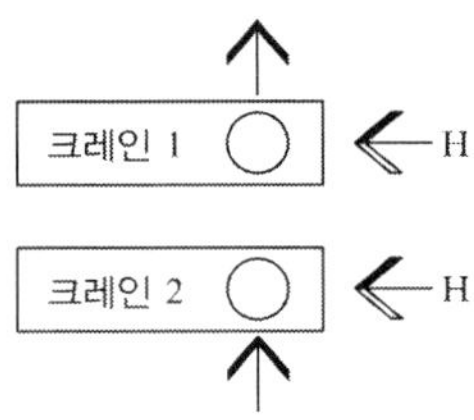

❷ 2-베이에 크레인 한 대가 각각 작동할 때

$V = V_1' + V_2'$ (⊙+⊙)

$H = 0.5(H_1 + H_2)$ (⇐+⇐)

$L_c = (L_1 + L_2)$ (⇑+⇑)

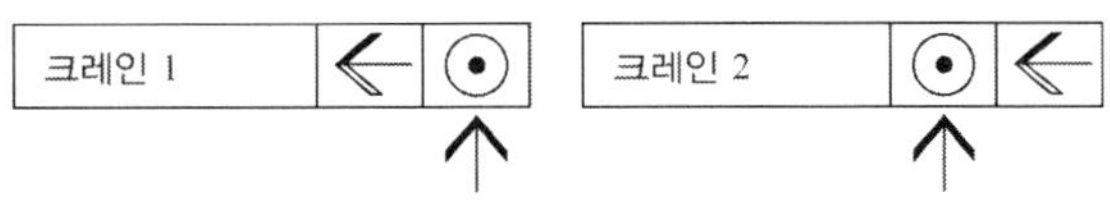

❸ 2-베이에 크레인 두 대와 한 대 혹은 두 대씩 각각 작동할 때

$V = V_1 + V_2 + V_3 + V_4$ (○+○+○+○)

$H = 0.5(H_1 + H_3)$

$L_c = 0$

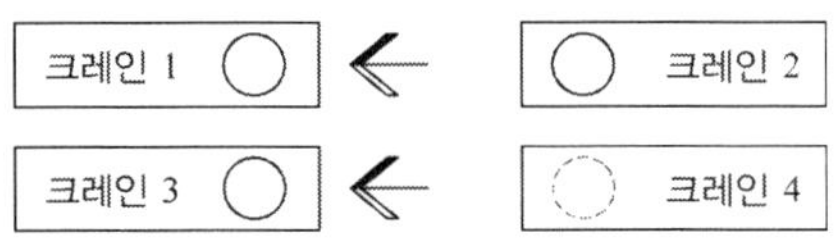

(크레인 1+3) (크레인 2+4)

다음은 독일 기준에서 규정하고 있는 여러 대의 크레인에 대한 하중조합 내용이다.

❶ 여러 대의 크레인 바퀴하중

다음 조건에서 가장 불리한 위치의경우로 최대바퀴하중을 적용하여야 한다.

① 각각의 크레인 주행보에 작업하는 2대의 크레인

② 각각의 베이에서 작업하는 3대의 크레인 혹은 여러베이 건물에 있는 3대의 크레인 (항상 ① 조건은 고려한다.)

❷ 운행하는 크레인 바퀴들의 활하중

다음 각 경우에서 가장 불리한 위치의 경우를 적용한다.

① 각 크레인 주행에 3대의 크레인 운행

② 각 베이에 4대의 크레인 운행

③ 여러베이 공장에서의 6대 크레인 운행

❸ 크레인 주행보에 직각 방향하중

다음 경우에서 가장 불리한 조건을 적용

① 각 크레인 주행보에 2대의 크레인 운행

② 각 베이에서 2대의 크레인이 각각운행

③ 여러 베이 공장에서 4대의 크레인이 운행

2.3.3 크레인 기둥과 주각에서의 크레인 하중

앞에서 언급했듯이 공장베이 양측 및 한 측에서 운행하는 크레인 인접 및 근접조건에서 수직하중은 크레인 주행보위를 바퀴들이 이동하면서 충격을 수반하여 지지부인 크레인 기둥 상부에 작용한다. 그러나 수직방향 충격의 효과는 짐을 양중한 상태에서 크레인이 움직일 때 탄성체인 주행보위에서는 충격의 효과가 크게 작용되지만 기둥에서는 운행조건의 빈도수가 적고 순간적으로 작용하는 단기하중성격의 크레인 하중이므로 무시될 수 있다. 따라서 수직방향 충격계수는 크레인 주행보 설계에만 적용되고 기둥과 기초설계에는 적용하지 않는 것이 타당하다고 할 수 있다.

이러한 내용은 우리나라 강구조 한계상태설계기준(LRFD)에는 규정이 되고 있으나 이전의 강구조 허용응력 설계기준(KS, 1983)은 별도의 규정이 없기 때문에 설계자가 수직 충격 계수의 적용여부를 주행보 설계와 동일하게 적용하고 있기 때문에 기둥과 기초의 설계시 과다설계를 하고 있다고 할 수 있다. 그러나 외국기준에서는 기둥 및 기초설계에는 수직 충격계수를 적용하지 않거나 일본가와자키 제철소의 내부규정처럼 기둥에만 일부 작은값(1.1)을 적용하고 기초에는 아예 적용하지 않는 규정도 있다.

그리고 주각부에서는 모든 크레인의 진행방향에서 발생되는 제동력이 지진하중, 풍하중 등 기타 다른 횡하중과 함께 건물길이 방향의 특정구간에 설치되어 있는 수직브레이스(vertical brace) 구조시스템에 전달되어 저항하게 되는데 이러한 모든 횡력은 하부 주각부에서 기초로 전달시킨다. 따라서 이 주각부에서는 전단키(shear key), 충분한 앵커시스템, 인접기초 간에 강력한 지중보 등 특별한 저항조치를 시공하여야 한다.

다음 그림 2.9는 일반적인 주각부 상세도를 보여준다.

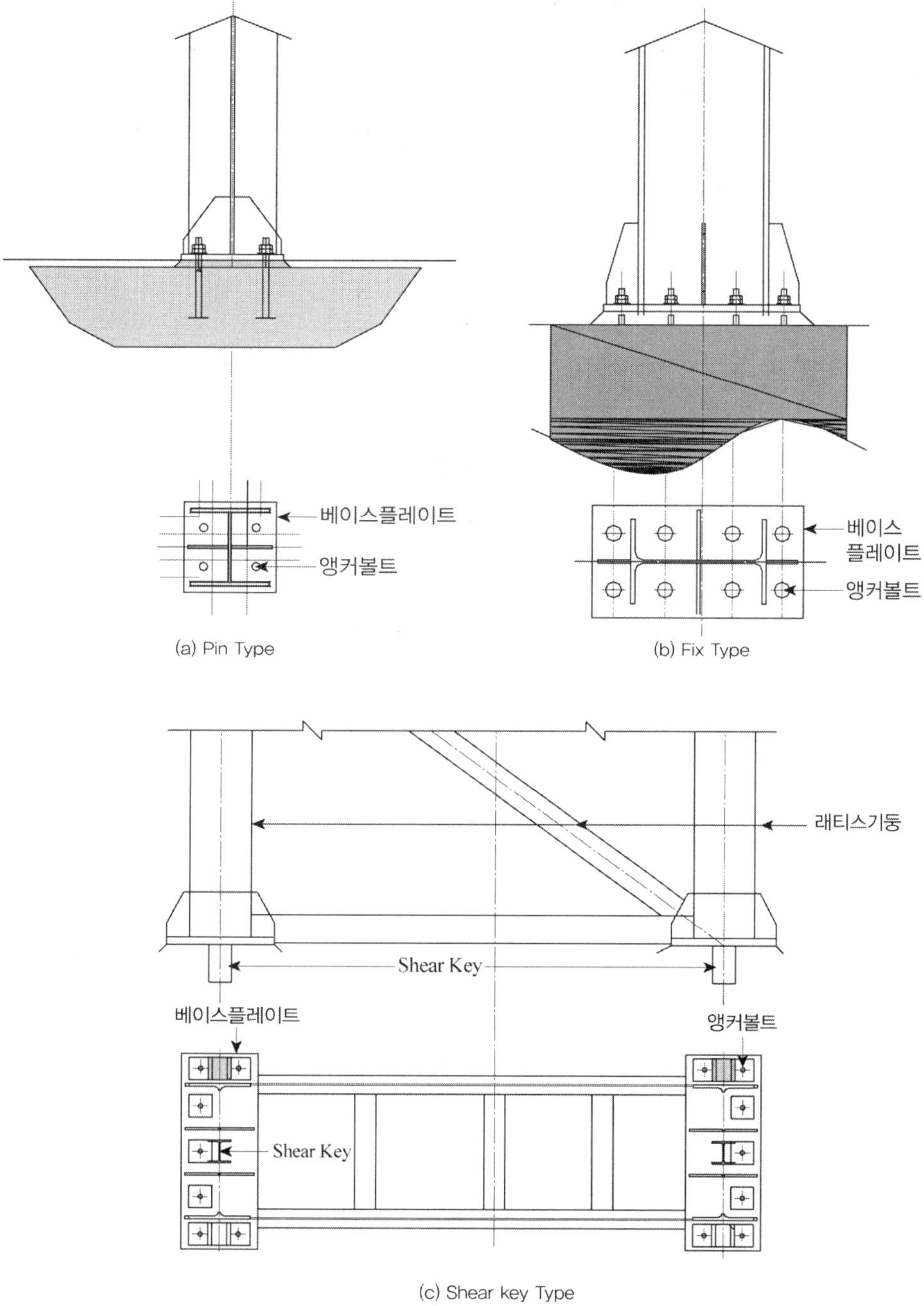
베이스플레이트
앵커볼트
(a) Pin Type
베이스
플레이트
앵커볼트
(b) Fix Type
래티스기둥
Shear Key
베이스플레이트
앵커볼트
Shear Key
(c) Shear key Type

그림 2.9 주각부의 형태

2.3.4 하중조합의 설계기준

다음 그림은 크레인하중 및 기타하중을 산정하여 구조물을 해석할 때 적용하는 하중입력 자료(Input data)를 요약하여 나타낸 예시이며, 하중조합의 각국별 설계기준은 다음과 같다.

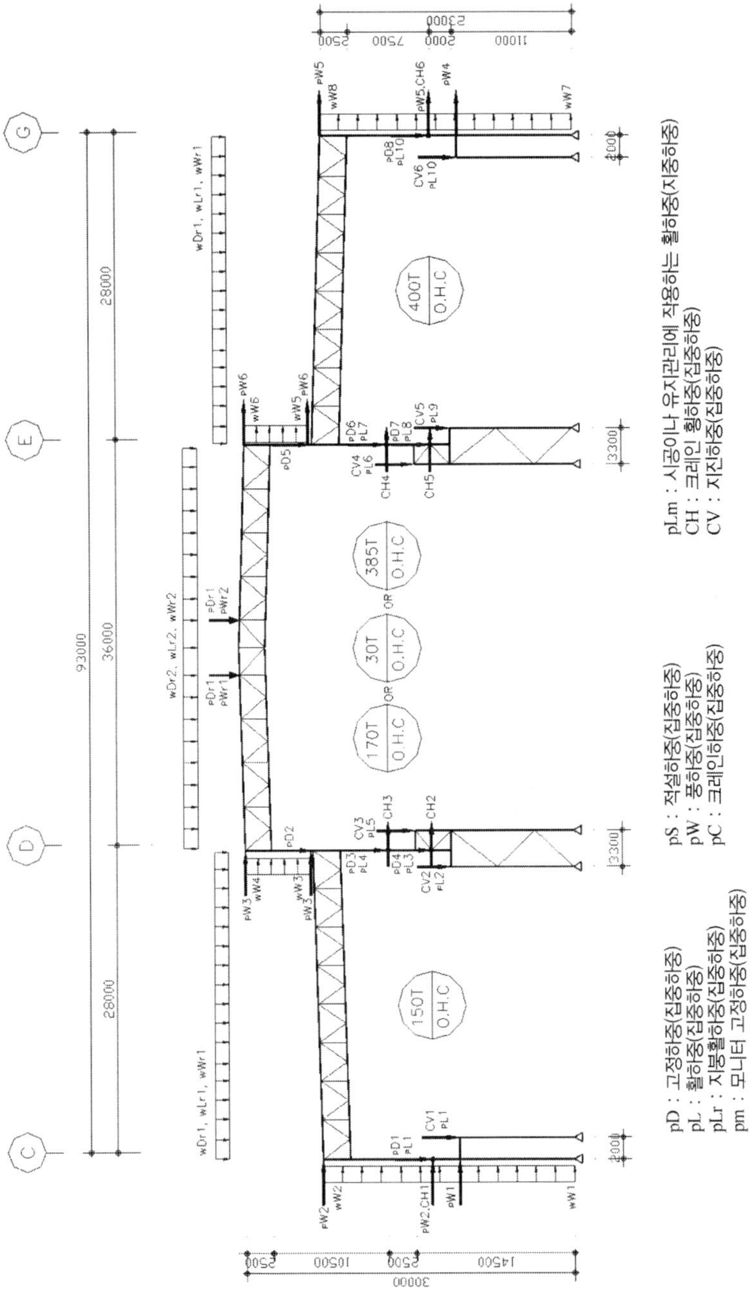

그림 2.10 하중입력자료의 예시

❶ 한국강구조, 허용응력설계법
(KS, ASD, 1983)

- D+L
- 0.66(D+L+W)
- 0.66(D+L+E)
- 0.66(D+W)
- 0.66(D+E)

❷ 한국강구조한계상태설계법
(KS, LSD, 2009)

- 1.4D
- 1.2(D+T)+1.6L+0.5(Lr or S or R)
- 1.2D+1.6(Lr or S or R)+(L or 0.65W)
- 1.2D+1.3W+L+0.5(Lr or S or R)
- 1.2D+1.0E+0.2S
- 0.9D+1.3W
- 0.9D+1.0E

❸ 미국강구조, 허용응력설계법
(AISC, ASD, 1989)

- D
- 0.75{D+L+(Lr or S or R)+(W or E)}
- 0.75{D+L+(Lr or S or R)+T}
- 0.75{D+(W or E)+T}

❹ 미국강구조, 강도설계법
(AISC, USD, 1990)

- 1.4D
- 1.2D+1.6L+0.5(Lr or S or R)
- 1.2D+1.6(Lr or S or R)+(0.5L or 0.8W)
- 1.2D+1.3W+0.5L+0.5(Lr or S or R)
- 1.2D+1.5E+(0.5L or 0.2S)
- 0.9D+(1.3W or 1.5E)

❺ 영국 강구조설계기준
(BSS5950-90)

- 1.4D+1.6(L+Lr)
- 1.2D+1.2(L+Lr)+1.2W
- 1.0D+1.4W
- 1.2D+1.2(L+Lr)+1.2E
- 1.0D+1.4E

❻ 유럽 강구조 설계기준
(Eurocode 3)

- 1.35D+1.5(L+Lr)
- 1.35D+1.35(L+Lr)+1.35S
- 1.0D+1.5S
- 1.35D+1.35(L+Lr)+1.35W
- 1.0D+1.5W
- 1.35D+1.35(L+Lr)+1.35E
- 1.0D+1.5E

⑦ 일본 강구조 허용응력 설계법 (AIJ, ASD, 2002)

- D+(L+Lr)
- D+(L+Lr)+W
- D+W
- D+(L+Lr)+E
- D+E

※ 단기일 경우에는 구조재료의 허용응력을 증가시킨다.

⑧ 캐나다 강구조 한계상태설계법 (CSA, LSD, 2001)

- 1.25D+1.5L
- 0.85D+1.5W
- 1.25D+1.25T
- 1.25D+0.7{1.5(L+Lr)+1.5W}
- 1.25D+0.7{1.5(L+Lr)+1.25T}
- 1.25D+0.6{1.5(L+Lr)+1.5W+1.25T}
- 1.0D+1.0E
- 1.0D+0.5(L+Lr)+1.0E

⑨ 중국 강구조 기준 (GBJ, 1988)

- 1.35D+0.98(L+Lr)
- 1.2D+1.4(L+Lr)
- 1.0D+1.4(L+Lr)
- 1.2D+1.4W
- 1.0D+1.4W
- 1.2D+1.4(L+Lr)+0.84W
- 1.0D+1.4(L+Lr)+0.84W
- 1.2D+0.98(L+Lr)+1.4W
- 1.0D+0.98(L+Lr)+1.4W
- 1.2{D+0.5(L+Lr)}+1.3E
- 1.0{D+0.5(L+Lr)}+1.3E
- 1.35D+0.98(L+S)
- 1.2D+1.4(L+S)
- 1.0D+1.4(L+S)
- 1.2D+1.4(L+S)+0.84W
- 1.0D+1.4(L+S)+0.84W
- 1.2D+0.84(L+S)+1.4W
- 1.0D+0.84(L+S)+1.4W
- 1.2{D+0.5(L+S)}+1.3E
- 1.0{D+0.5(L+S)}+1.3E

Description

D : Dead Load
L : Live Load
Lr : Roof Live Load
W : Wind Load
E : Earthquake Load
T : Temperature
S : Snow Load
R : Rain Load

03 크레인 주행보의 구성요소 및 기능

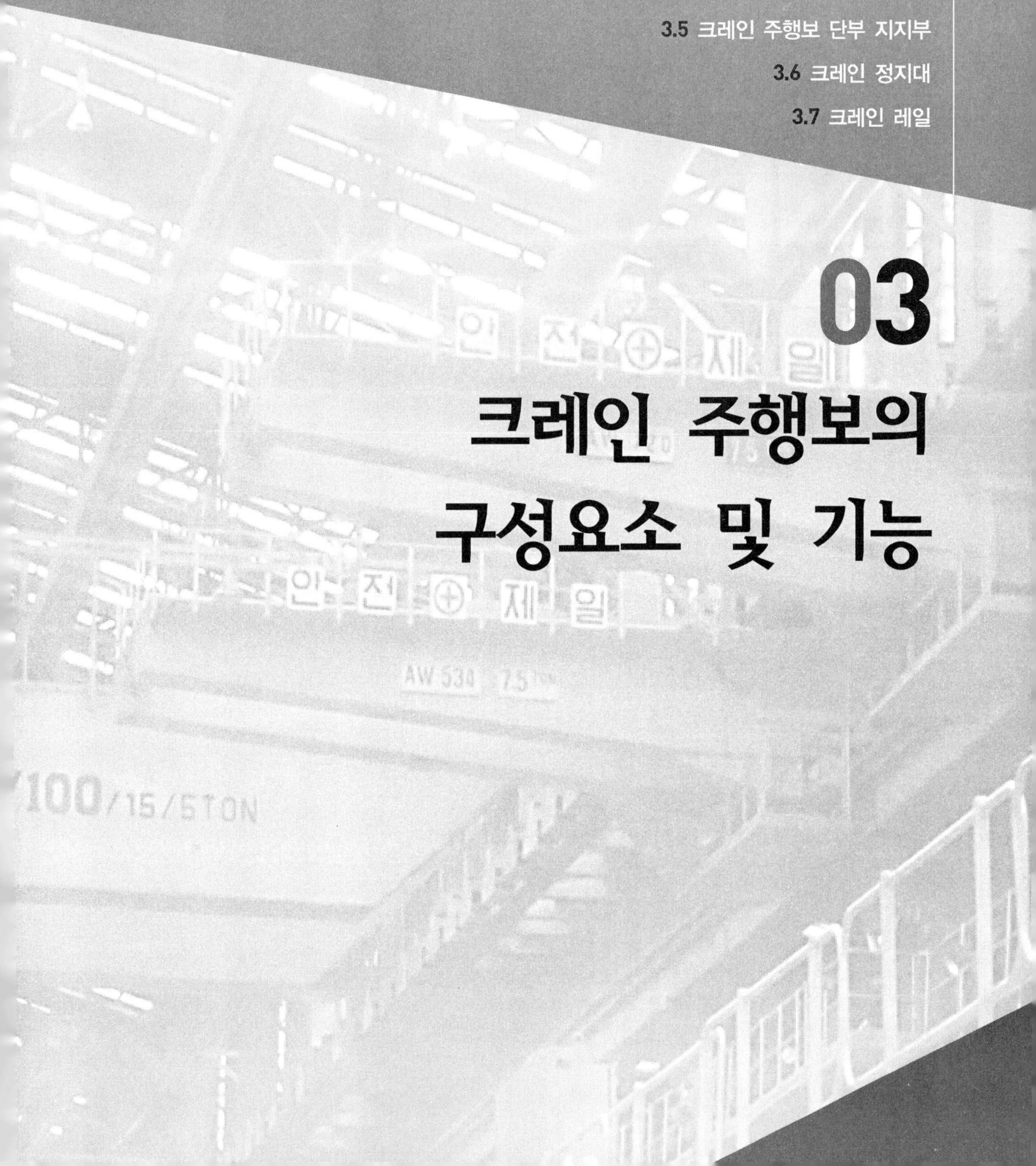

03 크레인 주행보의 구성요소 및 기능

3.1 일반사항

크레인 주행보(crane runway girder)는 공장건물에서 수직재인 기둥 등에 지지되어 수평으로 설치된 주로 단순보형태의 휨 부재이다. 주행보 상부에는 레일을 설치하여 천정크레인의 바퀴들이 운행할 수 있도록 통로 역할을 하므로 충분한 강도와 강성을 확보해야 하며 피로파괴, 처짐, 변형 등에 대한 안전성의 확보가 매우 중요하고 이동하중에 의한 동적인 하중을 반복적으로 받게 되어 건축구조물에서 거의 유일하게 강재의 피로개념이 적용된다고 할 수 있다.

특히 장스팬의 탄성부재이므로 수직, 수평방향 처짐이 엄격히 제한되어야 하며 용접부재에 대한 피로응력, 보의 횡좌굴 현상, 판재의 국부판좌굴 현상 등에 취약성이 있다. 이러한 각종 응력 및 구조적 취약점에 대해 주행보 자체가 독립적으로 저항하는 것은 구조적, 경제적 문제, 시공성 문제 등으로 합리적이지 못하므로 주변에 별도의 구조요소를 배치조합하여 전체 주행보 구조를 구성하게 된다. 크레인 주행보 구조의 대표적인 구성요소는 주행보, 백거더, 보조부재의 세 가지 요소로 구성되며 이러한 구성요소들은 각자의 구조적 역할을 수행하면서 전체 크레인 주행보의 안전성과 기능성을 유지하게 된다.

일반적으로 주행보는 춤이 큰 조립형강재보와 일반형강재로 조합한 트러스 형태의 백거더로 조립·구성되지만 일부 초장스팬(40～70m)의 주행보는 대형 트러스 형태의 주행보 시스템을 사용하기도 한다.

다음 그림은 각종 크레인 주행보 구조의 일반적인 형태를 보여준다. (그림 3.1～3.3)

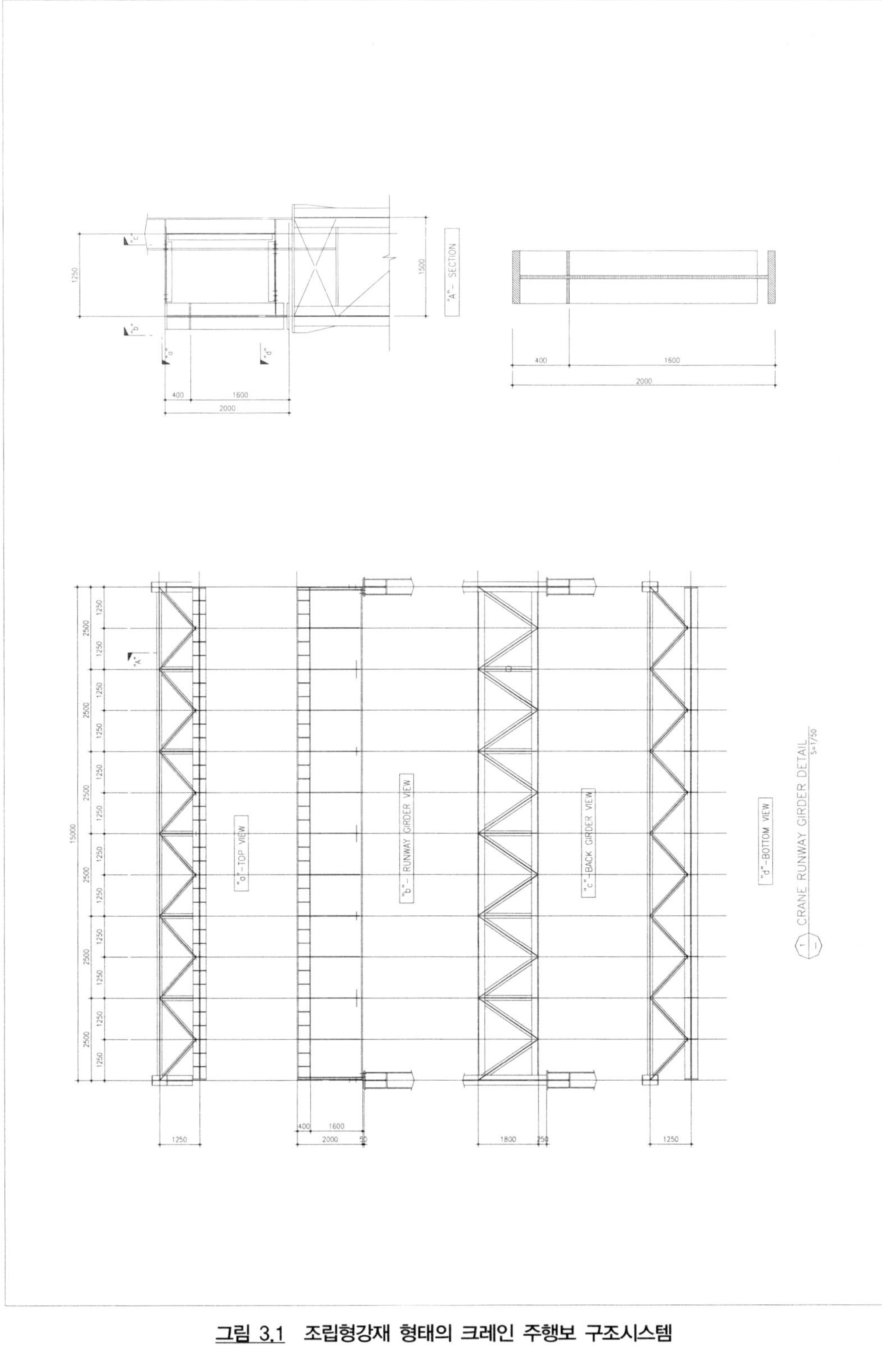

그림 3.1 조립형강재 형태의 크레인 주행보 구조시스템

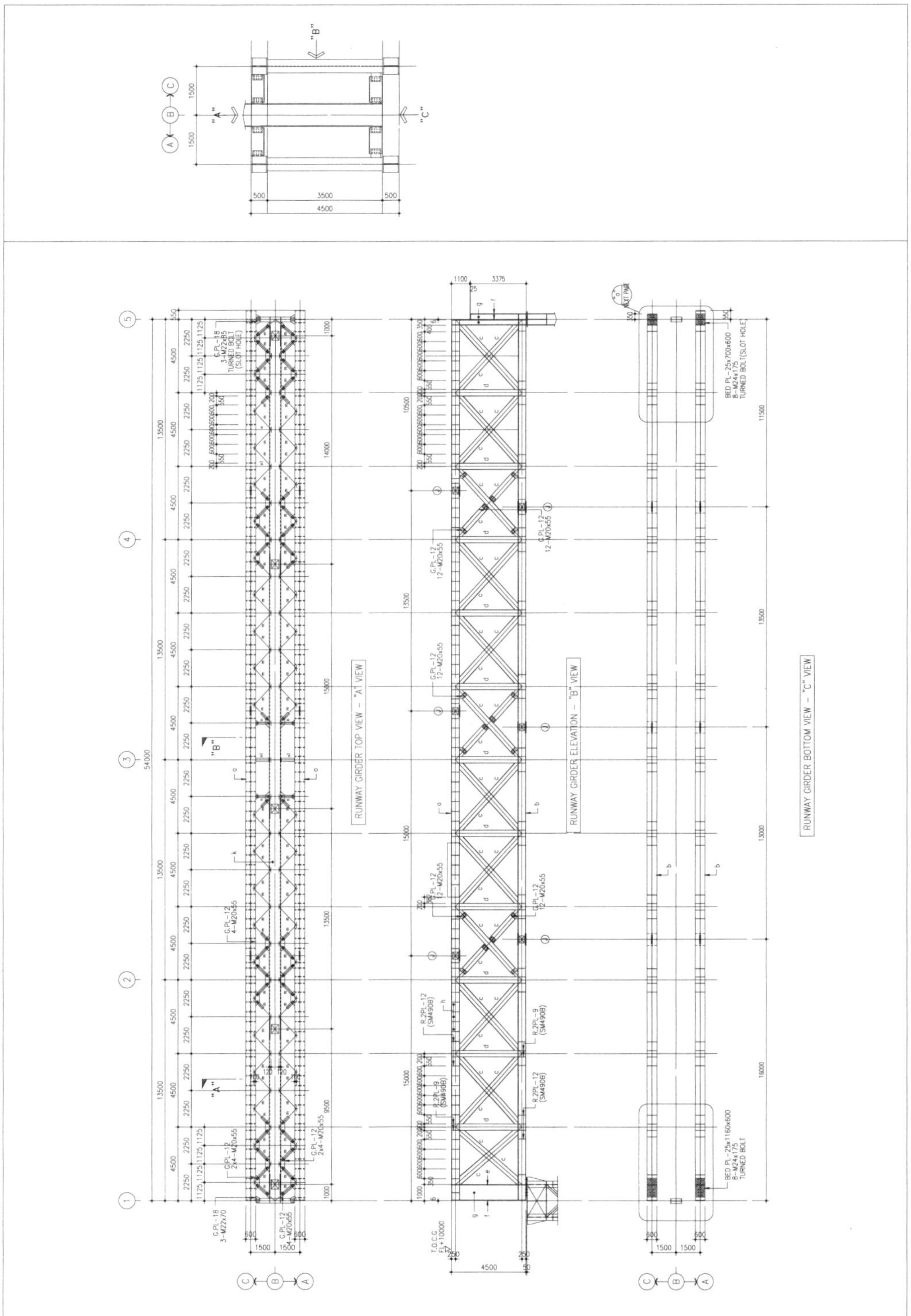

그림 3.2 트러스형태의 크레인 주행보 구조시스템-1

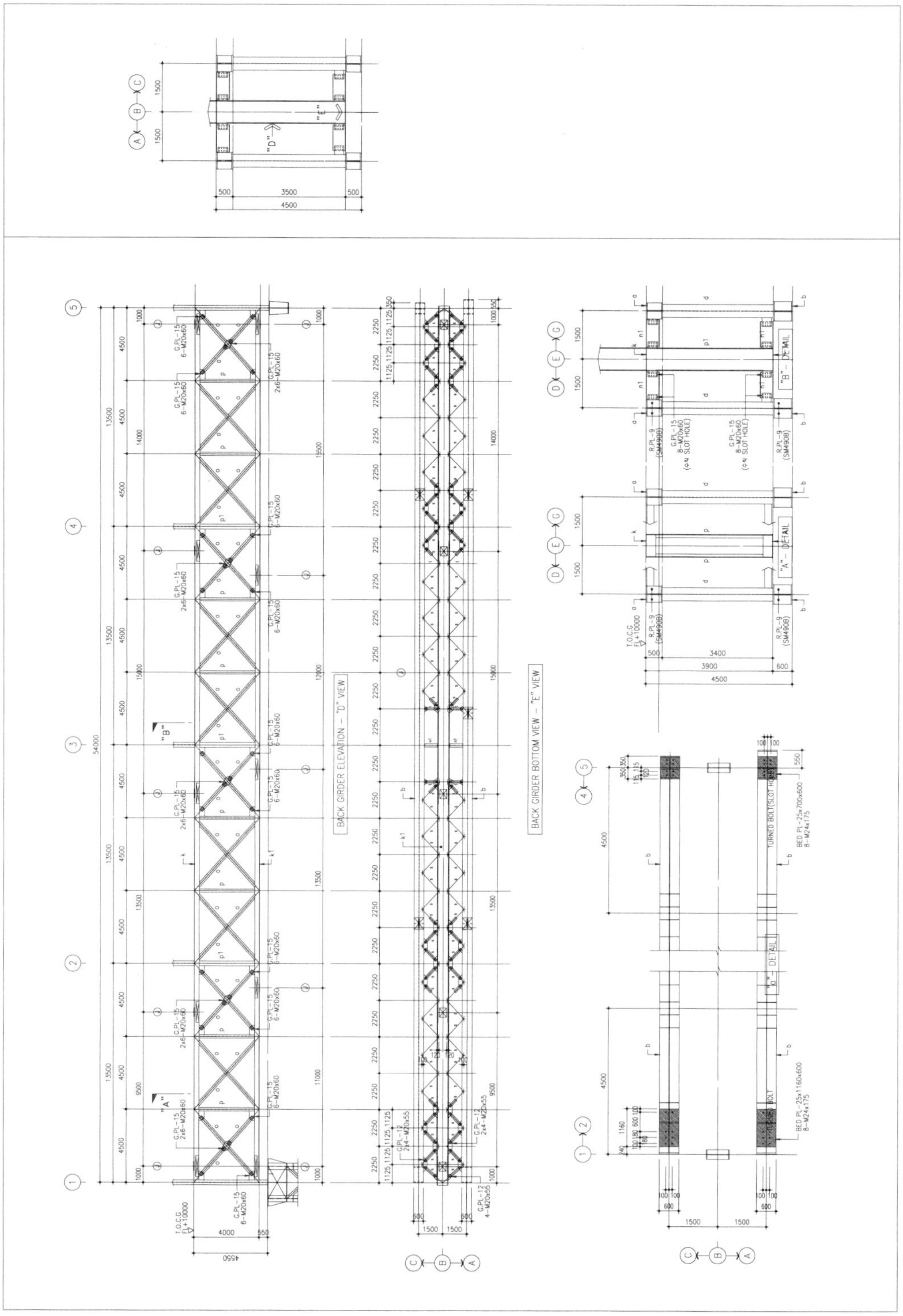

그림 3.3 트러스형태의 크레인 주행보 구조시스템-2

3.2 크레인 주행보의 기능

3.2.1 크레인 주행보의 부재별 구조기능

다음 표 3.1과 그림 3.4는 일반적인 주행보 구조시스템의 구성요소별 구조적, 건축적인 기능과 역할을 요약하여 나타낸다.

표 3.1 크레인 주행보의 부재별 구조기능

부재명	부위명	NO	주요구조기능
주행보	상부플렌지	①	• 크레인 수직하중에 대한 휨압축응력 부담 • 크레인 수평하중 및 외부 풍하중에 대한 back거더 상현재와의 보조 트러스 작용으로 압축 및 인장력 부담
	하부플렌지	②	• 크레인 수직하중에 대한 휨인장응력 부담
	웨브 플레이트	③	• 크레인 수직하중에 대한 전단응력 및 휨응력 부담
	중간 보강재	④	• 웨브 플레이트의 전단 및 압축좌굴 보강
	상부수평보강재	⑤	• 웨브 플레이트의 휨압축좌굴 보강
	리브 플레이트	⑥	• 상부 플렌지 플레이트의 회전방지 • 웨브 플레이트 상부의 국부좌굴 보강
	하부수평보강재	⑦	• 외부 풍하중에 대한 back 거더 하현재와의 보조 트러스 작용
BACK 거더	상현재	⑧	• 보조트러스의 브레이스를 통한 주행보 상부 압축플렌지의 횡좌굴 방지 • 크레인 수평하중 및 외부풍하중에 대한 상부 플렌지와의 보조 트러스 작용으로 인장력 및 압축력 부담 • 통로하중 등에 대한 트러스 작용으로 압축력 부담
	하현재	⑨	• 외부 풍하중에 대한 보조트러스 작용으로 압축 및 인장력 부담 • 통로하중 등에 대한 트러스 작용으로 인장력 부담
보조트러스	상부 브레이스	⑩	• 수평하중에 대한 트러스의 사재로써 압축 및 인장력 부담 • 주행보 상부 압축플렌지의 횡좌굴 지점 제공
	하부 브레이스	⑪	• 외부 풍하중에 대한 트러스의 사재로써 압축 및 인장력 부담
	중간 X-브레이스	⑫	• 주행보와 back 거더와의 box단면 유지로 비틀림강성 및 단면강성 증대

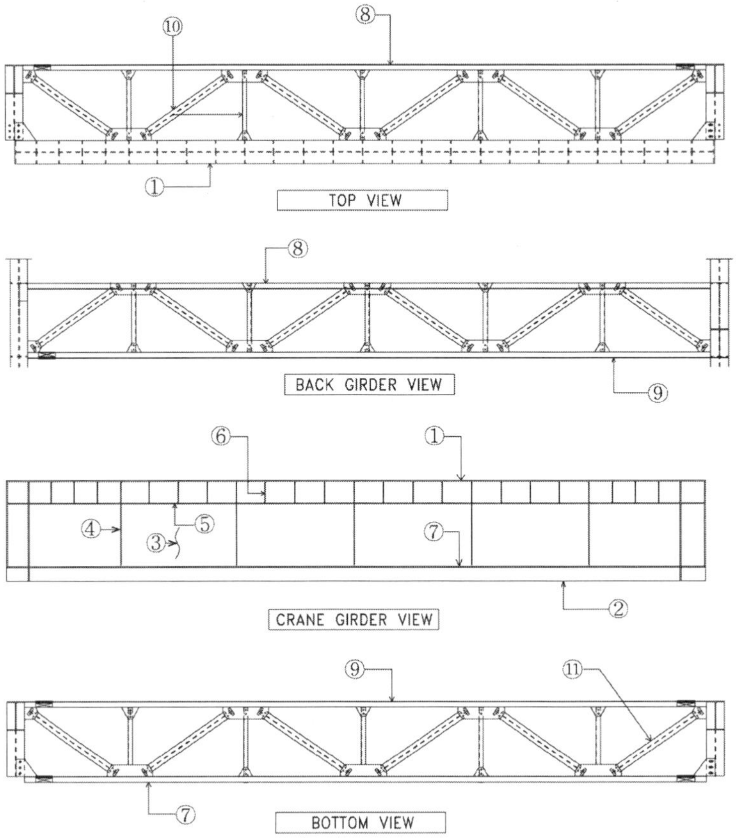

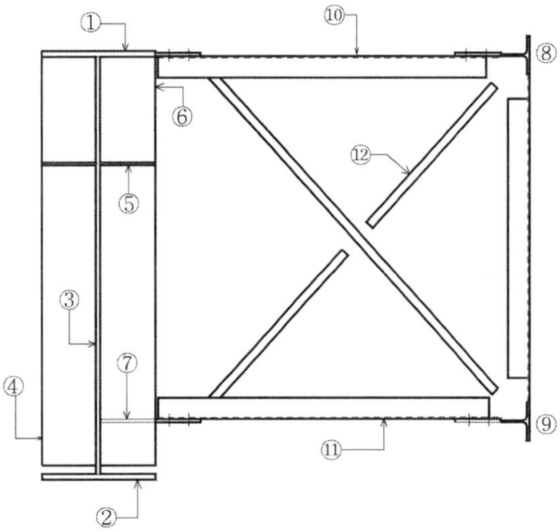

그림 3.4 크레인 주행보 구조시스템의 부재별 기능

3.3 크레인 주행보

크레인 주행보 구조시스템에서 본체에 해당되며 바퀴의 주행하중을 레일을 통하여 일차적으로 부담하며 양단기둥지지부에서 단순지지된 단순보 형태가 일반적이다. 주로 철골 강재로 제작되므로 소형 크레인이며 작은 스팬의 주행보는 기성형강재(H형강)의 연속보 형태로 설계하기도 하지만 대부분의 공장크레인 주행보는 판재의 조립형강재를 사용한다. 플레이트 거더 형태의 주행보는 춤이 일정한 단면형강재로 할 때도 있고 응력의 변화에 따라 양단부에서는 중앙부보다 춤을 작게 하여 변단면 형강재로 하여 건물의 층고 및 강재의 물량을 줄일 수 있도록 설계할 수도 있다. (그림 3.5)

춤이 큰 주행보의 웨브판은 국부판좌굴을 일으킬 수 있으므로 수평·수직으로 적절한 보강 스티프너를 설치한다. 조립형강재는 상부플랜지와 웨브 플레이트, 하부플랜지로 구성되고 상부플렌지에는 옆에서 지지되는 백거더 부재의 연결을 위한 거셋 플레이트가 용접되어 반복응력을 받게 된다.

그리고 상부플렌지와 웨브판의 이음 접합부는 상부레일에 작용하는 바퀴의 집중하중에 의한 압축응력과 레일의 편심설치에 따른 휨응력, 백거더 상부 트러스 부재를 통하여 전달되는 응력등 가장 큰응력 집중현상이 발생되는 부위이므로 용접부에 내부 결함이 없도록 정밀한 검사가 필요하다. 그리고 하부플랜지는 크레인의 이동 반복하중 작용시 가장 큰 인장응력이 발생되고 인장피로현상에 가장 큰 영향을 받는 부분이므로 거셋 플레이트, 수직 스티프너, 기타 설비지지대 등 다른 부착부재를 가능한 접합하지 않아야 한다.

또한, 초장스팬(40～70m) 크레인 주행보에서는 단일 부재의 조립형강재를 사용하면 매우 큰 춤을 가지는 조립형강재가 요구되어 시공 및 물량면에서 불합리한 설계가 될 수 있으므로 철도교량에서 채택되는 트러스 형태의 크레인 주행보 시스템을 채택하는 경우가 합리적인 설계일수도 있다.

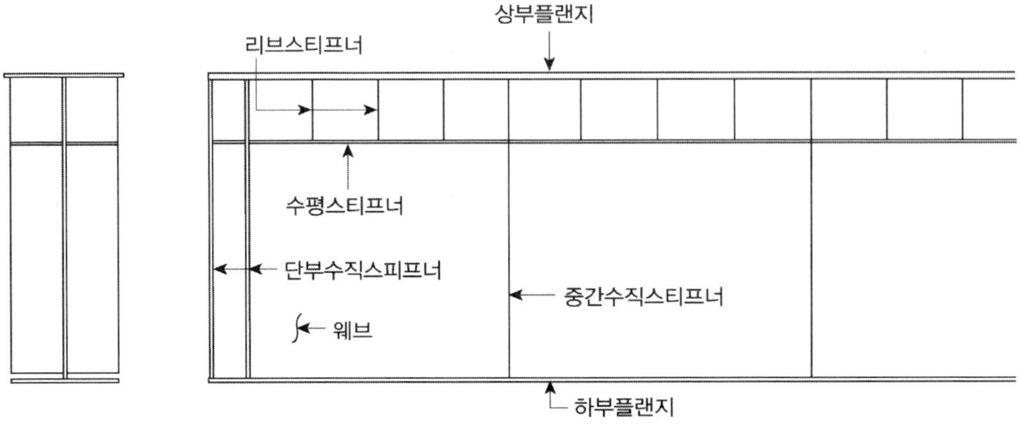

(a) 단일형강재

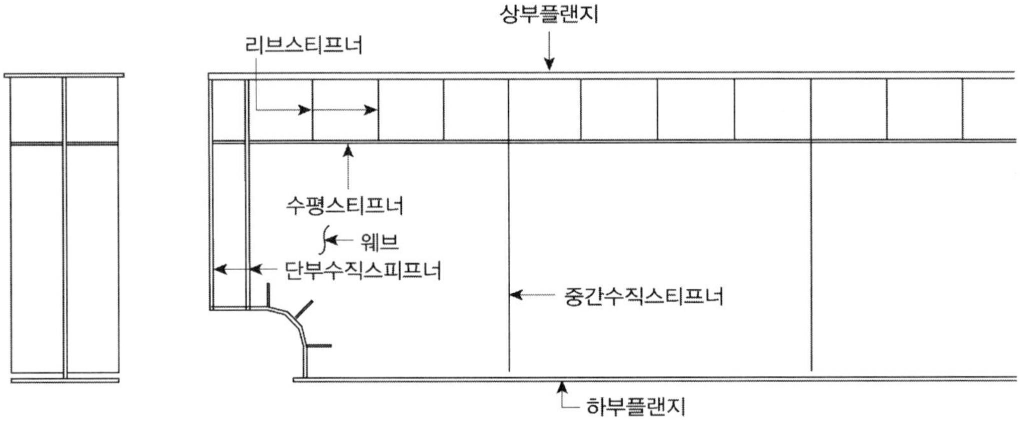

(b) 변단면형강재

그림 3.5 플레이트 거더 형태의 크레인 주행보

3.4 크레인 백거더(back girder)

크레인 백거더의 구조적, 건축적 기능은 크게 3가지로 분류할 수 있다.

첫째, 크레인 주행보 본체의 횡방향 보강기능

둘째, 외부 풍하중의 저항기능

셋째, 크레인 검사 및 작업통행로 기능으로서 소형 크레인이며 주행보 스팬이 짧은 기성형 강재 보(H형강)에서 횡좌굴의 염려가 없을 때는 백거더를 설치하지 않을 수도 있지만 대부분 일정공간의 안전통행로를 설치해야 하고 기둥의 비틀림 방지를 위하여 트러스 형태가 아닌 단일 수평재 형태의 백거더를 설치하기도 한다.

일반적으로 크레인 백거더는 박스형 트러스 형태로 형성되어 강성이 크기 때문에 크레인 주행보 본체의 비틀림 방지와 구조물의 길이방향 변형에도 큰 저항력을 가진다. 또한 초 장스팬(40~70m) 크레인 주행보에서는 춤이 큰 주행보와 백거더의 박스형 대형트러스로 구성되어 백거더 상부 부재의 중앙부에 지붕트러스를 지지하는 기둥을 태워서 지지하는 구조시스템을 만들어 시공성을 향상시키기도 하는데 이러한 경우에는 설계할 때 크레인 주행보의 운행시 반복되는 처짐현상과 기둥하부 트러스의 고정처짐간의 상호 불일치에 따른 처짐제어 방법등에 대한 세심한 고려를 하여 상세 접합부 설계를 하여야 한다.

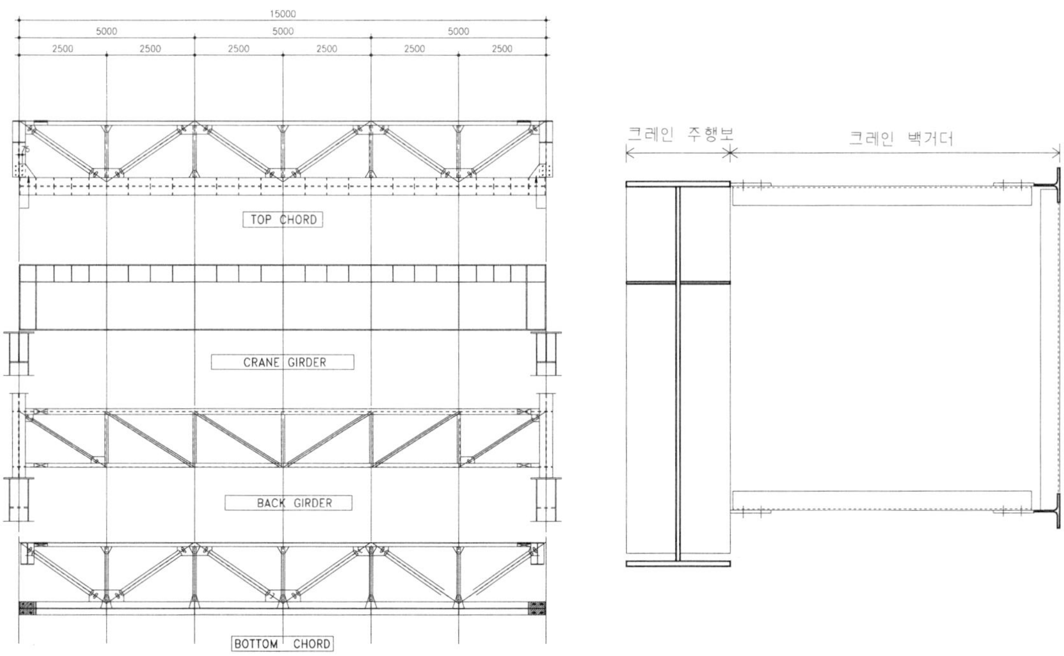

그림 3.6 일반적인 크레인 백거더 형태

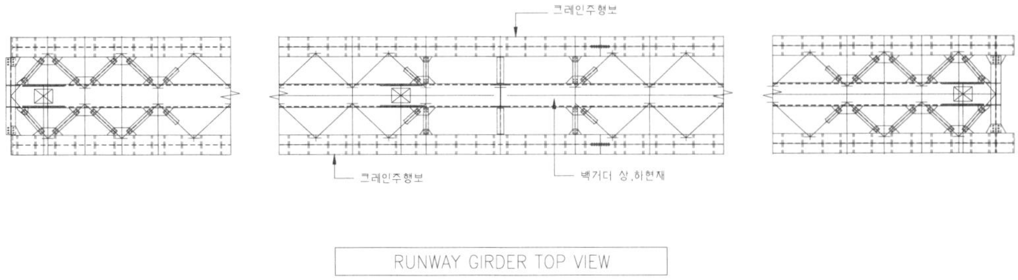

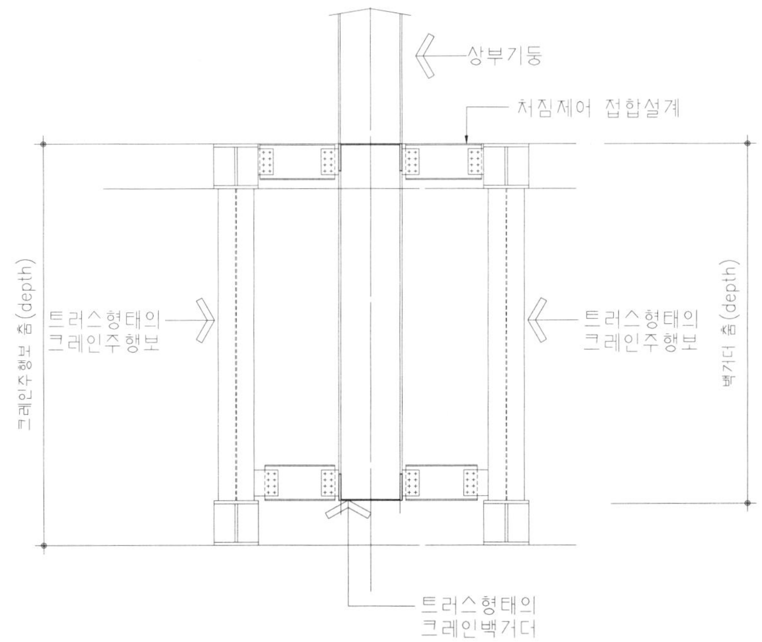

그림 3.7 상부기둥을 태우는 백거더 형태

3.5 크레인 주행보 단부 지지부

일반적으로 크레인 주행보는 양단부를 크레인 기둥위에 단순보 형태로 지지된다.

보통 대형공장에서는 경제적, 구조적 합리성으로 주기둥의 간격이 약 10m, 12m, 15m 등으로 배치되므로 크레인 주행보의 스팬이 자동적으로 10m, 12m, 15m로 결정되지만 여기에서 공장 내부의 설비조건에 따라 기둥이 간섭되어 1개 또는 2개의 기둥이 누락되는 경우도 있어 이때에는 크레인 주행보의 스팬이 20m, 24m, 30m, 45m, 60m 등으로 늘어날 수 있다.

단순보라 하면 구조이론상 한쪽 단부는 힌지(hinge)지점이고 다른 쪽 단부는 롤러(roller) 지점인 정정보로서 응력 및 처짐계산이 용이하다. 이러한 조건을 만족하기 위하여 단부의 한쪽에는 슬롯 홀을 설치하여 수평롤러 지점을 만들어 준다. 크레인 주행보의 시공은 기둥 및 주요트러스 시공 후에 설치하는 공정이므로 기둥의 침하나 수평, 수직 레벨의 오차 등에 따라 단부지지부의 볼트 시공 및 레벨 조정이 매우 어려울 수 있다.

따라서 하부 레벨조정 플레이트, 깔판 등을 적절하게 조정하여 설치해야 크레인이 레일 위를 운행할 때 장애가 발생되지 않는다.

❶ 단순보의 이점

- 여러 가지의 하중조합에 대하여 설계가 훨씬 용이하다.
- 각 지점의 부동침하에 의해 영향을 크게 받지 않는다.
- 손상을 받을 경우 비교적 용이하게 대처할 수 있다.
- 크레인 용량이 증가하는 경우 비교적 용이하게 보강할 수 있다.

❷ 연속보의 이점

- 연속성으로 인하여 처짐량을 감소시킬 수 있다.
- 단부회전과 이동이 감소된다.
- 피로문제가 크레인 주행보의 결정적인 요소가 아니라면 경량의 단면이 될 수 있으며 강재량을 줄일 수 있다.

크레인 주행보의 단부지지 볼트는 장스팬의 탄성보인 관계로 크레인이 반복운행함에 따라 단부에 회전각이 발생되어 피로파괴를 일으킬 수 있으므로 스프링와셔볼트 등 탄성복원력이 있는 볼트를 사용하는 것이 바람직하고 수시로 볼트의 상태를 점검해야 한다.

그리고 초대형(용량 300~500톤 크레인) 크레인의 장스팬(24m~45m) 주행보의 춤이 큰 대형 조립 형강재의 경우 조립설치가 매우 어려운 공사이며 단부 볼트에 큰 응력이 발생되는 경우에는 볼트를 설치하지 않고 플레이트 포켓타입(플레이트 shear key타입)의 단부지지부를 채택하기도 한다.

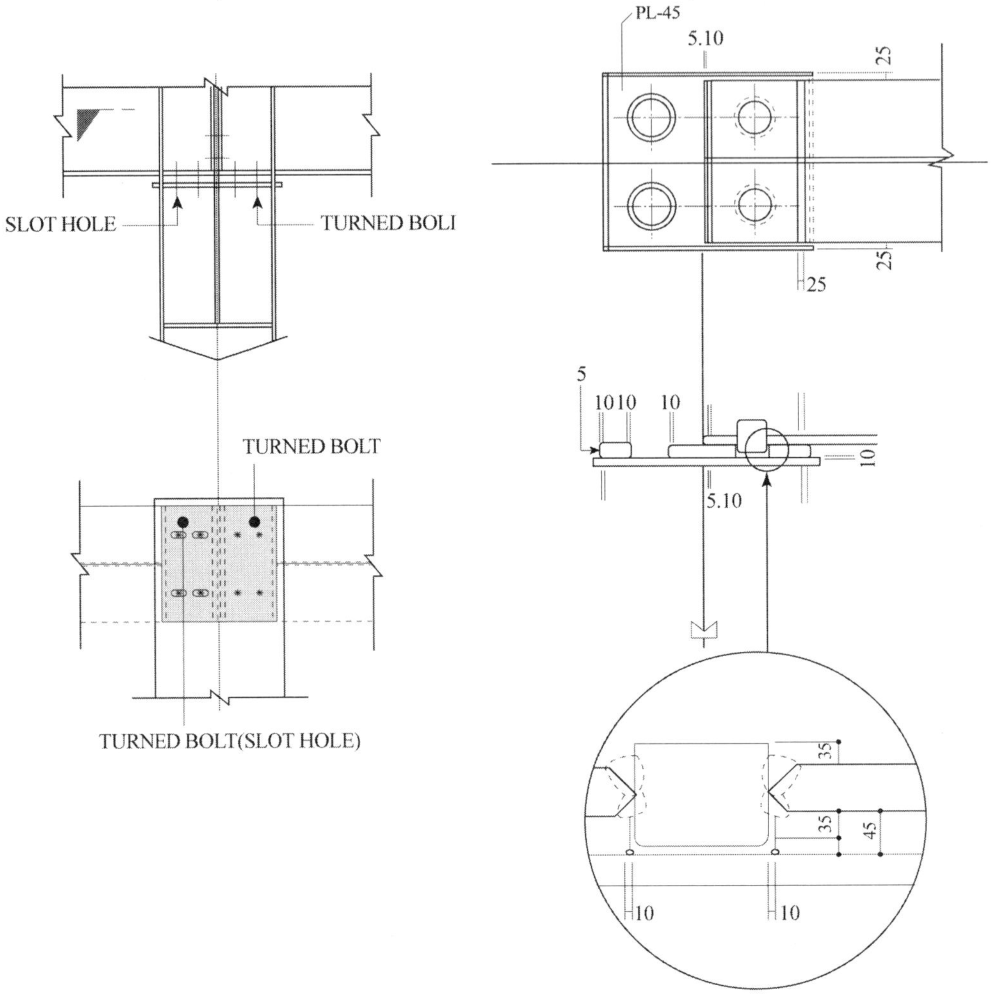

(a) 일반적인 단부지지부

(b) 플레이트 쉬어키 타입의 단부지지부-1

그림 3.8 크레인 주행보 단부지지부 형태

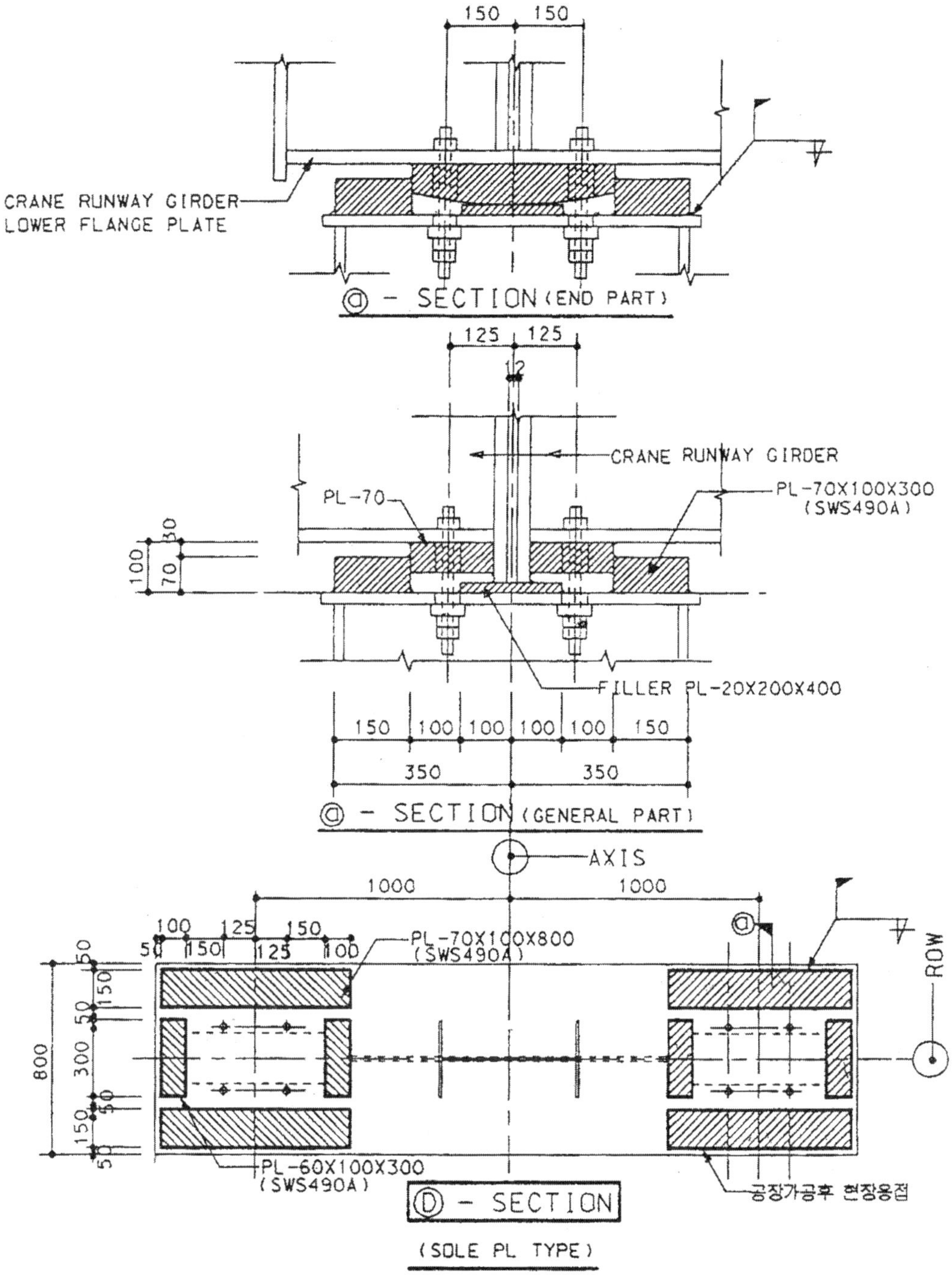

(c) 플레이트 쉬어키 타입의 단부지지부-2

그림 3.8 크레인 주행보 단부지지부 형태(계속)

3.6 크레인 정지대(stopper)

크레인 주행보 최외단부의 정지대 설계는 크레인 범퍼에서 사용된 에너지 흡수장치를 고려해야 하는데 이러한 장치는 비선형 범퍼이거나 선형 균일 스프링 범퍼이다. AISE에서는 크레인 차체와 트롤리에 대한 만재하중의 크레인 정격속도에서 발생되는 총 에너지를 흡수할 수 있도록 설계해야 된다고 규정하고 있다. 크레인의 종류에 따라 그 규격을 엄격히 준수해야 하고 범퍼의 에너지 흡수능력은 동력이 정지된 경우를 기본으로 하고 흔들림이 자유롭다면 견인하중은 포함하지 않는다.

범퍼는 레일의 중심선에 위치해야 하고 크레인 2대의 범퍼가 동시에 작용할 때 적절한 간격을 유지하기 위하여 튀어나와야 한다.

그림 3.9는 단부 정지대의 상세도를 나타낸다.

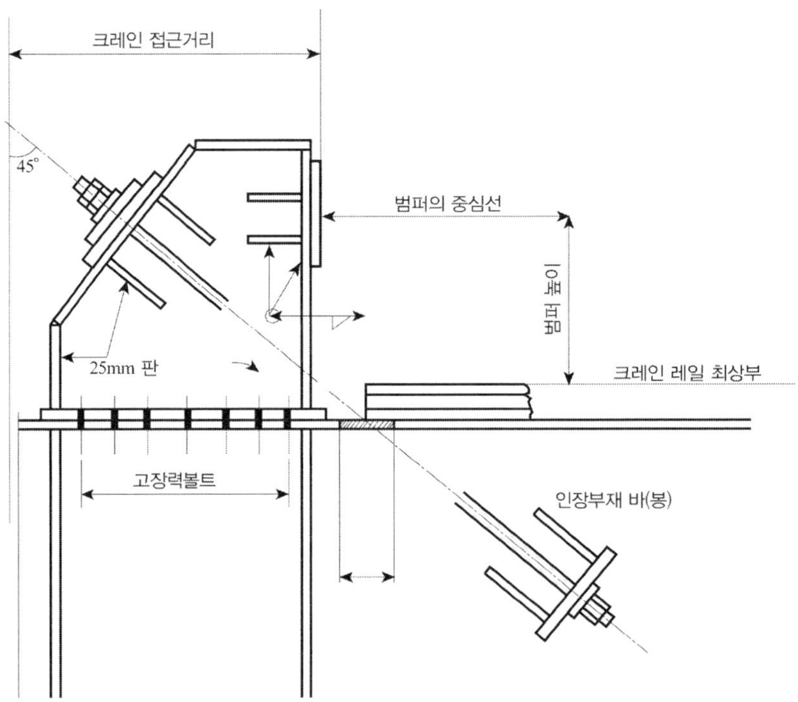

그림 3.9 크레인 정지대 상세

3.7 크레인 레일

크레인 주행보의 상부 플렌지에 직선으로 설치되는 레일은 제조업체에서 규격화되어 제공되고 있으며 공장건축설계에서는 일반적으로 기계설계분으로 분류되고 있다. 이러한 레일의 크기는 크레인의 바퀴하중, 모양, 용도별로 분류되어 결정된다. 레일은 크레인의 바퀴에서 작용되는 수직하중과 횡하중을 받는다.

스팬이 긴 크레인 차체는 차체의 변형에 의한 휨 현상도 발생되어 크레인 바퀴와 레일의 마모를 촉진시키며 더 많은 동력을 필요로 한다. 레일은 보통 볼트로 접합되어 설치하기가 쉽고 교체하거나 재배열할 때 분해하기가 용이하다. 크레인 주행로에 있는 한 쪽의 레일 이음매는 맞은편에 있는 레일이음매와 동일한 위치에 두지 않고 엇갈리게 배치한다.

또한 레일은 크레인 주행보 웨브의 중심에 위치해야 하며 편심거리는 웨브 두께의 0.75배 이하이어야 한다.

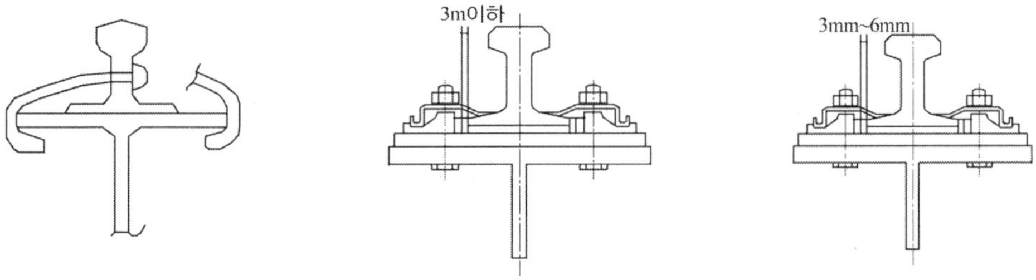

(a) 갈고리 볼트 (b) 고정조임쇠 (c) 유동조임쇠

그림 3.10 레일을 지지부재에 부착시키는 방법

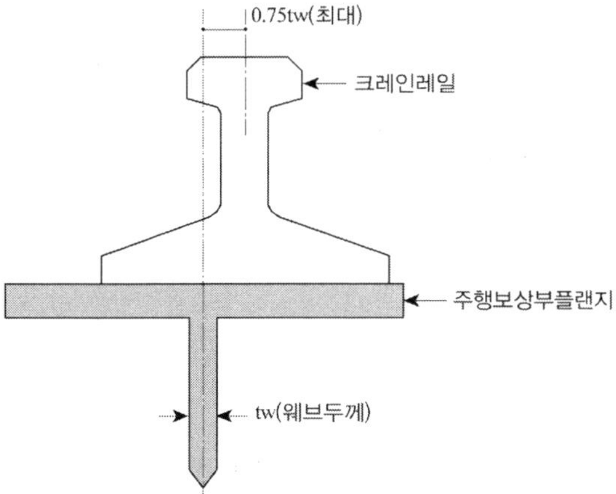

그림 3.11 레일의 편심거리 제한

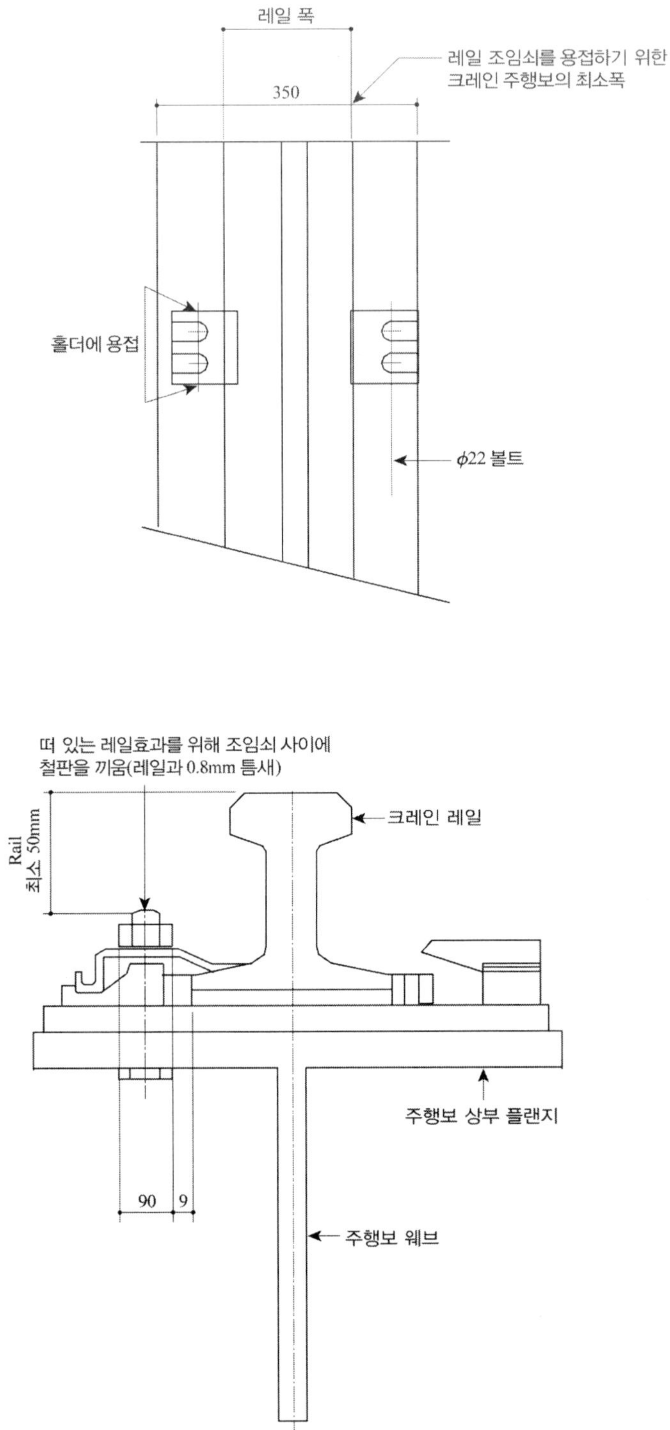

그림 3.12 레일조임쇠에 대한 상세

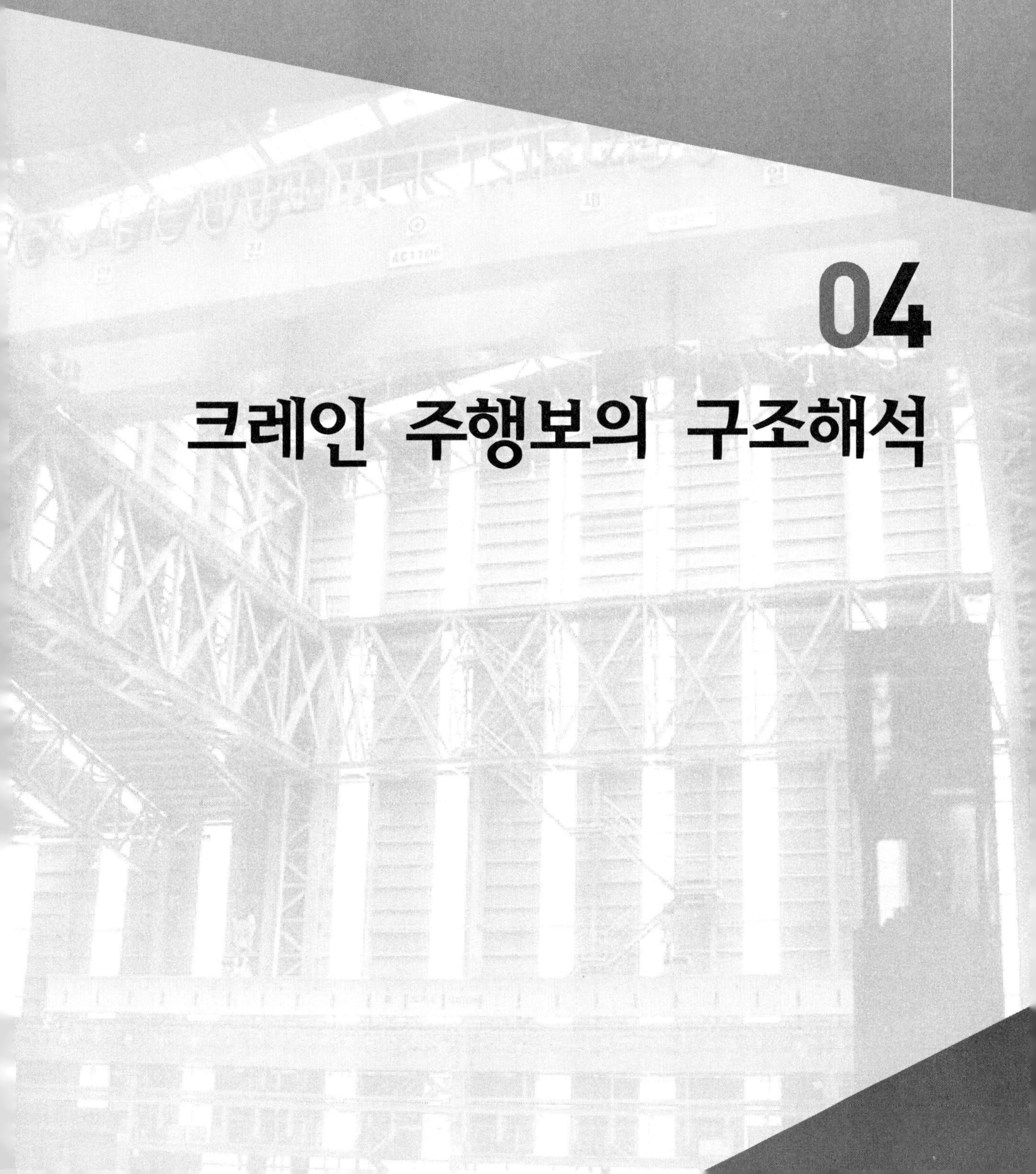

04 크레인 주행보의 구조해석

04 크레인 주행보의 구조해석

4.1 탄성해석

천정크레인 주행보는 일반적으로 단순보로 설계되며 작용하는 설계하중은 크레인 바퀴 등을 통하여 이동하는 집중 동하중이며 구조부재는 탄성체인 강재가 주로 사용된다. 정적인 하중이 아니고 수개의 바퀴가 수평 휨재인 주행보 위를 이동하면서 반복적으로 휨응력을 변화시키는 구조재로서 최대모멘트, 최대전단력, 최대처짐값을 계산하는 작업이 케이스별로 따로따로 시행될 경우 매우 어려운 작업이 되지만 탄성해석법인 영향선이론(Influence line theory)에 의한 컴퓨터 프로그램을 이용하면 쉽게 계산할 수 있다.

4.1.1 이동하중의 영향선이론에 의한 단순보 해석

:: **지점반력의 영향선**(reaction influence line)

그림 4.1과 같은 경우

$$R_A = \frac{L-x}{L} = 1 - x/L$$
$$R_B = x/L$$

R_A, R_B는 x 의 일차함수이므로 영향선이 직선이다. R_A, R_B에 대한 종거를 Y_A , Y_B라 하고 $x/L = \xi$라 하면

$$Y_A = 1 - \xi,\ \ Y_B = \xi$$

이제 그림 4.2의 경우 A지점 반력은 다음과 같이 나타낸다.

$$R_A = P_1 Y_1 + P_2 Y_2 + \cdots = \sum PY \quad \text{(4.1)}$$

그림 4.3과 같이 a-b 구간에 등분포하중 w가 작용하면

$$\text{반력 } R_A = \int_a^b w\,dxy = w\int_a^b Y\,dx$$

적분면적을 A라 하면

$$R_A = wA$$

등분포하중이 전 구간 걸쳐 작용하면

$$R_{A\max} = R_{B\max} = w\,L/2$$

영향선은 그 종거 및 영향 면적의 (+, −)에 의하여 하중 작용위치에 의한 단면력, 반력의 영향을 한 눈에 알 수 있고 또 중첩의 원리에 의하여 다수의 하중이 작용할 때의 단면력을 용이하게 구할 수 있는 점이 특징이며 이것 때문에 이동하중을 받는 구조물의 설계에서 널리 이용되는 것이다.

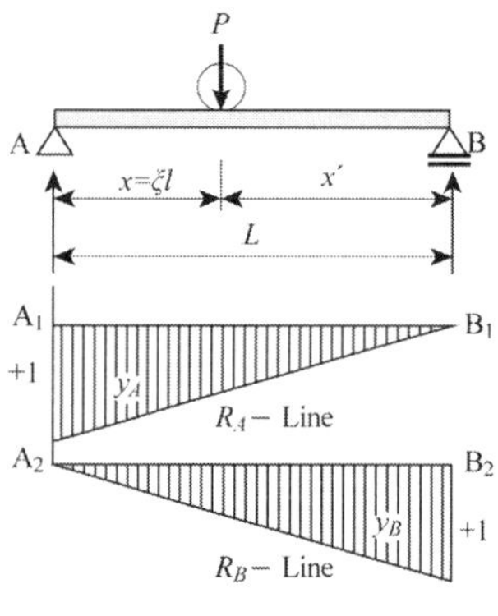

그림 4.1

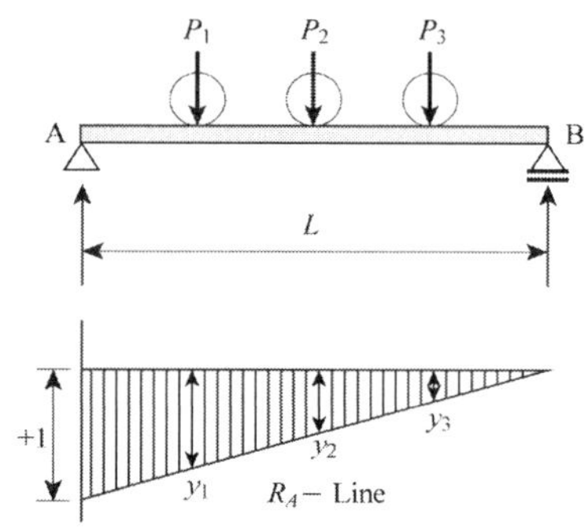

그림 4.2

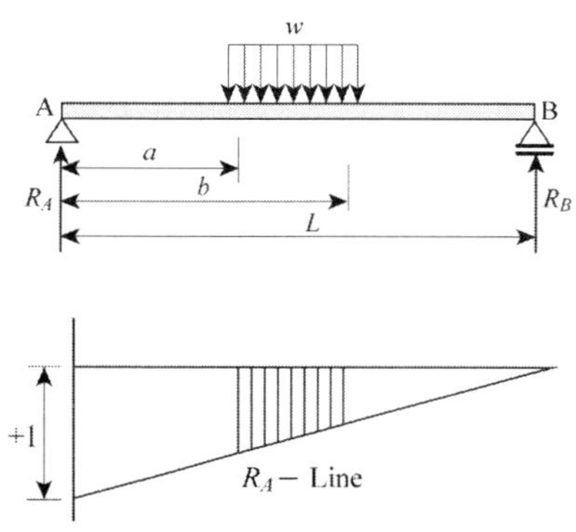

그림 4.3

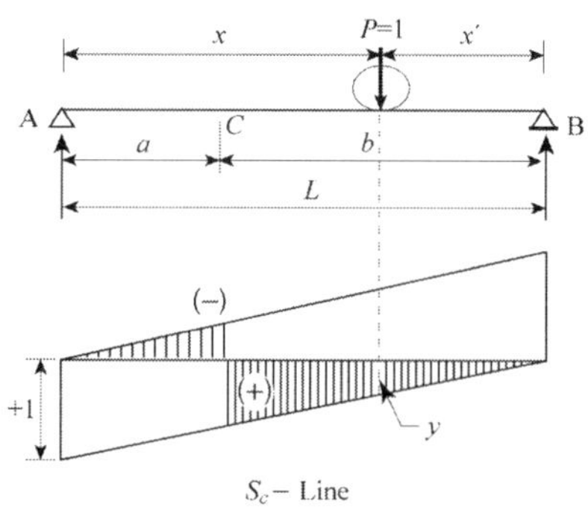

그림 4.4

∷ 전단력의 영향선(shear influence line)

그림 4.4의 임의단면 C에 있어서의 전단력 S_c는 하중위치가 AC간에 있을 때에는 $-R_B$, CB간에 있을 때는 $+R_A$와 같다, 영향선은 그림 4.4와 같다.

$$\text{AC간} : Y = -\xi$$

$$\text{CB간} : Y = 1-\xi$$

집중하중 P가 이동할 경우 P가 C점의 좌 또는 우에서 무한히 접근할 때 S_c는 극대 혹은 극소가 된다.

$$S_{c\ \max} = +P\,b/L\ ,\ S_{c\ \min} = -Pa/L$$

등분포하중은

$$S_{c\ \max} = wA_1 = +\frac{wb^2}{2L} \qquad S_{c\ \min} = wA_2 = \frac{wa^2}{2L}$$

∷ 휨모멘트의 영향선(bending moment influence line)

그림 4.5에서 임의 단면 C에 있어서의 휨모멘트 M_c는 하중이 AC간에 있을 때 $M_c = R_B \cdot b$, CB간에 있을 때는 $M_c = R_A \cdot a$와 같다. 따라서 M_c에 대한 영향선은 R_A, R_B에 대한 영향선을 이용하여 AC간 : $Y_m = b\,\xi$, CB간 : $Y_m = A(1-\xi)$이다. 이것은 그림 4.6과 같다. 1개의 집중하중 P가 작용할 때 그림 4.7에 있어 P가 C 위에 있을 때 M_c는 극대로 되고

$$M_{c\ \max} = P\,.\,Ymc = \frac{P\,a\,b}{L}$$

등분포하중 w가 작용할 때는 그림 4.7에서 전 구간에 분포할 때 최대가 된다.

$$M_{c\ \max} = w \cdot A = w \cdot \frac{Y_{mc} \cdot L}{2} = w\,a\,b/2$$

∷ 최대 반력

연행하중이 단순 보 위를 지날 때에는 각 하중이 지점위에 실릴 때 마다 그 지점 반력이 극대로 되고, 그중에서 가장 큰 것이 최대반력(maximum reaction)이 된다. 그림 4.8에 있어서 연행하중 P_1, P_2, ⋯ P_{n+1}이 이동하여 그림과 같은 위치에 왔을 때 이 순간의 지점반력 R_A를 그 영향선에 의해 구해 보면

$$R_A = P_1\,Y_1 + P_2\,Y_2 + \cdots + P_{n+1}\,Y_{n+1}$$

를 얻는다.

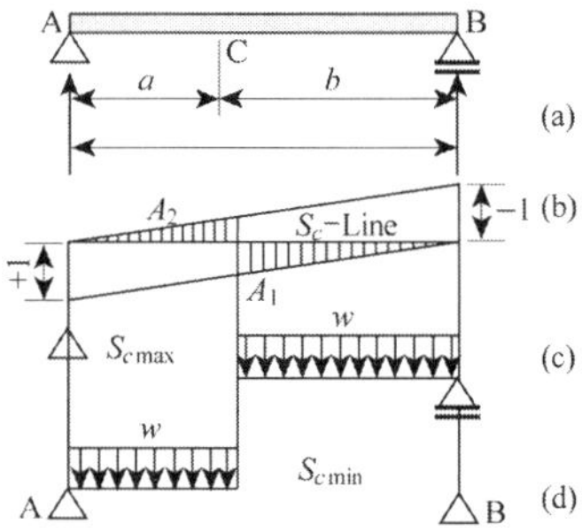

그림 4.5

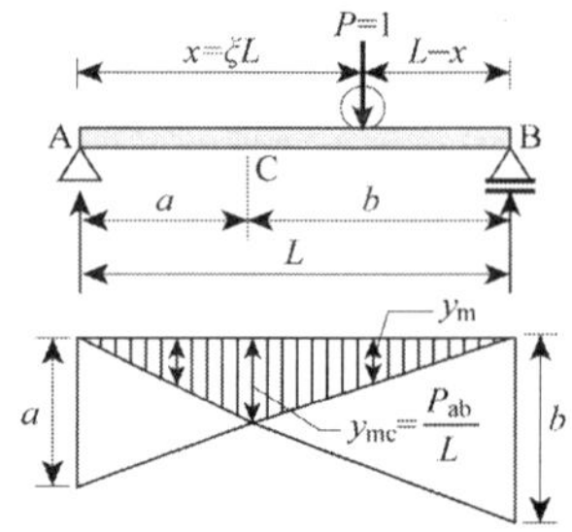

그림 4.6

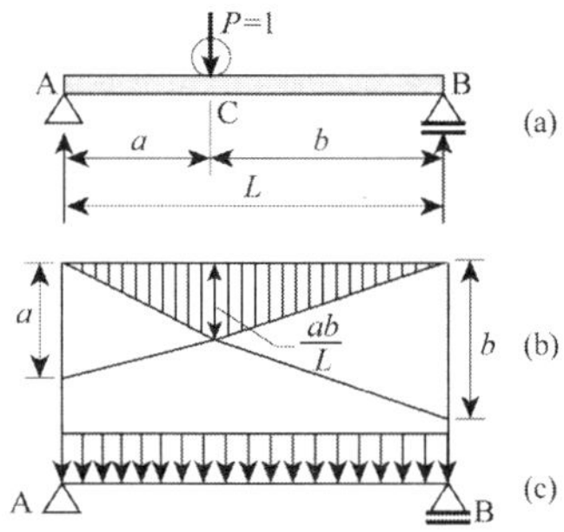

그림 4.7

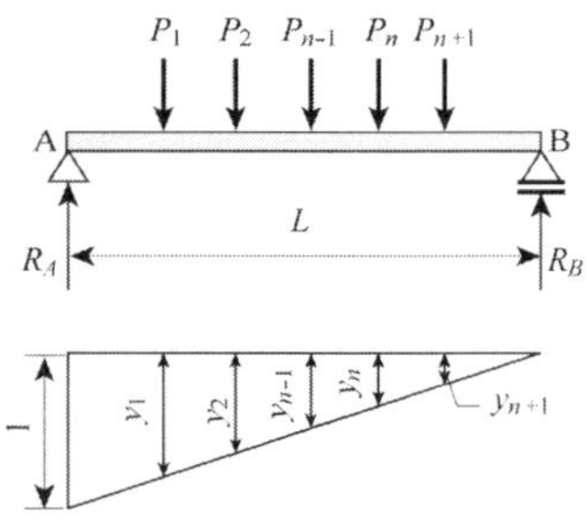

그림 4.8

이 식에 의하면 하중이 그림의 위치로부터 좌측으로 이동함에 따라 R_A의 값은 점점 커지고 하중 P_1이 A지점에 실린 순간 그 값이 극대가 됨을 알 수 있다. 이때에 하중 P_{n+1}에 연속하는 다음 하중 P_{n+2}가 새로이 보위에 실리더라고 R_A가 극대가 된다는 것에는 변함이 없다. 다음에 하중 P_1이 A지점을 지나가면서 R_A는 갑자기 작아졌다가 또 다시 커질 것이다. 이와 같이 하여 P_1 P_2 ⋯ P_{n+1}이 지점에 실릴 때마다 R_A가 극대로 되는데, 그중에서 가장 큰 값이 최대 반력이 된다.

이것은 R_B에 대하여서도 같다.

:: 임의 단면의 최대전단력

연행하중을 받는 단순보의 임의단면에 대한 전단력은 각하중이 그 단면에 실리는 순간마다 극대 아니면 극소가 되고, 그 중에서 가장 큰 값이 그 단면의 최대전단력(maximum shearing Force)이 된다. 그림 4.9에서 연행하중이 그림과 같은 위치에 왔을 때 단면 C의 전단력을 영향선에 의해 구해보면 다음과 같다.

$$S_x = -(P_1 Y_1 + P_2 Y_2 + \cdots + P_m) + (P_{n-1} Y_{n-1} + P_n Y_n) \cdots\cdots \text{(4.2)}$$

이 식에서 만일 $S_x > 0$일 때 우변 제2항이 제1항보다 크면 S_x는 하중이 그림 위치로부터 좌측으로 이동하여 하중 P_{n-1}이 단면 C에 극히 접근하였을 때 극대가 된다. 반대로 $S_x < 0$일 때 S_x는 하중이 우측으로 이동하여 P_m이 단면 C에 극히 접근하였을 때 극소가 된다. 최대전단력은 이들 몇 개의 경우에 대한 전단력 중에서 절대값이 가장 큰 것을 취하면 된다.

:: 절대 최대전단력

모든 단면의 최대전단력 중에서 절대치가 가장 큰 것을 절대최대전단력이라 한다. 단순보에서의 절대최대전단력은 지점에 무한히 가까운 단면에서 일어나고 그 값은 최대 반력과 같다. 그림 4.10에서 $x=0$ 또는 $x=L$, 즉 단면 C를 A지점 또는 B지점에 무한히 가깝게 잡으면 전단력의 영향선은 그림 4.10과 같이 되어 영향선의 세로길이가 정(+) 아니면 부(−)만으로 되기 때문에 이때의 최대전단력의 절대치는 다른 어떤 단면의 그것보다도 커진다. 그러므로 이 단면의 최대전단력이 절대 최대전단력이 되고 또 이 영향선은 A지점 반력의 영향선에서는 그 부호를 부(−)로 바꾼 것과 같으므로 그 크기는 최대반력의 크기와 같아진다는 것이다.

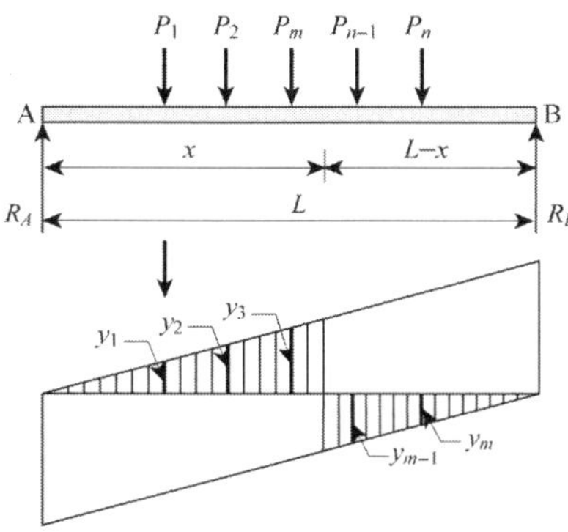

그림 4.9

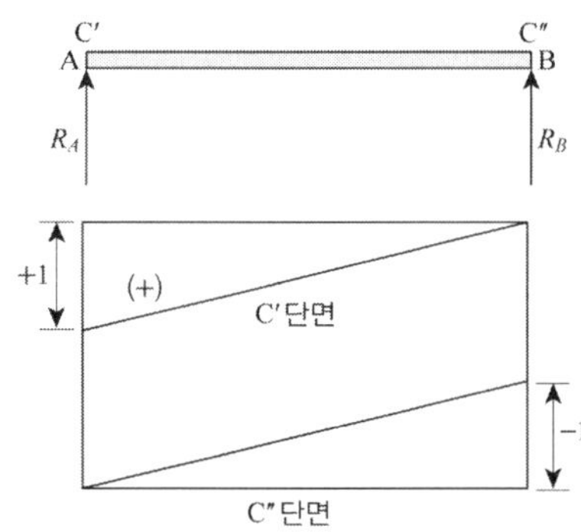

그림 4.10

:: 임의 단면의 절대최대휨모멘트

연행하중이 그림 4.11과 같은 위치에 왔다고 가정하면 R_1은 AC 사이의 하중 $P_1, P_2, \cdots, P_{m-1}$의 합력, R_2는 CB 사이의 $P_m, \cdots, P_n$의 합력이라 하고 단면 C에 대한 휨모멘트를 그 영향선에 의해 구하면 그림 4.12에서

$$M_x = R_1 Y_1 + R_2 Y_2 \cdots\cdots \text{(4.3)}$$

그런데 그림으로부터 $Y_1 = \frac{a\,x'}{L}$, $Y_2 = \frac{x}{L}(L - a - a')$이므로 식 (4.3)은

$$M_x = R_1 \frac{ax'}{L} + R_2 \frac{x}{L}(L - a - a') \quad \cdots\cdots (4.4)$$
$$= \frac{x}{L}\{(R_2(L-a') + a\,x'(R_1/x - R_2/x')\}$$

여기서 $(R_1/x - R_2/x')$ 이외의 항은 모두 정(+)이고 또 하중은 이동하므로 a를 변수라고 생각하면

$$\frac{R_1}{x} - \frac{R_2}{x'} < 0 \quad \cdots\cdots (4.5)$$

일 때는 a가 작아질수록 M_x의 값은 커진다. 이것은 그림으로부터 분명하듯이 하중이 좌측에서 이동하여 P_m이 단면 C에 가까워질수록 이단면의 휨모멘트가 커진다는 것을 의미한다. 단, 이때에 하중이 이동함에 따라 새로운 하중이 보위에 실린다면 그 영향을 생각하지 않으면 안 된다.

다음에 P_m이 단면 C를 지나서 그 좌측으로 옮겨지면 어떻게 되는 가를 알아보도록 한다.

R_1' = AC 사이의 하중 $P_1\ P_2 \cdots\ P_m$
R_2' = CB 사이의 하중 $P_{m+1} \cdots\ P_n$

이라고 하면 식 (4.4)의 경우처럼 단면 C의 휨모멘트 M_x는

$$M_x = \frac{x}{L}\left\{R_2'(L-a') + ax'\left(\frac{R_1'}{x} - \frac{R_2'}{x'}\right)\right\} \quad \cdots\cdots (4.6)$$

를 얻는다. 그런데 P_m이 단면 C에 실리는 순간에 휨모멘트가 극대로 되려면 식 (4.6)의 M_x가 a의 감소에 따라 작아지지 않으면 안 된다. 즉

$$\frac{R_1'}{x} - \frac{R_2'}{x'} > 0 \quad \cdots\cdots (4.7)$$

이 되어야 한다. 그런데 R_1, R_2는

$$R_1 = \sum_{1}^{m-1} P, \quad R_2 = \sum_{m}^{n} P$$

이므로 식 (4.5)는 다음과 같이 고쳐 쓸 수 있다.

$$\frac{\sum_{1}^{m-1} P}{x} - \frac{\sum_{m}^{n} P}{x'} < 0 \qquad \therefore \ \frac{x'}{x} < \frac{\sum_{m}^{n} P}{\sum_{1}^{m-1} P} \quad \cdots\cdots (4.8)$$

또 $R_1' = \sum_{1}^{m} P, \quad R_2 \sum_{m+1}^{n} P$

라고 놓을 수 있으므로 식 (4.7)은

$$\frac{\sum_{1}^{m} P}{x} - \frac{\sum_{m+1}^{n} P}{x'} > 0 \qquad \therefore \ \frac{x'}{x} < \frac{\sum_{m+1}^{n} P}{\sum_{1}^{m} P} \quad \cdots\cdots (4.9)$$

식 (4.8)과 (4.9)로부터

$$\frac{\sum_{m+1}^{n} P}{\sum_{1}^{m} P} < \frac{x'}{x} < \frac{\sum_{m}^{n} P}{\sum_{1}^{m-1} P}$$

이 식의 각 점에 1을 더하고 역수를 취하면

$$\frac{\sum_{1}^{m} P}{\sum_{1}^{n} P} > \frac{x}{L} > \frac{\sum_{1}^{m-1} P}{\sum_{1}^{n} P} \qquad \therefore \ \sum_{1}^{m} P > \frac{x}{L} \sum_{1}^{m} P > \sum_{1}^{m-1} P \quad \cdots\cdots (4.10)$$

식 (4.10)이 만족하면 하중 P_m이 단면 C에 실릴 때 C 단면의 휨모멘트 M_x가 극대로 된다. 그러나 이러한 조건을 만족시키는 P_m과 같은 하중은 일반적으로 많이 있을 것이므로 그들 중에서 가장 큰 것이 단면 C의 최대휨모멘트가 된다. 그리고 식 (4.4)에서 $\frac{R_1}{x} - \frac{R_2}{x'} > 0$일 때는 연행하중이 우측으로 이동하여 하중 P_{m-1}이 단면 C에 접근할수록 이 단면의 휨모멘트가 커지고 또 P_{m-1}이 단면 C에 실릴 때 극대가 되기 위한 조건을 위에서와 같은 방법으로 구하면

$$\sum_{1}^{m-1} P > \frac{x}{L} \sum_{1}^{n} P > \sum_{1}^{m-2} P \quad \cdots\cdots (4.11)$$

로서 결국은 식 (4.10)과 같은 형식이 된다. 앞서 논의된 바를 요약하면 다음과 같다.

① 보의 임의 단면에서 극대 휨모멘트는 반드시 하중의 하나가 그 단면에 실릴 때 일어난다.

② 하중 P_m이 한 쪽 지점에서 x만큼 떨어진 단면 위에 실릴 때 그 단면의 휨모멘트가 극대로 되려면

$$\sum_1^m P > \frac{x}{L}\sum_1^n P > \sum_1^{m-1} P \quad \cdots\cdots (4.12)$$

인 조건이 성립되어야 하고 이와 같은 P_m에 대한 극대 휨모멘트 중에서 가장 큰 것이 그 단면의 최대휨모멘트가 된다.

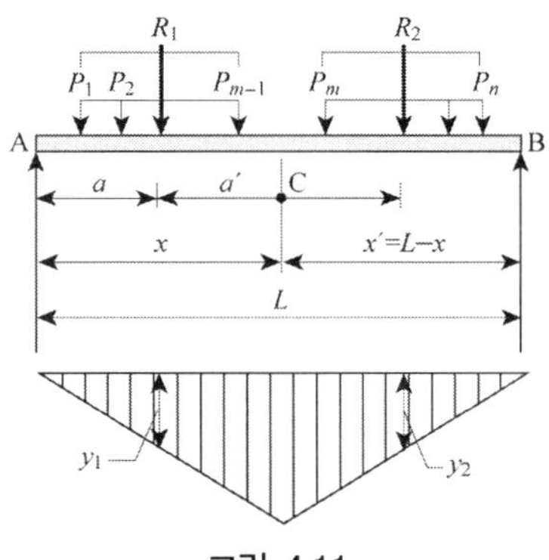

그림 4.11

:: 절대 최대휨모멘트

절대 최대휨모멘트가 일어나는 단면의 위치는 다음과 같이 구한다. 그림 4.12에서 단면 C의 최대휨모멘트 $M_{x\,\max}$가 여러 하중 중에서도 P_m이 이 단면에 발생한다고 가정하면 $M_{x\,\max}$는 다음과 같다.

$$M_{x\,\max} = R_A \cdot x - R_1(x-a)$$

그런데 $R_A \dfrac{R \cdot b}{L} = \dfrac{R}{L}\{L-(x+e)\}$이므로

$$M_{x\,\max} = \frac{R}{L}\{L-(x+e)\}x - R_1(x-a) \quad \cdots\cdots (4.13)$$

이 식에서 C 단면에서 최대휨모멘트가 발생한다고 하면 식 (4.13)에서

$$\frac{dM_{x\,\max}}{dx} = 0 \quad \cdots\cdots (4.14)$$

으로 구할 수 있다. 식 (4.13)에서 $(x-a)$인 값은 x가 변하더라도 활하중에 변동이 없으면 항상 일정한 값이 되므로

$$\frac{d\,M_{x\,\max}}{d\,x} = \frac{R}{L}(b-x) = 0 \quad \therefore\ x = b \quad \cdots\cdots (4.15)$$

즉, 이것은 하중 P_m과 합력 R의 적용점 사이의 거리가 스팬의 중앙에 2등분 되는 곳의 단면임을 말한다. 그런데 이와 같은 P_m이 될 수 있는 하중은 일반적으로 보위에 실리는 전 하중 합력의 작용점에 가장 가까운 하중이고, 만일 그 하중이 극히 작을 때는 그 부근에서 가장 가까운 하중이 된다. 이상을 요약하면 다음과 같다.

정리

연행하중이 단순보 위를 지날 때의 절대최대휨모멘트는 보에 실리는 전하중이 합력의 작용점과 그와 가장 가까운 하중(또는 그 부근의 큰 하중)과의 사이가 보의 스팬과 중앙에 의하여 2등분 될 때, 그 하중 바로 밑에서 생긴다. (C점)

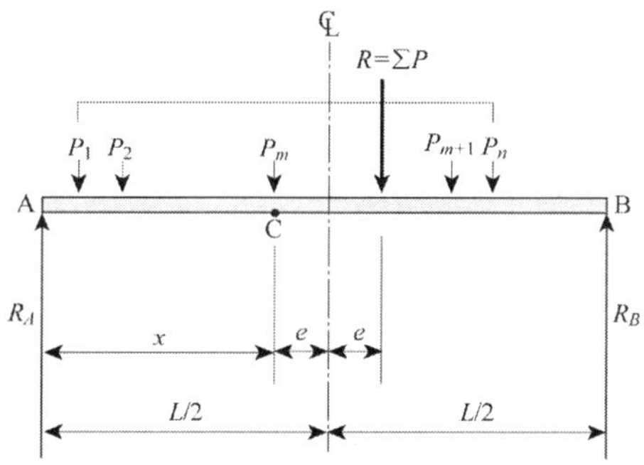

그림 4.12

:: 이동하중에 의한 단순보의 구조해석 예제

예제 1 바퀴가 한쪽에 2개 크레인이 운행하는 경우

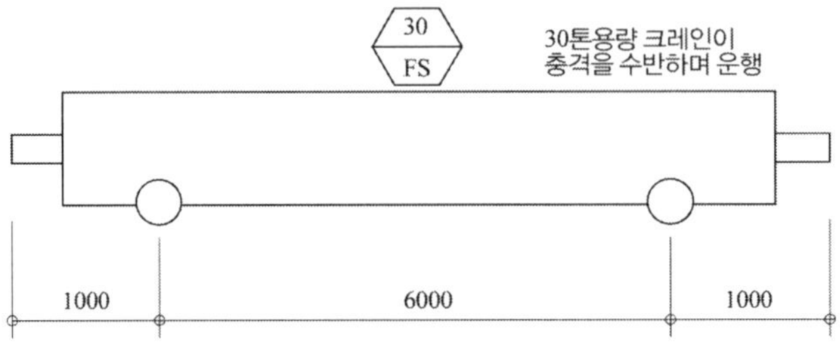

❶ 설계조건

- 최대 바퀴하중 : 30kN/EA
- 수직 충격계수 : 1.25
- 크레인 주행보 스팬 : 15.0m
- 크레인 주행보 자중은 무시함

❷ 응력해석

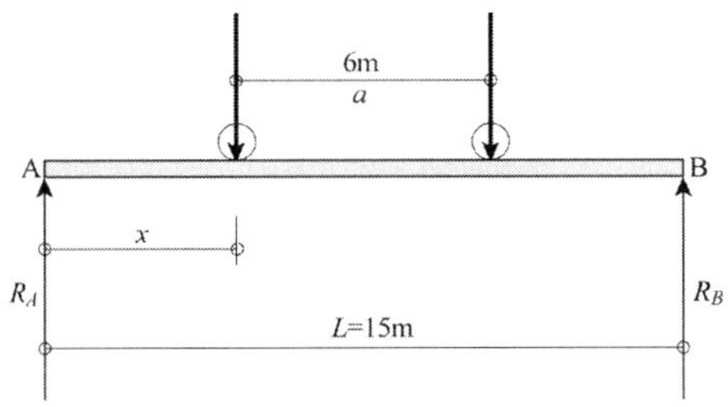

$$P_1 = 1.25 \times 300 = 375\ \text{kN}$$

- 최대반력 : $R_A = \dfrac{P(2l-a)}{l} = \dfrac{375(2\times15-6)}{15} = 600\,\text{kN}$
- 최대모멘트 : $M_{\max} = \dfrac{p}{2l}\left(l-\dfrac{a}{2}\right)^2 = \dfrac{375}{2\times15}\left(15-\dfrac{6}{2}\right)^2 = 1800\ \text{kN}\cdot\text{m}$
- 중앙부에서의 수직처짐 계산식 : $\delta_c = \dfrac{P}{48EI}(l-a)\{3l^2-(l-a)^2\}$

예제 2 바퀴가 한쪽에 8개 크레인이 운행하는 경우

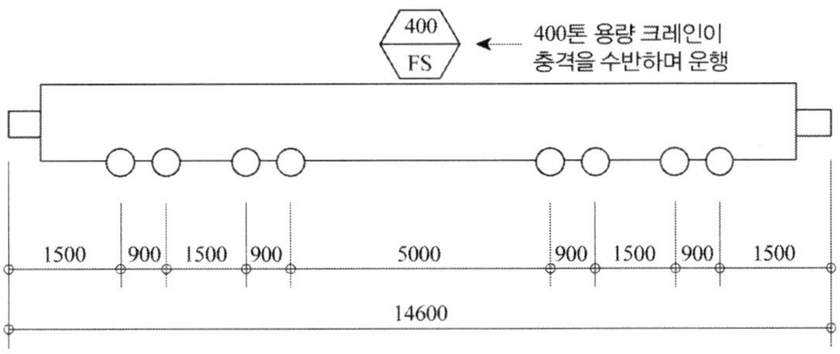

❶ 설계조건

- 최대바퀴하중 : 800 kN/EA
- 크레인 주행보 자중은 무시함
- 수직충격계수 : 1.25
- 크레인 주행보 스팬 : 30.0 m

❷ 응력해석

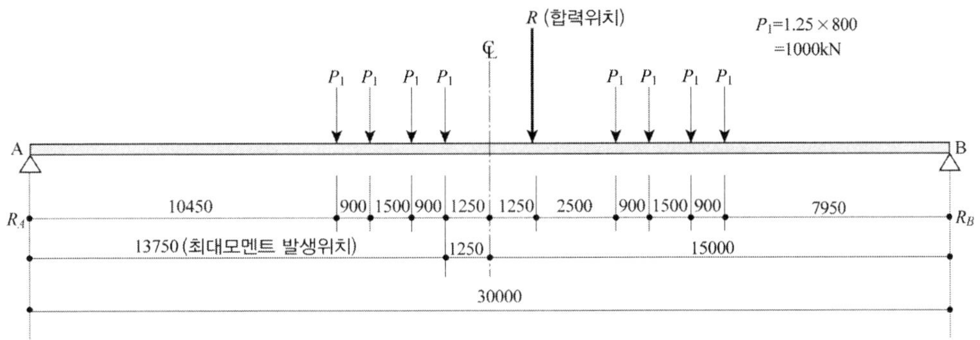

- 최대모멘트 발생위치 : A지점에서 x=13.75m 위치(C점)
- 최대모멘트 발생위치에 바퀴가 통과할 때 A지점의 반력

$$R_A = P_1 \times \frac{(a_1+a_2+a_3+a_4+a_5+a_6+a_7+a_8)}{30}$$

$$= 1000 \times \frac{(19.55+18.65+17.15+16.25+11.25+10.35+8.85+7.95)}{30}$$

$$= 3667.7\,\text{kN}$$

- 최대휨모멘트

$$M_{max} = R_a \cdot x - P_1(b_1 + b_2 + b_3) = 3667.7 \times 13.75 - 1000(3.3 + 2.4 + 0.9)$$
$$= 50430.9 - 6600 = 4383.9\text{kN}\cdot\text{m}$$

- A지점의 최대반력

$$R_A = P_1 \times \frac{(a_1 + a_2 + a_3 + a_4 + a_5 + a_6 + a_7 + a_8)}{30}$$
$$= 1000 \times \frac{(30 + 29.1 + 27.6 + 26.7 + 21.7 + 20.8 + 19.3 + 18.4)}{30} = 6453.3\text{kN}$$

❸ 전산해석

◎ 크레인 이동하중에 의한 영향성이론에 따라 최대반력 및 최대모멘트 산정 ◎

DESIGN DATA-50T
Girder Name = [50T(FS) CRANE SHOCK 25%]
Girder Length = 15m
No. of Wheel = 2

1 Wheel Load = 30tf　　1-2 Wheel Dist. = 6.00m
2 Wheel Load = 30tf　　0.00

	Max.R_a(tf)	Max.R_b(tf)	Max.M(tfm)
Vertical	60.00	60.00	180.00
Horizontal	4.80	4.80	14.40
REQ. Ix(cm^4)			0

◎ 크레인 이동하중에 의한 영향성이론에 따라 최대반력 및 최대모멘트 산정 ◎

DESIGN DATA-50T
Girder Name=[400T(FS) CRANE SHOCK 25%]
Girder Length=30m
No. of Wheel=8

1 Wheel Load=80tf　　1-2 Wheel Dist.=0.90m
2 Wheel Load=80tf　　2-3 Wheel Dist.=1.50m
3 Wheel Load=80tf　　3-4 Wheel Dist.=0.90m
4 Wheel Load=80tf　　4-5 Wheel Dist.=5.00m
5 Wheel Load=80tf　　5-6 Wheel Dist.=0.90m
6 Wheel Load=80tf　　6-7 Wheel Dist.=1.50m
7 Wheel Load=80tf　　7-8 Wheel Dist.=0.90m
8 Wheel Load=80tf

	Max.R_a(tf)	Max.R_b(tf)	Max.M(tfm)
Vertical	645.33	644.00	4381.67
Horizontal	51.63	51.52	350.63
REQ. Ix(cm^4)			0

4.1.2 응력계산

탄성해석결과 단순보인 크레인 주행보는 수직방향의 처짐량이 허용범위 이내의 작은값일 경우 탄성거동을 하는 것을 전제로 하여 외부하중에 의해 최대휨모멘트는 개략 보의 중앙부 근처에서 발생되고 최대전단력은 보의 단부에서 발생된다는 것은 너무나 잘 알고 있다.

강재의 강판으로 조립된 플레이트 거더인 H형 강재의 주행보에서 최대휨모멘트에 의해서 상부플랜지에서는 최대 압축 휨응력도가 발생되고 하부플랜지에서는 최대 인장 휨응력도가 발생되며 중앙의 웨브플레이트 부분에서는 응력도가 외부에서 중앙부로 직선변화하면서 작아지므로 중립축에서는 0이 된다.

이러한 응력도의 분포는 탄성설계에서 잘 알려진 내용으로 별도로 설명하지 않으며 단지 주행보 플레이트 형강보의 단면성능에 따라 응력도의 값은 결정된다.

즉 $\sigma = \dfrac{M \cdot y}{I_x}$의 공식으로 중립축에서의 떨어진 거리($y$)에 따라 계산된다.

주행보의 설계에서 단면의 최외단부에서 발생된 최대 휨응력도(σ_{max})가 설계기준에서 규정된 허용응력도 이하로 되는 단면이면 구조내력이 확보된 것으로 설계한다.

주행보의 단면성능은 단면계수(Z_x)와 단면2차모멘트(I_x)로 나타내면 이 값은 전체단면으로 산정되며 연속으로 부착된 수평 스티프너도 단면성능계산에 포함된다.

다음 그림은 일반적인 플레이트 거더 주행보에서 수평 스티프너가 있을 경우와 없을 경우의 각 부위별 휨응력도의 분포를 나타낸다.

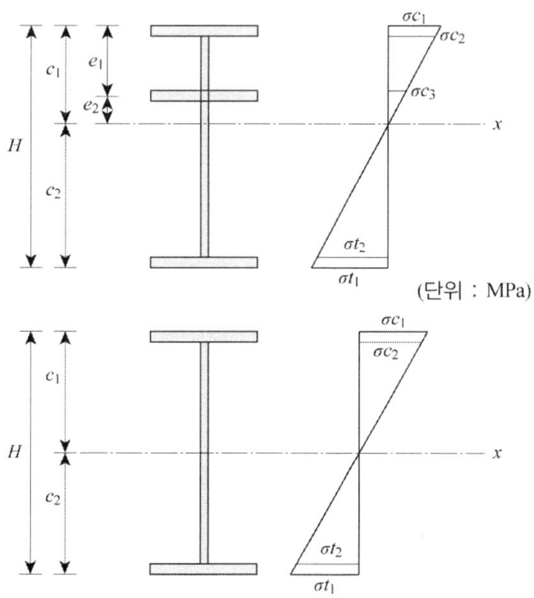

그림 4.13 플레이트 거더 주행보 휨응력도 분포

4.1.3 처짐계산

크레인 주행보에서 수직방향의 처짐은 매우 엄격하게 제한되어야 한다. 레일 위를 이동하는 바퀴는 동력장치에 의해서 운행되므로 탄성체인 장스팬의 주행보가 아래로 과다하게 처짐이 발생되면 보다 더 많은 동력이 필요하고 크레인 바퀴의 운행에 장애가 유발 될 수 있다

따라서 각국의 설계기준에서는 크레인 주행보의 수직, 수평방향의 한계처짐량을 거의 동일하게 규정하고 있다.

:: 연직방향 처짐량

일반크레인………………………… $\frac{L}{800} \sim \frac{L}{1000}$

경량크레인………………………… $\frac{L}{600}$

이동하는 바퀴하중에 의한 크레인 주행보의 최대처짐량은 개략 보의 스팬중앙부에서 발생되며 이 처짐량도 컴퓨터 해석시 자동적으로 산정된다. 따라서 설계시에는 우선 먼저 발생된 연직방향 처짐량이 허용처짐량 이내로 만족하는 단면인지를 검토해야한다. 이 때 사용되는 단면성능을 총단면2차모멘트(gross)를 사용하여 계산한다.

AISE 기술보고서에서는 크레인 주행보가 장스팬일 경우(약 22m 이상)는 주행보를 제작할 때 보의 처짐의 반대방향으로 치올림(켐버)을 주도록 규정하고 있는데 그 값은 충격효과를 고려하지 않은 고정하중과 활하중의 1/2 값에 대한 처짐량만큼을 치올림 하도록 하고 있다.

이렇게 함으로써 크레인이 운행할 때 발생될 연직 처짐량을 줄여서 크레인 운행에 지장을 주지 않도록 하기 위한 합리적인 방법이라 할 수 있다.

:: 수평방향 변위

천정크레인이 주행할 때 주행보와 직각방향으로 작용하는 수평력에 의한 주행보의 수평변위는 크레인의 안전운행에 큰 영향을 미칠 수 있다. 즉 과다한 수평변위는 크레인 차체의 운행에 장해를 일으키고 아주 심할 경우 탈락의 가능성을 예상할 수 있다.

따라서 각 나라의 설계기준에서는 정확한 수평변위 한계치를 정해준 경우도 있지만 대부분 제한한계 범위를 정하여 서로 비슷하게 제한하고 있다.

예를 들면 크레인 주행보의 레일 위치에서 바퀴하중의 수평력에 의한 주행보의 수평변위는 보스팬(L)의 1/400～1/600 이하의 한계범위로 제한하고 있고 크레인 주행보를 지지하고 있는

단부기둥의 크레인 레일 높이에서의 수평변위값은 기둥높이(H)의 1/400~1/600 이하의 한계범위로 제한하고 있다. 특히 일본의 가와사키 제철소의 자체 기준에 의하면 기둥높이(H)의 1/600 이하 또는 30mm 이하로 한계치를 제한하고 있다. (그림 4.14)

이러한 기준 내용으로 보면 다소 엄격한 수평변위 제한으로 인하여 설계시에 기둥 및 구조체의 강도보다는 사용성의 횡변위 제어 때문에 과다한 기둥부재가 요구될 수도 있으므로 설계자는 유연성 있는 판단으로 합리적인 구조설계를 해야 한다.

그러한 배경으로는 크레인 주행보의 횡변위는 양쪽의 변위가 같은 방향으로 발생되는 상대적인 변위값임을 염두해 둘 필요가 있다. 그리고 크레인 주행 수평력은 최대의 견인하중을 가장 최소의 단부인접거리에서 가장 불리한 운행조건을 가정하여 산정하기 때문에 실제로 발생될 확률은 극히 낮고 또한 짧은 시간에 발생되는 단기 하중으로서 고려될 수 있는 하중이기 때문이다.

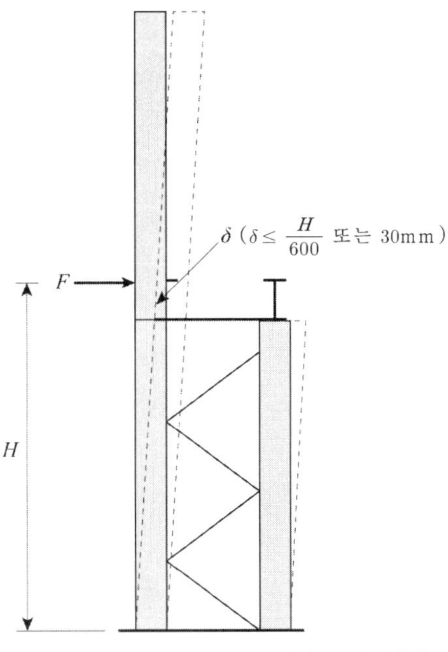

그림 4.14 크레인 레일 높이에서의 수평변위 제한값(일본 가와사키 제철소)

:: 기둥 및 크레인 주행보의 수평강성

크레인에 의해 생기는 주행방향과 직각인 수평력은 차륜하중의 10%로 할 것으로 결정되어 있으나 이것은 어디까지나 골조의 응력계산규준으로 하기 위한 것이며, 실제로 크레인의 운행에 의해 생기는 변형이나 진동과는 그다지 관계가 없다. 크레인 운행에 의한 장해는 대부분이 레일 설치의 부정확이나 건물의 부동침하 등에 기인하는 것이며 크레인의 운행에 따라서 생기는 직접적인 장해는 진동이나 요동에 의해서 운전자에게 주는 불안, 불쾌감 같은 생리적이고 심리적인 문제이다. 실제로 크레인을 사용하고 있는 공장에서 이와 같은 장해가 많이 발생되고 있으며, 진동의 실측 등은 간혹 연구목적으로 실시되고 있다.

크레인의 운행에 의해 생기는 장해에 대해서는 크레인이 정상으로 레일이나 지지가구의 정확도가 기준대로 잘 시공되어 있으면 기계적인 장해는 염려할 필요가 없다. 또, 전기부품 등의 진동장해에 대해서도 각 메이커 모두 부품이나 제품에 대한 내진기준을 제시하고 있으며 통상의 크레인 진동에 의해 문제가 생기는 것은 우선 생각할 수 없다. 크레인 지지가구의 고유진동주기는 계산에 의해 구하거나 조사에 의하면 거의 0.2～0.5초 사이에 있다고 한다.

여기에 대해 전기부품의 진동시험은 일반적으로 50초 정도에서 실시하고 있으며 크레인에 의한 진동이 이들에 영향을 미치게 할 염려는 전혀 없다고 생각해도 무방하다.

남은 문제는 크레인 운전자나 작업원의 불쾌, 불안감에 의한 고통의 유무이다. 조사에 의하면 크레인 운전시의 가구 진동진폭이 1mm 이상이 되면 불안, 불쾌를 호소하는 빈도가 늘어난다고 보고되어 있다.

조사결과에서 아래의 진폭 산출식을 유도하여 허용진폭으로 보통 1mm, 최대 2mm라는 값을 추정하고 있다.

$$A = 0.025\sqrt{\frac{W \cdot L^3}{E \cdot I}} \quad \cdots\cdots (4.16)$$

여기서, A : 최대진폭(cm)

W : 클럽+견인하중 중량(kg)

L : 기둥의 높이(cm)

E : 영 계수(kg/cm^2)

I : 기둥의 단면2차모멘트(cm^4)

이 식은 기둥의 강성을 이용해서 계산하는 것이며, 크레인이 기둥의 높이에 있는 경우의 진폭을 계산한 것이 되나 시험에 의하면 크레인이 주행보의 중간에 있는 경우에도 그다지 큰 변화는 없으므로 어느 경우에도 이 공식을 사용하더라도 무방하다고 한다.

이식으로 계산하면 거의 모든 경우 진폭 2mm 이하로 될 것 같으며, 같은 골조에 대해 응력계산에 사용하는 차륜하중의 10%를 사용해서 변형을 계산하면 보통 10～20mm 정도가 되며, 앞에서 언급한 실제 진폭에 비하면 20～40배가 된다. 따라서 이 응력계산용의 힘을 사용해서 변형을 추정하는 것은 그다지 의미가 없다.

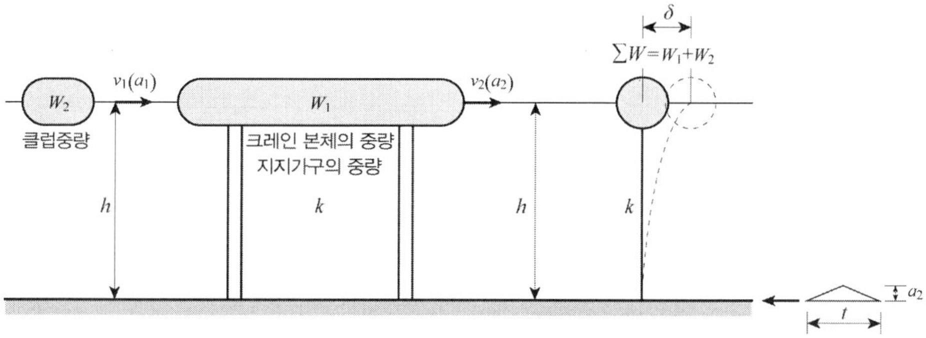

그림 4.15 크레인의 수평변형과 진동거동의 형상화 모델

클럽의 횡행에 의한 가구의 변형이나 진동을 생각할 경우 그림 4.15에 표시한 것처럼 크레인 본체, 크레인 주행보, 이 밖의 지지가구의 중량 W_1, 스프링상수 k를 갖는 골조가 지지된 것으로 가정하여 여기에 무게 W_2의 클럽이 속도 v_1으로 비탄성적으로 충돌해서 전체가 v_2의 속도로 움직인다고 생각한다.

$$W_2 \times v_1 = (W_1 + W_2)v_2 \quad \cdots\cdots (4.17)$$

따라서, a를 평균가속도(cm/sec^2)로 하면

$$W_2 \times a_1 = (W_1 + W_2) \times a_2 \quad \cdots\cdots (4.18)$$

가 된다. 이때의 가속도를 정적인 힘으로 환산하면

$$W \times \frac{a}{980} = F \quad \cdots\cdots (4.19)$$

여기서, W : 운동체의 중량(kg)

a : 운동체의 가속도(cm/sec^2)

980 : 중력 가속도(cm/sec^2)

F : 정적인 힘(kg)

클럽의 횡행속도는 통상 매분 20~50m 즉, 매초 30~80 cm, 브레이크는 이것을 3~5초 정도로 정지 시킬수 있도록 설계되어 있다. 따라서 이 때의 가속도는 평균 10~15cm/sec^{2}로 급제동일 때의 최대가속도를 약 3배로 하면 50cm/sec^{2}가 된다. 이 경우의 수평력 F는

$$F = W_2 \times \frac{50}{980} = \frac{W_2}{19.6} = 0.05\ W_2$$

W_2는 횡행하는 중량 즉, 클럽과 견인하중량이나 견인하중은 지지 상태에 의해 산입할 경우를 바꿀 필요가 있다고 생각된다.

클럽하중은 0.2～0.5P(P는 용량), 차륜하중 R은 0.65～1.4P이므로 견인하중을 무시하면 위의 힘 F는 차륜하중의 10%, 1/22.4～1/26.0이 된다. 이 힘에 의한 변형은 보통 0.5～1.5mm 정도가 되고 식 (4.16)에 의한 값과 비슷한 값이 된다.

다시 이 골조를 그림 4.15와 같은 진동계로 가정하여 여기에 앞의 가속도 a를 가했을 때의 진동상태를 조사해 보면 가속도가 그림에서와 같이 이등변삼각형상과 직선적으로 증감한다고 가정하면 골조의 최대변위 δ는 가속도의 크기와 골조의 고유주기에 의해 결정되고 가력시간 t에 관계없이 아래 식과 같은 관계가 성립된다.

$$\delta = 0.037aT^2 \text{(cm)} \qquad (4.20)$$

여기서, δ : 크레인 레일의 위치변위, 이 경우는 가속도 a에 의해 생기는 골조진동의 크레인 레일 위치의 반진폭(cm)

a : 가속도 그림 4.15의 a_2

$$a_2 = \frac{a_1 \times W_2}{(W_1 + W_2)} \text{(cm/sec}^2\text{)} \qquad (4.21)$$

여기서, a_1 : 클럽의 기동, 제동시의 최대속도 약 50gal(cm/sec^2)

W_1 : 크레인 본체와 영향을 미치는 부분의 크레인 거더, 기둥, 벽, 지붕, 등의 중량(kg)

W_2 : 클럽과 견인하중(하물의 상황에 의해 산입하여야 할 중량의 비율이 변한다고 생각되나 그 비율은 분명하지 않다.)(kg)

T : 크레인을 지지하는 가구의 크레인이 지날 때의 고유진동주기

$$T = 2\pi\sqrt{\frac{\sum W}{k \cdot g}} \text{(sec)} \qquad (4.22)$$

$$\sum W = W_1 + W_2 \text{(kg)}$$

여기서, k : 크레인을 지지하는 가구가 영향받는 부분의 스프링 정수, 기둥을 켄틸레버로 계산한 스프링 정수와 크레인 거더의 수평방향의 연속보효과, 제2 기둥이나 지붕강성에 의한 구속 등을 고려한 것으로 약간의 건물을 대상으로 실험적 계산한 결과에 의하면 기둥만의 경우의 1.2～1.6배가 된다.(kg/cm)

g : 중력가속도, 980(cm/sec^2)

표 4.1은 일본의 어느 대학에서 연구한 대표적인 크레인에 대해서 실측치와 앞에서 제시한 계산법에 의한 δ의 계산치 비교이다.

표 중 δ의 ①은 실측치, ②는 차륜하중의 10%를 수평으로 작용시킨 경우, ③은 식 (4.16)에 의한 것, ④는 상기 식 (4.19)에 의해 a=50gal로서 계산한 경우의 수평력을 작용시킨 경우, ⑤는 식 (4.20)에 의해 클럽의 가속도 50gal로서 진동 계산한 경우의 것이다.

이 표에서도 명확한 것처럼 차륜하중의 10%에 의해 산출한 δ는 실측치에 비해서 20~50배 정도가 되며, 이것으로 해서 크레인의 진동에 대한 성질을 추정한다는 것은 그다지 뜻이 없다는 것을 알 수 있다. 균형있게 계획된 골조에 응력적으로 건전한 단면설계가 되어 있으면 진동장해의 염려는 거의 없다고 볼 수 있다.

이상은 크레인이 기둥위치에 있을 경우이나 크레인이 크레인 주행보의 중간에 있는 경우도 통상 사용되는 정도의 기둥간격 30m 정도까지는 거의 비슷한 값을 표시해서 어느 경우에도 문제가 되지 않는다.

표 4.1 각종 크레인에 대한 δ의 비교

크레인 용량 (톤)	크레인 본체중량 (톤)	클럽중량 (톤)	기둥높이(레일) (m)	기둥 단면2차모멘트 $\times 10^5 (cm^4)$	최대차륜하중 (톤)
50	105	36	13.0	32.9	32
20	37	7	8.0	1.65	22
15	30	6	10.0	1.92	18
5	20.5	6.5	9.5	0.925	10.5

	δ : 크레인 레일 위치의 변위(반진폭 mm)				
크레인 용량 (톤)	① 실측치	② 최대차륜 하중의 10%	③ 식 (2.6)	④ 식 (2.9) 50gal	⑤ 식 (2.10) 50gal
50	0.46	11.1	0.76	0.79	0.65
20	0.33	16.2	0.91	0.66	0.26
15	0.58	23.1	1.80	0.98	0.24
5	0.84	23.7	1.78	1.89	0.71

4.2 피로해석

4.2.1 개요

건축구조물 중에서 거의 유일하게 구조부재에 반복하중이 작용되어 피로의 개념이 적용되는 구조물은 크레인 주행보라 할 수 있다.

강재의 피로란 반복응력의 작용으로 부재에 허용강도 내력에 도달하기 전에 균열이 발생되어 파괴에 이르는 과정으로 정의할 수 있다. 즉, 피로파괴는 시간에 따라 반복적으로 변화하는 응력을 받는 구조물에서만 발생한다.

특히 용접된 구조물에서 용접부의 결함부에서 피로균열이 발생되어 피로파괴에 이르는 경우가 대부분이다. 즉 이것은 피로거동에 영향을 주는 가장 중요한 요소는 응력집중계수임을 말해 준다.

공장건물의 크레인 주행보는 대부분 용접 접합되는 플레이트 거더의 형강재 단면으로 형성되기 때문에 피로해석과 설계가 반드시 적용되어야 한다.

따라서 각국에서는 많은 피로실험결과를 바탕으로 구조물에 대한 피로해석을 통한 설계를 용이하게 할 수 있도록 용접접합부의 형태별로 피로응력기준을 설정하여 적용할 수 있도록 규정하고 있지만 우리나라에서는 아직도 피로실험데이터의 부족과 미흡한 피로설계기준으로 다른 나라의 설계기준을 차용하고 있는 실정이다.

4.2.2 피로설계 대상 및 피로손상 특징

다음 그림은 건축구조물에서 진동을 수반한 반복적인 하중작용을 받는 구조부재인 크레인 주행보의 용접구조물이 재료의 항복강도에 우선하여 피로손상이 발생된다는 것을 요약한 내용이며 주목할 사항은 강재의 피로파괴는 사용한 재료의 강도와는 관계없이 접합부 등의 상태에 큰 영향이 있다는 점이다.

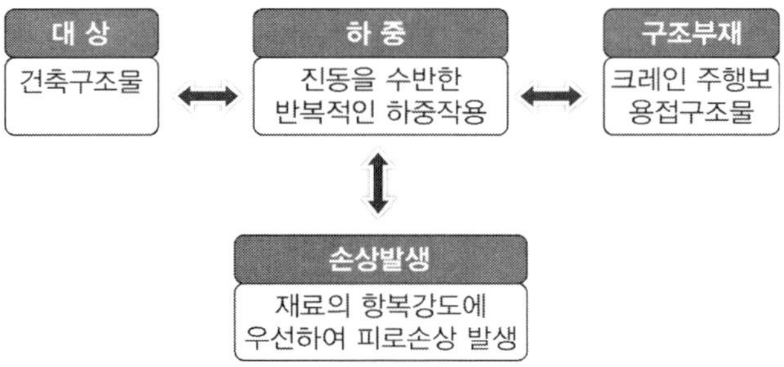

그림 4.16 피로설계 대상 및 피로손상 특징

4.2.3 피로수명(fatigue life)

피로수명이란 하중, 변위의 반복작용으로 부재의 손상이나 파괴가 일어날 때까지의 하중, 변위의 반복된 횟수(number of cycle)를 피로수명이라고 한다.

크레인 주행보에서는 건물의 수명동안 크레인 바퀴들이 주행보 위를 통행하는 반복횟수를 말할 수 있는데 이것은 매우 부정확한 통계자료이므로 공장 종류별, 크레인 종류별로 정확한 자료의 설정에 따라 전체 강재량의 산출에 큰 영향을 미칠 수 있다.

다음은 피로수명(N) 및 반복하중(S)과 피로손상 발생 간의 관계를 설명하는 그림이다.

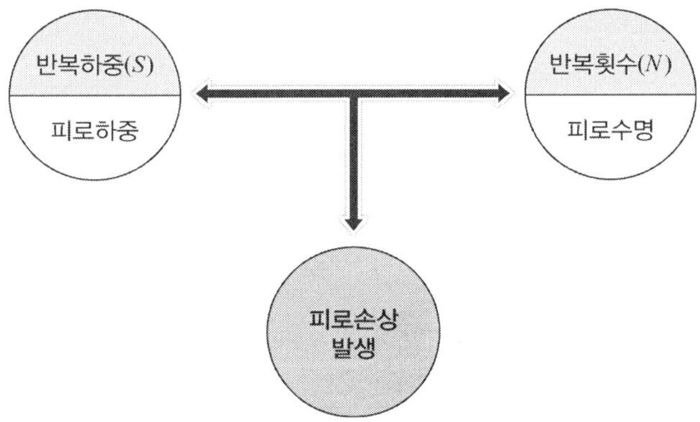

그림 4.17 피로수명 및 반복하중의 피로손상 발생 간의 관계도

4.2.4 피로강도 선도 (S-N선도)

각종 응력파에 대한 특정된 반복횟수에서의 피로강도를 표시하는 것이 피로강도곡선이다. 피로강도곡선은 $S_m \sim S_a$, $S_{\max} \sim S_{\min}$, $S_{\max} \sim k$ 또는 $S_R \sim S_u$(인장강도)의 관계가 쓰이는데 건축구조물 설계에 많이 쓰이는 것은 수정 Goodman 선도라 부르는 그림 4.18과 같은 $S_{\max} \sim S_{\min}$ 곡선이다.

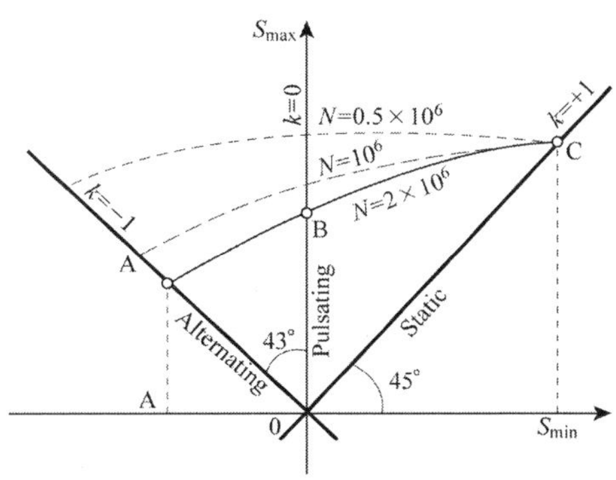

그림 4.18 수정 Goodman 선도

이 그림에서 종축은 S_{max}, 횡축은 S_{min}을 표시하는데 1 상한의 45°선은 k=1인 정적인 인장강도를 표시하는 선이고, k=0인 종축의 윗부분은 완전인장맥동응력이고 아래부분은 완전압축맥동응력을 표시한다. 또한 2 상한의 45°선은 k=−1인 완전반복응력파를 표시하고 있다.

S-N선도는 피로 설계에 매우 중요한 피로실험 결과 자료로서 실험 부재별로 피로거동에 관한 작용응력과 반복횟수의 상관관계를 대수표로 나타낸 도표이다.

각종 구조부재의 연결부에 대한 S-N선도를 작성한다는 것은 우리의 현실로는 불가능하다 할 수 있다.

따라서 일본, 미국, 독일, 영국 등 선진국의 자료를 활용할 수 있는 것이 다행이라 할 수 있다. 다음 그림은 S-N선도에 대한 대표적인 내용을 나타낸다.

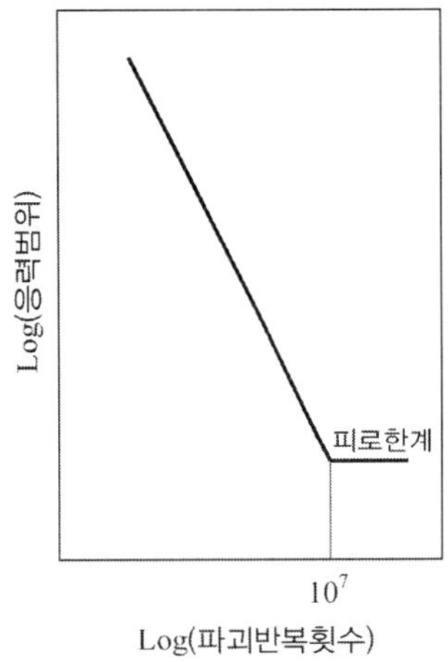

그림 4.19 용접 연결에 대한 전형적인 S-N선도

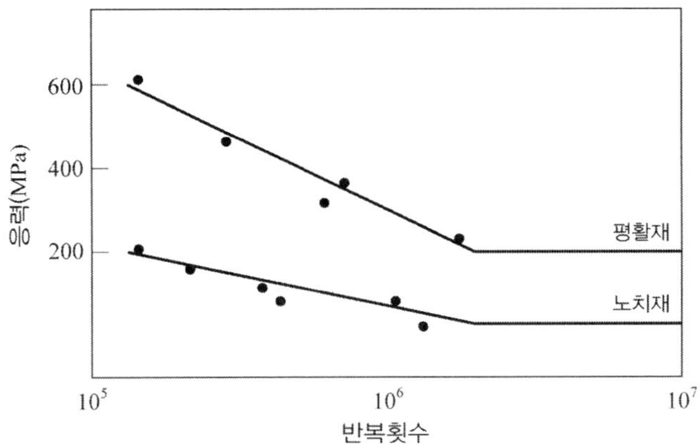

그림 4.20 노치재와 평활재의 S-N선도

4.2.5 피로하중과 응력파

피로현상은 시간 의존성인 동적 응력작용으로 일어나며 응력파의 종류에 따라 영향이 크다.

크레인 주행보에서 이동하중에 의한 반복응력은 응력이 일정하게 최대치와 최소치 사이를 단순하게 또는 주기적으로 변화하는 일정진폭응력을 나타내며 다음 그림과 같이 응력범위, 평균응력, 응력비를 채택할 수 있으며 조립형강재(H형강) 주행보는 중립축을 중심으로 상하부 플랜지에서 (a)와 같은 완전역전응력(reversed stress)의 형태를 나타낸다고 할 수 있다.

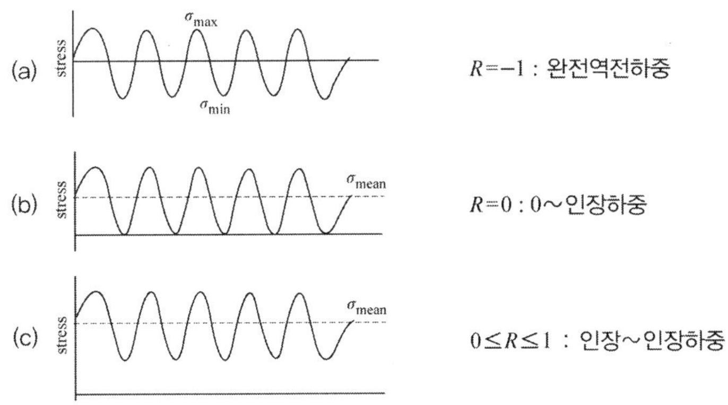

- 피로현상은 시간의존적인 동적응력
- 피로실험에서는 응력이 일정하게 최대치와 최소치를 주기적으로 변화하는 변동응력 채택
- 응력범위($\triangle\sigma$)=($\sigma_{max}-\sigma_{min}$), 평균응력($\sigma_m$)=$\left(\dfrac{\sigma_{max}-\sigma_{min}}{2}\right)$
- 응력비(R)=$\left(\dfrac{\sigma_{min}}{\sigma_{max}}\right)$

그림 4.21 일정진폭 응력

4.2.6 피로강도

표 4.2의 예와 같이 S-N선도에서 어느 특정한 반복횟수(N)에 대한 응력수준 또는 응력범위값(S)을 피로강도라 한다. (보통 $N = 2 \times 10^6$ 기준)

부재 노치(notch)의 응력집중계수에 반비례하고 용접결함이 피로강도에 큰 영향을 주며 재료의 라미네이션(lamination) 결함도 큰 영향을 준다.

표 4.2 고강재의 각종 연결부의 피로강도(단위 : kg/cm^2) – (일본용접학회 피로강도위원회 자료)

연결의 종류 (σ_B)	50~60		60~70		70~80		80~90	
N	10^5	2×10^6	10^5	2×10^6	10^5	2×10^6	10^5	2×10^6
평활한재	34	25	42	28	42	28	46	㉚ 30
다듬질 횡 맞대기 연결	30	㉒ 22	38	25	–	–	46	㉚ 30
구멍 있는 모재	24	13	–	–	–	–	–	–
고장력볼트 연결	30	20	40	23	–	–	–	–
리벳연결	22	12	26	15	–	–	–	–
다듬질 안 한 종방향 연속용접	30	17	53	17	–	–	10	22
다듬질 안 한 맞대기 용접	24	⑬ 13	24	13	26	14	25	⑬ 13
리브+자 용접	26	14	21	10	–	–	–	–
토우+자 필렛용접	15	65	15	65	13	5	–	–
측면 필렛용접 끝 모재	10	45	–	–	–	–	–	–

표 4.2를 고찰하면 부재의 노치효과가 피로강도에 큰 영향을 준다는 것을 알 수 있다. 즉, 50kg/cm^{2}급 강재의 구조부재 용접연결에서 큰 응력집중부를 갖는 부분에 표면 다듬질을 실시하면 응력반복횟수(N)가 2×10^6회일 때 피로강도가 22kg/cm^{2}가 되어 다듬질을 안 한 경우의 피로강도 13kg/cm^{2}보다 훨씬 큰 값을 보이고 있다는 점이다.

또한 재료의 정적강도의 증가에 따른 피로강도의 증가율은 매우 낮다는 것을 알 수가 있다.

즉, 다듬질 안 한 맞대기 용접의 경우 모재의 인장강도가 50kg/cm^{2}인 부재의 응력반복횟수(N)가 2×10^6회에 대한 피로강도나 인장강도가 80kg/cm^{2}인 부재의 같은 조건에서의 피로강도가 13kg/cm^{2}로 같은 값을 갖고 있다는 점이다. 피로거동의 관점에서 보면 고강도 강재의 용접연결은 비효율적임을 암시하는 것이다.

그러나 용접부의 표면을 잘 다듬질 할 경우의 피로강도는 모재의 피로강도와 거의 같다는 점에 유의할 필요가 있다. 즉, 80kg/cm^{2}인 부재에서 반복횟수(N)가 2×10^6회일 때 다듬질한 맞대기 용접부나 용접이 없는 모재(평활한재) 모두 피로강도가 30kg/cm^{2}로 같은 값을 갖고 있다는 점이다.

이 사실은 피로거동은 극단적인 국부거동이며 첫째의 영향인자는 응력집중계수임을 암시하고 있다.

4.2.7 피로피해의 누적

구조물에 일어나는 실동응력파는 무작위성의 변동응력으로서 이것에 의한 피로 수명의 변동은 Palmgrem-Miner의 선형피해누적법칙을 이용하여 추정하는 것이 편리하다. 이 법칙을 설명하면 아래와 같다.

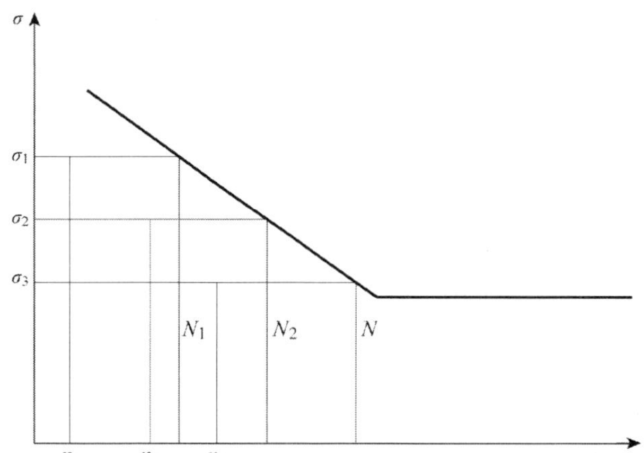

그림 4.22 Miner의 선형피해 누적법칙

그림에서 보는 바와 같이 응력수준 σ_1, σ_2, σ_3의 피로수명을 N_1, N_2, N_3라 하고 σ_1인 응력수준이 n_1회, σ_2인 응력수준이 n_2회, σ_3인 응력수준이 n_3회 반복되어 피로파괴가 일어났다면 이 경우의 조건은

$$\frac{n_1}{N_1} + \frac{n_2}{N_2} + \frac{n_3}{N_3} = 1.0 \quad \cdots\cdots (4.23)$$

윗 식을 일반화하면

$$\sum_{i=1}^{k} \frac{n_i}{N_i} = 1.0 \quad \cdots\cdots (4.24)$$

$$\int \frac{dn}{N} = 1.0 \quad \cdots\cdots (4.25)$$

위 두 식을 Palmgrem-Miner의 선형피해누적법칙이라 한다. 그런데 위 법칙은 현재까지도 피로피해의 계산에 범용하고 있으나 적격성에는 항상 문제가 따르고 있다.

즉, 응력이 높은 수준으로부터 낮은 수준으로 변하는 경우는

$$\sum_{i=1}^{k} \frac{n_i}{N_i} < 1.0 \quad \cdots\cdots (4.26)$$

반대로 낮은 수준으로부터 높은 수준으로 변동하면

$$\sum_{i=1}^{k} \frac{n_i}{N_i} > 1.0 \quad \cdots\cdots (4.27)$$

이 된다. 이 두 관계는 이 법칙을 부인하는 것이어서 이것에 대한 여러 수정방법이 S-N곡선에 대해 이루어졌는데 그 대표적인 것이 그림 4.23과 같이 Corten-Dolan의 강도체감수정법과 피로한계를 부정하는 수정 Miner 법칙이다.

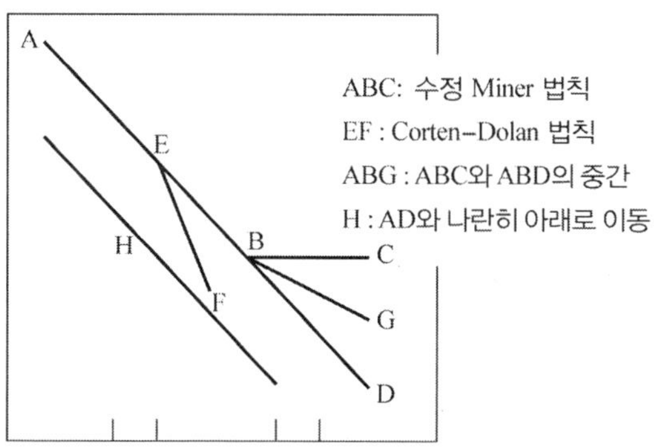

그림 4.23 선형피해법칙의 수정

4.2.8 용접부의 피로강도에 영향을 주는 요소

:: 응력 집중의 영향

파괴역학에 의해 모든 형태의 용접연결에 대한 S-N선도를 유도해 내는 것은 불가능하다. 왜냐하면, 이를 위해서는 각 연결형태에 대한 응력 확대계수, 내재된 결함의 상세, 이 결함 주변의 용접형태 등을 모두 알아야 하기 때문이다. 그러나, 파괴역학에 의해서는 이들 모두에 대해 정확히 파악해 낼 수 없다. 그러므로, 피로설계에는 일정진폭 하중을 작용하여 얻은 실험결과에 기초한 S-N선도를 사용할 수밖에 없다.

용접연결의 피로강도는 일차적으로 연결부 형태에 의한 응력집중의 영향을 받는다. 그림 4.24는 용접 연결부의 응력 흐름을 나타내는 것이며, 이 그림에서 알 수 있듯이 그루브용접이 필렛용접보다 응력의 흐름이 원활하다. 따라서, 전자의 응력집중이 후자에 비해 작게 되고 피로강도는 높아진다.

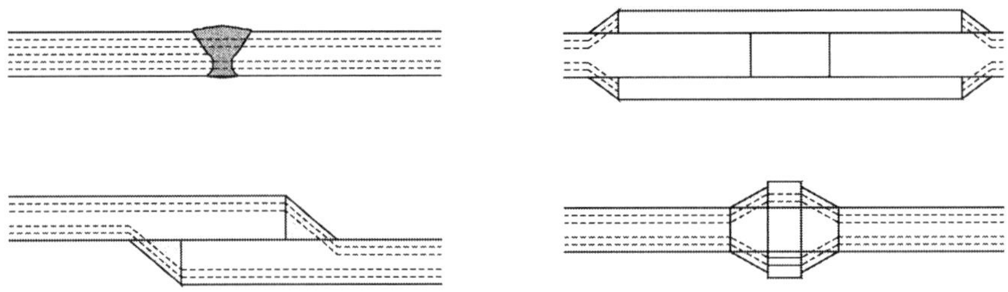

그림 4.24 용접 연결부의 응력 흐름

응력 집중계수는 용접방향에 대해 하중이 수직으로 작용할 때 가장 높은 값을 가지며 이때 피로균열은 용접 토우 또는 루트, 불연속부 등에서 발생하게 된다. 부가판이나 보강재의 용접으로 구조물의 정적 강도를 높이는 경우에는 필연적으로 피로강도가 감소한다.

일반적으로 부재 단면형태의 급격한 변화를 지양하고 완만하게 처리하여 추가적인 응력집중 요인을 제거함으로써 피로강도가 감소하는 것을 최소화할 수 있다. 피로설계에서의 일반적인 원칙은 가능한 한 응력집중을 유발하지 않는 단면형태를 갖도록 하여 모든 응력의 흐름이 부드럽게 되도록 해야 한다.

:: 용접부의 모재 강도에 의한 영향

비용접 부재에서는 모재의 인장강도에 따라 피로강도가 증가한다는 것은 잘 알려진 사실이다. 휨 실험결과에 의하면 형강의 피로강도는 극한강도의 약 +1/2 정도이며 극한강도가 약 1200MPa(12.2t/cm^2)에 이를 때까지 이 관계가 유지된다. 노치가 있는 비용접 부재에서도 마찬

가지로 피로강도는 인장강도에 비례한다. 그러나, 용접연결에서의 파괴는 초기균열의 진전에 의해 일어나므로 이 경우 피로강도는 정적 강도와 무관하다. (그림 4.25)

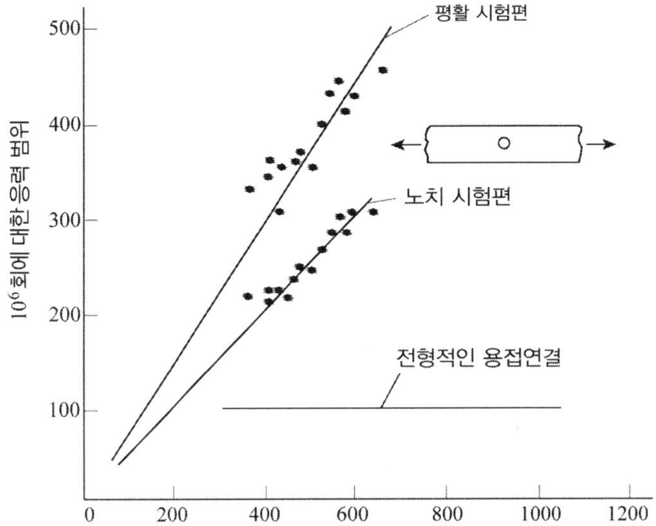

그림 4.25 모재 강도에 따른 응력범위 변화

두 부재(비용접부재와 용접부재)가 이와 같은 거동의 차이를 보이는 것은 비용접 부재에서는 피로균열이 먼저 발생된 후에야 균열이 진전하는 반면 용접부재에서는 이미 초기균열이 있으므로 균열진전만이 강도에 영향을 주기 때문이다.

여기서 다음과 같은 중요한 사실을 알 수 있다. 즉 용접연결에서 균열 진전속도는 재질의 종류에 따라 크게 다르지 않으며 재료의 인장강도와도 무관하다는 것이다. 그러므로, 용접연결은 강재의 인장강도와 무관하게 거의 동일한 피로강도를 갖는다. 그러나, 비용접부재의 경우 강재강도의 차이에 따라 균열이 발생하는 시간이 서로 달라진다. 이러한 이유로 비용접부재의 피로강도는 모재의 강도에 큰 영향을 받는다. 용접연결에서 피로강도는 강재의 인장강도와 관계가 없으므로 고강도 강재를 사용할 필요는 없으나 다음과 같은 경우에는 고강도 강재를 사용하는 것이 좋다.

① 소성피로(Low Cycle Fatigue)를 받는 부재
② 가끔씩 발생하는 높은 응력을 받는 부재
③ 인장응력의 평균값이 높은 부재

:: 판 두께의 영향

판 두께는 휨응력에 영향을 준다. 최근에 와서야 휨응력을 받는 용접연결부에 대한 실험이 행해지고 있으나 많은 실험자료들이 축하중 하에서의 실험이 집중되어 있다. 따라서, 피로설계를 할 때는 축하중 하에서 얻어진 피로강도를 사용할 수밖에 없었는데, 이는 휨하중 하에서 과다설계가 될 수도 있지만 그 정도가 그다지 크지 않고 안전하기 때문에 유용하게 사용되고 있다.

비용접 노치부재는 부재의 크기에 영향을 받는다는 것은 오래 전에 알려졌다. 그러나, 용접연결에서는 이와 같은 사실이 1977년에 이르러서야 이론적인 파괴역학에 의해 밝혀졌다. 즉, 용접연결의 피로강도는 축하중을 받는 경우에도 판 두께의 영향을 받는다는 것이 분명해졌다.

앞에서 살펴보았듯이, 균열에 작용하는 응력은 a/B의 함수이고 여기서 B는 판 두께이다. 즉, 두꺼운 판에서 주어진 균열크기 a에 대한 응력은 얇은 판보다 크므로 균열 진전속도가 커진다. 따라서, 판 두께가 큰 연결일수록 피로강도는 명백히 낮아진다. 이에 대한 실험이 1978년 Johnston에 의해 수행되었으며 판 두께가 증가함에 따라 피로강도가 감소하는 경향을 발견하였다. 이후 여러 실험을 통해 이 사실이 확인되었다. 외국의 여러 규준에서 이 영향을 고려하여 판 두께 보정계수를 도입한 피로설계가 이루어지고 있다.

그림 4.26은 기준 판 두께 32 mm에 대한 상대 피로강도의 실험결과를 나타낸 것이다.

이 결과로부터 판 두께 보정계수를 도입한 식은 다음과 같다.

$$S = S_B\left(\frac{t_B}{t}\right)^{1/4}$$

여기서, S : 연결부의 피로강도

S_B : S-N선도에 의한 피로강도(기준 판 두께에서의 피로강도)

t_B : 기준 판 두께

t : 판 두께

피로설계를 할 때 기준 판 두께는 관상연결(Tubular Joint)에서는 t_B=32mm, 이를 제외한 다른 연결의 형태에 대해서는 t_B=22mm로 가정한다. 이 가정은 관상연결에는 거의 일치하고 있으나 다른 연결에 대해서는 무리한 값이 된다. 여기에 소개된 대부분의 연결에 대한 실험자료는 판 두께가 약 12.7mm에 대한 것으로부터 유도된 것이다. 그 동안의 파괴역학에 의한 이론적 연구와 실험결과에 의해 판 두께 영향이 실존한다는 것에는 합의가 이루어진 상태지만, 그 영향의 정도와 적용범위에 대해서는 많은 이견들이 존재한다.

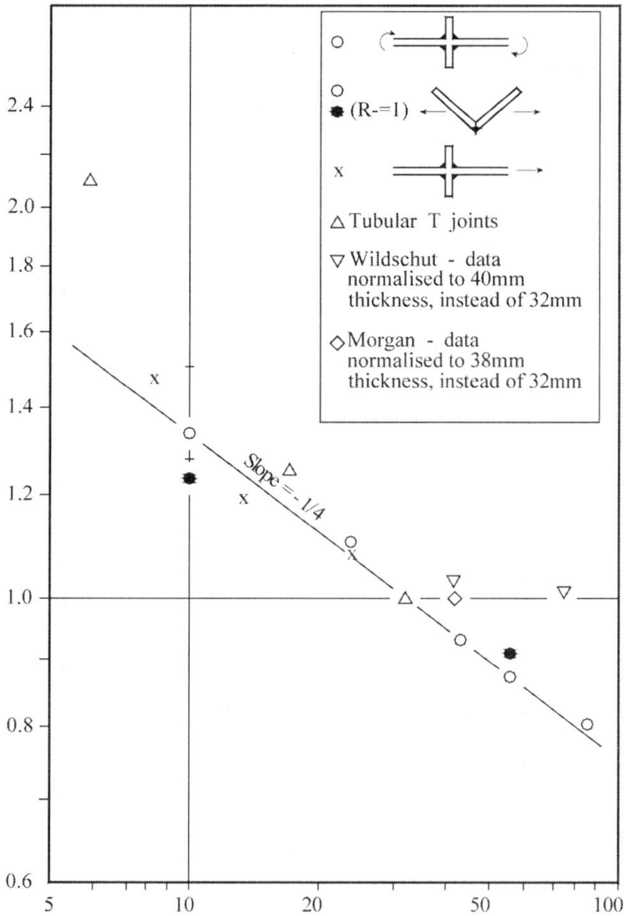

그림 4.26 판 두께에 의한 영향

:: 잔류응력의 영향

S-N곡선의 기울기는 잔류응력의 유무에 많은 영향을 받는다. 실제로 대부분의 용접구조물은 용접재와 모재 주변의 항복응력과 거의 같은 크기의 높은 잔류응력이 존재하는 경우도 있다. 이러한 응력은 피로균열이 발생할 수 있는 모든 지점에 존재한다고 볼 수 있다. 간단히 하기 위해 용접부에 존재하는 잔류응력을 항복강도와 같다고 가정한다. 예를 들어, 공칭응력이 $+\sigma_1$에서 $-\sigma_2$까지 변동한다면 실제 응력범위는 $\sigma_1+\sigma_2$가 된다. 잔류응력을 고려한 경우에는 $+\sigma_y$부터 $\sigma_y-(\sigma_1+\sigma_2)$까지 변동한다고 할 수 있다. 따라서, 실제 구조물에서 용접연결의 피로거동은 응력범위만으로 표현할 수 있으면 응력비 $R(=S_{\min}/S_{\max})$을 고려할 필요가 없게 된다. 부분적으로 혹은 순수하게 압축응력을 받는 경우가 문제가 될 수 있는 데 이에 대한 실험도 어느 정도 수행되었다.

그림 4.27은 압축응력을 받으며 R=0인 용접방향의 하중 비전달형 필렛용접 시험편에 대한 실험결과이다. 압축응력에 의한 결과값들은 모두 인장하중 실험값의 분산영역(scatter band) 안에 포함되며 상부 쪽에 분포하고 있다. 여기에서 부재가 압축응력을 받는 경우 더 안전하다는 것을 알 수 있다.

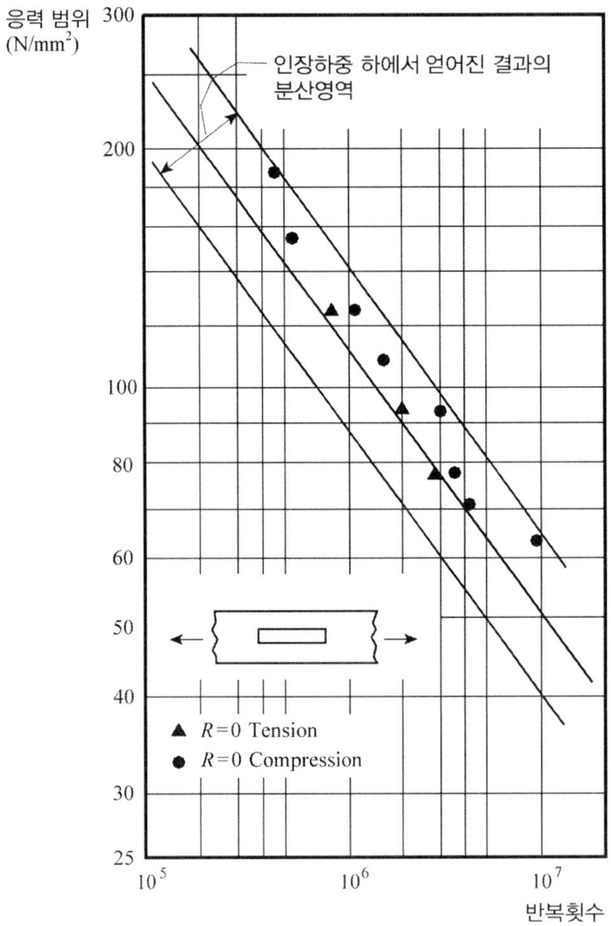

그림 4.27 인장하중과 압축하중에 대한 실험결과 비교

이 자료 또는 이와 비슷한 자료들을 통해 응력범위에 의한 설계의 유효성이 입증되고 있다. 그러나, 실험에 사용된 시험편의 크기는 보통 폭이 약 100～150mm, 두께 13mm 이하이다. 따라서, 이와 다른 단면에 대해서는 크기효과(size effect)를 고려해야 한다.

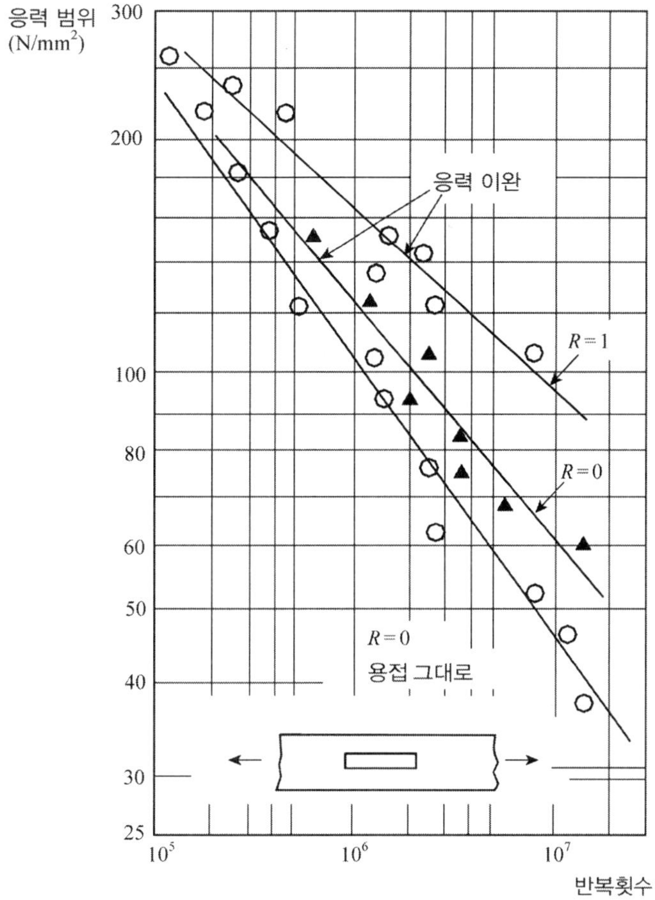

<u>그림 4.28</u> **피로강도에 대한 응력비와 응력 완화의 영향**

그림 4.28은 인장하중을 받는($R=0$) 용접방향의 하중 비전달형 필렛용접 시험편에 대해 실험한 것이다. 이 경우 하나는 용접한 그대로의 것이고, 다른 하나는 응력을 이완시킨(이를 통해 수직용접의 형태로 가정할 수 있다) 상태에 대한 것이다.

두 관계를 보면 피로강도의 차가 거의 없다하더라도 응력을 이완시키지 않은 연결의 S-N곡선의 경사가 더 큰 것을 알 수 있다. 그림 4.28에는 $R=-1$에서 응력을 이완시킨 시험편에 대해서도 나타내었다. 이 결과를 통해서 연결부의 잔류응력이 적고 압축하중을 받게 되면 피로강도가 증가한다는 것을 알 수 있다. 인장하중과 잔류응력이 큰 경우에 이 값을 적용하면 안전한 설계를 할 수 없게 된다.

4.2.9 등가반복횟수를 산정하는 방법

:: 렌지페아법

그림 4.28에 나타낸 거와 같이 미리 있는 레벨응력범위 r_i를 설정한다. 처음의 극소치를 기준극소치 σ_{LB}, 처음의 극대치를 기준극대치 σ_{HB}로 한다.

우선, 극소치부터 응력의 변동이 시작되는 경우를 생각한다.

응력 σ가 상승해 $(\sigma-\sigma_{LB})$이 r_i를 넘으면 계수를 할 준비상태에 들어간다. 한층 더 응력이 상승하면 처음의 극대치 σ_H에 이른다. 그후 응력 σ는 감소한다. 그때 $(\sigma_H-\sigma)$가 r_i 이상이면 계수한다. $(\sigma_H-\sigma)$가 r_i 이상이 되지 않고, 다음의 극대치가 나타나 그것이 σ_H보다 큰 경우에는 그것을 σ_H에 다시 둔다. 계수한 후 다음에 나타나는 극소치를 기준극소치에 다시 둔다. 또 계수하기 전에 다음의 극소치가 나타나 그것이 기준극소치보다도 작은 경우에도 기준극소치를 다시 둔다. 변동진폭응력파형이 극대치부터 시작되는 경우도 계수의 방법은 같다.

이러한 계수를 실시하는 것으로 r_i를 넘는 응력범위의 수를 구할 수 있다. 응력범위의 빈도분포는 적정한 간격으로 필요한 수의 r_i를 설정해 두어, 위에서 말한 것과 같은 계수를 구할 수 있다. 이때 레벨 r_i와 r_i+1 사이의 응력범위의 수는 양레벨에서의 계수치의 차이로 구할 수 있다.

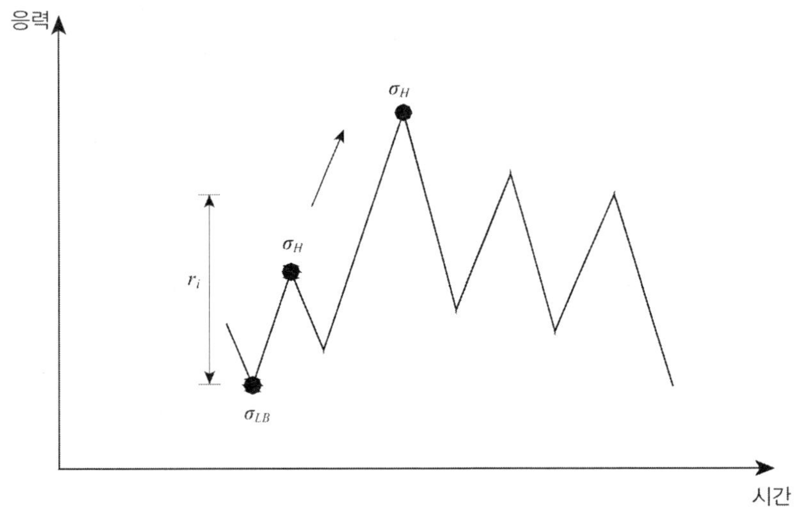

그림 4.29 렌지페아법

:: 수정렌지페어법

생각하고 있는 응력변동의 기간이 유한이고, 변동발생전후의 응력치가 동일할 때에는 수정법이 편리하다.

우선, 변형파형 중에서 최대치를 찾아내고, 변동개시부터 그 최대치에 이르고, 변동이 종료할 때까지의 최단경로를 찾아낸다. 경로에 상당하는 응력범위를 계수하는 것과 동시에, 그 경로를 전 변동파형으로부터 없애 버린다.

그림 4.30의 예에 대해 설명하면, 변동파형 a~i가 있다고 한다. 그 중에서 최대치 d를 찾아낸다. 거기에서, d부터 a를 향해 변동파를 따르면서 하강하는 경로를 잡는다. 이 경로가 변동파를 따라서 이동했을 때 하강하는 경우에는 그 파동에 따르기로 하고, 만약 거기에 따르고 있으면 응력의 높은 방향으로 이동하게 될 때는 수평에 a점의 방향에, 응력변동파를 바탕으로 하여 뛰어 이동하는 것으로 한다. 이와 같이 해서 경로 a−b−c−d를 구할 수 있다.

마찬가지로 d부터 i에의 경로도 정해진다. 거기서, 응력범위 a~d가 기록되어, 상기의 경로부터 위에 돌출한 부분만큼 남겨진다. 이 남겨진 변동파에 같은 처리를 반복해 가면, 마지막응력범위계수법으로부터 구할 수 있는 것과 같은 결과를 얻을 수 있다.

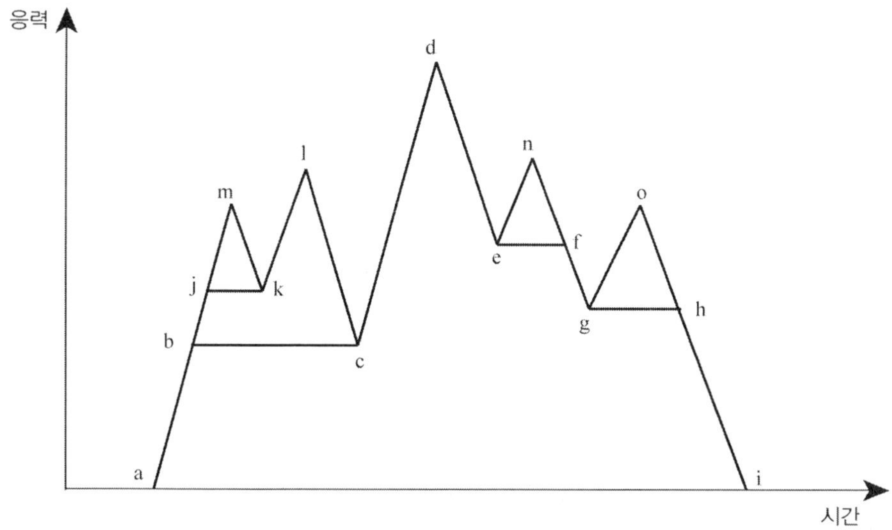

그림 4.30 수정렌지페어법

:: 반복횟수의 계산 예

응력도 변동의 반복횟수는 조업 측에서 제기되는 크레인의 작업 패턴에 의해 아래와 같이 2개의 계산 예에 따라 구할 수 있다. (일본, 제철소)

예 1 제강공장 원료동의 경우

❶ 응력비율

활하중의 상태에 응한 응력비율은 아래 표 4.3과 같이 된다.

표 4.3 적하상태

견인하중상태	견인위치	바퀴하중(t/EA)	응력비율	
용선장입 크레인		(한쪽16개바퀴)		
하중을 만재하고 운행(280t)	최접근	41.5	1.00	(A)
	중앙견인	29.7	0.72	(A′)
하중을 견인하지 않고 운행(130t)	최접근	33.3	0.81	(B)
	중앙견인	25.0	0.61	(B′)
하중을 견인하지 않음	최접근	26.2	0.63	(C)
	중앙견인	21.0	0.51	(C′)
스크랩장입 크레인		(한쪽4개바퀴)		
스크랩을 만재하고 운행(120t)	최접근	70.0	0.52	(D)
	중앙견인	56.3	0.42	(D′)
스크랩을 견인하지 않고 운행(55t)	최접근	62.0	0.46	(E)
하중을 만재하고 운행(75t)	중앙견인	50.6	0.38	(E′)
하중을 견인하지 않고 운행(53t)	최접근	48.4	0.36	(F)
하중을 견인하지 않음	중앙견인	41.3	0.31	(F′)

또한 응력비율이란, 각 스팬에 있어서 각각의 하중조건 중 최대의 휨을 발생하는 경우를 1.00으로 했을 때 각 case가 그것에 대한 비율을 말한다. 응력비율을 산출할 때는 다음의 하중률을 사용한다.

❷ 하중률(R_L)

해당 크레인 주행보의 설계시 하중에 대한 공장가동 중에 재하되는 하중의 비를 하중률로 정의한다. 크레인의 자중, 크랩 자중, 크랩 치수 등이 명확환 경우에는 하중률을 산정해야 하지만, 편의상 다음과 같이 산정해도 괜찮다.

최대 차륜압을 1.00으로 했을 때, 그 내역으로 크레인 보 중량을 0.4, 매단 짐의 중량을 0.4, 크랩의 자중을 0.2로 가정한다.

그때의 하중률은 식 (4.28)에서 표현한다.

$$R_L = 0.4 + (0.4X + 0.2)\frac{(S - Z)}{S} \qquad (4.28)$$

여기서, X : 적하율 $= \dfrac{\text{평균 적재하중}}{\text{정격하중}}$

S : 크레인 스팬

Z : 해당 크레인 주행보에 대한 통상 주행시의 크랩 점유거리

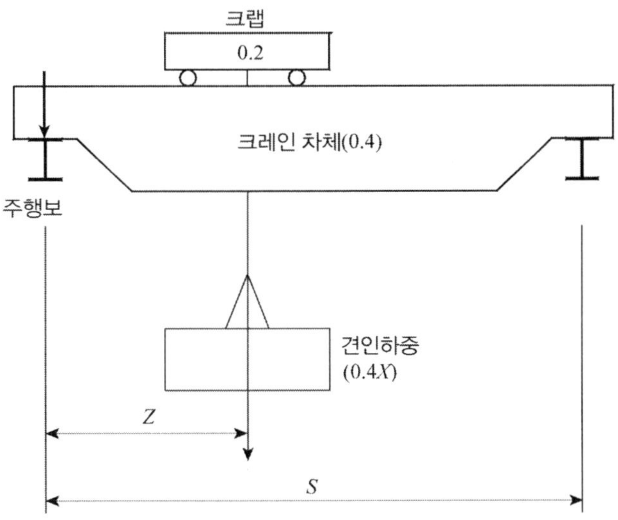

그림 4.31 크레인 하중의 분포

또한, 적하율이 정확치 않을 때는 X=0.6, 크랩의 점유거리가 정확치 않을 때는 $\dfrac{(S-Z)}{S}$=0.6으로 해도 좋다. 이것들은 X 또는 Z의 값이 균등하게 분포할 때 피로손상이 등가되는 값이다.

❸ 작업패턴

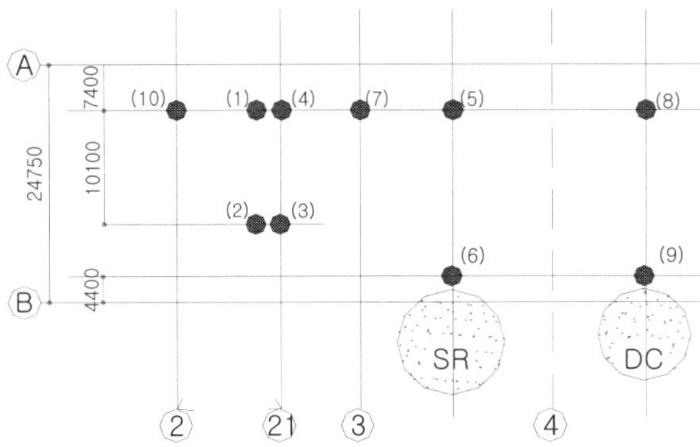

NO	포인트 명칭
(1)	견인위치(수선피트)
(2)	노로 열치위치
(3)	강통과 포인트
(4)	강통과 포인트
(5)	견인위치
(6)	용선장입위치
(7)	공과반입위치(2층상부)
(8)	통과포인트
(9)	용선장입 위치
(10)	충과반입위치(1층상부)

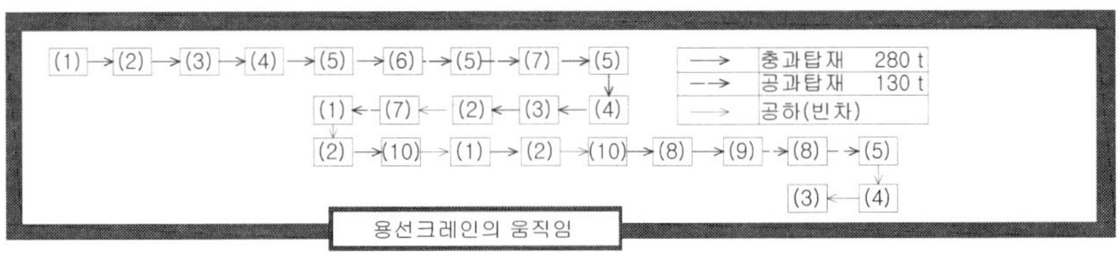

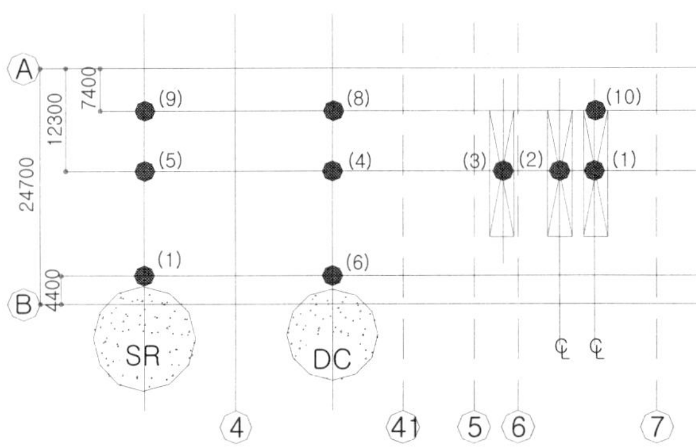

NO	포인트 명칭
(1)	스크랩견인위치
(2)	스크랩견인위치
(3)	스크랩통과위치
(4)	크레인통과포인트
(5)	크레인통과포인트
(6)	장입위치
(7)	장입위치
(8)	견인위치(대차상부)
(9)	견인위치(대차상부)
(10)	크레인 통과 포인트

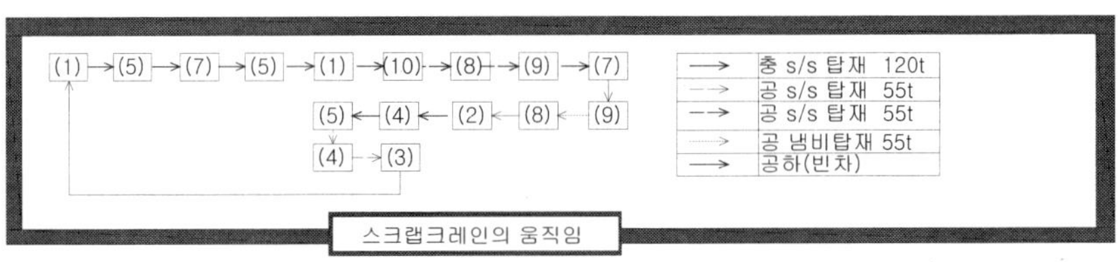

그림 4.32 크레인 종류에 따른 작업패턴

④ 반복횟수의 산정

B에서 2∼4 사이(SR측)

작업 1사이클의 크레인 주행보의 응력변동 패턴(18사이클/일)

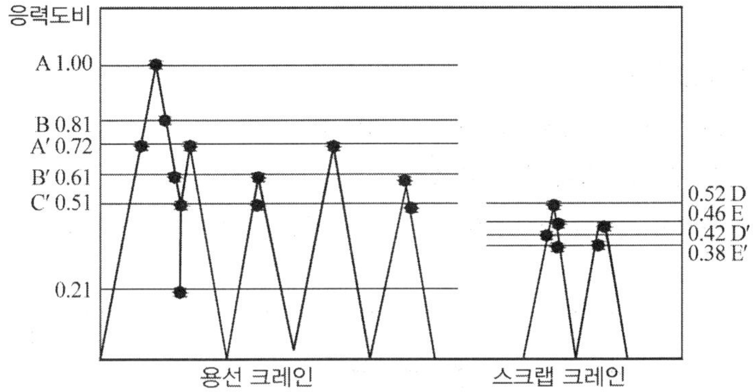

1사이클의 등가반복횟수

$$n = (1 + 0.50^{5.56}) + 0.61^{5.56} \times 2 + 0.72^{5.56} + 0.52^{5.56} + 0.46^{5.56}$$

$$= 1.02 + 0.07 \times 2 + 0.16 + 0.03 + 0.02$$

$$= 1.37\text{회} / \text{사이클}$$

40년간의 등가반복횟수

$$N = 1.37 \times 18 \times 365 \times 40 = 0.36 \times 10^6\text{회}$$

A에서 21－4 사이(SR의 반대측)

작업 1사이클의 크레인 주행보의 응력변동 패턴(18사이클/일)

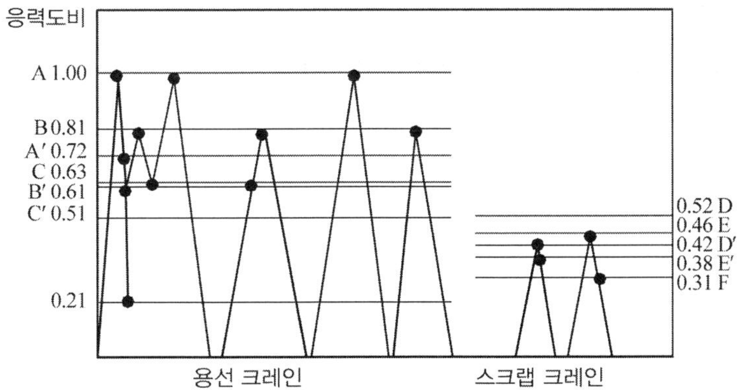

1사이클의 등가반복횟수

$$n = (1 + 0.60^{5.56} + 0.37^{5.56}) + 0.81^{5.56} \times 2 + 1 + 0.46^{5.56} + 0.42^{5.56}$$

$$= 1.06 + 0.31 \times 2 + 1.00 + 0.02 + 0.01$$

$$= 2.71\text{회}/\text{사이클}$$

40년간의 등가반복횟수

$N = 2.71 \times 18 \times 365 \times 40 = 0.71 \times 10^6$회

A에서 2−21 사이(용선 피트측)

작업 1사이클의 크레인 주행보의 응력변동 패턴(18사이클/일)

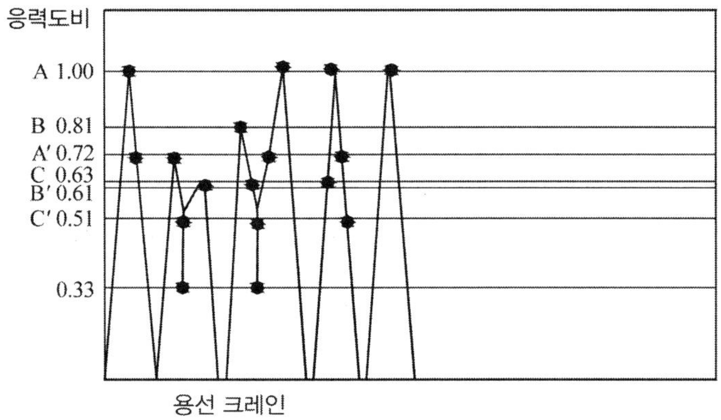

1사이클의 등가반복횟수

$$n = 1 \times 3 + (0.72^{5.56} + 0.30^{5.56}) + (1 + 0.49^{5.56})$$

$$= 3 + 0.16 + 1.02 = 4.18\text{회}/\text{사이클}$$

40년간의 등가반복횟수

$N = 4.18 \times 18 \times 365 \times 40 = 1.10 \times 10^6$회

예 2 연주공장 래들 야드의 경우

- 래들 크레인 : 380/60t
- 작업형태 :

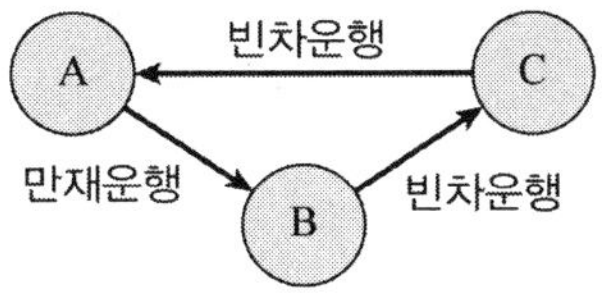

- 작업횟수 : 18회/일
- 크레인의 차륜간격

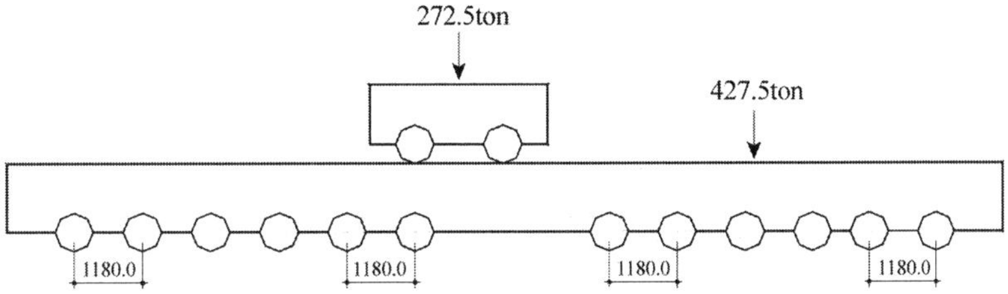

P_{max}= 60ton/바퀴$=P$로 하면

$$P\ \text{적재가 없을 때} = \frac{\frac{372.5\times 19}{22}}{12} + \frac{427.5}{24} = 44.6 = 0.74P$$

$$P\ \text{적재시 크랩 중앙} = \frac{272.5+380+427.5}{24} = 45.0\text{ton} = 0.75P$$

$$P\ \text{빈 크랩 중앙} = \frac{272.5+100+427.5}{24} = 29.2\text{ton} = 0.55P$$

- 최대휨모멘트(25m 거더에 대해)

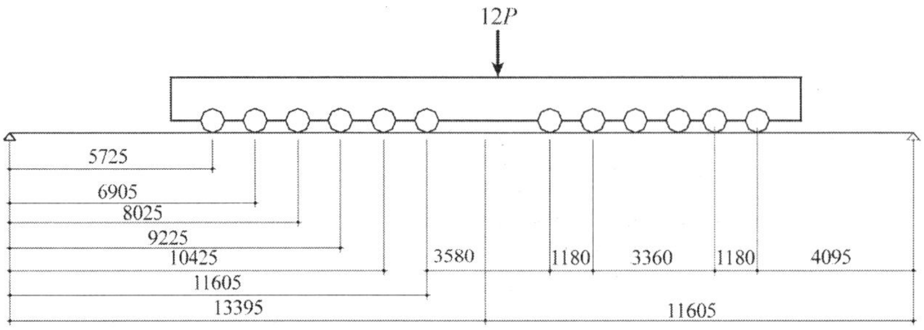

$$M_{max} = 5.57P \times 11.605 - P \times (5.725 + 6.905 + 8.025 + 9.225 + 10.425)$$

$$= 64.64P - 40.31P = 24.33P$$

등가반복횟수를 산정하는 설계하중으로

$S_{max} = 24.33\text{P}$

반복횟수는

A→B 적재시 $Neq = 18 \times 30 = 540$회/월

C→A 공차시 $Neq = 540 \times (24.33 \times 0.74P / 24.33P)^{5.56} = 101.2$회/월

이상부터 $\Sigma Neq = 641.2$회/월

따라서, 40년간의 등가반복횟수는

$N^{40}eq = 641.2 \times 12 \times 40 = 3.08 \times 10^5$회가 된다.

05 크레인 주행보 설계

05 크레인 주행보 설계

5.1 일반사항

5.1.1 개요

공장 건물에 설치된 크레인 주행보는 크레인 용량 및 종류, 기둥간격에 따른 스팬, 사용강재의 종류 및 단면형태, 크레인의 조업상황 및 운행횟수 등 수많은 조건에 따라 설계방법이 다르기 때문에 정확한 설계 자료를 검토하는 것이 매우 중요하다.

특히 크레인 주행보에 작용하는 하중은 크레인 바퀴를 통하여 이동하는 동적반복 집중하중이기 때문에 각종 충격계수, 운행의 반복횟수, 주행보 단면의 형태, 단부지지조건, 탄성처짐 등의 조건이 주행보의 구조안전성, 경제적 설계에 큰 영향을 미치게 된다.

일반적으로 강구조의 대형 공장건물에 소요되는 전체 강재량에서 크레인 주행보의 강재량이 차지하는 비율이 개략 40~50% 정도로 주행보의 합리적 설계 여부에 따라 전체 공사비가 크게 좌우된다고 할 수 있다.

크레인 주행보는 일부 소형 크레인의 짧은 스팬일 경우, 연속보로 설계되기도 하지만 대부분 단순보로 설계된다. 경량의 짧은 스팬의 크레인 주행보는 기성 H형강재를 사용하고 중대형의 장스팬 크레인 주행보는 용접 조립된 플레이트 H형강재를 사용하며 백거더와 조합하여 구조적 기능을 발휘하도록 한다.

크레인 주행보의 설계는 크게 2가지 방법으로 분류할 수 있는데,

첫째, 강재피로를 고려하지 않는 일반 강구조의 탄성설계법과

둘째, 강재피로를 고려하는 피로설계법이다.

상기 두 가지 설계법으로 크레인 주행보의 형강단면 부재를 설계할 때 건물의 수명동안 작용되는 하중의 반복횟수에 따라 구분하여 적용하는데 근본적인 차이는 접합부의 형태에 따라 부재의 부위별로 정적인 허용응력도를 적용하느냐 피로허용응력도를 적용하느냐의 내용상의 차이일뿐 구조해석 방법 및 기타 설계내용은 동일한 설계법이다.

그리고 크레인 주행보의 설계에서 다양한 하중메카니즘에 따라 발생되는 주요한 응력은 휨 모멘트, 전단력, 축력, 비틀림 모멘트 등이 동시에 발생되어 주행보 구성요소의 각 부재에서 함께 저항할 수 있도록 접합부 설계에 주의해야하며 설계시 강도 설계개념(허용응력)과 사용성 설계개념(처짐)이 모두 중요한 검토 요소이다.

5.1.2 주행보 설계를 위한 구조이론적 고찰

:: 강재의 좌굴(buckling) 이론

❶ 보의 횡좌굴

춤이 크고 폭이 얇은 H형강재가 양단부에 다음 그림 5.1과 같이 강축방향으로 모멘트를 가하면 처음에는 가해지는 모멘트면 내 x축에서 처짐이 진행하나 모멘트가 어느 크기에 이르면 보의 압축플랜지부가 모멘트면 x축 밖으로 휘어져 나간다. 이러한 현상을 보의 횡좌굴이라 하며 이 현상이 일어나면 부재는 휨에 대해서 더 이상의 모멘트 추가에 저항할 능력이 없어진다. 이때의 모멘트를 M_{cr}이라 하고 이 값을 보의 단면계수 S로 나눈 값이 횡좌굴 응력도 σ_{cr}이 된다.

이러한 현상은 주로 압축력을 부담하는 압축재의 좌굴 이론과 대비되는 휨재의 횡좌굴 이론으로 수평휨재인 보 부재는 철근 콘크리트 사각형의 보와 달리 상하부플랜지와 얇은 웨브판으로 구성된 H형강재는 횡방향으로 구속이 되지 않으면 압축을 받는 플랜지는 옆으로 좌굴이 발생된다.

따라서 각국의 강구조 설계기준에서는 보의 설계시 횡좌굴 발생가능 여부를 고려하여 허용휨응력도를 산정하도록 규정하고 있다.

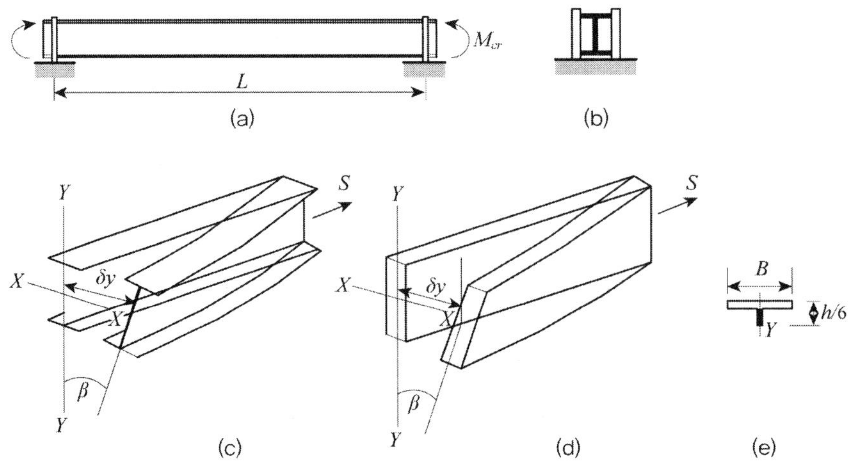

그림 5.1 보의 횡좌굴

순수휨을 받는 보의 횡좌굴 휨모멘트의 이론식은 Salvadori에 의해 유도되었다.

$$M_{cr} = \sqrt{\frac{\pi^2 EI_y GJ}{l_{b^2}} + \frac{\pi^4 E^2 I_y C_w}{l_{b^2}}} \quad \cdots\cdots (5.1)$$

좌굴연단응력도 σ_{cr}은 강축에 관한 단면계수를 Z라 하면

$$\sigma_{cr} = \frac{M_{cr}}{Z} = \sqrt{\frac{\pi^2 EI_y GJ}{l_{b^2}} + \frac{\pi^4 E^2 I_y C_w}{l_{b^2}}} \quad \cdots\cdots (5.2)$$

여기서, $J = \frac{2}{3} bt_{f^3} + \frac{1}{3} ht_{w^3}$: St. Venant의 비틀림 계수

E : 영 계수(t/cm^2)

C_w : $\frac{h^2 I_y}{4}$: 휨뒤틀림 계수(warping)

G : 전단탄성계수(t/cm^2)

I_y : y축에 대한 한쪽 플랜지의 단면2차모멘트(cm^4)

식 (5.2)를 변형, 생략하면

$$\sigma_{cr} = \sqrt{\left[\frac{0.65E}{\frac{l_b h}{A_f}}\right]^2 + \left[\frac{\pi^2}{\frac{l_b}{i_b}}\right]^2} \quad \cdots\cdots (5.3)$$

즉,

$$i_b = \sqrt{\frac{I_f}{A_f + \frac{1}{6} A_w}} \quad \cdots\cdots (5.4)$$

여기서, A_f : 압축측플랜지의 단면적(cm^2)

A_w : 웨브의 단면적(cm^2)

I_f : 플랜지의 웨브축에 대한 단면2차모멘트(cm^4)

l_b : 압축플랜지의 지점간 거리(cm)

식 (5.3)의 1항은 Saint Venant의 비틀림 저항의 항이며, 2항은 휨뒤틀림 저항의 항이다. 두꺼운 판으로 된 춤이 얕은 보에서는 1항이 커지며, 판이 얇고 춤이 높은 보에서는 2항이 커진다. 따라서 작은 항을 무시한다면 다음과 같은 식으로 실용화 할 수 있다.

• 춤이 높고 얇은 판으로 된 보는

$$\sigma_{cr} = \frac{\pi^2 E}{\left(\frac{l_b}{i_b}\right)^2} \quad \cdots\cdots (5.5)$$

• 춤이 낮고 두꺼운 판으로 된 보는

$$\sigma_{cr} = \frac{0.65\,E}{\frac{l_b \cdot h}{A_f}} \quad \cdots\cdots (5.6)$$

춤이 낮고 두꺼운 판으로 된 보에서는 탄성적인 식 (5.6)을 항복점까지 그대로 사용해도 오차가 작으나, 춤이 높고 얇은 판으로 된 보에서는 식 (5.5) 대신에 다음의 비탄성좌굴식을 사용한다.

$$\sigma_{cr} = \left\{1 - 0.4\left(\frac{\frac{l_b}{i_b}}{\lambda_p}\right)^2\right\} F_y \quad \cdots\cdots (5.7)$$

여기서,

$$\lambda_p = \pi\sqrt{\frac{E}{0.6\,F_y}}$$

식 (5.5)는 식 (5.4)에서와 같이 플랜지와 웨브의 1/6로 된 부분인 압축재의 좌굴응력도를 나타내고 있다. 이와 같은 압축재의 비탄성 좌굴식은 다음의 식으로 표현할 수 있다.

결국 탄소성 범위를 통하여 얇은 판으로 된 보는 식 (5.7), 두꺼운 판으로 된 보는 식 (5.6)에 의하여 내력을 구하여도 큰 차이는 없는 것이다. 식 (5.6), 식 (5.7)에서 안전율 1.5로 나눈 것이 허용휨응력도 식이 된다.

$$f_b = \left\{1 - 0.4\frac{\left(\frac{l_b}{i_b}\right)^2}{\lambda_{p^2}}\right\} f_t \ \text{또한} \le f_t \quad \cdots\cdots (5.8)$$

$$f_b = \frac{1}{1.5} \cdot \frac{0.65\,E}{\frac{l_b \cdot h}{A_f}} \fallingdotseq \frac{900}{\frac{l_b \cdot h}{A_f}} \ \text{또한} \le f_t \quad \cdots\cdots (5.9)$$

식 (5.8)에 수정계수 C_m을 사용하여

$$f_b = \left\{ 1 - 0.4 \frac{\left(\frac{l_b}{i_b}\right)^2}{C_m \lambda_{p^2}} \right\} f_t \quad \cdots\cdots (5.10)$$

식 (5.5)는 비탄성 역에서의 영 계수의 저하 영향이 고려되어 있지 않으나, 실제 구조물에서 대게 단부구속 및 모멘트의 변화가 있으므로 위험측의 오차가 생기는 일은 거의 없을 것이다.

식 (5.4)와 식 (5.5)의 어느 쪽이 좋은 근사치가 되느냐는 부재 길이, 단면형에 따라 다르며 일률적으로 말할 수는 없으므로 우리 규준에서는 2식 중 큰 값을 택하도록 한 것이다.

h/A_f가 작은 단면에서는 식 (5.5)이 좋은 근사치가 되고, h/A_f가 큰 세장한 단면에서는 식 (5.4)이 좋은 근사치가 된다.

이상과 같이 식 (5.4), 식 (5.5)이 모두 안전측으로 검토되었으므로 안전율은 좌굴길이에 관계없이 균일하게 1.5로 하였다.

M_1/M_2의 부호는 그림 5.2와 같이 하고, A_f에 대해서는 그림 5.2의 사선부분과 같이 중심선이 웨브축에 직교하는 플랜지 요소만으로 한다.

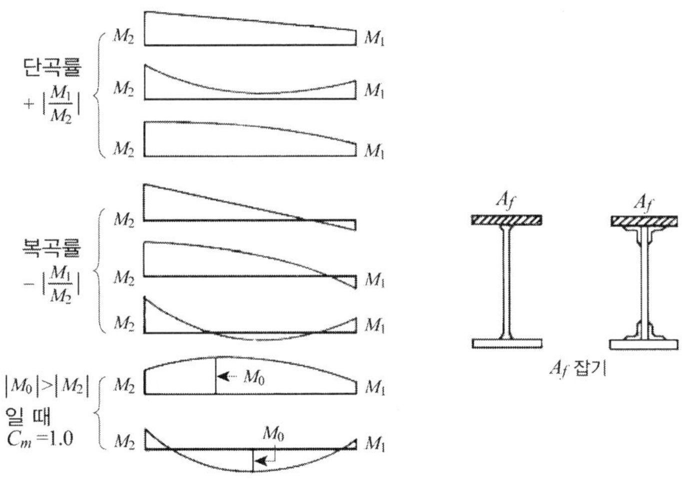

그림 5.2 C_m의 기호

그러나 상자형 단면 및 하중면 내에 대칭축이 있고, 약축에 대한 휨을 받는 부재에서는 횡좌굴의 우려가 없으므로 부재길이에 관계없이 허용응력도를 f_t로 해도 좋다. 그리고 하중면내라는 표현은 주축방향으로 분해한 하중성분의 면이라는 의미로 해석하면 된다.

❷ 강재의 판 좌굴

그림 5.3(a)의 ABCD는 얇은 평판으로서 이것의 4변은 그림 5.3(b)와 같은 단순지지 상태이며 AB, CD변에 등분포 압축하중 N_x가 작용할 때의 평판의 좌굴 상태를 그린 것이다. N_x가 적을 때는 평판은 본래의 평면을 유지하지만 N_x값이 다음 값에 이르면

$$N_x = \frac{\pi^2 D}{l^2}\left(n + \frac{l^2}{n \cdot b^2}\right)^2 \quad \cdots\cdots (5.11)$$

평판은 드디어 그림 5.3(a)와 같이 좌굴현상을 일으킨다. 여기서 D는

$$D = \frac{E\,t^3}{12(1-\nu^2)} (t\text{는 두께, } \nu\text{는 Poisson 비}) \quad \cdots\cdots (5.12)$$

이다. 이 D값은 구형보의 EI 값에 해당하는 것으로써, 두께 t, 단위폭에 대한 I값은 $1\times t^3/12$이며, 이것에 E를 곱하면 $Et^3/12$가 된다. 그런데 판재, 즉 2차원 재에는 이것에 $1/(1-\nu)$이라는 factor가 하나 더 붙어서 식 (5.12)와 같이 된다. 따라서 D는 단위길이당의 휨강성이다. n은 판의 장변방향에 생기는 반곡점의 수인데 그림 5.3의 경우는 반파곡이 두 개이므로 $n=2$이다.

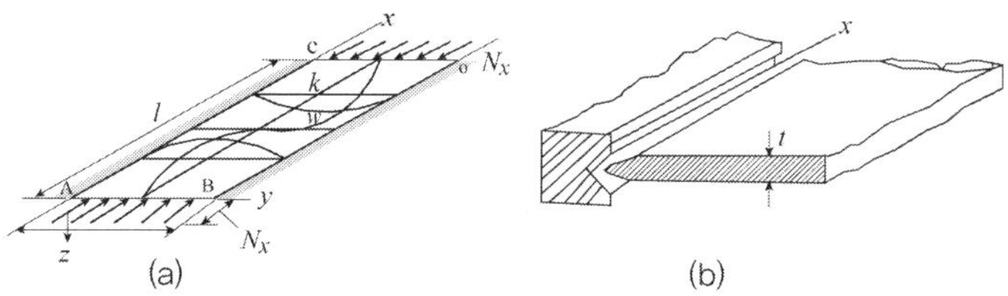

그림 5.3 강재의 판좌굴

n은 꼭 자연수라야 되며 N_x값을 최소로 하는 값이 관심사이다.
식 (5.11)에서

$$N_{cr} = \frac{\pi^2 D}{l^2}\left(n + \frac{l^2}{n \cdot b^2}\right)^2 = \frac{\pi^2 D}{l^2}\left\{\frac{l}{b} + \frac{b}{l}\left(\frac{l}{b}\right)^2\right\}^2 = \frac{4\pi^2 D}{b^2}$$

$$N_{cr} = \frac{4\pi^2 D}{b^2} \quad \cdots\cdots (5.13)$$

이다. 이 식은 장주의 좌굴하중식(Euler식)

$$N_{cr} = \frac{\pi^2 EI}{l^2} \quad \cdots\cdots (5.14)$$

과 비교해 보면 D는 EI에 대응하는 것을 알 수 있다.

축압축력을 받는 평판의 좌굴계수는 그림 5.4와 같다. 이 그림 5.4에서 k의 최소한은 l/b가 자연수일 때는 항상 4이나 그렇지 않으면 4를 약간 웃돌지만, 그 차이는 별로 크지 않을 뿐 아니라 l/b가 4를 넘으면 k값은 거의 항상 4가 되는 것을 알 수 있다.

그래서 그림 5.3(b)와 같은 주변단순지지의 엷은 판에서 그림 5.3(a)와 같은 압축력을 받을 때의 평판좌굴하중식을

$$N_{cr} = \frac{4\pi^2 D}{b^2} \quad \cdots\cdots (5.13)$$

로 생각한다. 단, 그림 5.4에서 l/b가 1보다 적을 때는 k값이 4보다 훨씬 커진다. 이런 경우에는 식 (5.14)에서 N_{cr}값을 구하면 된다.

식 (5.14)의 N_{cr}은 단위폭에 관한 압축력이니까 이것을 단위폭의 면적 $1 \times t$로 나누고 식 (5.12)의 D를 대입하면 다음과 같은 좌굴응력도가 되며

$$\sigma_{cr} = \frac{4\pi^2 E}{12(1-\nu^2)(b/t)^2} \quad \cdots\cdots (5.15)$$

factor는 판재의 주변지지상태나 응력분포상태에 따라서 달라지는 계수이다. 따라서 일반적인 판재의 좌굴응력도는 식 (5.16)으로 표시하는 것이 좋다.

$$\sigma_{cr} = k\frac{\pi^2 E}{12(1-\nu^2)(b/t)^2} \quad \cdots\cdots (5.16)$$

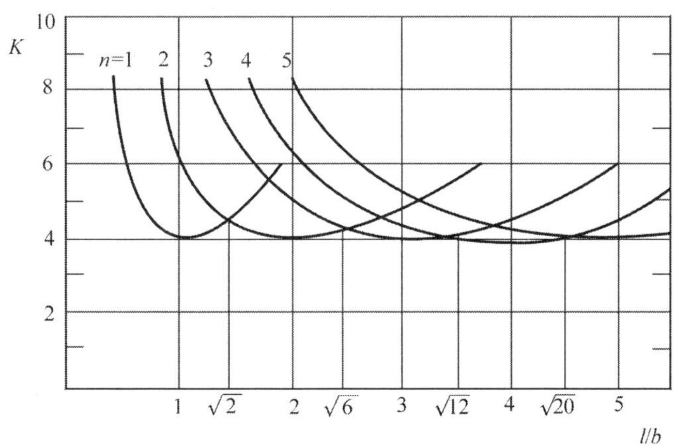

그림 5.4 축압력을 받는 평판의 좌굴계수

- **좌굴후강**

탄성기둥은 좌굴이 시작되면 Euler 하중수준에서 극히 적은 하중의 증가로서 처짐이 계속 증대하여 결국 완전히 부러지고 만다. 그러나 많은 형태의 판재들은 N_{cr}에 이르는 하중을 받아도 경미한 좌굴파가 서서히 발생할 뿐이지 판 자신이 급격히 파괴되지는 않는다. 눈으로 분간 할 수 있는 정도의 좌굴파가 생긴 뒤에도 이 때 하중의 몇 배의 하중을 가해도 파괴에는 이르지 않는데 이 현상은 b/t비가 클 때 더욱 현저하다. 이 현상을 좌굴후강(post buckling strength)이라 부르며 이 성질은 얇은 판의 설계에 결정적으로 중요한 의미를 갖는다.

- **국부좌굴**

압축재의 플랜지나 웨브가 얇고 넓은 경우, 부재 전체에 좌굴이 일어나기 전에 플랜지나 웨브에 국부적으로 주름이 생기는 수가 있다. 이런 현상을 국부좌굴이라 하며, 역학적으로는 판의 좌굴문제이다. (그림 5.5)

국부좌굴은 부재의 내력저하를 초래하므로 구조설계상 중요한 문제이다.

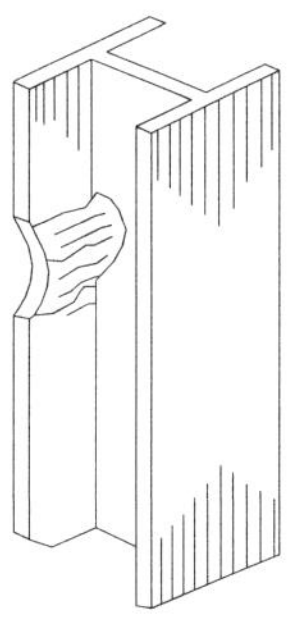

(a) 국부좌굴

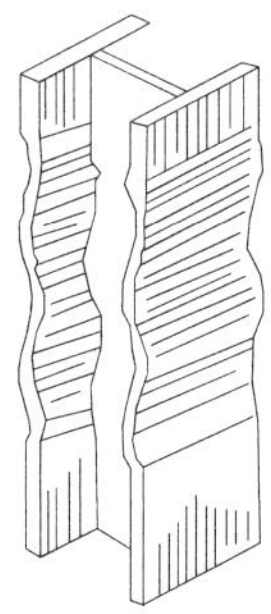

(b) 판요소의 찌그러짐

그림 5.5 국부좌굴에 대한 형상

- **국부좌굴에 영향을 미치는 요소**

a) 재질

재질은 각종 강재의 F_y 값으로 규정하고 있다.

폭 두께비가 F_y에 역비례 되게 규정하고 있는 것은 좌굴하중은 재의 EI에 비례할 뿐이지 강도에 비례하지 않는데($P_{cr}=\dfrac{\pi^2 EI}{L^2}$), F_y 값이 높은 재의 경우 높은 설계응력도가 작용하게 되며, 이 높은 응력이 걸릴 때까지 국부좌굴을 일으키지 않도록 하기 위해서이다.

b) 판요소의 주변지지상태

우리나라 강구조기준에서 판재의 폭 b로 표시되고 있는 것과 같이 1연지지 타연자유, 춤 d는 2연지지, D로 표시된 강관의 경우 등 세 가지로 나누고 있으며, 이 세 경우 중에서 응력 분포 상태에 따라 다시 세분되고 있는 것은 2연지지의 경우만으로서 압축재 web의 경우는 $t/d < 74\sqrt{F_y}$ 보의 web의 경우는 $t/d < 110/\sqrt{F_y}$로 나누어지고 있다.

c) 힘의 작용상태(압축, 휨, 전단의 차이)

압축재 web의 경우는 그림 5.6(a)와 같이 응력이 균등한 압축이 걸리는 경우가 많은데 비하여 보의 web의 경우는 그림 5.6(b)와 같은 휨응력이나 그림 5.6(c)와 같은 전단응력이 주로 걸리기 때문에 후자의 경우가 전자에 비해 좀 더 얇아도 허용되도록 규정하고 있다.

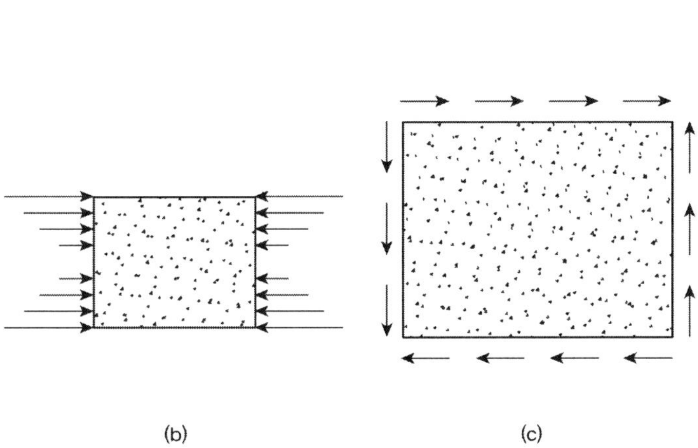

그림 5.6 힘의 작용상태

• **판요소의 폭 두께비 제한**

그림 5.7과 같은 폭 두께비의 제한을 따르면 국부좌굴은 전체좌굴이 생기기 전에 일어나지 않는다.

그리고 이러한 제한치를 넘어서는 경우 초과하는 부분을 무효로 본 단면적으로서 존재응력도를 계산한다. 이 경우 무효로 보는 부분은 국부좌굴을 잘 일으킬 수 있는 부분이다. 즉 그림 5.7에서 빗금친 부분들이다. web와 플랜지가 직교하는 부분이 국부좌굴에 대해서 가장 강하기 때문이다. 다만, 강비 및 세장비 계산에서는 전 단면적을 사용해도 좋다.

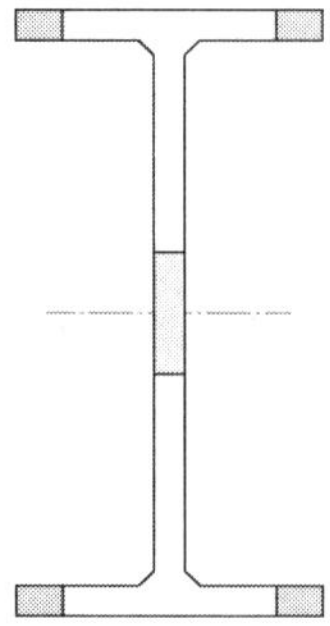

그림 5.7 압축재의 무효부분

표 5.1 폭 두께비(b/t, d/t)의 제한 값의 비교

		AISC	AISC	AREA	AISI	AASHTO	BS449	DIN 4114	소련
1변지지 타변자유	ㄱ 형강	13	13	10	10	12(16)	16	14	14
	플랜지	16	16	12(14)					
양변지지	전단(휨)	71	–	–	–	–	–	–	–
	압축	48	44	40	28.4	40	50	40	40

※ ( ) 안에는 2차 부재의 값

:: 압축재의 좌굴

단순한 압축에 관하여 Euler가 처음으로 이론식을 도입하였으나 세장비 λ가 약 100 이하가 되면 실상에 맞지 않으므로 Tetmajer의 시험에서 실험식을 산출하여 사용하고 있다.

Euler의 이론식은

$$N_{cr} = \frac{\pi^2}{C} \cdot \frac{E \cdot I}{l^2}$$

$$f_{cr} = \frac{N_{cr}}{A} = \frac{\pi^2 \cdot E}{C\left(\frac{l}{i}\right)^2} = \frac{\pi^2 \cdot E}{C \cdot \lambda^2}$$

여기서, N_{cr} : 좌굴하중(kg)　　f_{cr} : 좌굴응력도(kg/cm^2)

E : 영 계수(kg/cm^2)　　I : 단면2차모멘트(cm^4)

l : 부재길이(cm)　　i : 단면의 최소단면 2차반경(cm) $i = \sqrt{\frac{I}{A}}$

λ : 세장비$\left(\frac{l}{i}\right)$　　A : 단면적(cm^2)

π : 원주율　　C : 단부지지점의 상태에 의해 정해지는 정수

이 식은 이상적인 장주에 중심압축력이 작용할 때 기둥의 휨곡선을 미분방정식으로 계산하여 구한 식이다.

이 식을 보면 좌굴응력도 f_{cr}은 어떤 영 계수 E인 재료의 세장비 λ와 단부지지상태 C에 의해 정해지도록 되어 있고, 재료의 강도와는 관계가 없다는 것을 알 수 있다.

그리고 C에 대해서는 그림 5.8에서와 같은 4개의 단부지지 상태에 대해서 다음과 같이 했다. 즉 재료, 단면, 길이가 같으면 (d)는 (a)의 16배의 하중을 지지해서 안전하다는 것을 표시하고 있다.

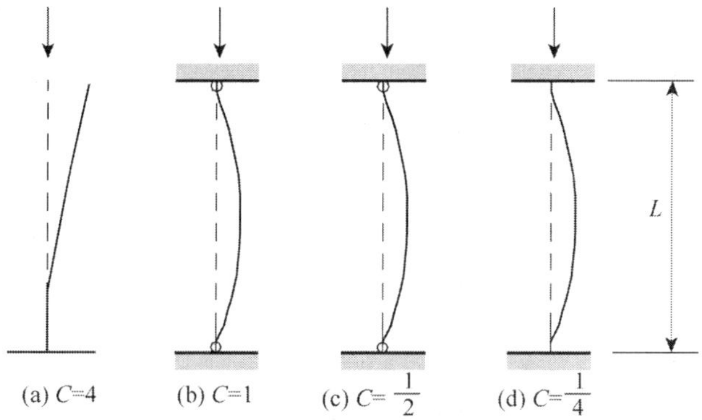

그림 5.8 단부의 지지상태

다음 세장비 λ가 변화하는 경우를 생각해 본다.

E=2,100,000kg/cm^{2}인 보통강이며 단부지지상태는 힌지로 C=1의 경우를 생각해 보면 λ=100일 때는 f_{cr}은 약 2070kg/cm^{2}가 되어 거의 비례한도에 가까운 값이 되나 λ가 100을 넘어서 길다란 경우 예를 들면,

λ=150일 때 f_{cr}=920kg/cm^2

λ=200일 때 f_{cr}=520kg/cm^2

λ=250일 때 f_{cr}=330kg/cm^2

로서 λ의 증가에 대해 f_{cr}은 급격하게 줄어든다는 것을 알 수 있다. 다음에는 반대로 λ가 100보다 줄어들 때를 생각한다. 예를 들어, λ=50일 때 f_{cr}=8291kg/cm^2, λ=0일 때 f_{cr}=무한대가 되므로 이와 같은 일은 일어날 수 없다.

Euler의 공식은 λ가 약 100보다 클 때에만 해당된다.

실제로 시험에 의해서도 그림 5.9에 흑점으로 표시한 결과가 되며 λ가 100보다 적을 때는 공식을 활용할 수 없다.

이와 같은 한계를 표시하는 λ를 한계세장비라 한다.

그러나 실제적으로는 λ가 한계세장비보다 작을 경우가 많으므로 Tetmajer가 시험결과로 Euler식이 성립되지 않는 범위에 대해서는 $f_{cr} = a - b\frac{l}{i}$ 라는 시험식을 제안하였다.

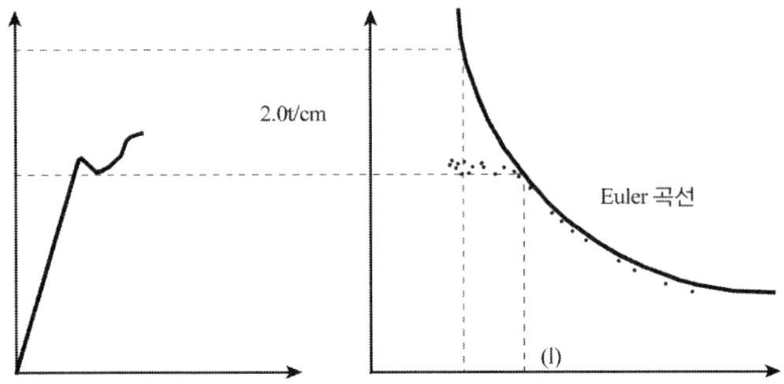

그림 5.9 Tetmajer의 시험식

여기서 a와 b는 정수이다. 예를 들면, 보통강의 경우에는 $f_{cr} = 3.1 - 0.0114\frac{l}{i}$ 로 하였다. 이 식은 $\lambda = 0$일 때 강의 파괴강도 $3.1\,t/cm^2$가 되며, 한계세장비를 100으로 가정해서 $\lambda = 100$에서 $f_{cr} = 2.0t/m^2$이며, 비례한도의 값을 구하는 식이다. 그림 5.10에서와 같이 $\lambda = 100$에서 Euler곡선에 접속되는 직선으로 되어있 다.

이와 같이 Euler식과 Tetmajer식을 서로 번갈아 사용하면 되나 실제적인 건물을 구성하는 압축재에서는 피할 수 없는 편심, 즉 일반적 변형이나 하중점의 편심이 있으므로 실용식으로 Gordon-Rankin식, Johnson의 포물선식 등이 제안되고 있다. 이들의 공식은 f_{cr}를 구하는 식이나 실제적인 설계에는 여기에 있는 안전율을 고려하여 허용응력도를 결정할 필요가 있다.

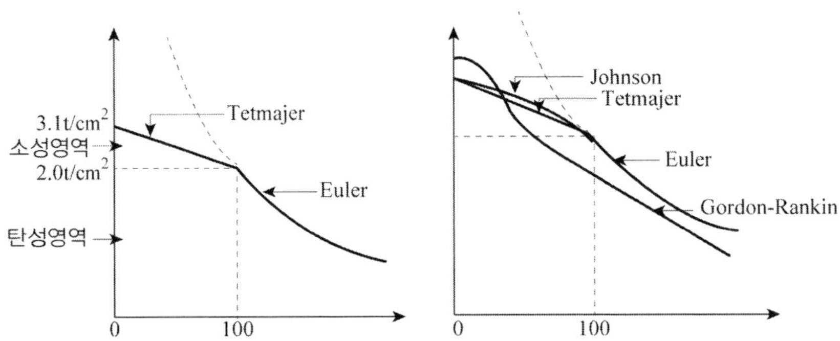

그림 5.10 Euler, Tetmajer, Gordon-Rankin, Johnson식의 비교곡선

각국의 설계공식은 상기의 식을 개량하여 여기에 안전율을 고려한 것이다.

우리나라에서도 종래는 $\lambda > 100$일 때는 Euler의 식을, $\lambda < 100$일 때는 Johnson식을 개량하여 사용해 왔으나 현재에는 강재의 종류가 많아져서 $\lambda = 100$으로 일정하게 정하지 않고 F의 여러 값에 대하여 Euler식을 사용하여 한계세장비의 위치를 바꾸는 식으로 고쳤다.

AISC는 축방향 힘에 의한 모멘트 확대효과와 양단 모멘트의 크기와 방향에 따른 조정까지 고려하고 있다.

그림 5.11(a)는 기둥의 상하단에 같은 크기의 모멘트 M이 작용하여 기둥 중앙에 δ_1이라는 변위가 생긴 모양이며, 그림 (b)는 이때의 모멘트 diagram으로 부재의 전체길이에 걸쳐서 같은 크기의 모멘트가 분포되고 있는 것을 보여 주고 있다.

그림 (c)는 여기에 다시 축력 P가 작용할 때의 모양이다.

부재에는 외력으로 축력 P만이 추가되는 데도 불구하고 본래의 M에 의한 처짐 δ_1이 P와 합세하여 추가로 2차모멘트 $P\delta_1$이 생긴다. 이 2차모멘트에 의해 부재는 또 2차 변위가 생기고 이런 식으로 3차모멘트가 생기며, 이 3차모멘트에 의하여 3차의 추가변위가 생긴다. 이 cycle은 무한히 계속되나 변위의 누계는 어느 일정한 수치에 수렴한다. 이 값을 δ_2라 하고[그림 (c) 참조], 이 기둥은 그림 (d)와 같은 모멘트 분포를 한다.

즉 부재의 중앙에 원래의 모멘트 M에 추가된 모멘트 $M = P(\delta_1 + \delta_2)$가 합해진 $M_t = M + P(\delta_1 + \delta_2)$가 작용한다.

$$\text{위의 식은 } M_t = M \times \frac{1}{1 - \dfrac{P}{P_{cr}}} \qquad (5.17)$$

로도 표시할 수 있다.

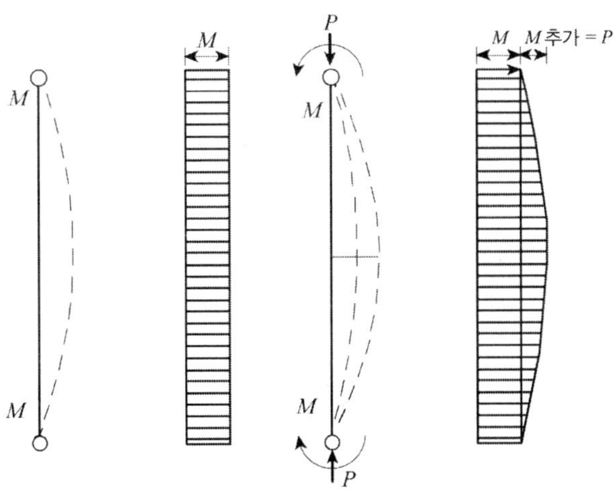

그림 5.11 집중하중 및 모멘트에 따른 모멘트도

이 식의 M_t는 M에 $\dfrac{1}{1-\dfrac{P}{P_{cr}}}$ .... (5.18)

를 곱해 주면 된다는 뜻이다. 위의 식 (5.18)을 확대계수라 한다. 여기서, P_{cr}은 Euler의 하중식 $\dfrac{\pi^2 EI}{l^2}$이다. 이 식의 P가 P_{cr}에 가까이 가면 확대계수는 무한대가 된다. 그런데 식 (5.18)은 기둥 상하단에 그림 5.12와 같이 크기가 같고 방향이 반대인 moment가 작용할 때의 확대계수이나 실제구조물에서는 이런 경우가 거의 없다. 따라서 이와 다른 여러 경우에 대하여 확대계수를 조정할 필요가 생기며, 그 조정의 방법으로 식 (5.18)의 확대계수에 조정계수 C_m를 곱해서 조정된 확대계수

$$\frac{C_m}{1-\dfrac{P}{P_{cr}}} \quad \cdots\cdots (5.19)$$

을 도입하여 C_m에 다음과 같은 값을 준다.

① 절점의 이동(side sway)을 받는 골조(frame)의 압축부재에는 $C_m = 0.85$

② 절점이동이 가새(brace)에 의해서 방지되고 있는 골조의 부재로서, 이 부재의 휨 평면 내에서 횡하중의 작용이 이 부재의 두 지점사이에 존재하지 않을 때는

$$C_m = 0.6 - 0.4\frac{M_1}{M_2} \text{ (단, 0.4보다 작지 않은 값)이다.}$$

여기서, $\dfrac{M_1}{M_2}$은 고려하고 있는 휨평면 안에서 횡지지 되지 않는 부분의 양단에서의 큰 모멘트에 대한 작은 모멘트의 비이다. $\dfrac{M_1}{M_2}$은 부재가 복곡률로 휠 때 양(+)이고, 단곡률로 휠 때 음(−)이다.

③ 절점이동이 가새에 의해 방지되고 있는 골조의 부재로서, 부재의 휨 면 내에 부재의 두 지점 사이에서 횡하중이 작용하고 있는 경우의 C_m은 합리적인 해석으로 결정해야 한다. 그러나 이런 해석 대신에 다음 값을 써도 좋다.

- 양단이 구속되고 있는 부재에서는 $C_m = 0.85$
- 양단이 구속되고 있지 않는 부재에는 $C_m = 1.0$

이상은 C_m에 관한 AISC의 규정 내용이다. 다시 설명하면 side sway가 방지되지 않는 건물의 기둥에 대해서는 $C_m = 0.85$이다. 여기서 주의할 점은 side sway가 방지되고 있지 않는 기둥에서는 좌굴장이 기둥의 실제 길이 이상으로 되며, 이 좌굴장에 대한 F_a를 사용하면서 $C_m = 0.85$로 해야 한다.

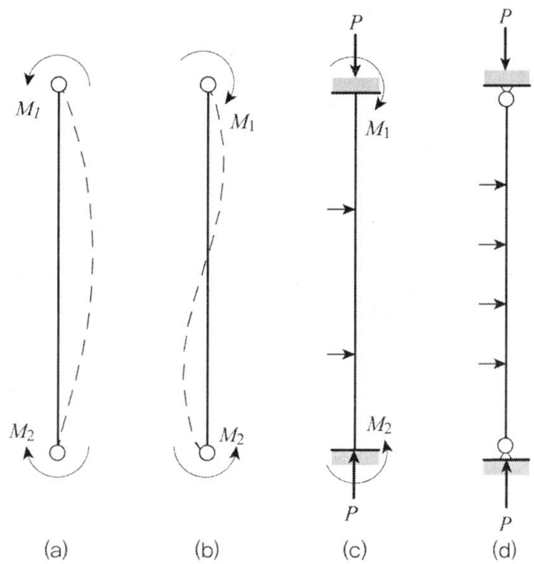

그림 5.12 기둥의 작용하중 상태

side sway가 방지되고 있는 건물에서는 그림 5.12의 (a), (b)와 같이 기둥 중간에 횡하중이 작용하지 않는 경우와 그림 (c), (d)와 같이 횡하중이 작용하는 경우로 구분된다.

이때 그림 (a)를 단곡률, 그림 (b)를 복곡률이라 부른다.

단곡률의 경우가 압축력에 의한 모멘트 확대효과가 더욱 클 것이므로 이 경우에는 $\frac{M_1}{M_2}$의 부호가 음(−)이 되어 이것의 앞의 계수 −0.4와 곱해져서 양(+)이 되도록 했고, 복곡률의 경우는 모멘트 확대효과가 작으므로 $\frac{M_1}{M_2}$을 양(+)으로 해서 C_m값이 0.6에서 $0.4\left(\frac{M_1}{M_2}\right)$만큼 작아지도록 하고 있다. 그리고 모멘트 확대효과는 큰 모멘트가 주두에 있든, 주각에 있든 상관없이 같은 관계가 되니까 $\frac{M_1}{M_2}$ 중 작은 것이 그 위치에 관계없이 M_1이고, 큰 것이 M_2이다. 그리하여 $\frac{M_1}{M_2}$이고, 단곡률일 때 C_m=1이 되도록 하고 있다. 횡지지되고 있으며 기둥 사이에 횡하중이 작용하는 그림 (c), (d)의 경우는 합리적인 해석을 해서 C_m을 구하라고 하고 있다.

AISC에서는 그 commentary에서 이에 관한 계산방법이 기재되고 있다.

그러나 commentary에서 제시하는 방법으로 C_m값을 구하는 것이 번거롭고 귀찮을 때는 그림 (c)와 같이 부재의 양단이 구속되고 있을 때는 $C_m = 0.85$, 그림 (d)와 같이 재의 양단이 구속되어 있지 않을 때는 $C_m = 1.0$으로 잡으면 된다는 뜻이다.

다음은 AISC에서 규정된 내용을 설명한다.

$$\frac{f_a}{F_a} + \frac{C_{mx} f_{bx}}{\left(1 - \frac{f_a}{Fe'_x}\right) F_{bx}} + \frac{C_{my} f_{by}}{(1 - \frac{f_a}{Fe'_y}) F_{by}} \leq 1.0 \quad \cdots\cdots (5.20)$$

여기서, F_a : 축력만이 존재할 때에 허용될 수 있는 축응력도

F_b : 휨모멘트만이 존재할 때에 허용될 수 있는 휨 압축응력도, 첨자 x, y는 각각 x, y 축 둘레의 휨에 대한 응력도를 표시한다.

$Fe' = \dfrac{12\pi^2 F}{23(kL_b/\tau_b)^2}$: 이 공식 안에 있는 L_b는 휨면 내에서 횡지지되지 않은 실제 길이, τ_b는 이에 해당하는 회전반경이다. k는 휨단면에서의 좌굴장계수이다.

f_a : 계산된 축응력도

f_b : 고려되고 있는 점에서의 계산된 휨 압축응력도

여기서, Fe'은 다름 아닌 Euler의 좌굴하중을 23/12의 안전율로 나눈 값이다. Euler의 하중은 세장비가 작을 때는 F_y보다 크게 나오기 때문에 설계식에 적용될 수 없다. 따라서 식 (5.20)은 세장한 재에 해당되며 짧고 굵은 재에는 적용할 수 없다.

그래서 AISC는 다시 $\dfrac{f_a}{0.6F_y} + \dfrac{f_{bx}}{F_{bx}} + \dfrac{f_{by}}{F_{by}} \leq 1.0$ ······ (5.21)

의 만족을 요구하고 있다.

이 식은 짧은 재에 적용되는 것이므로 세장비에 따라 F_a를 구하지 않고 짧은 부재의 압축허용응력도인 $0.6F_y$를 식 (5.20)의 F_a 자리에 대치시키고 있으며, 짧은 재에서는 P에 의한 moment 확대효과가 적기 때문에 식 (5.19) 값을 1로 하여 식을 만든 것이다. 그리고 식 (5.20)과 식 (5.21)의 적용한계를 세장비로 분할하지 않고 이 두 식을 모두 만족할 것을 요구하고 있다.

5.2 크레인 주행보 사용재료

5.2.1 강재 재질

크레인 주행보 본체(플렌지, 웨브)에 사용하는 재료는 강재의 용접성, 응력, 휨제한을 고려하고 연강재인 SN400, SN400B, 또는 고강재인 SM490A를 다음과 같은 분류로 선택하여 사용하는 것이 합리적이고, 경제적인 주행보 설계의 방법이 될 수 있다.

강재의 재질 규격

번호	명칭	강종
KS D 3861	건축구조용 압연강재	SN 400A, B, C SN 490B, C
KS D 3866	건축구조용 열간압연 H형강	SHN 490

형상치수 규격

번호	명칭
KS D 3502	열간 압연 형강의 모양, 치수 및 무게와 그 허용차

재료강도(설계강도)

강도	판 두께	SN 400	SN 490B, C	SHN 490
F_y	두께 40mm 이하 두께 40mm 초과 100mm 이하	235 215	325 295	325 –
F_u	두께 100mm 이하	400	490	490

:: 강재의 피로를 고려하지 않는 주행보

SN400, SM400B 또는 SM490A

:: 강재의 피로를 고려하여 설계하는 주행보

SN400, SM400B

이러한 내용은 강재의 피로현상에서 강재의 인장강도의 차이에 의한 피로강도의 영향은 거의 없다는 실험결과가 제시되었고 각국의 피로설계기준에서도 규정되고 있다.

즉 피로를 고려하지 않는 주행보에서는 고장력강을 사용하여 탄성이 큰 허용응력도를 적절하게 사용하여 단면을 줄여 경제적인 설계가 가능하지만 피로를 고려하는 주행보 설계에서는 용접부의 형태에 따라 탄성허용응력도 대신 피로허용응력도를 산정하여 적용해야 하기 때문에 고장력강재를 사용하는 의미가 없어진다.

따라서 일반연강재 중에서도 특히 용접성이 우수한 SM400B재를 사용하는 것이 바람직하다.

이와 같은 설계이론적인 구분은 충분히 이해되지만 실제 설계시에는 같은 공장에 설치되는 주행보가 크레인의 종류에 따라 구간별로 다른 재질의 강재를 나누어서 제작한다는 것이 다소 현실성이 없다고 할 수도 있다.

그리고 크레인 주행보 본체와 연결되는 백거더의 각 부재(거셋 플레이트, 트러스상 하현재, 사재, 수직재 등)들은 적은 설계응력으로 보통 일반연강재(SS400)를 사용한다.

5.2.2 사용강재의 정수

주행보에 사용되는 강재의 물리적 정수는 다음 표에 의한다.

표 5.2 사용강재의 물리적 정수

재료	영 계수(t/cm^2)	전단탄성계수(t/cm^2)	포아송비	선팽창계수(1/°C)	비 중
강재	2100	810	0.3	0.000012	7.85

5.2.3 강재의 허용응력도

주행보에 사용되는 강재의 허용응력도는 설계에 적용되는 각 기준에 의하여 산정한다.

5.3 강재피로를 고려하지 않는 크레인 주행보 설계

5.3.1 설계방법 분류

천정크레인의 작업조건, 하중조건 등에 따라 피로설계의 적용유무가 분류되는데 매우 부정확 하고, 애매한 분류법이지만 각 나라, 또는 특정기업들은 오랜 경험과 실적을 바탕으로 합리적인 적용기준을 제시하고 있다. 우리나라는 예전에는 전혀 분류자료가 없어 외국의 기준을 차용하여 그대로 설계에 적용하여 왔으나 지금은 대기업에서 자체의 분류자료를 정리하여 합리적인 설계지침을 만들어 사용하고 있다.

크레인 주행보에 대한 설계방법 분류를 제시한 대표적인 자료는 다음과 같다.

:: 미국기준(AISC)

표 5.3 하중조건(AISC시방서)

하중조건	하중반복횟수	
1	20,000[(a)] ~ 100,000[(b)]	[(a)] 구조물의 수명 50년 동안 1회/일 반복 [(b)] 구조물의 수명 50년 동안 5회/일 반복 [(c)] 구조물의 수명 50년 동안 25회/일 반복 [(d)] 구조물의 수명 50년 동안 100회/일 반복
2	100,000[(b)] ~ 500,000[(c)]	
3	500,000[(c)] ~ 2,000,000[(d)]	
4	2,000,000 이상	

:: 일본 가와사키 제철소 지침

크레인의 작업시간율과 하중률의 2가지 요소를 기준으로, 분류 Ⅰ과 Ⅱ로 분류된 크레인은 피로설계를 적용하지 않고 Ⅲ과 Ⅳ로 분류된 크레인은 피로설계를 고려한다.

표 5.4 일본 가와사키 제철소 지침

작업시간율		소	중	대	초대
하중률		긴 휴식시간을 수반한 불규칙적인 사용	주기적인 빈도의 규칙적 사용	격한 빈도의 규칙적 사용	격한 빈도의 연속적 사용
횟수		10^5 미만	$10^5 \sim 6\times10^5$	$6\times10^5 \sim 2\times10^6$	2×10^6 이상
가벼움	드문 정격하중을, 통상은 정격의 1/3 이하의 하중을 매단다.	Ⅰ	Ⅰ	Ⅱ	Ⅲ
중간	빈번한 정격하중을 통상은 정격의 1/3~2/3 이하의 하중을 매단다.	Ⅰ	Ⅱ	Ⅲ	Ⅳ
무거움	정격하중을 항상 매단다.	Ⅱ	Ⅲ	Ⅳ	Ⅳ

참고로 제철소에 사용되는 크레인의 분류 예를 아래 표에 나타낸다.

표 5.5 제철소에 사용되는 크레인의 분류

크레인의 종류	분류
수동 크레인, 발전소용 크레인, 분해점검용 크레인	Ⅰ
창고용·재료보관용·기계 및 조립공장용 크레인, 일반 산업용 크레인	Ⅱ 또는 Ⅲ
버킷부착(첨부) 크레인, 레들 크레인, 장입 크레인	Ⅲ 또는 Ⅳ
스트립야드 크레인, 소킹 크레인, 단조 크레인	Ⅳ

:: 우리나라 제철소

다음 표는 우리나라에서 설계, 시공된 대표적인 제철소에 적용된 크레인의 종류별 하중조건의 예이다.

표 5.6 우리나라 크레인의 종류별 하중조건 예

<table>
<tr><th rowspan="2">Facility</th><th rowspan="2">Yard Name</th><th colspan="2">Loading Condition(AISC)</th></tr>
<tr><th>H-제철소</th><th>P-제철소</th></tr>
<tr><td rowspan="2">Steel Making Plant</td><td>BOF Bay
Charging Bay</td><td>3</td><td>3</td></tr>
<tr><td>Transfer Bay
Refining Bay
Lifting Bay</td><td>3</td><td>3</td></tr>
<tr><td rowspan="2">Continuous Casting Plant</td><td>Slab Yard</td><td>4</td><td>4</td></tr>
<tr><td>CCM Bay</td><td>2</td><td>4</td></tr>
<tr><td rowspan="4">Plate Mill Plant</td><td>Shipping Yard</td><td>4</td><td>4</td></tr>
<tr><td>Mill Yard
Roll Shop</td><td>3</td><td>3</td></tr>
<tr><td>Shear Yard
Finishing Yard</td><td>2</td><td>4</td></tr>
<tr><td>Cooling Yard</td><td>1</td><td>3</td></tr>
<tr><td rowspan="3">Hot Strip Mill Plant</td><td>Furnace Yard</td><td>1</td><td>4</td></tr>
<tr><td>Mill Yard
Roll Shop</td><td>3</td><td>4</td></tr>
<tr><td>Coil Yard</td><td>4</td><td>4</td></tr>
</table>

5.3.2 크레인 주행보 설계절차

크레인 주행보의 설계절차는 표준화된 원칙은 없지만 설계자의 경험과 숙련정도에 따라 많은 시행착오가 있을 수 있기 때문에 다음과 같이 정리할 수 있다.

:: 설계조건 검토

- **크레인 사양** : 중량, 댓수, 바퀴수, 바퀴간격, 속도
- **크레인 주행보** : 스팬, 단부지지조건, 높이 등
- **크레인 하중** : 최대바퀴하중, 충격계수
- **운행조건** : 근접조건, 인접조건
- **기타하중** : 풍하중, 지진하중, 활하중, 고정하중 등

:: 피로설계 적용유무 검토

- 운행횟수(하중조건)
- 강재 재질

:: 구조해석과 응력 및 처짐 검토

- **단면가정** : 춤－스팬비 적용
- 처짐제한범위를 만족시킬 수 있는 단면2차모멘트 산정(I_x, I_y)
- **단순보해석** : 영향선이론을 이용한 컴퓨터 해석
  - 최대휨모멘트(M_x, M_y) 계산
  - 단부최대 반력산정(R_x, R_y) : 건물골조해석용 하중
- **수직방향 최대처짐 검토**
  - 수직처짐 제한 : $L/800 \sim L/1000$
  - 수평처짐 : $L/400 \sim L/600$
- **각 부위별 응력 검토** : 설계기준에 의한 양방향(x축, y축) 허용응력 검토
- **판좌굴 검토** : 스티프너 설계(수직, 수평)
- **국부응력 검토** : 상부플랜지 부위 크레인 레일 하부 바퀴의 집중하중에 의한 국부응력검토
- **기타부위 설계** : 단부지지볼트 등

:: 크레인 백거더 설계

- 크레인 이외의 하중계산(풍하중, 지진하중 등)
- **응력계산** : 조합응력, 국부응력
- 트러스 부재별 응력검토(상·하현재, 수직재, 사재)
- **접합부설계** : 기둥, 주행보의 상부플랜지, 하부플랜지

5.3.3 부위별 응력계산

:: 단면성능계산

주행보 단면의 응력계산은 압축응력을 검토할 경우에는 총단면2차모멘트(gross)를 사용하고 인장응력을 검토할 경우에는 순단면2차모멘트(net)를 사용한다.

순단면2차모멘트를 산정하기 위해서는 총 단면의 중립축을 사용하고 축방향의 각 면에 있는 모든 결손구멍의 단면적을 공제한다.

:: 2방향 휨에 대한 조합응력

수직과 수평방향의 하중이 동시에 작용함에 따라 주행보 단면의 2축방향에 대한 조합응력을 허용응력도와 검토해야 한다. 주행보가 트러스 형태일 때는 트러스 절점 사이의 국부응력과 2차 응력이 응력계산에 포함되어야 한다.

:: 웨브면에 대칭축을 가진 일반형강재와 단일웨브의 조립부재

수평지지점이 없는 단일웨브보의 설계는 다음과 같은 상호관련식을 만족해야 한다.

$$\frac{f_{bx}}{F_{bx}} + \frac{f_{by}}{F_{by}} \le 1.0 \qquad (5.22)$$

여기서, f_{bx} : X축의 휨모멘트에 따른 계산된 응력

f_{by} : Y축의 휨모멘트에 따른 계산된 응력

F_{bx} : X축의 휨에 대한 허용응력도

F_{by} : Y축의 휨에 대한 허용응력도

인장측 플랜지의 응력도는 수직하중만 고려하며 순단면2차모멘트를 적용하여야 한다.

그리고 횡방향 비틀림 좌굴의 가능성을 고려해야 한다.

식 (5.22)는 수직·수평하중이 동시에 고려될 때 상부플랜지에서의 압축응력도를 검토하는 식이다.

수평하중에 의한 F_{by}를 산정하는 경우 응력도는 그림 5.13(a)에서 빗금친 부분의 $y-y$축에 대한 단면성능으로 산정한다. 이 경우 조정된 수평하중은 그림 5.13(b)에서 표시된 Q_{eff}이다. 수평하중에 의한 모멘트에 대한 허용휨응력도 F_{by}는 좌굴의 영향이 없기 때문에 감소시킬 필요가 없다.

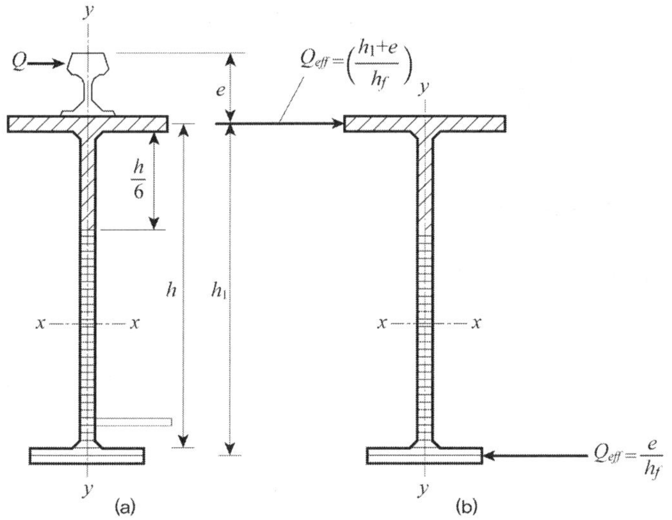

그림 5.13 개방형 단면 보에서 유효수평력과 수평력을 저항하는 유효면적

:: 백거더를 가진 주행보(back-up bracing system)

각 웨브시스템은 단면성능을 계산하는데 포함된 수직웨브의 각 면에 인접한 플랜지 판의 $\frac{95t_f}{\sqrt{F_y}}$ 이하의 폭에 부과된 하중들을 받는 것으로 가정된다. 다양한 항복점의 강재에 대한 최종값(rounded off value)은 AISC 기준에 나열되어 있다.

여기서, F_y : 강재의 규정된 최소항복강도(ksi)

t_f : 보나 거더의 플랜지 두께(in)

만약에 플랜지에 연속적으로 같은 면에 얇은 보조적인 판이 붙어 있다면, 그 판의 폭은 다음 식 이하의 플랜지로서 역할을 하는 것으로 가정한다.

$$\left(\frac{95}{\sqrt{F_y}} - \frac{b_f}{2t_f}\right)t_a \quad \cdots\cdots (5.23)$$

여기서, t_a : 보조적인 판 두께(in)

b_f : 판의 전체 폭(in)

수직·수평하중의 조합에 대해서 F_{bx}가 압축플랜지가 횡좌굴에 구속되는 조립부재의 휨에 대해서 완전(full) 허용응력도인 경우를 제외하고는 식 (5.23)이 만족된다. 수평하중에 대한 저항은 박스시스템의 완전한 상부플랜지로 구성된 수평거더에 의해서 제공되는 것으로 가정된다.

이 경우 웨브로 작용하는 박스시스템은 수직 플레이트의 1/2 이하이며 그림 5.14의 두께 t인 수직웨브의 춤 이하가 되어야 한다.

:: 수평다이아프램을 가진 박스보

국부하중을 플랜지와 웨브에 분해하도록 설계된 X-브레이싱이나 가로지르는 횡경막이 있는 닫혀있는 박스단면의 경우에는 완전한 단면이 수직, 수평의 조합하중을 저항하도록 가정한다. 비틀림과 휨에 의해서 발생되는 전단응력도가 포함된다. 전단부재의 압축에 대한 일반적이 폭 두께기준은 적용된다.

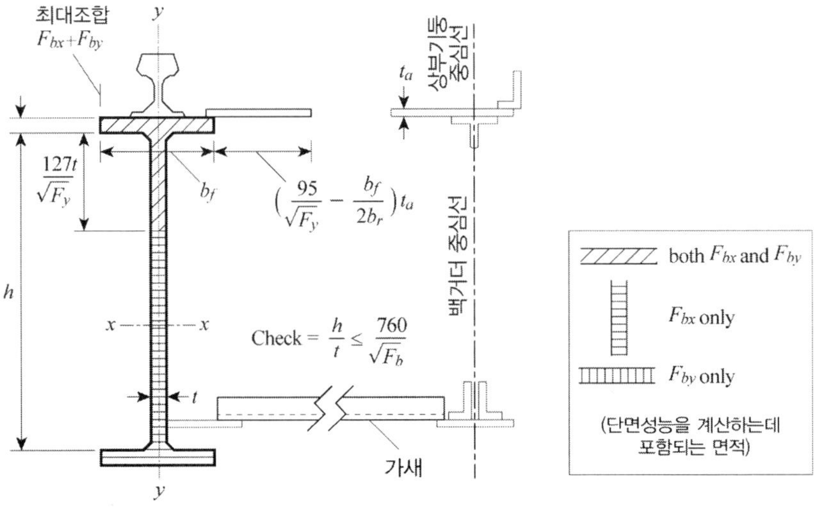

그림 5.14 유효단면가정

:: 웨브 두께

웨브의 순 깊이 대 웨브 두께의 비는 식 (5.24)의 값을 초과하면 안 된다.

$$\frac{760}{\sqrt{F_b}} \qquad (5.24)$$

여기서, F_b : 길이방향의 수평 스티프너가 사용되지 않을 경우 AISC 기준에서 주어지는 적용 휨응력도(ksi)
이 경우 AISE 기술보고서 No. 6에 맞게 설계되어야 한다.

:: 하부플랜지 브레이싱

구분 A, B, C 건물에서 36피트(약 11.0m) 이상의 스팬을 가진 크레인 주행보와 구분 D 건물에서 40피트(약 12m) 이상의 스팬을 가진 크레인 주행보는 하부플랜지가 인접거더나 단단하게 구속된 트러스에 연결된 브레이싱 시스템에 횡구속되어야 한다. 구조가구와 단단하게 구속된 트러스가 반복하중을 포함하는 부과된 하중에 대하여 설계되어지지 않는 경우, 수직적으로 가로지르는 구조가구는 사용해서는 안 된다.

띠장재는 중앙부 스팬에서 적용된 하부플랜지 축력의 2.5%의 최소하중을 지지하도록 설계되어야 한다. 또한 띠장재는 크레인 주행보 하부플랜지에 용접접합해서는 안 된다.

:: 스티프너

단부지지 스티프너는 단부의 반력을 전달하는데 필요한 곳에 사용된다. 중간부의 스티프너는 필요한 곳에 사용된다. 중간부의 스티프너는 상부 압축플랜지에는 완전용입용접으로 접합하고, 하부 인장플랜지에는 용접하지 않고 짧게 끊어야 한다. 단부지지 스티프너는 상부 압축플랜지에 완전용입용접하고 하부 인장플랜지 위에 완전 지지할 수 있도록 꼭 맞게 하는 것이 좋다.

단부지지 스티프너는 완전 지지할 수 있도록 하부플랜지에 용접되어야 한다. 스티프너와 웨브판이나 플랜지 판 사이의 모든 용접은 연속용접이 되어야 한다. 스티프너는 웨브와 플랜지의 용접을 위해 빈 공간을 두기 위하여 경사진 코너를 가져야 한다. $\frac{h}{t}$가 70 이상인 경우에는 중간 스티프너는 모든 위치에서 다음 식의 요구조건을 만족해야 한다.

$$f_V \geq \frac{64000}{\left(\frac{h}{t}\right)^2} \qquad (5.25)$$

여기서, h: 플랜지 사이의 순 깊이(in)

t : web의 두께(in)

f_V : 완전 또는 부분하중의 어떠한 조건 하에서의 판넬에 발생되는 최대단위전단 응력도(ksi)

앞에서 언급된 사항에 의해서 스티프너가 요구될 때에 중간 스티프너의 순간격은 판넬의 치수 a와 h 중에서 작은 값으로 하고 다음 식의 값을 초과해서는 안 된다.

$$\frac{350t}{\sqrt{F_y}} \quad \cdots\cdots (5.26)$$

여기서, a : 수직방향 스티프너 사이의 순간격(in)

h : 플랜지 사이의 순간격(in)

중간 스티프너는 짝으로 설치되어야 한다. 즉 웨브의 각각의 면에 1개씩 설치한다. 중간 스티프너는 웨브의 판좌굴에 대하여 안정되도록 설치하고 플랜지에서 웨브로의 집중하중을 전달시키는 데에는 사용되지 않는다. 그리고 단면2차모멘트는 다음 식 이상이 되도록 해야 한다.

$$I_s = \left(\frac{h}{50}\right)^4 \quad \cdots\cdots (5.27)$$

여기서, I_s : 웨브의 중심선에 대하여 짝으로 된 스티프너의 단면2차모멘트(in^4)

h : 플랜지 사이의 순깊이(in)

:: 국부적인 바퀴지지(점)

볼트로 연결된 크레인 주행보 위에 바퀴의 집중하중이 크레인 레일의 직접 접촉에 의해서 거더의 웨브판에 전달되어진다. 웨브판은 플랜지 앵글과 수평적으로 같은 높이이거나 플랜지 앵글 뒤의 상부에서 1/32인치 이하로 돌출된다. 완전한 접촉지압이 용이하지 않을 때에는 웨브에 접합된 상부플랜지는 볼트상부의 게이지 거리를 크레인 레일 단면 깊이를 더한 값의 2배 거리(폭) 위에 분포된 바퀴의 집중하중을 완전하게 전달하도록 설계되어야 한다. 용접으로 제작된 플레이트 거더는 바퀴의 집중하중이 거더의 웨브판에 완전용입용접에 의해서 전달되도록 해야 한다.

단위길이당 수직력을 계산할 때 바퀴하중은 크레인 레일 단면의 깊이와 플랜지 두께를 합한 값의 2배의 거리(폭) 위에 분포되는 것으로 가정한다. 국부적인 바퀴의 집중은 크레인 주행보의 상부플랜지에 국부적인 휨에 의해서 발생되는 부가적인 응력의 원인이 된다. 이것은 식 (5.28)에 의해서 계산되고 전체 휨응력도에 직접 추가된다.

$$f_{bw} = \frac{P \cdot t_f}{8(I_R + I_F)} \sqrt[4]{2(I_R + I_F)\frac{h}{t}} \quad \cdots\cdots (5.28)$$

여기서, f_{bw} : 국부적인 바퀴하중 아래의 휨에 의해 발생되는 국부 플랜지 응력도(ksi)

I_R : 레일의 단면2차모멘트(in^4)

I_F : 상부플랜지의 단면2차모멘트(in^4)

P : 최대 국부 바퀴하중(kips)

t : 웨브판의 두께(in)

t_f : 상부플랜지판의 두께(in)

h : 플랜지 사이의 순깊이(in)

이러한 응력은 플랜지에서 발생되는 일반적인 휨응력에 추가된다. 따라서 상부플랜지의 상단에 작용하는 응력은 f_{bw}값만큼 증가되며, 상부플랜지의 하단에서의 응력은 f_{bw}값만큼 감소된다. 경험상 f_{bw}의 값은 1.0~4.0ksi(70~280kg/cm^2)의 범위에 있음을 보여주고 있으며, 이에 따라 길이 방향 인장응력의 계산치에 도달할 위험이 없는 반면에, 상부플랜지의 압축력의 증가가 예상될 수 있다.

용접으로부터 발생하는 항복점 부근에서의 잔류 인장응력이 플레이트 보의 플랜지와 웨브 용접부에서의 실제응력이 되어 균열의 원인이 되는 순인장력이 발생할 수도 있다.

레일과 거더 상부플랜지 사이에 식 (5.28)에 의해 예상되는 국부 휨응력도를 줄이기 위해 탄성합성고무패드를 사용한 곳에서는 실험적 합리적인 해석방법에 의해서 응력도 감소범위를 결정하는 것을 권장한다.

:: 플레이트 거더(Plate girder)

플레이트 거더를 크레인 주행보로 사용할 때는 다음 사항이 중요하다.

- 플레이트 거더의 주행로는 보편적으로 하중의 반복이 빈번히 일어나는 공장건물에서 사용되며, 이를 조립단면으로 사용하고 있으므로 피로문제가 극히 중요하다.
- 보 웨브에 스티프너를 용접하므로 응력을 감소시켜야 하는 피로문제가 발생할 수 있다. 따라서 스티프너가 필요하지 않도록 보의 두께를 키우는 것으로써 해결할 수 있다. 그러나 최근에는 보의 상부플랜지와 웨브의 연결부에 피로크랙이 발생하는 경우가 많다고 알려져 있다. 이러한 크랙의 원인은 다음과 같다.

① 크레인 레일이 웨브 상단에서의 중심에 일치하지 않는다면 상부플랜지의 회전의 원인이 된다. (그림 5.15)

② 웨브에 플랜지를 용접하고 또한 스티프너의 용접으로 인하여 잔류응력이 존재하게

되므로 크랙이 발생할 수 있다.

③ 크레인 차륜의 집중하중이 탄성지점상의 보로 작용하는 플랜지에서 국부응력의 발생으로 인하여 크랙이 발생할 수 있다.

따라서 스티프너의 설치 여부는 문제 ①와 ②에 관련이 있다.

스티프너를 없애거나 감소시키면 크레인 레일의 편심문제는 더욱 심각해진다. 최선의 해결방법은 스티프너를 사용하는 것과 보의 웨브에 스티프너를 볼트접합시키는 방법으로서, 피로문제를 감소시키고 상부플랜지의 회전을 구속시키는 방법이 있으나 볼트의 시공은 현실적으로 문제가 있으므로 수직스티프너를 용접시키되 플랜지와 웨브의 접합부에서 코퍼 춤(cope depth)을 웨브 두께의 5~6배 정도로 키워서 용접에 의한 잔류응력을 감소시키는 시공이 필요하다. (그림 5.16)

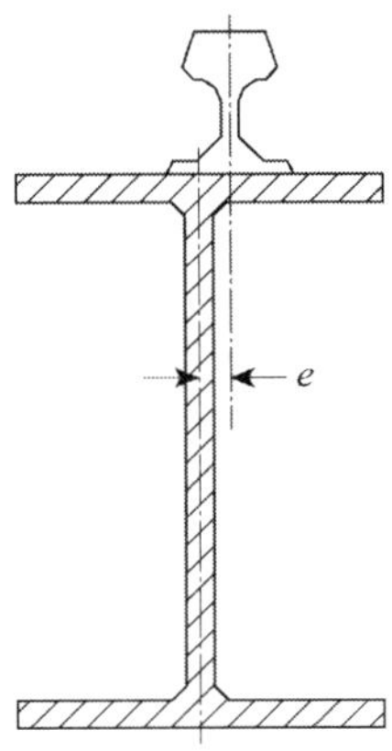

그림 5.15 레일의 편심

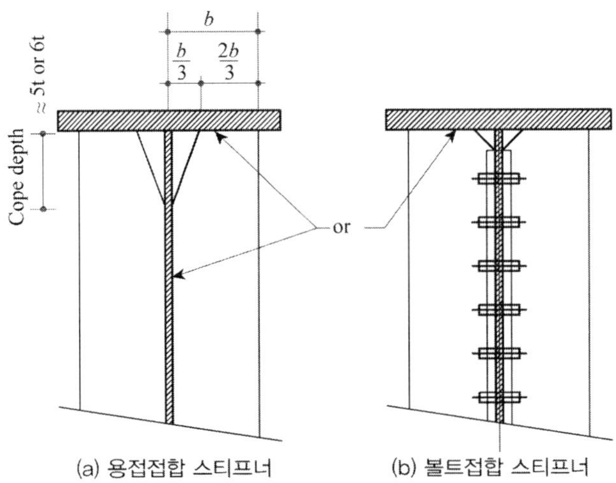

그림 5.16 수직스티프너 접합형태

5.4 강재피로를 고려하는 크레인 주행보 설계

5.4.1 피로설계 기준

:: 우리나라 기준

❶ 피로계수와 허용응력도

동일한 단면 내에서 응력의 크기가 빈번하게 변화할 때는 반복응력에 의한 피로의 영향을 고려하여 응력도를 감소시켜야 한다.

반복응력을 받는 부재 또는 접합 부재에 대해서는 응력의 반복횟수에 따라 식 (5.29)에 의하여 검정한다. 특히 응력집중, 단면결손부분에서는 존재응력도가 식 (5.29)에서 허용되는 값의 75%를 초과하지 않도록 규정하고 있다.

$$\gamma \sigma_1 \leq f_r \qquad (5.29)$$

여기서, γ : 표 5.4에 의한 피로계수

f_r : 허용응력도(t/cm^2)(표 5.4에 의함)

표 5-4 피로계수와 허용응력도

응력반복횟수	γ	f_r(t/cm^2)
10^5	$1-\frac{2}{3}\cdot\frac{\sigma_2}{\sigma_1}$	강종, 응력종별, 접합재 종별에 따라 주어진 허용응력도
10^5을 초과 2×10^6 이하	$1-\frac{2}{3}\cdot\frac{\sigma_2}{\sigma_1}$	강재, 용접부에 대해서는 SS400에 대하여 주어진 허용응력도
2×10^6을 초과	$\frac{3}{2}\left(1-\frac{3}{4}\cdot\frac{\sigma_2}{\sigma_1}\right)$	강재, 용접부에 대해서는 SS400에 대하여 주어진 허용응력도

※ • 응력 진폭의 상하한에서 응력도의 절대값이 큰 쪽의 값을 σ_1(t/cm^2), 응력도의 절대값이 작은 쪽의 값을 σ_2(t/cm^2)라 한다.

• σ_1, σ_2는 서로 방향이 다를 때에는 부호가 서로 다르다.

• f_r에 대해서는 단기응력에 대한 허용응력도의 가중을 할 수 없다.

부재의 피로강도는 재료의 인장강도에 거의 비례한다. 고장력강의 인장강도는 SS400의 연강의 인장강도에 비해 그리 크지 않으며 오히려 재료 구조적으로 볼 때 불리한 점도 있으므로 연강에 비하여 그리 큰 피로강도를 기대할 수 없음이 밝혀졌으므로 이 규준에서는 반복횟수가 10^5회를 초과할 때는 모든 고장력강의 피로에 대한 허용응력도는 SS400에 관한 것과 같은 값으로 제한한다.

표시방법은 Goodman diagram에 의하여 피로계수 γ를 유도하여 이에 의하여 상한응력을 증가하는 형식을 취한 것이다. 이 규준의 내용을 Goodman diagram으로 표현하면 그림 5.17, 5.18과 같이 된다.

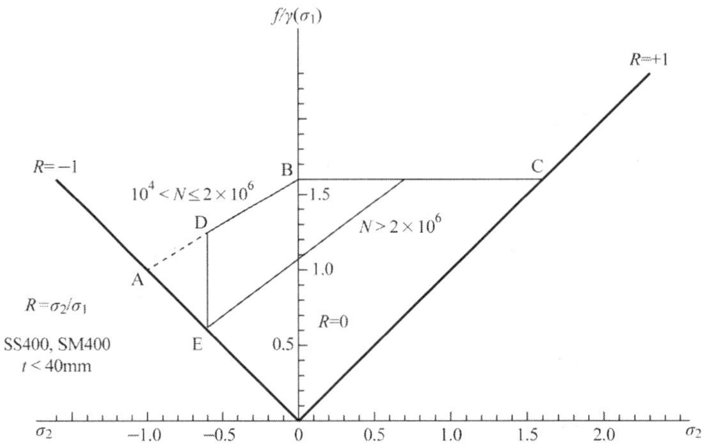

그림 5.17 Goodman Diagram (1)

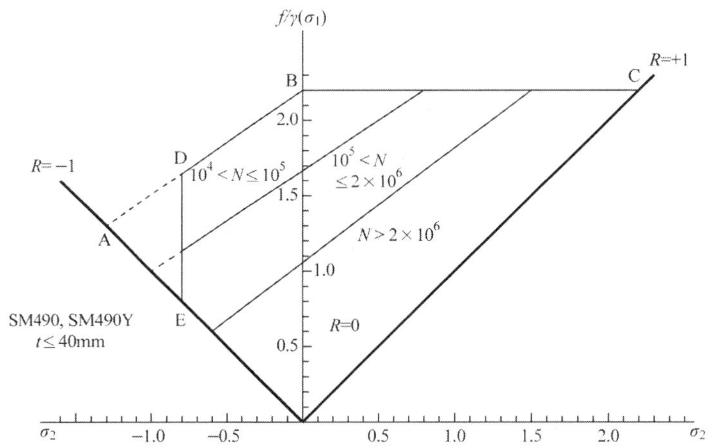

그림 5.18 Goodman Diagram (2)

이 그림들에서 보면 AB가 식 (5.29)인 f_r/γ의 값이며 BC는 정적 인장허용응력도, DE는 정적 압축허용응력도이며 그림에서는 하나의 세장비에 대한 것만 예시되었으나 원래는 재의 세장비에 따라 세로선의 군으로 된다.

예리한 결손이 있는 곳은 존재응력도가 이 절에서 규정된 f_r값의 75%를 초과하지 않도록 해야 한다. 결손효과가 커서 $\sigma_1 = f_r/\gamma$의 값을 75% 이하로 저감시켜야 할 경우의 접합부 예는 다음과 같다.

- 커버플레이트의 종단부

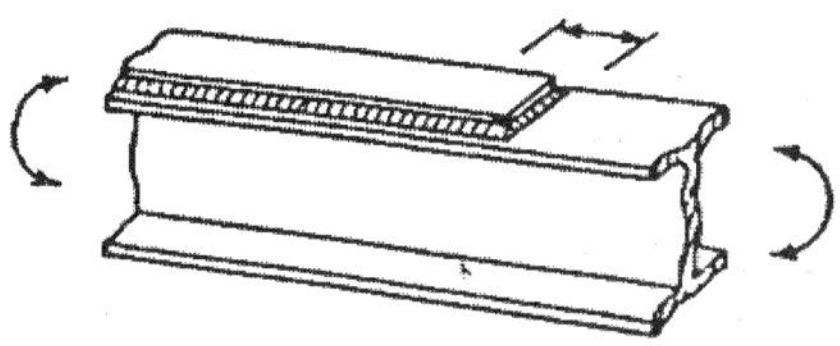

- 용접된 거셋 플레이트 또는 내민 판

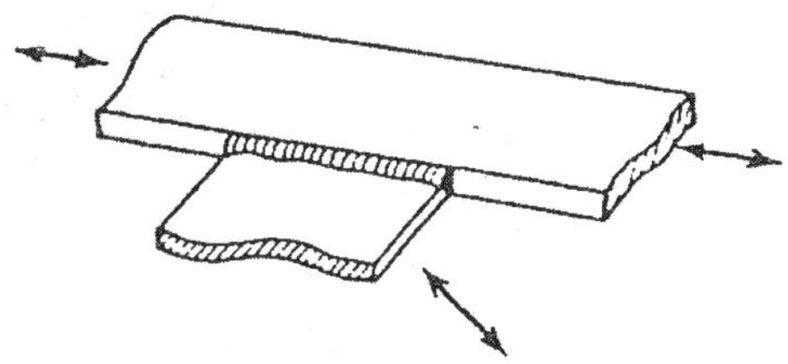

- 모살 용접에 의한 재단 접합부 전반

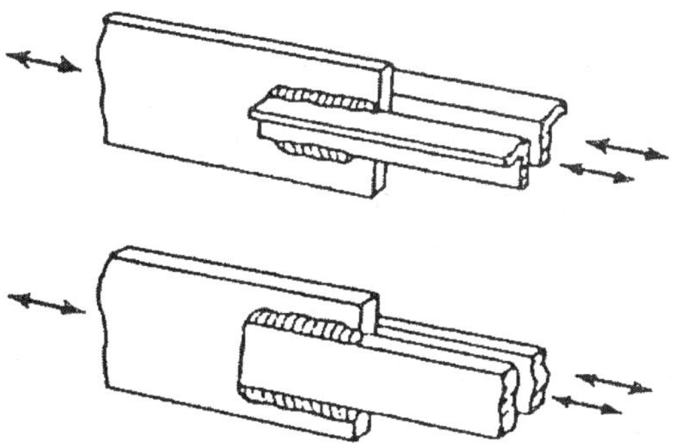

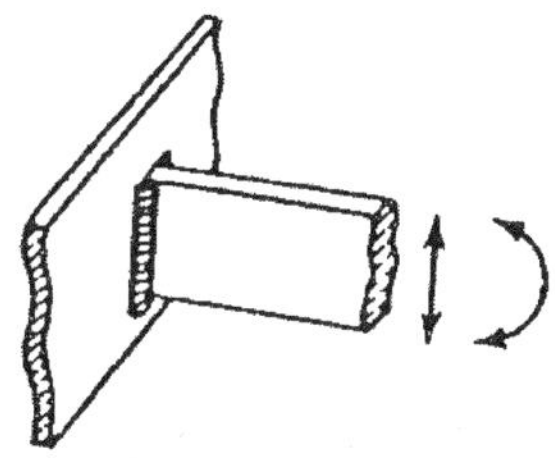

❷ 구조용 강재의 허용응력도

표 5.5 구조용 강재의 종류별 허용응력

강재종별		일반구조용			용접구조용			
		SS400 STK400 STKR400 SSC400	SS490	SS550	SM400 SMA400	SM490 SM490Y SMA490 STKR490 STK490	SM530	SM580
F(t/cm^2)	두께 40mm 이하	2.4	2.8	3.8	2.4	3.3	3.6	4.1
	두께 40mm 초과	2.2	2.6	-	2.2	3.0	3.4	4.1

:: **일본 피로설계 지침**(일본 강구조협회, 1990)

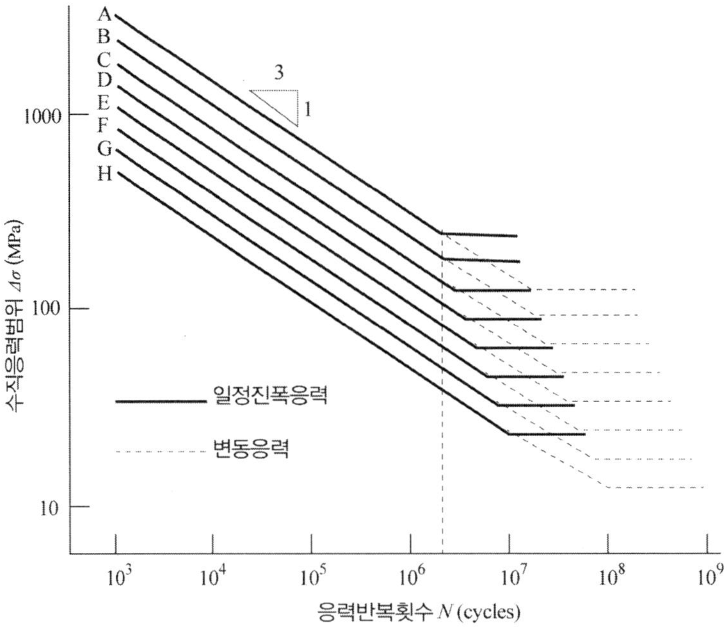

그림 5.19 일본의 피로설계지침 그래프

표 5.6 기본허용응력범위(수직응력을 받는 연결) $m=3$

강도등급		응력범위의 컷오프 한계(MPa)	
명칭	2×10^6회 기본허용응력 $\triangle\sigma_f$(MPa)	일정진폭응력 σ_{ce}(N)	변동응력 σ_{ve}(N)
A	190	$190(2.0\times10^6)$	$88(2.0\times10^7)$
B	155	$155(2.0\times10^6)$	$72(2.0\times10^7)$
C	125	$115(2.6\times10^6)$	$53(2.6\times10^7)$
D	100	$84(3.4\times10^6)$	$39(3.4\times10^7)$
E	80	$62(4.4\times10^6)$	$29(4.4\times10^7)$
F	65	$46(5.6\times10^6)$	$21(5.6\times10^7)$
G	50	$32(7.7\times10^6)$	$15(7.7\times10^7)$
H	40	$23(1.0\times10^7)$	$11(1.0\times10^8)$

❶ 일본 피로지침에 의한 응력의 계산

- 등가응력범위

구조물에 작용하는 응력은 원래 변동진폭응력이다. 그러나 S-N선도로 주어진 값은 일정진폭응력에 대한 것이므로 이 영향을 고려하여 설계수명 내에 변동진폭응력의 반복으로 피로피해를 주게 되는 등가응력범위 $\Delta\sigma_e$, $\Delta\tau_e$를 다음 식에 의해 구한다.

$$\Delta\sigma_e = \sqrt[m]{\sum \Delta\sigma_i{}^m n_i / \sum n_i}$$
$$\Delta\tau_e = \sqrt[m]{\sum \Delta\tau_i{}^m n_i / \sum n_i} \quad \cdots\cdots (5.30)$$

여기서, $\Delta\sigma_i$, $\Delta\tau_i$: 응력범위 빈도분포를 구성하는 각각의 응력범위

n_i : $\Delta\sigma_i$ 또는 $\Delta\tau_i$의 빈도

$\Delta\sigma_{\nu e}$, $\Delta\tau_{\nu e}$ 이하의 응력범위에 대해서는 $n_i = 0$으로 한다.

- **안전계수**

① 강도 강성계수 γ_b : 대상으로 하는 연결 또는 부재에 피로손상이 일어났을 때 이것이 구조물 전체의 강도 또는 기능에 미치는 영향을 고려한 계수

② 중요도 계수 γ_w : 구조물의 중요도, 즉 구조물이 피로한계상태에 도달했을 때의 사회적인 영향을 고려한 계수

③ 검사계수 γ_i : 구조물의 공용중의 정기검사에 의해 피로한계 상태에 도달하기 전에 손상을 발견할 가능성을 고려한 계수

γ_b : 대상으로 하는 부재 또는 연결부의 피로손상이 구조물 전체의 붕괴를 일으키는 경우에는 1.10, 또한 구조물의 강도 또는 기능에 영향을 끼치는 경우에는 그 정도에 따라 1.00 ~ 1.10 으로 한다. 대상으로 하는 부재와 연결부에 피로손상이 일어나도 구조물의 강도상 또는 기능상 특별한 문제가 없는 경우에는 0.80으로 한다.

여기서, γ_w : 구조물의 중요성에 따라 0.80～1.10으로 한다.

γ_i : 유지관리를 위한 검사를 정기적으로 실시하는 경우에는 이것의 정도에 따라 0.90～1.00, 검사가 불가능한 경우에는 1.10으로 한다.

단, γ_b , γ_w 및 γ_i의 곱의 상한값은 1.25, 하한값은 0.80으로 한다.

- **간편한 피로검사**

예상되는 최대응력범위와 대상으로 하는 연결의 일정진폭응력에 대한 응력범위의 컷오프 한계가 아래의 관계를 만족하면, 등가응력 및 누적손상도를 이용한 피로조사는 불필요하다.

$$(\gamma_b \cdot \gamma_w \cdot \gamma_i)\, \Delta\sigma_{\max} \le \Delta\sigma_{ce} \cdot C_R \cdot C_t$$
$$(\gamma_b \cdot \gamma_w \cdot \gamma_i)\, \Delta\tau_{\max} \le \Delta\tau_{ce} \quad \cdots\cdots (5.31)$$

여기서, $\Delta\sigma_{\max}$, $\Delta\tau_{\max}$: 설계수명 중 예상되는 최대응력범위

- **등가응력범위를 이용한 피로검토법**

① 설계응력범위($\Delta\sigma_d$, $\Delta\tau_d$) 산정

$$\Delta\sigma_d = \Delta\sigma_e$$

$$\Delta\tau_d = \Delta\tau_e \quad \cdots\cdots (5.32)$$

단, 등가응력범위 $\Delta\sigma_e$, $\Delta\tau_e$는 설계계산응력 보정계수를 고려하여 계산한 것으로 한다.

② 허용응력범위($\Delta\sigma_R$, $\Delta\tau_R$) 산정

$$\Delta\sigma R = \sqrt[m]{C_0 / n_t} \cdot C_R \cdot C_t$$

$$\Delta\tau_R = \sqrt{D_0 / n_t} \quad \cdots\cdots (5.33)$$

여기서, C_0 , D_0 : 피로설계곡선을 표시하기 위한 정수

n_t : 설계반복횟수, 변동진폭응력에 대한 응력범위의 컷오프 한계 이하의 응력반복횟수는 포함하지 않는다. 단, 대표하중단위를 피로설계하중으로 사용한 경우에는 모든 응력반복횟수

C_R : 평균응력의 영향을 고려하여 기본 허용응력범위를 보정하기 위한 계수

C_t : 판 두께의 영향을 고려하여 기본 허용응력범위를 보정하기 위한 계수

③ 피로검사

$$(\gamma_b \cdot \gamma_w \cdot \gamma_i)\ \Delta\sigma_d \leq \Delta\sigma_R$$

$$(\gamma_b \cdot \gamma_w \cdot \gamma_i)\ \Delta\tau_d \leq \Delta\tau_R \quad \cdots\cdots (5.34)$$

④ 피로허용응력 산정식

$$\triangle\sigma_R = \frac{\triangle\sigma_f}{r_b, r_w, r_i}\left(\frac{N}{N_d}\right)^{1/m} \quad \cdots\cdots (5.35)$$

여기서, $\triangle\sigma_R$: 피로허용응력범위(MPa)

$\triangle\sigma_f$: $N = 2\times 10^6$일 때의 기본허용응력범위(MPa)

N_d : 등가반복횟수(2×10^6)

N : 피로설계 반복횟수

m : 피로곡선의 기울기($m = 3$)

- **누적 손상도를 이용한 피로검토**

① 누적손상도(D) 산정

$$D = \sum(n_i / N_i) \quad \cdots\cdots (5.36)$$

여기서, n_i : 응력범위 빈도분포에서의 응력범위 수준 $\Delta\sigma_i$ 또는 $\Delta\tau_i$의 빈도

N_i : 평균응력 및 판 두께에 따라 보정한 피로설계곡선으로 구해지는 $\Delta\sigma_i$ 또는 $\Delta\tau_i$에 대응하는 피로수명

② 피로검토

$$D = 1/(\gamma_b \cdot \gamma_w \cdot \gamma_i)^m \quad \cdots\cdots (5.37)$$

여기서, m : 피로설계곡선의 경사를 표시하는 정수

• **판 두께의 영향**

연결의 종류에 대해서는 판 두께가 증가하는데 따라 피로강도가 저하한다. 판 두께가 25mm를 넘는 연결에 대해서는 보정계수 C_t를 기본허용응력범위에 곱하여 허용응력범위를 구한다.

$$C_t = \sqrt[4]{2.5/t} \quad \cdots\cdots (5.38)$$

여기서, t : 판 두께(mm)

이 보정이 필요한 연결(부록표 A-1.1 참조)은 +자 용접연결(부록표 A-1.4) 1, 3, 4, 5, 6(1), 6(3), 6(4), 8, 9(1), 기타의 용접연결(부록표 A-1.6) 1(2), 2(2)에 해당한 연결이다. 그러나 +자 용접연결에 있어서 연결판의 두께가 12mm 이하의 경우 판 두께에 의한 피로강도의 보정은 할 필요가 없다. 일정진폭응력 및 변동응력에 대한 응력범위의 컷오프 한계에 대해서는 C_t를 곱하여서 판 두께에 대한 보정을 실시한다.

:: 미국 피로설계기준(AISC 9th, 1989)

❶ 적용범위

변동응력의 반복되는 작용횟수로 파괴로 이어지는 피로손상을 발생시키는 피로하중을 받는 부재와 접합부에 적용한다.

❷ 일반사항

• 응력도범위(stress range)는 변동의 크기를 말하며 역전진동응력(reversed stress)인 경우 최대인장응력도와 최대압축응력도의 수치적인 합을 말한다. 즉 $(\sigma_{max} + \sigma_{min})$의 값

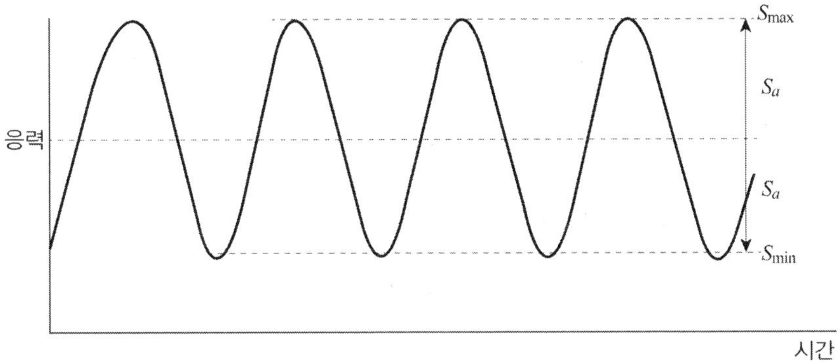

그림 5.20 역전진동응력 Cycle

- 하중조건(loading condition)

반복되는 변동활하중을 받는 부재와 접합부의 설계는 응력의 반복횟수, 응력도범위 부재와 접합부의 상세형태와 위치 등을 고려해야 한다.

표 5.7 미국 피로설계기준(AISC 9h, 1989)의 하중조건

하중조건	응력반복횟수
1	20,000[a] ~ 100,000
2	100,000[b] ~ 500,000
3	500,000[c] ~ 2,000,000
4	2,000,000[d] 이상

[a] 25년 동안 매일 약 2회 반복
[b] 25년 동안 매일 약 10회 반복
[c] 25년 동안 매일 약 50회 반복
[d] 25년 동안 매일 약 200회 반복

- 허용응력도범위

최대응력도는 기본적인 AISC기준상의 허용응력도를 초과하지 말아야 하며 최대응력도범위는 다음 표 5.8의 값을 초과하지 말아야 한다.
이때 각 부재와 접합부의 상세형태별 분류는 다음 부록그림 A-2.1, A-2.2에 표시된다.

표 5.8 허용응력도범위, ksi(MPa)

형태분류	하중조건 1	하중조건 2	하중조건 3	하중조건 4
A	63(450)	37(264)	24(171)	24(171)
B	49(350)	29(207)	18(129)	16(114)
B′	39(278)	23(164)	15(107)	12(86)
C	35(250)	21(150)	13(93)	10[a](71)
D	28(200)	16(114)	10(71)	7(50)
E	22(157)	16(93)	8(57)	5(36)
E′	16(114)	9(64)	6(43)	3(21)
F	15(107)	12(86)	9(64)	8(57)

[a] 플랜지에 용접된 스태프너의 용접부 끝(toe)에서는 12(86) 허용

:: 미국피로설계기준(AISC 13th, 2005)

❶ 적용범위

피로한계상태를 의미하는 균열의 발생과 파괴를 진행시키는 탄성응력범위 안에서 충분한 크기와 진동수를 가진 큰 싸이클의 하중을 받는 부재와 접합부에 적용한다.

❷ 일반사항

- 하중계수가 없는 서비스하중으로 응력도를 계산한다.
- 계수하중으로 발생되는 최대허용응력도는 $0.66F_y$이다
- 응력도범위는 서비스 활하중이 작용될 때 발생되는 응력도값($\sigma_{\max}$)과 활하중이 적용되지 않을 때 발생되는 응력도값($\sigma_{\min}$) 간의 변화의 크기를 말한다($\sigma_{\max} - \sigma_{\min}$). (그림 5.21) 그리고 역전사이클응력도(reversed stress)일 경우는 반복되는 인장응력도와 압축응력도의 수치적인 합계가 응력도범위로 계산된다. (그림 5.22)
- 각종접합부 상세분류에 표시된 한계응력도범위(threshold) F_{TH} 값보다 활하중에 의해 계산된 발생응력도범위가 적으면 피로에 대한 평가는 할 필요가 없다.
- 작용하는 활하중의 반복횟수가 20,000회 이하이면 피로에 대한 평가는 할 필요가 없다.
- 반복하중을 받는 부재는 부식방지 조치가 되었거나, 부식이 발생되기 어려운 환경조건을 갖추어야 한다.
- 반복하중에 대한 구조내력은 온도가 300°F(=150℃) 이하에서만 적용된다.

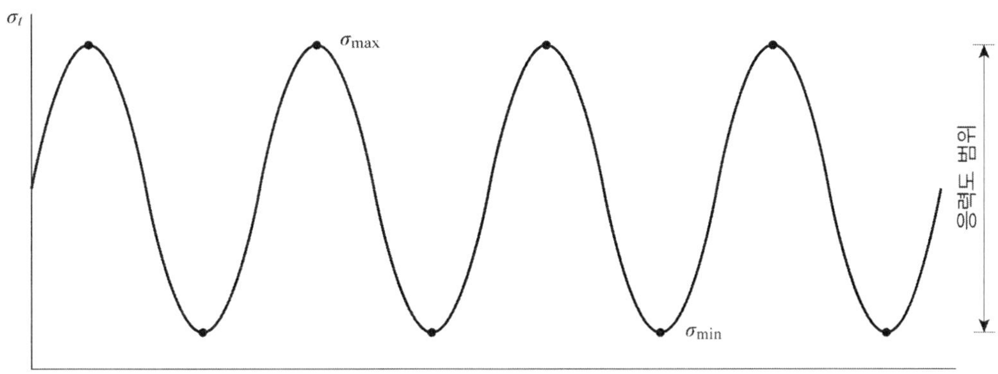

그림 5.21 완전인장응력하중

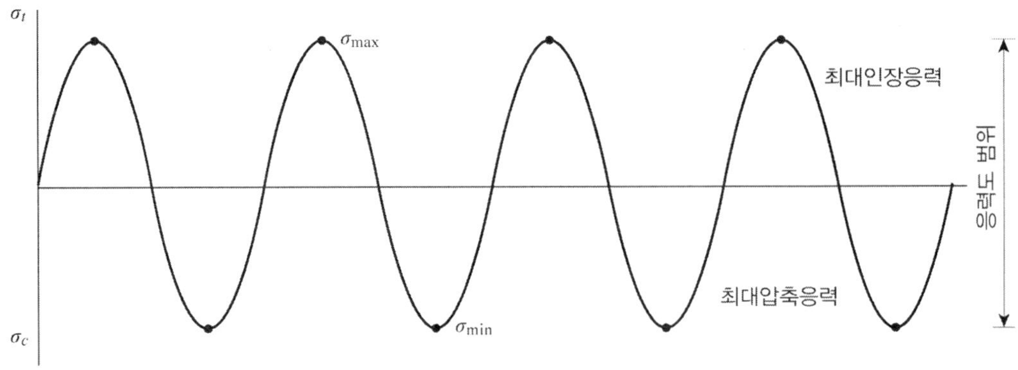

그림 5.22 완전역전응력하중

❸ 최대응력도와 응력도범위 계산

- 탄성해석으로 응력도는 계산된다.
- 기하학적 불연속성에 대한 응력 집중계수에 의해서 응력도를 증대시키지 않는다.
- 대칭단면을 가진 부재들은 부재축에 대해서 대칭적으로 배치된 볼트와 용접을 한다. 또, 편심영향이 고려된 총응력도가 응력도범위 계산에 포함되어야 한다.

❹ 설계응력도범위

서비스하중에 의한 응력도범위는 다음 식으로 계산된 설계응력도범위를 초과해서는 안 된다.

- 응력도 범주(stress categories) A, B, B′, C, D, E, E′의 설계응력도범위 F_{SR}는 다음 식으로 계산된다.

$$F_{SR}=\left(\frac{C_f}{N}\right)^{0.333} \geq F_{TH} \qquad (5.39)$$

$$F_{SR}=\left(\frac{C_f \times 329}{N}\right)^{0.333} \geq F_{TH} \rightarrow (\mathrm{S.I}) \qquad (5.39)'$$

여기서, F_{SR} : 설계응력도범위 ksi(MPa)

C_f : 부록표 A-3.1에 표시한 상수

N : 설계수명동안 발생되는 응력도범위의 변동횟수
=설계수명햇수동안(365일)
매일 발생되는 응력도범위 변동횟수

F_{TH} : 부록표 A-3.1, ksi(MPa)에 표시된 불확정된 설계수명에 대한 최대응력도범위, 즉 한계피로응력도범위

- **전단응력도 분류**

F에 대한 설계응력도범위 F_{SR}은 식 (5.40) 혹은 식 (5.40)′으로 구한다.

$$F_{SR} = \left(\frac{C_f}{N}\right)^{0.167} \geq F_{TH} \quad \cdots\cdots (5.40)$$

$$F_{SR} = \left(\frac{C_f \times 11 \times 10^4}{N}\right)^{0.167} \geq F_{TH} \quad \cdots\cdots (5.40)'$$

- 십자형, T형, ㄱ형의 이음부 끝에 완전용입용접(CJP), 도랑용접, 부분용입용접(PJP), 필렛용접, 복합용접의 방법으로 연결된 인장력을 받는 판요소의 용접부 끝(toe)에서의 설계응력도범위는 다음과 같이 계산한다.

① C 분류(용접균열이 용접부 끝(toe)에서 발생)

$$F_{sr} = \left(\frac{44 \times 10^8}{N}\right)^{0.333} \geq 10 \quad \cdots\cdots (5.41)$$

$$F_{SR} = \left(\frac{14.4 \times 10^{11}}{N}\right) \geq 68.9 \rightarrow (\text{S.I}) \quad \cdots\cdots (5.41)'$$

② C′ 분류(균열이 용접부 뿌리(root)에서 발생)

$$F_{SR} = R_{PJP}\left(\frac{44 \times 10^8}{N}\right)^{0.333} \quad \cdots\cdots (5.42)$$

$$F_{SR} = R_{PJP}\left(\frac{14.4 \times 10^{11}}{N}\right)^{0.333} \rightarrow (\text{S.I}) \quad \cdots\cdots (5.42)'$$

여기서, R_{PJP} : PJP 도랑용접에 직각(가로지르는 방향)으로 보강되거나 보강되지 않는 상태에 대한 감소계수

$$R_{PJP} = \left\{\frac{0.65 - 0.59\left(\frac{2a}{t_p}\right) + 0.72\left(\frac{w}{t_p}\right)}{t_p^{0.167}}\right\} \leq 1.0 \quad \cdots\cdots (5.43)$$

$$R_{PJP} = \left\{\frac{1.21 - 1.01\left(\frac{2a}{t_p}\right) + 1.24\left(\frac{w}{t_p}\right)}{t_p^{0.167}}\right\} \leq 1.0 \rightarrow (\text{S.I}) \quad \cdots\cdots (5.43)'$$

만약,

$R_{PJP}=1.0$이면 응력도 분류 C 사용

$2a$: 인장하중을 받는 판 두께의 방향에 면한 비용접 루트(root)의 길이 in(mm)

w : 인장하중을 받는 판 두께의 방향에서 보강하거나, 등고선형 필렛용접의 다리 크기 in(mm)

t_p : 인장하중을 받는 판의 두께, in(mm)

③ 응력도 범주 C″(균열이 용접부 뿌리에서 발생된 필렛용접부)

$$F_{SR}=R_{FIL}\left(\frac{44\times10^{8}}{N}\right)^{0.333} \quad \cdots\cdots (5.44)$$

$$F_{SR}=R_{FIL}\left(\frac{14.4\times10^{11}}{N}\right)^{0.333} \rightarrow \text{(S.I)} \quad \cdots\cdots (5.44)'$$

여기서, R_{FIL} : 양쪽 면에 필렛용접하는 접합부에 대한 감소계수

$$R_{FIL}=\left(\frac{0.06+0.72\left(\frac{w}{t_p}\right)}{t_p^{0.167}}\right)\leq 1.0 \quad \cdots\cdots (5.45)$$

$$R_{FIL}=\left(\frac{0.10+1.24\left(\frac{w}{t_p}\right)}{t_p^{0.167}}\right)\leq 1.0 \rightarrow \text{(S.I)} \quad \cdots\cdots (5.45)'$$

만약 $R_{FIL}=1.0$이면 응력도 분류 C를 사용

:: 범유럽기준(Euro Code)

❶ 피로설계에 대한 제한사항

- 모든 공칭응력도는 재료의 탄성한도 내에 있어야 하고 설계응력도범위는 수직응력도에서는 $1.5f_y$ 이하여야 하고 전단응력도는 $1.5f_y\sqrt{3}$ 이하여야 한다.
- 피로강도는 철의 부식에 대한 방지를 취한 상태의 구조물에만 적용한다.
- 피로에 대한 평가에서 기온조건은 150℃ 이하이어야 한다.

❷ 피로설계에 대한 요구사항

- 다음 조건을 만족하는 경우에는 피로설계를 할 필요가 없다.

① 공칭응력도범위($\Delta\sigma$)가 다음 조건을 만족할 때

$$\gamma_{Ff}\,\Delta\sigma\leq 26/\gamma_{Mf}\,(\text{N/mm}^2) \quad \cdots\cdots (5.46)$$

여기서, γ_{Ff} : 피로하중에 대한 부분안전계수

$\Delta\sigma$: 공칭응력도범위

γ_{Mf} : 피로강도에 대한 부분안전계수

② 응력의 반복횟수(N)가 다음 조건을 만족할 때

$$N \leq 2 \times 10^6 \left(\frac{36/\gamma_{Mf}}{\gamma_{Ff} \cdot \Delta\sigma_{E \cdot 2}} \right)^3 \quad \cdots\cdots (5.47)$$

여기서, N : 응력의 반복횟수

$\Delta\sigma_{E \cdot 2}$: 등가 일정진폭응력도범위(N/mm^2)

③ 일정진폭피로한계($\Delta\sigma_D$)치가 특정된 접합상세부에서 공칭응력도범위($\Delta\sigma$)가 다음 조건을 만족할 때

$$\gamma_{Ff} \cdot \Delta\sigma \leq \Delta\sigma_D / \gamma_{Mf} \quad \cdots\cdots (5.48)$$

❸ 용어정의

- **피로하중** : 하중의 작용위치. 하중의 세기, 하중의 상대진동수가 표시된 전형적인 하중들의 종류
- **등가일정진폭피로하중** : 실제로는 다양한 진폭을 갖는 하중들의 피로효과를 단순화시킨 일정진폭하중들
- **응력도범위**($\Delta\sigma$) : 특별한 응력싸이클에서 최대응력과 최소응력의 대수적인 차이

  $\Delta\sigma = \sigma_{\max} - \sigma_{\min}$
- **공칭응력도**(nominal stress)
  모든 응력집중효과를 고려하지 않는 균열예상부와 인접된 모재에 발생된 응력도로 단순한 탄성재료역학으로 계산된다.
- **기하학적 응력도**(geometric stress)
  특정된 정합상세부의 모든 기하학적인 형태에 의한 응력집중효과를 고려한 용접끝부분(toe)에 인접된 모재의 최대주응력도. hot spot stress라고도 한다.
- **피로수명**(fatigue life)
  피로파괴를 일으키는 응력의 총반복횟수

- **접합상세부 분류**(detail category)

  피로설계를 위한 피로강도곡선을 지정하기 위하여 용접 또는 볼트 접합부의 종류에 부여된 명칭

- **피로강도곡선**(fatigue strength curve)

  각 접합부상세의 분류에 대한 피로설계에 사용되는 응력반복횟수와 피로파괴응력도 범위 간의 수량적인 관계도 (그림 5.23)

- **설계수명**(design life)

  피로파괴가 발생되지 않고 안전하게 기능을 수행하는 구조물의 참고기간

④ 부분안전계수

- **피로하중에 대한 부분안전계수**(γ_{Ff})

  피로응답해석의 불확실성을 고려하기 위하여 피로설계시 설계응력도범위는 피로하중에 대한 부분안전계수를 적용한다.

  ① 부분안전계수는 다음과 같은 사항의 산정에 대한 불확실성에 대응하기 위해서 고려된다.

  – 적용되는 하중의 레벨

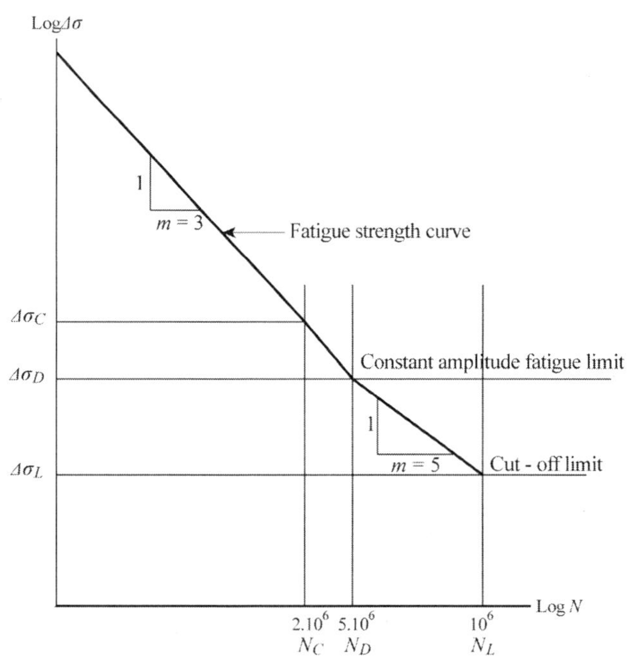

그림 5.23 피로강도곡선

–이러한 하중에 대한 응력도와 응력도범위로의 전환
–설계응력도범위 스펙트럼으로부터의 등가일정진폭응력도범위
–구조물의 요구된 설계수명 동안에 작용하는 피로하중의 변화와 설계수명

② 기준에서 특별히 다른 값을 적용해야 된다는 조항이 없을 경우

$\gamma_{Ff} = 1.0$

- **피로강도에 대한 부분안전계수(γ_{Mf})**

① 피로설계시 피로내력의 불확실성을 고려하기 위하여 피로강도의 설계값은 부분안전계수를 나눈 값으로 계산한다.

② 다음 사항들에 대한 불확실성을 고려하기 위하여 부분안전계수를 적용한다.
–접합상세도의 크기
–불연속성의 칫수, 형태, 근접성
–용접의 불확실성에 따른 국부의 응력집중
–다양한 용접과정과 금속제질상의 효과

③ 부분안전계수값은 다음 표와 같다.

표 5.9 피로강도에 대한 부분안전계수(γ_{Mf})

검사 및 출입	"fail-safe" 구성요소	"non-fail-safe" 구성요소
주기적인 검사와 유지관리 접합부상세에 대한 접근용이	1.0	1.25
주기적인 검사와 유지관리 접근성이 용이하지 않음	1.15	1.35

④ "fail-safe"와 "non-fail-safe"
–fail-safe : 구조물의 구성요소의 파괴가 전체 구조물의 파괴로 이어지지 않는 상태 즉 구성부재의 국부적인 파괴가 구조물 전체의 파괴를 초래하지 않는 부재요소
–non-fail-safe : 구성요소 한 개의 파괴가 급작스럽게 전체 구조물의 파괴로 이어지는 부재요소

⑤ 피로설계 절차

- **일반사항**

① 안전성 검증은 다음 중의 하나로 수행한다.
–적용손상과 제한손상을 비교하여 누적손상 계산
–주어진 반복횟수에 대한 피로강도와 비교하여 결정한 등가응력범위 산정

② 접합부의 상세형태별로 수직응력도와 전단응력도를 고려한다.

③ 접합부 상세분류표에서 정의된 대로 공칭응력범위가 사용된다.

④ 접합부상세형태의 부분이 아닌 즉 구멍, 절단부에서는 수정된 공칭응력범위를 결정하기 위하여 특별한 해석이나 적절한 응력집중계수 등을 사용하여 기하학적 불연속성의 효과를 고려하여야 한다.

⑤ 접합부상세형태의 분류표에 정의된 것과 다른 형태의 경우 기하학적 불연속성을 고려한 기하학적 응력범위가 사용된다.

- **공칭응력범위에 의한 피로설계**

① 일정진폭하중

$\gamma_{Ff} \cdot \Delta\sigma \leq \Delta\sigma_R / \gamma_{Mf}$

여기서, $\Delta\sigma$: 공칭응력범위

$\Delta\sigma_R$: 설계수명동안의 총응력반복횟수(N)에 대한 접합상세분류표의 피로강도

② 변동진폭하중

-변동진폭하중에 대한 피로설계는 Palmgrem-Miner의 누적손상법칙에 의해 시행한다.

-누적손상의 평가는 다음과 같이 계산한다.

$D_d \leq 1$ 여기서, $D_d = \sum \frac{n_i}{N_i}$

여기서, n_i : 요구되는 설계수명 동안의 응력범위 $\Delta\sigma_i$의 응력반복횟수

N_i : 접합상세분류표에 있는 접합부에서 피로파괴가 발생되는 응력범위 $\gamma_{Ff} \cdot \gamma_{Mf} \cdot \Delta\sigma_i$의 응력반복횟수

⑥ 피로강도

- **일반사항**

① 피로강도는 대표적인 접합상세분류에 적용되는 형태의 $\log\Delta\sigma_R - \log N$ 곡선 상에 표시된 여러 개의 수직응력도 값을 말한다. 표에서 2×10^6횟수에 대한 피로강도인 $\Delta\sigma_R$가 각각 표시되어 있다.

② 공칭수직응력도에 대한 피로강도곡선은 다음 식에 의해서 정해진다.

$$\log N = \log a - m \log \Delta\sigma_R \quad \cdots\cdots (5.49)$$

여기서, $\Delta\sigma_R$: 피로강도

N : 응력반복횟수

m : 피로강도곡선의 기울기

$\log a$: 기울기와 연관된 부분에 의해 결정되는 상수

- **분류된 상세도에 대한 피로강도곡선**

① 개방형 단면에 대한 피로강도곡선

▸ 접합부상세형태분류는 다음과 같다

－비용접단면 : 부록표 A-3.1

－용접조립단면 : 부록표 A-3.2

－맞댐용접부에 가로지르는 면 : 부록표 A-3.3

－하중을 전달하지 않는 용접으로 용접된 부착물 : 부록표 A-3.4

－하중을 전달하는 용접접합부 : 부록표 A-3.5

▸ 반복횟수 5×10^6에 대한 피로강도값은 일정진폭피로한계값이고 100×10^6의 반복횟수에 대한 피로강도값은 컷오프값이 된다.

그림 5.24는 전형적인 접합상세분류의 공칭수직응력도에 대한 피로강도곡선이고 표 5.10은 계산된 피로강도에 대한 수치적인 값을 나타낸다.

❼ 판 두께에 따른 피로강도의 영향

- 피로강도는 잠재적인 균열이 발생되어 발전될 수 있는 모재의 두께에 영향을 받는다.
- 판의 두께가 25mm 이상인 경우에는 다음 식에 의해 계산된 피로강도감소계수를 적용한다.

$$\Delta\sigma_{R\cdot t} = \Delta\sigma_R\left(\frac{25}{t}\right)^{0.25} \quad \cdots\cdots (5.50)$$

- 판의 두께가 25mm 이하일 때는 피로강도감소계수는 두께가 25mm일 때의 값을 적용한다.
- 이러한 피로강도감소계수는 수직응력도의 방향에 직각방향으로 용접된 구조단면에만 적용한다.

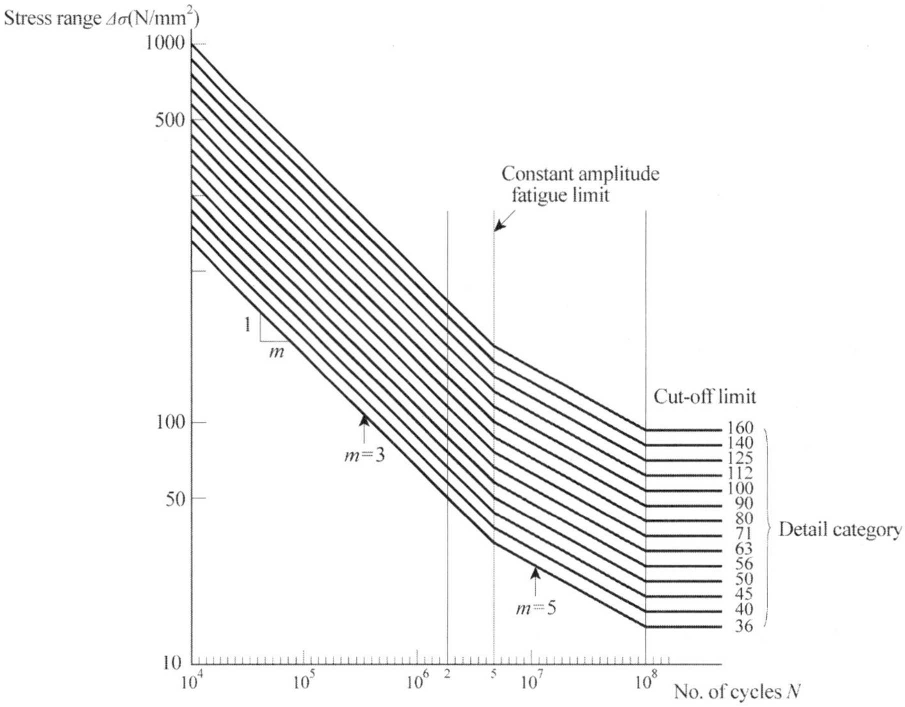

그림 5.24 공칭수직응력도에 대한 피로강도곡선

표 5.10 수직응력도범위에 대한 피로강도 수치값

접합상세분류	$\log a$의 값		일정진폭피로한계점에서의 응력도범위	컷오프한계점에서의 응력도범위
$\Delta\sigma_C$(N/mm²)	$N \leq 5\times10^6$	$N > 5\times10^6$	$N = 5\times10^6$	$N = 10^8$
	($m=3$)	($m=5$)	$\Delta\sigma_D$(N/mm²)	$\Delta\sigma_L$(N/mm²)
160	12.901	17.036	117	64
140	12.751	16.786	104	57
125	12.601	16.536	93	51
112	12.451	16.286	83	45
100	12.301	16.036	74	40
90	12.151	15.786	66	36
80	12.001	15.536	59	32
71	11.851	15.286	52	29
63	11.701	15.036	46	26
56	11.551	14.786	41	23
50	11.401	14.536	37	20
45	11.251	14.286	33	18
40	11.101	14036	29	16
36	10.951	13.786	26	14

:: 독일규준(DIN)

❶ 크레인 분류

- 들어올리는 용량(hoisting capacity)에 따른 분류(H1, H2, H3, H4)
- 응력반복범위와 응력집중에 따른 분류(B1, B2, B3, B4, B5, B6)

표 5.11 견인등급(lifting classes)과 하중등급(loading groups)

크레인 형태	리프팅 등급	하중등급
수동 크레인	H1	B1, B2
기계조립 크레인	H1, H2	B1, B2
발전소 크레인	H1	B2, B3
창고 크레인(가끔 운행)	H2	B4
창고 크레인, 스크랩야드 크레인(연속 운행)	H3, H4	B5, B6
작업장 크레인	H2, H3	B3, B4
브릿지 크레인, 램 크레인, 마그네틱 크레인	H3, H4	B5, B6
연주 크레인	H2, H3	B5, B6
쇼킹핏 크레인	H3, H4	B6
스트립 크레인, 차징 크레인	H4	B6
가열로 크레인(단조용)	H4	B5, B6
이동식 브릿지, 세미겐트리 크레인, 겐트리 크레인(훅크 작용)	H2	B4, B5
이동식 브릿지, 세미겐트리 크레인, 겐트리 크레인(마그네틱 작용)	H3, H4	B5, B6
고정식 또는 미끄럼식 벨트를 가진 이동식벨트 크레인	H1	B3, B4
Dockyard cranes, slipway cranes, fitting-out cranes(Hook operation)	H2	B3, B4
Wharf cranes, slewing cranes, floating cranes, level luffing slewing cranes(Hook operation)	H2	B4, B5
Wharf cranes, slewing cranes, floating cranes, level luffing slewing cranes(Grab 또는 Magnet operation)	H3, H4	B5, B6

표 5.12 견인등급(lifting classes)과 하중등급(loading groups)(계속)

크레인 형태	리프팅 등급	하중등급
heavy duty floating cranes, gantry cranes	H1	B2, B3
shipboard cargo cranes(hook operation)	H2	B3, B4
shipboard cargo cranes(grab 또는 magnet operation)	H3, H4	B4, B5
tower slewing cranes for the construction industry	H1	B3
erection cranes, derrick cranes(hook operation)	H1, H2	B2, B3
rail-mounted slwing cranes(hook operation)	H2	B3, B4
rail-mounted slwing cranes(grab 또는 magnet operation)	H3, H4	B4, B5
railway cranes authorized on trains	H2	B4
truck cranes, mobile cranes(hook operation)	H2	B3, B4
truck cranes, mobile cranes(grab 또는 magnet operation)	H3, H4	B4, B5
heavy-duty truck cranes, heavy-duty mobile cranes	H1	B1, B2

표 5.13 응력반복횟수별 하중등급

응력반복범위	N1	N2	N3	N4
기대 응력반복횟수 (N)	20,000～200,0000회 때때로 불규칙적으로 가동 (오랫동안 사용 않는 경우 포함)	200,000～600,000회 정기적이며 불연속적으로 가동	600,000～2×10^6회 정기적이며 연속적으로 가동	2×10^6회 이상 정기적이며 연속적으로 자주 가동
응력집중도	하중등급			
S_0, 아주 미약	B1	B2	B3	B4
S_1, 미약	B2	B3	B4	B5
S_2, 보통	B3	B4	B5	B6
S_3, 상당	B4	B5	B6	B6

참고) DIN 15018 Part 1

❷ 강도계산 및 허용응력

일반적으로 St 37과 St 52 강재 및 이와 비슷한 등급의 강재만을 사용한다.

허용응력은 다음에 따라 좌우된다.

- 사용된 강재등급
- 크레인 운행에 따른 응력의 종류
- 노치 분류(시공 및 연결의 중요도와 빈도에 따라 부록표 A-5.1~12에 표시)
- 응력비 χ : 최대응력($\max\sigma_o$, $\max\tau_o$)과 최소응력(σ_u, τ_u)의 비

하중등급 B1~B6에 대해서 구조부재와 연결방법들에 대한 허용응력은 강재등급과 노치 종류에 따라 응력비 χ의 함수로 표로 작성(부록표 A-5.13~16 참조)

5.4.2 설계 규준별 피로허용응력도(범위) 비교

:: 접합단면 상세형태분류

접합단면 상세형태분류는 다음 그림 5.25에서 나타낸 것과 같이 실제로 크레인 주행보 설계단면에 주로 사용되고 있는 대표적인 형태 3가지만 분류하여 각국 기준별 피로허용응력도 및 피로허용응력도범위를 산정·비교한다.

Ⓐ 형태는 크레인 주행보 본체인 형강재의 플랜지와 웨브판 연결부로 조립재가 아닌 롤 형태의 기성형강재의 단면부위를 나타내고

Ⓑ 형태는 Ⓐ 형태와 같은 부위이지만 조립형강재의 플랜지와 웨브판 연결부로 완전용입 그루브용접이음 단면부위를 나타낸다.

Ⓒ 형태는 크레인 주행보 본체와 상부플랜지에서 크레인 백거더의 현재와 사재를 연결시켜 주기 위한 거셋 플레이트의 필렛용접 이음단면 부위를 나타낸다.

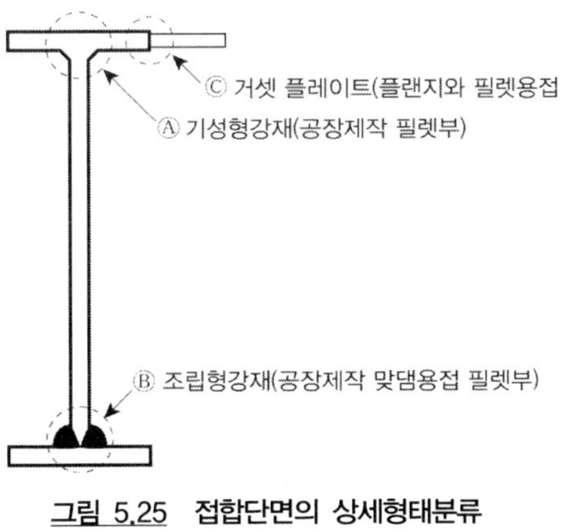

그림 5.25 접합단면의 상세형태분류

3

:: 각국 규준별 피로허용응력도(범위) 산정

▶ 한국기준(KS 1983)

❶ 산정조건

㉠ 재질 : SS400, SM490, 두께는 40mm 이하로 한정

㉡ 단면상세형태분류 Ⓐ, Ⓑ, Ⓒ 3종류

㉢ 응력반복횟수(N)

$N=10^5$, $N=10^6$, $N=2\times10^6$

㉣ 응력비 $R=\dfrac{\sigma_2}{\sigma_1}=0.05$(가정)

㉤ 피로허용응력도$(\sigma_1)=\dfrac{f_r}{\gamma}$

❷ 피로허용응력도 산정

㉠ $N=10^5$의 경우

- 피로계수(γ)$=\left(1-\dfrac{2}{3}\times0.05\right)=0.967$
- 허용응력도는 SS400인 경우 $f_r=1.6\text{t/cm}^2$
- SM490인 경우 $f_r=2.2\text{t/cm}^2$
- 단면형태 Ⓐ, Ⓑ의 경우 피로허용응력도는 SS400인 경우 $\sigma_1=\dfrac{1.6}{0.967}=1.65\text{t/cm}^2$ 이나, $\sigma_1=1.6\text{t/cm}^2$으로 하고 SM490은 $\sigma_1=2.2\text{t/cm}^2$로 한다.
- 단면형태분류 Ⓒ의 경우는 상기값의 75%로 하면, $\sigma_1=1.2\text{t/cm}^2$(SS400), $\sigma_1=1.65\text{t/cm}^2$(SM490)가 된다.

㉡ $N=10^6$의 경우

- 피로계수(γ)$=\left(1-\dfrac{2}{3}\times0.05\right)=0.967$
- 허용응력도를 SS400, SM490 모두 $f_r=1.6\text{t/cm}^2$로 한다. 따라서 재질에 상관없이 동일한 값을 적용한다.
- Ⓐ, Ⓑ 단면형태의 경우 피로허용응력도는 SS400이나 SM490 모두

$$\sigma_1=\frac{f_r}{\gamma}=\frac{1.6}{0.967}=1.65\text{t/cm}^2$$

- 단면형태분류 Ⓒ의 경우는 상기값의 75%로 하면, $\sigma_1=0.75\times1.6=1.2\text{t/cm}^2$(SS400, SM490 동일)가 된다.

㉢ $N = 2 \times 10^6$의 경우

- 피로계수(γ)= $\frac{3}{2}\left(1 - \frac{3}{4} \cdot \frac{\sigma_2}{\sigma_1}\right) = \frac{3}{2}\left(1 - \frac{3}{4} \times 0.05\right) \fallingdotseq 1.44$
- 허용응력도는 SS400, SM490 모두 $f_r = 1.6\text{t/cm}^2$로 한다. 따라서 재질에 상관없이 동일한 값을 적용한다.
- Ⓐ, Ⓑ 단면형태의 경우 피로허용응력도는 SS400이나 SM490 모두

  $\sigma_1 = \frac{f_r}{\gamma} = \frac{1.6}{1.44} = 1.11\text{t/cm}^2$가 된다.
- 단면형태 분류 Ⓒ의 경우는 상기값의 75%를 적용하면, $\sigma_1 = 0.75 \times 1.11 = 0.83\text{t/cm}^2$가 된다.

일본피로설계지침(일본 강구조협회, 1993)

❶ 산정조건

㉠ 재질 : SS400, SM490 두께는 40mm 이하로 한정

㉡ 단면상세형태분류 : Ⓐ, Ⓑ, Ⓒ 3종류

㉢ 응력반복횟수(N)

$N = 10^5$, $N = 10^6$, $N = 2 \times 10^6$

㉣ 응력비 $R = \frac{\sigma_{min}}{\sigma_{max}} = 0.05$ (가정)

❷ 피로허용응력도범위 산정

㉠ $N > 2 \times 10^6$의 경우

- 단면형태분류 Ⓐ, Ⓑ 경우 : 용접강도등급 B
  - 기본허용응력범위($\Delta\sigma_f$) = 155MPa
  - 설계계산응력보정계수(α) = 1.0 가정
  - 설계응력범위($\Delta\sigma_d$) = $\alpha \cdot \Delta\sigma_e$
  - 등가응력범위($\Delta\sigma_e$)
  - 허용응력범위($\Delta\sigma_R$) = $\frac{\Delta\sigma_f}{\gamma_b \cdot \gamma_w \cdot \gamma_i}\left(\frac{N}{N_d}\right)^{\frac{1}{m}}$

  여기서, γ_b : 강도강성계수(=1.0)

  γ_w : 중요도계수(=1.1)

  γ_i : 검사계수(=1.0)

  $\Delta\sigma_f$: $N = 2 \times 10^6$일 때의 허용응력범위(MPa)

N_d : 등가반복횟수(2×10^6)

N : 피로설계반복횟수(2×10^6)

$\Delta\sigma_d$: 설계응력범위(MPa)

$\Delta\sigma_R$: 설계반복횟수에 대응하는 허용응력범위(MPa)

m : 피로곡선의 기울기(=3)

$$\therefore\ \Delta\sigma_R = \frac{155}{1.1\times1.1\times1.0}\left(\frac{2\times10^6}{2\times10^6}\right)^{\frac{1}{3}} = 128\text{MPa}$$

※ 참고로 플랜지와 웨브판의 완전용입 그루브용접이 아닌 필렛용접이면 강도등급이 B가 아닌 D가 되어 기본허용응력범위($\Delta\sigma_f$)는 100MPa이 되어 허용응력도범위($\Delta\sigma_R$)는 83MPa로 떨어진다.

- 단면형태분류 Ⓒ 경우 : 강도등급 D
  - 기본허용응력범위($\Delta\sigma_f$) = 100MPa
  - 허용응력범위($\Delta\sigma_R$) = $\dfrac{\Delta\sigma_f}{\gamma_b \cdot \gamma_w \cdot \gamma_i}\left(\dfrac{N}{N_d}\right)^{\frac{1}{m}}$

  여기서, γ_b : 강도강성계수(=1.0)

  γ_w : 중요도계수(=1.0)

  γ_i : 검사계수(=1.0)

$$\therefore\ \Delta\sigma_R = \frac{100}{1.0\times1.0\times1.0}\times\left(\frac{2\times10^6}{2\times10^6}\right)^{\frac{1}{3}} = 100\text{MPa}$$

ⓛ $N = 10^6$의 경우

- 단면형태분류 Ⓐ, Ⓑ 경우 : 강도등급 B
  - 기본허용응력범위($\Delta\sigma_f$) = 155MPa
  - 허용응력범위($\Delta\sigma_R$) = $\dfrac{\Delta\sigma_f}{\gamma_b \cdot \gamma_w \cdot \gamma_i}\left(\dfrac{N}{N_d}\right)^{\frac{1}{m}}$

$$= \frac{155}{1.1\times1.1\times1.0}\times\left(\frac{2\times10^6}{10^6}\right)^{\frac{1}{3}}$$

$$= 128\times1.26 = 161\text{MPa}$$

※ 참고로 플랜지와 웨브판의 완전용입 그루브용접이 아닌 필렛용접이면 강도등급이 B가 아닌 D가 되어 기본허용응력범위($\Delta\sigma_f$)는 100MPa이 되어 허용응력도범위($\Delta\sigma_R$)는 104MPa로 떨어진다.

• 단면형태분류 Ⓒ 경우 : 강도등급 D

－기본허용응력범위($\Delta\sigma_f$) = 100MPa

－허용응력범위$(\Delta\sigma_R) = \dfrac{\Delta\sigma_f}{\gamma_b \cdot \gamma_w \cdot \gamma_i}\left(\dfrac{N}{N_d}\right)^{\frac{1}{m}}$

여기서, γ_b : 강도강성계수(=1.0)

γ_w : 중요도계수(=1.0)

γ_i : 검사계수(=1.0)

$$\therefore\ \Delta\sigma_R = \frac{100}{1.0\times1.0\times1.0}\times\left(\frac{2\times10^6}{1\times10^6}\right)^{\frac{1}{3}} = 126\text{MPa}$$

ⓒ $N = 10^5$의 경우

• 단면형태분류 Ⓐ, Ⓑ 경우 : 강도등급 B

－기본허용응력범위($\Delta\sigma_f$)=155MPa

－허용응력범위$(\Delta\sigma_R) = \dfrac{\Delta\sigma_f}{\gamma_b \cdot \gamma_w \cdot \gamma_i}\left(\dfrac{N}{N_d}\right)^{\frac{1}{m}}$

$$= \frac{155}{1.1\times1.1\times1.0}\times\left(\frac{2\times10^6}{10^5}\right)^{\frac{1}{3}}$$

$$= 128\times2.71 = 346\text{MPa}$$

※ 이 경우에는 피로설계를 고려하지 않고 정적허용응력도를 적용하여 설계 한다.

미국기준-1(AISC 9th, 1989)

❶ 산정조건

㉠ 재질 : SS400, SM490 두께는 40mm 이하로 한정

㉡ 단면상세형태분류 : Ⓐ, Ⓑ, Ⓒ 3종류

㉢ 응력반복횟수(N)

$N = 10^5$, $N = 10^6$, $N = 2\times10^6$

㉣ 피로적용여부 : 인장(T)응력도만 피로적용을 하고, 압축(C)응력도는 피로적용 안 함. 즉, 하부플랜지만 적용하고 상부플랜지는 적용하지 않음.

❷ 피로허용응력도범위 산정

㉠ $N=2\times10^{6}$의 경우(하중조건 4)

- 단면상세형태 Ⓐ 경우
  - 용접도 분류 : A
  - 허용응력범위(σ_{sr})=171MPa(표 5.8 참조)
- 단면상세형태 Ⓑ 경우
  - 용접도 분류 : B
  - 허용응력범위(σ_{sr})=114MPa(표 5.8 참조)
- 단면상세형태 Ⓒ 경우
  - 용접도 분류 : E
  - 허용응력범위(σ_{sr})=36MPa(표 5.8 참조)

㉡ $N=10^{6}$의 경우(하중조건 3)

- 단면상세형태 Ⓐ 경우
  - 용접도 분류 : A
  - 허용응력범위(σ_{sr})=171MPa(표 5.8 참조)
- 단면상세형태 Ⓑ 경우
  - 용접도 분류 : B
  - 허용응력범위(σ_{sr})=129MPa(표 5.8 참조)
- 단면상세형태 Ⓒ 경우
  - 용접도 분류 : E
  - 허용응력범위(σ_{sr})=57MPa(표 5.8 참조)

㉢ $N=10^{5}$의 경우(하중조건 2)

- 단면상세형태 Ⓐ 경우
  - 용접도 분류 : A
  - 허용응력범위(σ_{sr})=264MPa(표 5.8 참조)
- 단면상세형태 Ⓑ 경우
  - 용접도 분류 : B
  - 허용응력범위(σ_{sr})=207MPa(표 5.8 참조)
- 단면상세형태 Ⓒ 경우
  - 용접도 분류 : E
  - 허용응력범위(σ_{sr})=93MPa(표 5.8 참조)

▶ 미국기준-2(AISC 13th, 2005)

❶ 산정조건

㉠ 재질 : SS400, SM490 두께는 40mm 이하로 한정

㉡ 단면상세형태분류 : Ⓐ, Ⓑ, Ⓒ 3종류

㉢ 응력반복횟수(N)

$N=10^5$, $N=10^6$, $N=2\times10^6$

㉣ 피로적용여부 : 인장, 압축응력 모두 적용

❷ 피로허용응력도범위 산정

㉠ $N>2\times10^6$ 의 경우(하중조건 4)

- 단면상세형태 Ⓐ 경우
  - 용접도 분류 : A
  - 한계피로응력도범위(F_{TH})=165MPa(부록표 A-3.1 참조)
  - 피로상수(C_f)$=250\times10^8$
  - 허용응력도범위(F_{SR})$=\left(\dfrac{C_f\times329}{N}\right)^{0.333}=\left(\dfrac{250\times10^8\times329}{2\times10^6}\right)^{0.333}$
    $=159\text{MPa}$
- 단면상세형태 Ⓑ 경우
  - 용접도 분류 : B
  - 한계피로응력도범위(F_{TH})=110MPa(부록표 A-3.1 참조)
  - 피로상수(C_f)$=120\times10^8$
  - 허용응력도범위(F_{SR})$=\left(\dfrac{C_f\times329}{N}\right)^{0.333}=\left(\dfrac{120\times10^8\times329}{2\times10^6}\right)^{0.333}$
    $=123\text{MPa}$
- 단면상세형태 Ⓒ 경우
  - 용접도 분류 : E
  - 한계피로응력도범위(F_{TH})=69MPa(부록표 A-3.1 참조)
  - 피로상수(C_f)$=44\times10^8$
  - 허용응력도범위(F_{SR})$=\left(\dfrac{C_f\times329}{N}\right)^{0.333}=\left(\dfrac{44\times10^8\times329}{2\times10^6}\right)^{0.333}$
    $=89\text{MPa}$

㉡ $N = 2\times10^{6}$ 의 경우

- 단면상세형태 Ⓐ 경우

$$-\text{허용응력도범위}(F_{SR}) = \left(\frac{C_f\times329}{N}\right)^{0.333} = \left(\frac{250\times10^{8}\times329}{10^{6}}\right)^{0.333}$$

$$= 200\text{MPa}$$

- 단면상세형태 Ⓑ 경우

$$-\text{허용응력도범위}(F_{SR}) = \left(\frac{C_f\times329}{N}\right)^{0.333} = \left(\frac{120\times10^{8}\times329}{10^{6}}\right)^{0.333}$$

$$= 157\text{MPa}$$

- 단면상세형태 Ⓒ 경우

$$-\text{허용응력도범위}(F_{SR}) = \left(\frac{C_f\times329}{N}\right)^{0.333}\left(\frac{44\times10^{8}\times329}{10^{6}}\right)^{0.333}$$

$$= 157\text{MPa}$$

㉢ $N = 10^{5}$의 경우

- 단면상세형태 Ⓐ 경우

$$-\text{허용응력도범위}(F_{SR}) = \left(\frac{C_f\times329}{N}\right)^{0.333} = \left(\frac{250\times10^{8}\times329}{10^{5}}\right)^{0.333}$$

$$= 432\text{MPa}$$

⇒ 정적허용응력도 사용

- 단면상세형태 Ⓑ 경우

$$-\text{허용응력도범위}(F_{SR}) = \left(\frac{C_f\times329}{N}\right)^{0.333} = \left(\frac{120\times10^{8}\times329}{10^{5}}\right)^{0.333}$$

$$= 338\text{MPa}$$

⇒ 정적허용응력도 사용

- 단면상세형태 Ⓒ 경우

$$-\text{허용응력도범위}(F_{SR}) = \left(\frac{C_f\times329}{N}\right)^{0.333} = \left(\frac{44\times10^{8}\times329}{10^{5}}\right)^{0.333}$$

$$= 242\text{MPa}$$

⇒ 정적허용응력도 사용

범유럽기준(Euro Code)

❶ 산정조건

㉠ 재질 : SS400, SM490 두께는 40mm 이하로 한정

㉡ 단면상세형태분류 : Ⓐ, Ⓑ, Ⓒ 3종류

㉢ 응력반복횟수(N)

$N=10^5$, $N=10^6$, $N=2\times10^6$

㉣ 두께에 따른 피로강도계수$(R)=\left(\dfrac{25}{t}\right)^{0.25}$

❷ 피로허용강도 산정

㉠ $N>2\times10^6$ 의 경우

- 단면상세형태 Ⓐ 경우 : 두께에 따른 감소계수 적용하지 않음
  - 접합상세분류와 반복횟수에 따른 피로강도 산정

  $\log N=\log a-m\log\Delta_{\sigma R}$ 에서

  $N=2\times10^6$, $\log a=$ 12.901(표 5.10), $m=3$

  $$\therefore\ 3\log\Delta_{\sigma R}=\log a-\log N$$
  $$=12.901-\log 2\times10^6=12.901-6.301$$
  $$=6.6$$

  $$\therefore\ \log\Delta_{\sigma R}=\frac{6.6}{3}=2.2$$

  $\therefore\ \Delta_{\sigma R}=$ 158MPa

- 단면상세형태 Ⓑ 경우 : 용접결함이 전혀 없을 경우
  - 접합상세분류와 반복횟수에 따른 피로강도 산정

  $\log N=\log a-m\log\Delta_{\sigma R}$ 에서

  $N=2\times10^6$, $\log a=$ 12.751(표 5.10), $m=3$

  $$\therefore\ 3\log\Delta_{\sigma R}=\log a-\log N$$
  $$=12.751-\log 2\times10^6=12.751-6.301$$
  $$=6.45$$

  $$\therefore\ \log\Delta_{\sigma R}=\frac{6.45}{3}=2.15$$

  $\therefore\ \Delta_{\sigma R}=$ 141MPa

- 단면상세형태 Ⓒ 경우 : 용접결함이 전혀 없을 경우

  $\log N=\log a-m\log\Delta_{\sigma R}$ 에서

  $N=2\times10^6$, $\log a=$ 12.151(표 5.10), $m=3$

$$\therefore\ 3\log\triangle_{\sigma R} = \log a - \log N$$
$$= 12.151 - \log 2\times 10^6 = 12.151 - 6.301$$
$$= 5.8$$

$$\therefore\ \log\triangle_{\sigma R} = \frac{5.85}{3} = 1.95$$

$$\therefore\ \triangle_{\sigma R} = 89\text{MPa}$$

ⓛ $N = 10^6$ 의 경우

- 단면상세형태 Ⓐ 경우 : 두께에 따른 감소계수 적용하지 않음
  -접합상세분류와 반복횟수에 따른 피로강도 산정

  $\log N = \log a - m\log\Delta\sigma_R$ 에서

  $N = 10^6,\ \log a = 12.901,\ m = 3$

  $$3\log\Delta\sigma_R = \log a - \log N$$
  $$= 12.901 - \log 10^6$$
  $$= 12.901 - 6.0 = 6.901$$

  $$\therefore\ \log\Delta\sigma_R = \frac{6.901}{3} = 2.3$$

  $$\therefore\ \Delta\sigma_R = 200\text{MPa}$$

- 단면상세형태 Ⓑ 경우

  $\log N = \log a - m\log\Delta\sigma_R$ 에서

  $N = 10^6,\ \log a = 12.751,\ m = 3$

  $$3\log\Delta\sigma_R = \log a - \log N$$
  $$= 12.751 - \log 10^6$$
  $$= 12.751 - 6.0 = 6.751$$

  $$\therefore\ \log\Delta\sigma_R = \frac{6.751}{3} = 2.25$$

  $$\therefore\ \Delta\sigma_R = 178\text{MPa}$$

- 단면상세형태 Ⓒ 경우

  $\log N = \log a - m\log\Delta\sigma_R$ 에서

  $N = 10^6,\ \log a = 12.151,\ m = 3$

  $$3\log\Delta\sigma_R = \log a - \log N$$
  $$= 12.151 - \log 10^6$$
  $$= 12.151 - 6.0 = 6.151$$

  $$\therefore\ \log\Delta\sigma_R = \frac{6.151}{3} = 2.05$$

  $$\therefore\ \Delta\sigma_R = 112\text{MPa}$$

㉢ $N=10^5$의 경우

- 단면상세형태 Ⓐ 경우

  – 접합상세 분류 : $\Delta\sigma_c=160$MPa(표 5.10 참조)

  – 피로강도계산

  $\log N=\log a-m\log\Delta\sigma_R$에서

  $N=10^5, \log a=12.901, m=3$

  $$3\log\Delta\sigma_R=\log a-\log N$$
  $$=12.901-\log 10^5$$
  $$=12.901-5.0=7.901$$

  $$\therefore \log\Delta\sigma_R=\frac{7.901}{3}=2.633$$

  $\therefore \Delta\sigma_R=429\text{MPa}\Rightarrow$ 정적허용강도 사용

- 단면상세형태 Ⓑ 경우

  $\log N=\log a-m\log\Delta\sigma_R$ 에서

  $N=10^5, \log a=12.751, m=3$

  $$3\log\Delta\sigma_R=\log a-\log N$$
  $$=12.751-\log 10^5$$
  $$=12.751-5.0=7.751$$

  $$\therefore \log\Delta\sigma_R=\frac{7.751}{3}=2.583$$

  $\therefore \Delta\sigma_R=383\text{MPa}\Rightarrow$ 정적허용강도 사용

- 단면상세형태 Ⓒ 경우

  $\log N=\log a-m\log\Delta\sigma_R$ 에서

  $N=10^5, \log a=12.151, m=3$

  $$3\log\Delta\sigma_R=\log a-\log N$$
  $$=12.151-\log 10^5$$
  $$=12.151-5.0=7.151$$

  $$\therefore \log\Delta\sigma_R=\frac{7.151}{3}=2.383$$

  $\therefore \Delta\sigma_R=242\text{MPa}\Rightarrow$ 정적허용강도 사용

독일기준(DIN)

❶ 산정조건

㉠ 재질 : SS400(ST37), SM490(ST52) 두께는 30mm만 검토

㉡ 단면상세형태분류 : Ⓐ, Ⓑ, Ⓒ 3종류

㉢ 응력반복횟수(N)

$N=10^5$, $N=10^6$, $N=2\times10^6$

㉣ 응력비($x=\dfrac{\sigma_{min}}{\sigma_{max}}=0.05$ 가정)

❷ 피로허용강도 산정 : 인장·압축응력 각각 산정됨

㉠ $N>2\times10^6$ 의 경우

- 단면상세형태 Ⓐ 경우
  - 응력반복범위 : N4
  - 응력집중계수 : S2(보통)
  - 하중그룹 : B6
  - 리프팅등급 : H3, H4
  - 용접부 등급 : W_o(노치효과 없음)
  - 피로허용강도(σ_f) : (부록표 A-5.13~16 참조)
    - SS400일 경우, $\sigma_f=203$MPa(인장응력도)
    - SM490일 경우, $\sigma_f=225$MPa(인장응력도)
- 단면상세형태 Ⓑ 경우
  - 용접부 등급 : K_o(노치효과 극소)
  - 피로허용강도(σ_f) : (부록표 A-5.13~16 참조)
    - SS400일 경우 : σ_f=144MPa(인장응력도)
σ_f=172MPa(압축응력도)
    - SM490일 경우 : σ_f=145MPa(인장응력도)
σ_f=174MPa(압축응력도)
- 단면상세형태 Ⓒ 경우
  - 용접부 등급 : K_3(노치효과 강)
  - 피로허용강도(σ_f) : (부록표 A-5.13~16 참조)
    - SS400일 경우 : $\sigma_f=78$MPa(인장응력도)
$\sigma_f=94$MPa(압축응력도)

▸ SM490일 경우 : σ_f =78MPa(인장응력도)

σ_f =94MPa(압축응력도)

㉡ $N = 10^6$ 의 경우

- 단면상세형태 Ⓐ 경우
  - 응력반복범위 : N3
  - 응력집중계수 : S2(보통)
  - 응력비$\left(\dfrac{\sigma_{min}}{\sigma_{max}}\right) = 0.05$ (가정)
  - 하중그룹 : B5
  - 리프팅등급 : H3, H4
  - 용접부 등급 : W_{o1}(노치효과 없음)
  - 피로허용강도(σ_f) : (부록표 A-5.13~16 참조)

    ▸ SS400일 경우 : σ_f =240MPa(인장응력도)

    ▸ SM490일 경우 : σ_f =277MPa(인장응력도)

    σ_f =328MPa(압축응력도)

- 단면상세형태 Ⓑ 경우
  - 용접부 등급 : K_o(노치효과 극소)
  - 피로허용강도(σ_f) : (부록표 A-5.13~16 참조)

    ▸ SS400일 경우 : σ_f =201MPa(인장응력도)

    σ_f =241MPa(압축응력도)

    ▸ SM490일 경우 : σ_f =203MPa(인장응력도)

    σ_f =244MPa(압축응력도)

- 단면상세형태 Ⓒ 경우
  - 용접부 등급 : K_3(노치효과 강)
  - 피로허용강도(σ_f) : (부록표 A-5.13~16 참조)

    ▸ SS400일 경우 : σ_f =110MPa(인장응력도)

    σ_f =132MPa(압축응력도)

    ▸ SM490일 경우 : σ_f =110MPa(인장응력도)

    σ_f =132MPa(압축응력도)

각국별 피로허용응력(범위)를 산정한 결과를 요약하면 다음 표 5.14와 같다.

표 5.14 각국 규준별, 단면형태, 반복횟수, 강재종별, 피로허용응력범위

기준	단면상세 형태종류	응력반복횟수 (N)	강재종별	피로허용응력도 (범위) σ_p(MPa)	비 고
한국기준 (KS, 1983)	Ⓐ Ⓑ	$N > 2\times10^6$	SS400	110	• 피로허용응력도 사용 • $N=10^5$일 경우는 피로설계 적용하지 않음 • 응력비$\left(R=\dfrac{\sigma_2}{\sigma_1}\right)$에 따라 피로허용응력도 산정 • 단면상세형태 Ⓒ의 경우는 용접부 결함(노치)을 고려하여 Ⓐ, Ⓑ값의 75% 적용
			SM490	110	
		$N=10^6$	SS400	160	
			SM490	160	
		$N=10^5$	SS400	160	
			SM490	220	
	Ⓒ	$N > 2\times10^6$	SS400	83	
			SM490	83	
		$N=10^6$	SS400	120	
			SM490	120	
		$N=10^5$	SS400	120	
			SM490	160	
일본기준 (일본 강구조협회, 1993)	Ⓐ Ⓑ	$N > 2\times10^6$	SS400	128	• 피로허용응력도범위 사용 • $N=10^5$일 경우는 피로설계 적용하지 않음 • +자형 용접연결부에서 두께가 25mm를 초과하면 강도저감 고려 • Ⓐ, Ⓑ형태에서 필렛용접이면 피로강도가 저감됨
			SM490	128	
		$N=10^6$	SS400	160	
			SM490	160	
		$N=10^5$	SS400	160	
			SM490	220	
	Ⓒ	$N > 2\times10^6$	SS400	100	
			SM490	100	
		$N=10^6$	SS400	126	
			SM490	126	
		$N=10^5$	SS400	160	
			SM490	220	

표 5.14 각국 규준별, 단면형태, 반복횟수, 강재종별, 피로허용응력범위(계속)

기준	단면상세 형태종류	응력반복횟수 (N)	강재종별	피로허용응력도 (범위) σ_p(MPa)	비 고
미국기준 (AISC 9th, 1989)	Ⓐ	$N > 2\times10^6$	SS400	160	• 피로허용응력도범위 사용 • Ⓐ, Ⓑ단면형태에서 $N=10^5$ 이하일 경우는 피로설계 적용하지 않음 • 인장응력도에서만 피로설계를 적용하고 압축응력도는 피로설계 적용하지 않음. 즉, 하부플랜지에서만 피로설계를 적용함 • Ⓒ 단면 형태에서는 거셋 플레이트의 용접부에서 응력집중효과를 완화시키는 단면개선을 하여 피로허용응력범위를 증대시킬 수 있음
			SM490	171	
		$N=10^6$	SS400	160	
			SM490	171	
		$N=10^5$	SS400	160	
			SM490	220	
	Ⓑ	$N > 2\times10^6$	SS400	114	
			SM490	114	
		$N=10^6$	SS400	129	
			SM490	129	
		$N=10^5$	SS400	160	
			SM490	207	
	Ⓒ	$N > 2\times10^6$	SS400	36	
			SM490	36	
		$N=10^6$	SS400	57	
			SM490	57	
		$N=10^5$	SS400	93	
			SM490	93	
미국기준 (AISC 13th, 2005)	Ⓐ	$N > 2\times10^6$	SS400	159	• 피로허용응력도범위 사용 • 인장, 압축 모두 피로응력 고려하는 설계적용 • $N=10^5$ 이하인 경우에는 어떤 단면형태에서도 피로설계를 적용하지 않음 • 응력반복횟수에 따라 피로허용응력도범위가 세분화 되어 산정될 수 있음
			SM490	159	
		$N=10^6$	SS400	160	
			SM490	200	
		$N=10^5$	SS400	160	
			SM490	200	
	Ⓑ	$N > 2\times10^6$	SS400	125	
			SM490	125	
		$N=10^6$	SS400	157	
			SM490	157	
		$N=10^5$	SS400	160	
			SM490	220	

표 5.14 각국 규준별, 단면형태, 반복횟수, 강재종별, 피로허용응력범위(계속)

기준	단면상세 형태종류	응력반복횟수 (N)	강재종별	피로허용응력도 (범위) σ_p(MPa)	비고
미국기준 (AISC 13th, 2005)	Ⓒ	$N > 2\times10^6$	SS400	89	
			SM490	89	
		$N = 10^6$	SS400	113	
			SM490	113	
		$N = 10^5$	SS400	160	
			SM490	220	
범유럽기준 (Euro Code)	Ⓐ	$N > 2\times10^6$	SS400	158	• 피로허용응력도범위 사용 • 어떤 단면형태에서도 응력반복횟수 $N = 10^5$ 이하에서는 피로설계를 적용하지 않음 • 연결부 판의 두께가 25mm 이상이면 피로허용응력 감소계수가 적용됨. 단, 용접결함이 전혀 없으면 고려하지 않음 • 응력반복횟수에 따라 피로허용응력범위가 세분화되어 산정 될 수 있음
			SM490	158	
		$N = 10^6$	SS400	160	
			SM490	200	
		$N = 10^5$	SS400	160	
			SM490	220	
	Ⓑ	$N > 2\times10^6$	SS400	141	
			SM490	141	
		$N = 10^6$	SS400	160	
			SM490	178	
		$N = 10^5$	SS400	160	
			SM490	220	
	Ⓒ	$N > 2\times10^6$	SS400	89	
			SM490	89	
		$N = 10^6$	SS400	112	
			SM490	112	
		$N = 10^5$	SS400	160	
			SM490	220	
독일기준 (DIN)	Ⓐ	$N > 2\times10^6$	SS400	160(160)	• 피로허용응력도 사용 • 인장, 압축이 서로 다른 피로허용강도를 적용함. 피로허용응력값 중 ( )값은 압축응력
			SM490	220(220)	
		$N = 10^6$	SS400	160(160)	
			SM490	220(220)	
		$N = 10^5$	SS400	160(160)	
			SM490	220(220)	

표 5.14 각국 규준별, 단면형태, 반복횟수, 강재종별, 피로허용응력범위(계속)

기준	단면상세 형태종류	응력반복횟수 (N)	강재종별	피로허용응력도 (범위) σ_p(MPa)	비고
독일기준 (DIN)	Ⓑ	$N > 2 \times 10^6$	SS400	144(160)	• 응력반복횟수 $N = 10^5$ 이하일 경우는 피로설계 적용하지 않음 • 응력비($R = \frac{\sigma_{\min}}{\sigma_{\max}}$)와 용접부 노치 효과에 따라 피로허용응력도가 세분화됨
			SM490	145(174)	
		$N = 10^6$	SS400	160(160)	
			SM490	203(220)	
		$N = 10^5$	SS400	160(160)	
			SM490	220(220)	
	Ⓒ	$N > 2 \times 10^6$	SS400	78(94)	
			SM490	78(94)	
		$N = 10^6$	SS400	110(132)	
			SM490	110(132)	
		$N = 10^5$	SS400		
			SM490		

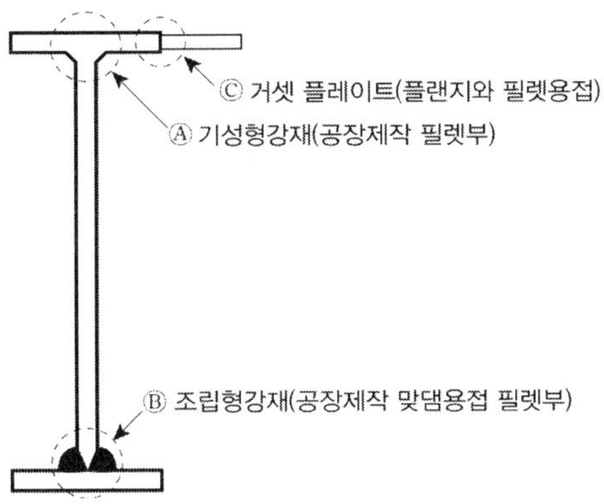

크레인 주행보의 단면 중 일반적으로 많이 사용되는 플랜지와 웨브판이 용접 연결된 조립 형강재에서 강재피로현상이 엄격히 고려되는 응력반복횟수(N)가 2×10^6을 초과하는 조건에 대한 각기준별 피로허용응력범위를 비교 요약하면 다음 표 5.15와 같다.

표 5.15 각 국 규준별 반복횟수 $N\geq 2\times10^6$일 때의 피로허용응력범위

기준	단면상세형태종류	응력반복횟수 (N)	강재 종별	피로허용응력도 (범위) σ_p(MPa)	비고
한국기준 (KS, 1983)	Ⓑ	$N\geq 2\times10^6$	SS400	110	피로허용응력도
			SM490	110	
일본기준 (JISC, 1993)	Ⓑ	$N\geq 2\times10^6$	SS400	128	피로허용응력도범위
			SM490	128	
미국기준 (AISC 9th, 1989)	Ⓑ	$N\geq 2\times10^6$	SS400	114(160)	피로허용응력도범위 ( )값은 압축응력도범위
			SM490	114(220)	
미국기준 (AISC 13th, 2005)	Ⓑ	$N\geq 2\times10^6$	SS400	125	피로허용응력도범위
			SM490	125	
범유럽기준 (Euro code)	Ⓑ	$N\geq 2\times10^6$	SS400	141	피로허용응력도
			SM490	141	
독일기준 (DIN)	Ⓑ	$N\geq 2\times10^6$	SS400	144(160)	피로허용응력도 ( )값은 압축응력도
			SM490	145(174)	

상기 표 5.15의 내용을 비교·검토, 분석결과는 다음과 같다.

① 한국과 독일규준에서는 피로 허용응력도범위 대신 피로허용응력도를 사용하지만 일본, 미국, 범유럽 규준에서는 피로허용응력도범위를 사용한다. 그러나 한국, 독일 규준에서도 응력범위 개념인 응력비 $\frac{\sigma_{min}}{\sigma_{max}}$를 적용하여 그 값에 따라 피로허용응력도 값이 산정되고 있다.

강재의 피로현상은 시간 의존적인 동적응력작용으로 일어나며 어떤 진폭을 가지는 하중작용이므로 발생되는 응력 또한 어떤 범위를 정하여 적용하는 것이 합리적이라 할 수 있다.

② 동일한 단면상세형태에서 한국(KS, 1983), 미국(AISC 9th, 1989 ASD), 범유럽(Euro code) 규준에서 거의 비슷한 값을 보이고, 일본(피로설계지침, 1983), 미국(AISC 13th, 2005 LSD) 규준이 비슷한 값이며 독일(DIN) 규준에서는 다른 나라 기준 값보다 다소 큰 허용응력도 값을 보이지만 이것은 연결부 용접등급을 세분화하여 차이를 두어 산정하기 때문이라 할 수 있다.

③ 피로허용응력범위는 강재의 사용재질에는 거의 영향이 없고 연결 상세와, 응력반복횟수에 따라 큰 차이를 보이므로, 용접의 결함이 없도록 검사를 철저히 해야 하며 응력반복횟수는 건물의 사용수명과, 매일 운행하는 크레인의 작업 상황을 정확히 고려하여 반복횟수를 합리적으로 산정하는 것이 크레인 주행보의 경제성, 구조안정성 설계에 큰 영향을 미칠 수 있다.

:: 인장피로와 압축피로

일반적으로 피로실험을 하는 경우 변동진폭응력파형을 재현하여 실험하는 것이 불가능하므로 일정진폭응력으로 가력하며 응력범위 $\Delta\sigma(=\sigma_{\max}-\sigma_{\min})$와 평균응력 $\sigma_m\left(=\dfrac{\sigma_{\max}-\sigma_{\min}}{2}\right)$, 응력비 $R\left(=\dfrac{\sigma_{\min}}{\sigma_{\max}}\right)$을 사용하여 실험을 수행한다.

크레인 주행보의 조립형강재에서 이동하는 바퀴하중에 의한 보 단면에 발생되는 응력도는 상부플랜지에서는 압축응력도, 하부플랜지에서는 인장응력도가 발생된다는 것은 정역학의 휨 이론으로 쉽게 이해하고 있지만 이러한 응력이 반복되는 변동응력이기 때문에 강재의 피로현상을 고려하는 것이다.

그리고 응력의 파형이 완전역전응력도(reversed stress)가 아닌 완전인장응력도 또는 완전압축응력도의 하중이므로 부위별로 피로강도를 다르게 적용하여야 한다.

대부분 시험편재에 피로실험을 할 때 인장력을 반복적으로 가력 하여 작성된 S-N선도로 피로강도를 산정하여 설계기준의 자료로 활용하고 있으나 압축력에 의한 피로 실험 자료는 거의 없으므로 일부나라의 피로설계 규준에서는 인장피로만 고려하여 설계에 적용하고 압축피로는 고려하지 않는 경우가 있다.

특히 미국규준 중 허용응력도설계규준(AISC 9th, 1989)에서는 분명하게 인장응력 부분에서만 피로설계를 적용하도록 규정하고 있다.(인장 혹은 완전역전응력)

즉, 압축응력부분인 상부플랜지에서는 피로설계를 적용하지 않고 대신 정적허용응력도를 적용하여 휨응력도와 국부응력 등을 고려하여 설계하고 인장응력부분인 하부플랜지에서만 피로허용응력범위를 적용하여 피로설계를 하도록 규정하고 있다.

따라서 하부플랜지에서는 그 어떤 부착재도 용접할 수 없도록 규정하고 있다.

그러나 한계상태설계규준(AISC 13th, 2005)에서는 응력도의 종류에서 인장 혹은 역전응력이라는 항목이 없어지고 애매하게 인장, 압축 구분이 없어지게 되었다.

설계규준에 따라 설계물량이 크게 달라질 수 있으며 규준이 변경되면 예전에 적용되어 설계된 구조물은 어떻게 대처해야 하는지 실무설계자에게는 혼란스럽고 구조안전성에 의문이 될 수도 있다. 물론 새로운 설계이론의 연구에 의해 설계규준도 바뀌어져야 하는 것은 당연하다. 그렇다고 옛날 규준에 의한 설계도 잘못되었다고 할 수 없다.

그리고 독일규준(DIN)에서는 응력비에 따라 인장피로허용강도와 압축피로허용강도를 친절하게 구분하여 산정하고 있으며 압축강도가 인장강도보다 약 10～20% 크게 산정되어 있다.

앞으로 이 문제에 대해서는 많은 연구와 실험을 통하여 명확한 설계규준의 제정이 필요하다.

5.5 크레인 주행보의 경제적 설계

5.5.1 크레인 주행보의 춤-스팬비(depth-span ratio)

:: 개요

강구조 공장건물에서 크레인 주행보의 철골물량이 차지하는 비율이 전체 건물 강재량의 약 40～50% 정도로 크레인 주행보의 합리적인 설계가 전체 공사비 절감에 지대한 영향을 미친다고 할 수 있다.

따라서 크레인 주행보 설계 전에 각종 설계조건을 정확하게 정립해야 함은 물론이고 구조해석방법, 기타 건축적인 제한사항도 면밀히 고려해야 한다.

특히 크레인 주행보 조립형강재의 춤(depth)은 건물의 처마높이에도 연관이 있으므로 구조적인 내력조건을 만족시키면서 철골물량을 최소화 할 수 있는 크레인 주행보의 스팬 대 춤의 비를 미리 설정해 둠으로써 설계자로 하여금 시행착오를 줄이고 설계 편의를 줄 수 있는 자료를 제공할 수 있다.

크레인 주행보의 설계란 결국 작용되는 외력에 대하여 부재내력이 충분히 견딜 수 있느냐 하는 강도한계상태와 크레인 운행에 장애를 일으킬 수 있는 허용처짐한계 이내로 처짐을 제한하는 사용성 한계상태를 유지시킬 수 있는지 여부를 검증하는 것이라 할 수 있다.

따라서 크레인 주행보의 외력에 대한 실제 처짐값과 실제 발생응력값이 모두 한계상태 이내로 제어될 수 있는 단면성능을 확보하여야만 안전한 설계라 할 수 있다.

이 두 가지 설계 요인 중 어느 요인이 크레인 주행보의 설계를 지배하는 요인이 되는 것인지를 미리 판단할 수 있다면 피로설계의 적용여부와 같이 예측하여 구조해석을 용이하게 할 수 있을 것이다.

그러나 이 두 가지 설계요인은 각각 별개의 수식에 의해서 결정되고 크레인 용량, 크레인 주행보의 스팬 등이 다양하게 설계되므로 쉽게 판단할 수 없는 요소이다.

따라서 국내 기존공장에서 실제로 설계, 시공, 운행되고 있는 다수의 크레인 주행보에 대해서 각종 설계규준을 적용하여 경제적이고 합리적인 춤−스팬비를 제시해 본다.

:: 설계조건

❶ 적용기준

- 구조규준 : 한국강구조설계규준(허용응력설계법), 미국규준(AISC)
- 충격계수 : 수직방향 1.25, 수평방향 0.1, 주행방향 0.15
- 응력반복횟수 : $N=10^5$ 이하, $N=10^5 \sim 2\times10^6$, $N=2\times10^6$ 초과의 3가지 경우

❷ 크레인 주행보 조건

- 크레인 용량(9종류) : 15t, 30t, 40t, 60t, 85t, 150t, 175t, 250t, 400t
- 주행보 스팬(4종류) : 12m, 15m, 24m, 30m
- 사용강재의 재질 : SM490
- 응력비($\dfrac{\text{발생응력}}{\text{허용응력}}$) : 90% 이하
- 수직처짐제한 : $\dfrac{L}{1000}$ 이하
- 주행보 단면 : 플랜지 폭 1000mm 이하, 두께 100m 이하, 웨브 두께 40mm 이하

❸ 크레인 설계자료

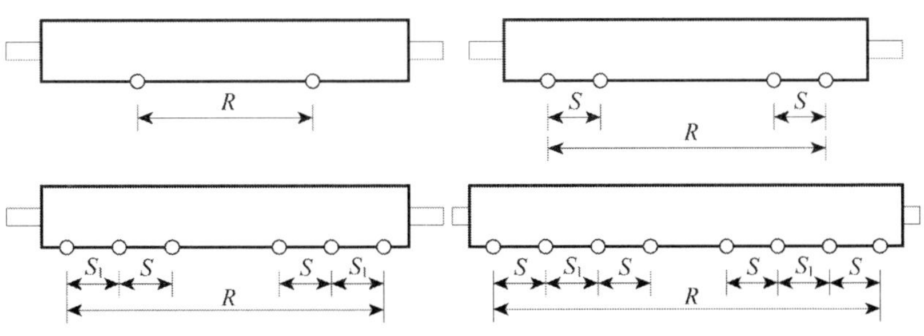

분류	CRANE TYPE	용량(ton)	크레인 스팬(m)	편측 바퀴수(EA)	R(m)	S(m)	$S1$(m)	max. wheel load (t/wheel)
50톤 이하	A	15	19.50	2	4.50	-	-	17.00
	A	30/25	19.50	2	5.60	-	-	40.00
	A	40/15	19.50	2	7.00	-	-	45.00
50톤 초과 150톤 이하	B	60/30	30.00	4	6.40	1.30	-	28.40
	B	85/20	25.00	4	8.20	1.20	-	36.00
	B	150/50	19.50	6	9.69	2.08	0.94	60.00
150톤 초과	C	175/50	19.50	8	10.00	1.00	1.00	42.80
	C	250/80	32.00	8	7.60	0.80	1.40	50.00
	C	400/150	35.00	8	9.70	1.20	1.50	77.40

:: 검토방법

컴퓨터 구조해석결과 구해진 최대휨모멘트와 최대수직처짐값에 대하여 정적허용응력도, 또는 피로허용응력도와 수직방향 허용처짐값에 필요한 단면2차모멘트를 산정하여 각각의 값을 비교하여 큰 쪽의 단면2차모멘트값이 설계지배요인이 된다고 할 수 있다.

❶ 수직방향허용처짐값에 필요한 단면2차모멘트 계산

$$_{v}\delta_{\lim} > \frac{R \cdot L^{n}}{_{d}I_{x}} \qquad (5.51)$$

$$\therefore\ _{d}I_{x} > \frac{R \cdot L^{n}}{_{v}\delta_{\lim}} \qquad (5.52)$$

여기서, $_{v}\delta_{\lim}$: 수직방향 허용처짐 제한값$\left(\frac{L}{1000}\right)$

R : 크레인 주행보 위의 이동하중

L : 크레인 주행보 스팬

❷ 허용응력도에 필요한 단면2차모멘트 계산

$$\sigma_{f} > \frac{M \cdot y}{_{f}I_{x}} \qquad (5.53)$$

$$_{f}I_{x} > \frac{M \cdot y}{\sigma_{f}} \qquad (5.54)$$

여기서, σ_f : 정적허용응력도, 피로허용응력도

$_{f}I_{x}$: 응력도에 필요한 단면2차모멘트

M : 최대휨모멘트

y : 중립축에서 최외단까지의 거리

❸ 검토결과

식 (5.52), (5.54)에 의해서 계산된 단면2차모멘트 값 중에서 큰 쪽의 값이 설계지배요인이 된다.

즉 ${}_dI_x > {}_fI_x$: 사용성한계상태인 허용처짐값에 의해서 설계가 지배되며 피로설계를 할 필요가 없다.

${}_dI_x < {}_fI_x$: 강도한계상태인 허용피로응력도에 의해서 설계가 지배되며 피로설계를 해야 한다.

:: 용량/스팬별 크레인 주행보 검토결과

각종 크레인 용량별 크레인 주행보에 대한 최적설계 결과를 반복횟수별로 요약하면 다음 표와 같다.

표 5.16 응력반복횟수 10^5 이하일 경우

크레인 용량 (톤)	주행보 길이 (m)	재질	부재규격(mm) (WH $-D\times W\times t_W\times t_f$)	단위중량 (kg/m)	허용응력 (t/cm²) 정적응력	피로응력	응력비 (0.90)	처짐비 (1/1000)	춤-스팬비
15	12	SM490	1200×300×12×18	194.4	2.20	2.20	0.59	1/1037	1/10.0
	15	SM490	1450×300×15×18	251.3	2.20	2.20	0.59	1/1023	1/10.3
	24	SM490	2000×350×18×24	407.7	2.20	2.20	0.51	1/1036	1/12.0
	30	SM490	2250×400×18×30	497.8	2.20	2.20	0.45	1/1005	1/13.3
30	12	SM490	1300×350×15×30	310.9	2.20	2.20	0.63	1/1016	1/9.2
	15	SM490	1650×350×18×30	389.5	2.20	2.20	0.64	1/1039	1/9.1
	24	SM490	2250×450×18×40	589.2	2.20	2.20	0.55	1/1024	1/10.6
	30	SM490	2750×450×20×40	701.8	2.20	2.20	0.57	1/1012	1/10.9
40	12	SM490	1250×350×15×30	305.0	2.20	2.20	0.65	1/1013	1/9.6
	15	SM490	1650×350×18×30	389.5	2.20	2.20	0.65	1/1045	1/9.1
	24	SM490	2300×450×18×40	596.3	2.20	2.20	0.57	1/1006	1/10.4
	30	SM490	2850×450×20×40	717.5	2.20	2.20	0.58	1/1015	1/10.5
60	12	SM490	1400×400×15×35	376.4	2.20	2.20	0.62	1/1014	1/8.6
	15	SM490	1750×400×18×35	457.2	2.20	2.20	0.65	1/1005	1/8.6
	24	SM490	2600×450×18×40	638.7	2.20	2.20	0.64	1/1021	1/9.2
	30	SM490	3150×450×20×40	764.6	2.20	2.20	0.66	1/1008	1/9.5

표 5.16 응력반복횟수 10^5 이하일 경우(계속)

크레인 용량 (톤)	주행보 길이 (m)	재질	부재규격(mm) (WH$-D\times W\times t_W\times t_f$)	단위 중량 (kg/m)	허용응력 (t/cm^2) 정적 응력	허용응력 (t/cm^2) 피로 응력	응력비 (0.90)	처짐비 (1/1000)	춤-스팬비
85	12	SM490	1400×400×15×35	376.4	2.2	2.2	0.63	1/1039	1/8.6
	15	SM490	1850×400×18×35	471.3	2.2	2.2	0.66	1/1055	1/8.1
	24	SM490	2800×450×18×40	666.9	2.2	2.2	0.68	1/1023	1/8.6
	30	SM490	3400×450×20×40	803.8	2.2	2.2	0.71	1/1005	1/8.8
150	12	SM490	1600×500×25×50	686.9	2.2	2.2	0.77	1/1019	1/7.5
	15	SM490	2150×500×25×50	784.8	2.2	2.2	0.85	1/1019	1/7.0
	24	SM490	2850×700×30×70	1407.5	2.2	2.2	0.74	1/1012	1/8.4
	30	SM490	3350×750×35×75	1762.3	2.2	2.2	0.74	1/1000	1/8.9
175	12	SM490	1600×500×25×50	686.9	2.2	2.2	0.74	1/1047	1/7.5
	15	SM490	2100×500×25×50	785	2.2	2.2	0.83	1/1001	1/7.1
	24	SM490	2800×700×30×70	1395.7	2.2	2.2	0.72	1/1015	1/8.6
	30	SM490	3400×700×35×75	1717.2	2.2	2.2	0.73	1/1028	1/8.8
250	12	SM490	1650×600×30×65	970.3	2.2	2.2	0.78	1/1028	1/7.3
	15	SM490	2100×600×30×65	1076.2	2.2	2.2	0.83	1/1031	1/7.1
	24	SM490	2900×750×35×75	1638.7	2.2	2.2	0.8	1/1012	1/8.3
	30	SM490	3450×750×35×85	1902.1	2.2	2.2	0.8	1/1008	1/8.7
400	12	SM490	1700×650×35×75	1191.2	2.2	2.2	0.81	1/1015	1/7.0
	15	SM490	2200×650×35×80	1376.9	2.2	2.2	0.85	1/1043	1/6.8
	24	SM490	3150×800×40×90	2063	2.2	2.2	0.85	1/1018	1/7.6
	30	SM490	3650×1000×40×90	2502.6	2.2	2.2	0.82	1/1030	1/8.2

표 5.17 응력반복횟수 10^5 초과 ~ 2×10^6 이하일 경우

크레인 용량 (톤)	주행보 길이 (m)	재질	부재규격(mm) (WH $- D \times W \times t_W \times t_f$)	단위 중량 (kg/m)	허용응력 (t/cm^2) 정적 응력	허용응력 (t/cm^2) 피로 응력	응력비 (0.90)	처짐비 (1/1000)	춤-스팬비
15	12	SM490	1200×300×12×18	194.4	2.20	1.64	0.77	1/1037	1/10.0
	15	SM490	1450×300×15×18	251.3	2.20	1.66	0.76	1/1023	1/10.3
	24	SM490	2000×350×18×24	407.7	2.20	1.74	0.62	1/1036	1/12.0
	30	SM490	2250×400×18×30	497.8	2.20	1.81	0.55	1/1005	1/13.3
30	12	SM490	1300×350×15×30	310.9	2.20	1.63	0.85	1/1016	1/9.2
	15	SM490	1650×350×18×30	389.5	2.20	1.65	0.85	1/1039	1/9.1
	24	SM490	2250×450×18×40	589.2	2.20	1.69	0.72	1/1024	1/10.6
	30	SM490	2750×450×20×40	701.8	2.20	1.73	0.72	1/1012	1/10.9
40	12	SM490	1250×350×15×30	305.0	2.20	1.63	0.87	1/1013	1/9.6
	15	SM490	1650×350×18×30	389.5	2.20	1.65	0.87	1/1045	1/9.1
	24	SM490	2300×450×18×40	596.3	2.20	1.69	0.74	1/1006	1/10.4
	30	SM490	2850×450×20×40	717.5	2.20	1.73	0.74	1/1015	1/10.5
60	12	SM490	1400×400×15×35	376.4	2.20	1.63	0.83	1/1014	1/8.6
	15	SM490	1750×400×18×35	457.2	2.20	1.64	0.87	1/1005	1/8.6
	24	SM490	2600×450×18×40	638.7	2.20	1.67	0.84	1/1021	1/9.2
	30	SM490	3150×450×20×40	764.6	2.20	1.70	0.85	1/1008	1/9.5

표 5.17 응력반복횟수 10^5 초과 ~ 2×10^6 이하일 경우(계속)

크레인 용량 (톤)	주행보 길이 (m)	재질	부재규격(mm) (WH $-D\times W\times t_W\times t_f$)	단위 중량 (kg/m)	허용응력 (t/cm²)		응력비 (0.90)	처짐비 (1/1000)	춤-스팬비
					정적 응력	피로 응력			
85	12	SM490	1400×400×15×35	376.4	2.2	1.63	0.85	1/1039	1/8.6
	15	SM490	1850×400×18×35	471.3	2.2	1.64	0.88	1/1055	1/8.1
	24	SM490	2800×450×18×40	666.9	2.2	1.66	0.90	1/1023	1/8.6
	30	SM490	3400×450×20×40	803.8	2.2	1.69	0.89	1/1076	1/8.6
150	12	SM490	1600×500×25×50	686.9	2.2	1.49	0.88	1/1418	1/6.5
	15	SM490	2150×500×25×50	784.8	2.2	1.49	0.90	1/1656	1/5.6
	24	SM490	2850×700×30×70	1407.5	2.2	1.52	0.90	1/1224	1/7.7
	30	SM490	3350×750×35×75	1762.3	2.2	1.54	0.89	1/1177	1/8.3
175	12	SM490	1600×500×25×50	686.9	2.2	1.49	0.87	1/1368	1/6.6
	15	SM490	2100×500×25×50	785	2.2	1.49	0.89	1/1569	1/5.9
	24	SM490	2800×700×30×70	1395.7	2.2	1.52	0.90	1/1142	1/8.1
	30	SM490	3400×700×35×75	1717.2	2.2	1.54	0.89	1/1171	1/8.3
250	12	SM490	1650×600×30×65	970.3	2.2	1.49	0.90	1/1413	1/6.3
	15	SM490	2100×600×30×65	1076.2	2.2	1.49	0.90	1/1605	1/5.9
	24	SM490	2900×750×35×75	1638.7	2.2	1.52	0.90	1/1404	1/7.1
	30	SM490	3450×750×35×85	1902.1	2.2	1.54	0.90	1/2235	1/7.5
400	12	SM490	1700×650×35×75	1191.2	2.2	1.49	0.88	1/1550	1/5.8
	15	SM490	2200×650×35×80	1376.9	2.2	1.49	0.89	1/1735	1/5.4
	24	SM490	3150×800×40×90	2063	2.2	1.51	0.90	1/1658	1/6.1
	30	SM490	3650×1000×40×90	2502.6	2.2	1.53	0.90	1/1489	1/6.9

표 5.18 응력반복횟수 2×10^6을 초과하는 경우

크레인 용량 (톤)	주행보 길이 (m)	재질	부재규격(mm) (WH $-D\times W\times t_W\times t_f$)	단위 중량 (kg/m)	허용응력 (t/cm²) 정적 응력	허용응력 (t/cm²) 피로 응력	응력비 (0.90)	처짐비 (1/1000)	춤-스팬비
15	12	SM490	1000×350×10×28	228	2.2	1.11	0.88	1/1026	1/12.0
	15	SM490	1250×350×10×30	258.3	2.2	1.12	0.88	1/1039	1/12.0
	24	SM490	1850×400×15×30	399.2	2.2	1.17	0.84	1/1020	1/13.0
	30	SM490	2250×400×18×30	497.8	2.2	1.22	0.82	1/1005	1/13.3
30	12	SM490	1300×450×15×35	392.1	2.2	1.1	0.89	1/1387	1/9.2
	15	SM490	1700×450×18×35	477.6	2.2	1.11	0.89	1/1472	1/8.8
	24	SM490	2200×550×20×40	678.2	2.2	1.15	0.9	1/1145	1/10.9
	30	SM490	2800×550×20×40	772.4	2.2	1.18	0.9	1/1199	1/10.7
40	12	SM490	1250×450×15×35	386.2	2.2	1.1	0.9	1/1385	1/9.6
	15	SM490	1700×450×18×35	477.6	2.2	1.11	0.9	1/1476	1/8.8
	24	SM490	2350×550×20×40	701.8	2.2	1.15	0.89	1/1243	1/10.2
	30	SM490	3000×550×20×40	803.8	2.2	1.17	0.89	1/1296	1/10.0
60	12	SM490	1450×500×15×40	475.3	2.2	1.09	0.89	1/1455	1/8.3
	15	SM490	1900×500×18×40	571.2	2.2	1.1	0.89	1/1571	1/7.9
	24	SM490	2650×600×25×40	881.2	2.2	1.14	0.9	1/1405	1/9.0
	30	SM490	3350×600×25×40	1018.5	2.2	1.17	0.9	1/1476	1/8.9

표 5.18 응력반복횟수 2×10^6을 초과하는 경우(계속)

크레인 용량 (톤)	주행보 길이 (m)	재질	부재규격(mm) $(\text{WH}-D\times W\times t_W\times t_f)$	단위 중량 (kg/m)	허용응력 (t/cm²) 정적 응력	피로 응력	응력비 (0.90)	처짐비 (1/1000)	춤-스팬비
85	12	SM490	1450×500×15×40	475.3	2.2	1.09	0.9	1/1491	1/8.3
	15	SM490	2050×500×18×40	592.4	2.2	1.1	0.89	1/1721	1/7.3
	24	SM490	2700×600×25×55	1026.4	2.0	1.05	0.9	1/1523	1/8.9
	30	SM490	3350×600×30×55	1281.1	2.0	1.08	0.89	1/1556	1/8.9
150	12	SM490	2050×700×25×50	932.2	2.0	1.0	0.88	1/2333	1/5.8
	15	SM490	2900×700×30×50	1208.9	2.0	1.0	0.89	1/2716	1/5.2
	24	SM490	3250×850×30×90	1924	2.0	1.03	0.9	1/1889	1/7.4
	30	SM490	4200×850×35×90	2305.5	2.0	1.05	0.9	1/2056	1/7.1
175	12	SM490	2100×700×25×40	836	2.2	1.09	0.9	1/2153	1/5.7
	15	SM490	2900×700×30×40	1103.7	2.2	1.09	0.9	1/2444	1/5.2
	24	SM490	3250×850×30×85	1859.7	2.0	1.03	0.89	1/1890	1/7.4
	30	SM490	4200×850×35×85	2241.6	2.0	1.05	0.89	1/2066	1/7.1
250	12	SM490	2150×750×35×70	1376.5	2.0	1.0	0.89	1/2423	1/5.6
	15	SM490	2900×750×35×70	1582.6	2.0	1.0	0.9	1/2772	1/5.2
	24	SM490	3450×1000×35×90	2311.4	2.0	1.03	0.9	1/2122	1/6.9
	30	SM490	4350×1000×40×90	2722.4	2.0	1.05	0.9	1/2235	1/6.9
400	12	SM490	2200×800×40×90	1764.7	2.0	1.0	0.87	1/2512	1/5.5
	15	SM490	2900×800×40×100	2103.8	2.0	1.0	0.88	1/2764	1/5.2
	24	SM490	4500×1000×40×100	2920.2	2.0	1.02	0.9	1/2908	1/5.3
	30	SM490	6000×1000×40×100	339.12	2.0	1.04	0.89	1/3399	1/5.0

:: 검토결과 요약

다양한 종류의 크레인 용량별 주행보의 설계 검토결과 설계지배요인은 표 5.19에 나타나 있다.

요약 설명하면 응력반복횟수가 10^5 이하이면 크레인 용량이 100톤 이하이든, 100톤 이상이든 처짐비가 설계지배요인이 되어 피로설계를 적용할 필요가 없고 응력반복횟수가 10^5~2×10^6 범위에서도 100톤 이하 크레인은 처짐비가 설계지배요인이고, 100톤 이상 크레인은 응력비가 설계지배 요인이 된다.

그리고 응력반복횟수가 2×10^6을 초과할 경우 모든 크레인에서 응력비가 설계지배요인이 되어 피로설계가 적용된다는 뜻이다.

또한 크레인 용량별 주행보에 대한 최적의 춤-스팬비는 표 5.20에 나타나 있는데, 요약 설명하면 용량 50톤 이하 크레인에서는 응력반복횟수에 상관없이 1/9~1/11이고 용량 50톤 초과 150톤 이하 크레인에서는 응력반복횟수에 관계없이 1/7~1/9이 합리적인 춤-스팬비가 된다.

그리고 용량 150톤 이상 크레인은 응력반복횟수가 10^5 이하일 경우에는 1/6~1/8이고, 응력반복횟수가 10^5을 초과하는 경우에는 1/5~1/7이 가장 합리적인 춤-스팬비로 나타났다.

표 5.19 크레인 용량별 설계지배요인

크레인 용량 \ 응력반복횟수	응력반복횟수 $N\leq 10^5$	응력반복횟수 $10^5 < N\leq 2\times10^6$	응력반복횟수 $N > 2\times10^6$
100톤 미만	처짐비	처짐비	응력비
100톤 이상	처짐비	응력비	응력비

표 5.20 크레인 용량별 최적의 춤-스팬비(depth-span ratio)

크레인 용량 \ 응력반복횟수	응력반복횟수 $N\leq 10^5$	응력반복횟수 $10^5 < N\leq 2\times10^6$	응력반복횟수 $N > 2\times10^6$
50톤 미만	1/9~1/11	1/9~1/11	1/9~1/11
50~150톤	1/7~1/9	1/7~1/9	1/7~1/9
150톤 이상	1/6~1/8	1/5~1/7	1/5~1/7

5.5.2 크레인 주행보의 사용강재의 재질

:: 개요

강재의 재질은 보통연강재(SM400 등)와 고장력강재(SM490 등)로 나뉘어 구조용 강재로 사용되며 재질의 종류에 따라 단가 및 용접성에 차이가 있다.

크레인 주행보는 대부분 조립형강재를 사용하므로 용접성이 뛰어난 재질이 효과적이라 할 수 있다. 그리고 응력의 반복횟수에 따라 피로설계의 적용여부가 결정되고 용접연결상세형태에 따라 피로허용응력도에 차이가 많이 난다. 앞서 언급되었지만 강재의 피로현상은 강재의 재질의 종류에 큰 영향이 없는 것으로 판명되어 강재의 인장강도와 무관하게 거의 동일한 피로강도를 갖는다. 따라서 크레인 주행보에 사용되는 강재는 피로설계를 적용할 경우에는 강재의 강도보다는 용접성이 더 중요하게 고려된다고 할 수 있다. 설계자가 보다 더 합리적이고 경제적인 설계를 생각한다면 응력의 반복횟수에 따른 피로설계 적용여부를 고려하여 강재의 재질 종류도 선별하여 사용하는 것이 합리적이다.

:: 응력반복횟수에 따른 강재 재질 선정

표 5.21은 크레인 종류별, 응력반복횟수에 따른 강재의 재질을 피로설계 여부에 따라 선택적으로 사용할 수 있도록 제시한 내용이다. 같은 단면부재에서 부위별로 서로 다른 재질을 사용하는 것은 불합리하지만 필요에 따라 단면 전체에 제시한 재질을 사용할 수 있다.

표 5.21 크레인 종류별, 응력반복횟수에 따른 사용강재 재질

응력반복횟수 / 크레인 용량	응력반복횟수 $N \leq 10^5$	응력반복횟수 $10^5 < N \leq 2\times10^6$	응력반복횟수 $N > 2\times10^6$
100톤 미만	SM400	SM400 또는 SM490	SM400
100톤 이상	SM400 또는 SM490	SM400	SM400

표 5.22는 미국의 강구조허용응력설계규준(AISC 9th, 1989)을 적용할 경우 피로설계 기준에서 인장피로응력만 고려한다는 내용에 따라 크레인 주행보의 부위별 사용강재 재질과 허용응력적용 내용을 보여주는 내용이다.

표 5.22 AISC 9th, 1989 규준의 응력반복횟수별 사용강재 재질

응력반복횟수	부위	강재 재질	적용응력
$10^5 < N \leq 2\times10^6$	상부압축플랜지, 웨브	SM490	정적허용응력도
$N > 2\times10^6$	하부인장플랜지	SM400 또는 SM490	피로허용응력도

그러나 미국강구조한계상태설계규준(AISC 13th, 2005)에서는 상하부플랜지 모두 피로허용응력도를 적용하는 것으로 동일한 강재 재질인 SM400 또는 SM490을 사용해야 한다.

표 5.23은 일본의 가와사키 제철소의 내부지침에 의한 크레인 주행보의 응력반복횟수별 사용강재 재질을 구분하여 사용하도록 권하고 있다.

표 5.23 제철소 크레인 주행보의 강재 재질

피로설계 적용여부	사용강재 재질
피로설계 적용하지 않음	SM400 또는 SM490
피로설계 적용	SM400

5.5.3 크레인 주행보 상세설계

:: 개요

크레인 주행보의 피로손상은 큰 바퀴하중이 직접 작용하고 가장 큰 응력이 발생되는 플랜지의 용접이음부와 거셋 플레이트의 용접부 등에 발생하는 균열이 대부분으로 방치하면 주행보 전체의 피로파괴로 진전될 수 있다.

피로균열의 발생은 대부분 용접결함, 강재내부의 결함(라미네이션) 및 단면연결상세의 부적절함에서 기인하기 때문에 정기적인 검사가 매우 중요하지만 설계단계에서 접합부상세를 개선함으로써 피로손상을 최소화하는 것이 중요하다

:: 개요설계상세부 개선

❶ 거셋 플레이트(gusset plate) 형상 변경

크레인 주행보와 백거더를 연결하는 수평부재의 접합부 거셋 플레이트의 형상을 다음 그림과 같이 개선하여 응력집중현상을 줄인다.

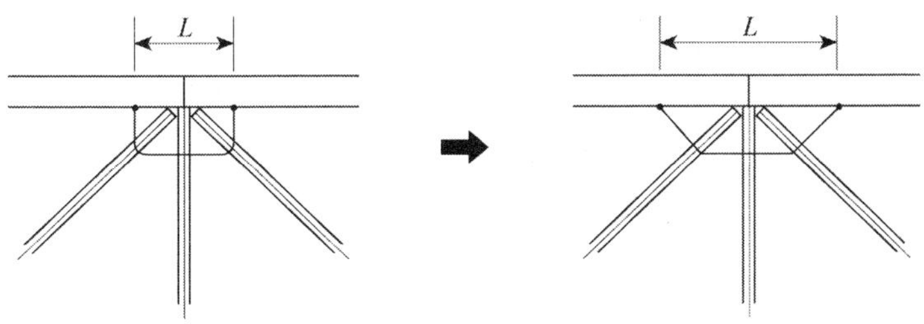

그림 5.26 거셋 플레이트의 형태변경

❷ 중간 스티프너(stiffener)의 상부 코퍼춤(cope depth) 증대

중간 스티프너와 상부플랜지 접합부위에서 용접할 때 열영향부로서 잔류응력이 존재하고 있으며 이곳에서 국부응력의 과다발생으로 용접부 균열이 발생될 수 있으므로 열 영향부를 피할 수 있는 깊이까지 코퍼춤(cope depth)을 다음 그림과 같이 키워주는 것이 유리하다.

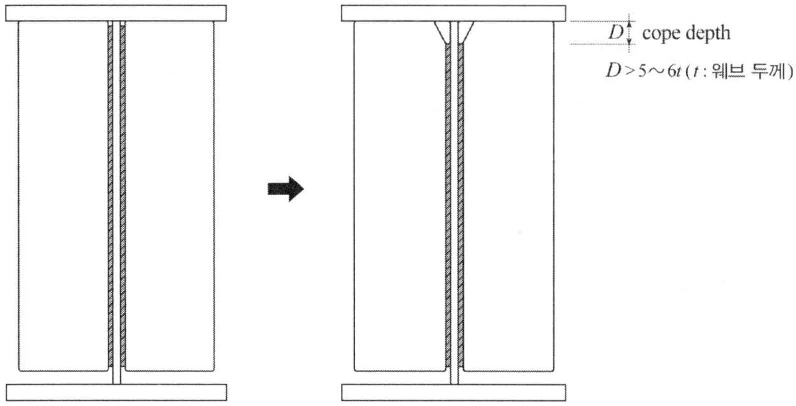

그림 5.27 중간 스티프너의 상부 코퍼춤 증대

❸ 크레인 주행보와 백거더 사이의 연결 브레이스 제거

크레인 주행보의 처짐에 대한 백거더의 상대적 처짐 구속에 따른 이차응력발생으로 인한 연결부재의 피로파손방지를 위하여 내부에 X형 브레이스를 다음 그림과 같이 설치하지 않는다.

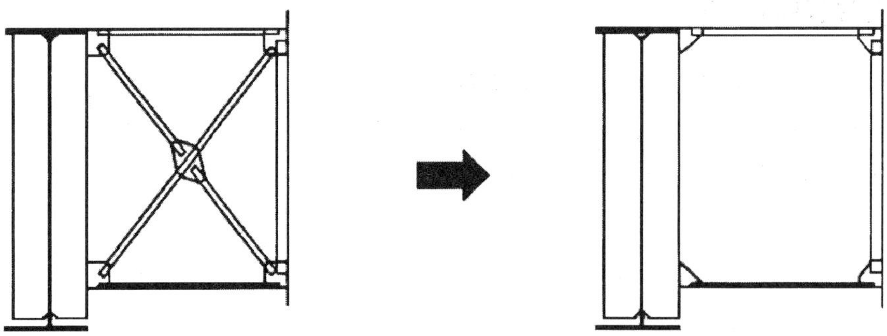

그림 5.28 크레인 주행보와 백거더 사이의 연결 브레이스 제거

❹ 수직스티프너의 하부플랜지와의 연결금지

크레인 주행보 하부플랜지는 가장 큰 인장피로응력도가 발생되는 부위라서 이 부분에 어떠한 부착재를 용접이음하면 대부분 피로파손이 발생될 수 있으므로 하부플랜지에는 수직스티프너를 다음 그림과 같이 끝까지 부착하지 말고 일정간격을 띄워서 용접하여 설치한다.

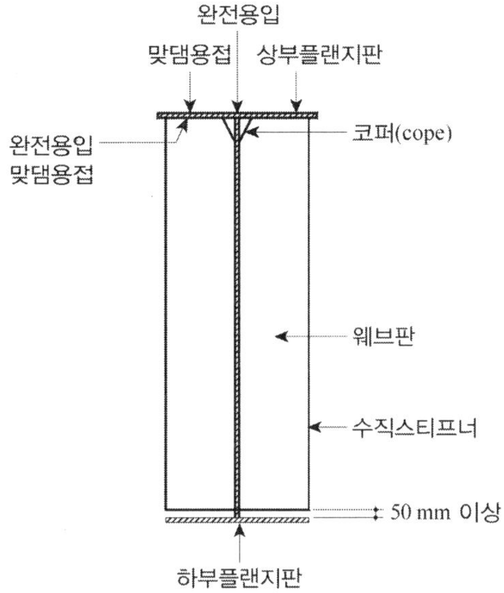

그림 5.29 수직스티프너의 하부플랜지와의 연결 금지

06

크레인 주행보 설계 예제

06 크레인 주행보 설계 예제

6.1 개요

크레인 주행보 설계 예제는 크레인의 종류별로 천정크레인(OHC)과 켄틸레버 크레인(WCC)의 두 개의 종류를 예로 들고 천정크레인에 대한 주행보 구조형태는 용접조립 형강재의 주행보와 트러스형태 주행보 두 가지를 설계 예제로 채택하였다.

또한 용접조립 형강재의 주행보에 대해서는 강재의 피로를 고려하지 않는 경우와 강재의 피로를 고려하는 경우의 두 가지 설계를 검토하였다.

설계 예제에 대한 이해를 돕기 위하여 적용하는 제반 조건들을 요약하면 다음과 같다.

표 6.1 크레인 주행보 설계 예제 제반조건

크레인 종류	주행보 형태	피로설계 적용여부	설계기준	비고
천정크레인 (OHC)	용접조립형강재	적용함	AISC 9th	ASD
	용접조립형강재	적용안함	KS	ASD
	트러스형태	적용안함	KS	ASD
켄틸레버 크레인 (WCC)	용접조립형강재, 기성형강재	적용안함	KS	ASD

용접조립형강재의 주행보에서 피로설계 여부의 차이는 허용응력도를 피로허용응력도범위를 적용하느냐 정적허용응력도를 적용하느냐의 차이만 있을 뿐 다른 여러 조건들은 차이가 없이 동일한 기준을 적용하면 된다. 특히 피로설계 기준으로 적용하는 AISC 기준에서도 AISC 9th(1989)기준의 허용응력도 설계법과 AISC 13th(2005) 기준의 한계상태 설계법에서도 서로 차이가 있다는 것을 명심해야 한다.

즉, AISC 9th(허용응력도 설계) 기준에서는 상부 압축플랜지에서는 피로설계를 적용하지 않고 하부 인장플랜지에서만 피로허용응력도범위를 적용하지만 AISC 13th(한계상태 설계) 기준에서는 이러한 구분이 없어졌다는 점이 특이하다.

6.2 강재피로를 고려한 크레인 주행보 설계 예

6.2.1 크레인 주행보 설계도

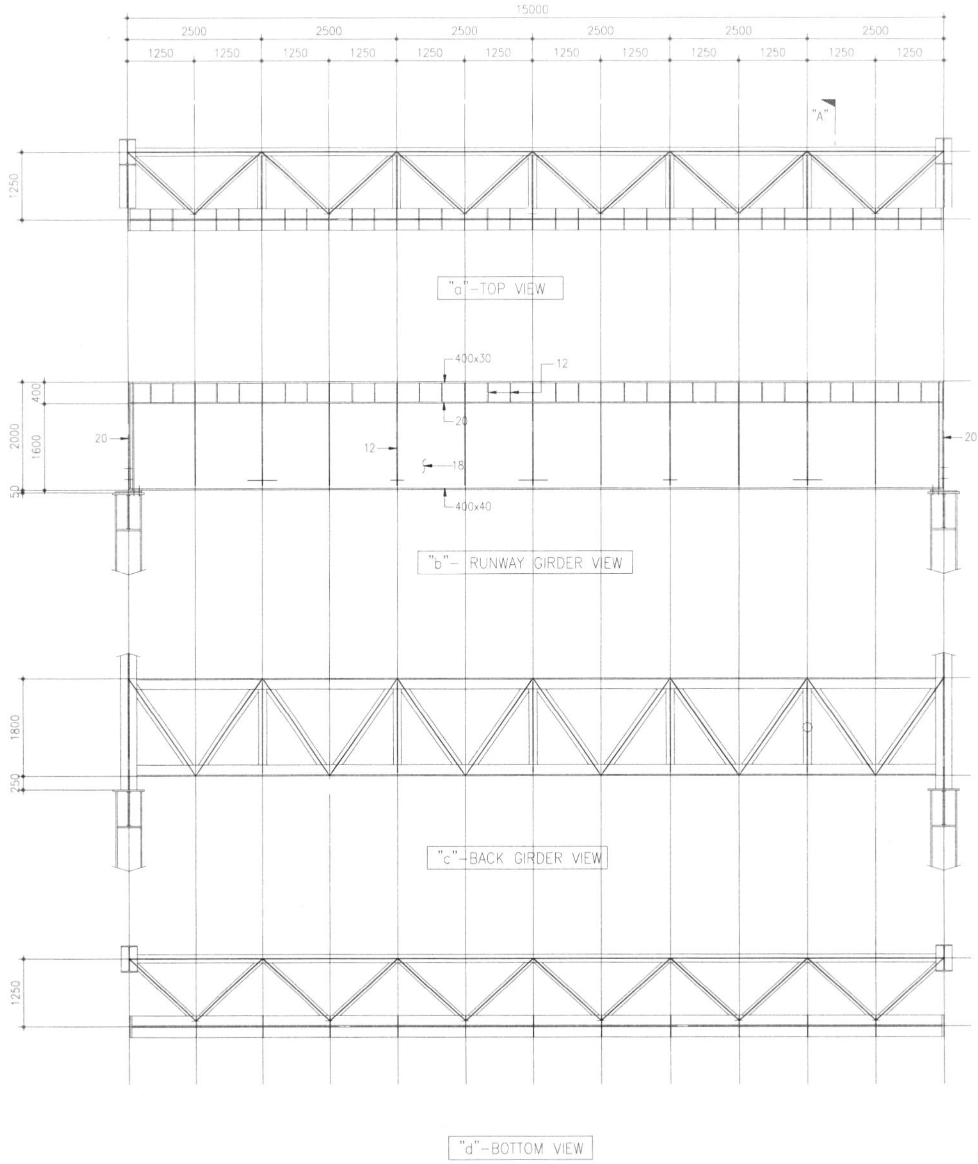

그림 6.1 피로설계를 고려한 크레인 주행보 설계도

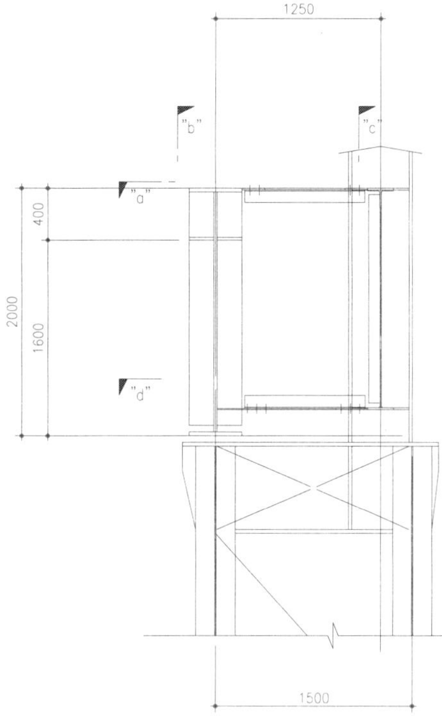

(a) "A" Section

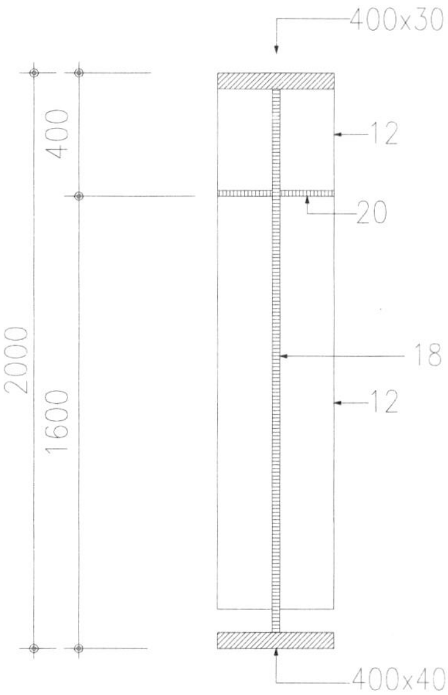

(b) 플레이트 거더 주행보 단면

그림 6.2 피로설계를 고려한 크레인 주행보 설계단면

6.2.2 설계조건

❶ 크레인 조건

- 용량 : 800kN(OHC)
- 바퀴수 : 한쪽 4개×2 = 8개
- 바퀴간격

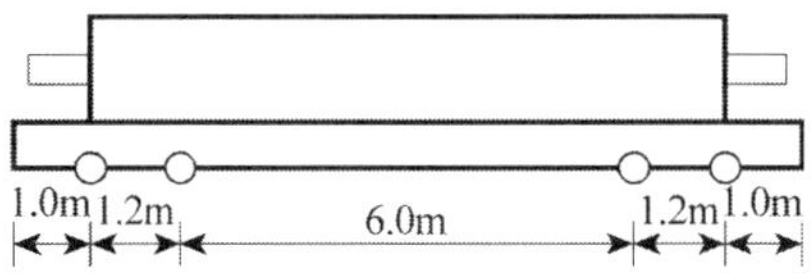

❷ 하중조건

- 최대바퀴하중(P) = 380kN/wheel
- 충격계수
  - ㉠ 수직방향 : 1.25(최대바퀴하중에 대한 값)
  - ㉡ 수평방향 : 0.1 (최대바퀴하중에 대한 값)
  - ㉢ 진행방향 : 0.15(최대바퀴하중에 대한 값)
- 하중반복횟수

  하중조건 4 : $N = 2 \times 10^6$(피로설계 고려)

❸ 크레인 주행보 조건

- 스팬(l) : 15.0m(단순보)
- 사용재질 : SM490(주행보), SS400(백거더)
- 단면형태 : 용접조립 형강재

❹ 설계기준

AISC 9th(1989) : 허용응력설계법(ASD)

❺ 허용응력도 및 허용처짐 조건

- 허용응력도(범위)

(단위 : MPa)

응력도범주	재질	하중조건 1	하중조건 4	비고
B	SM490	198	114	크레인 주행보
	SM400	144	144	크레인 백거더

- 허용처짐조건

처짐방향	스팬(L)	허용처짐량(mm)	비고
수직처짐	15.0m	$\frac{L}{1000} = 15$	충격효과 고려한 하중
수평처짐	15.0m	$\frac{L}{400} = 37$	

6.2.3 주행보의 구조해석

:: **구조해석 모델**(단순보 해석)

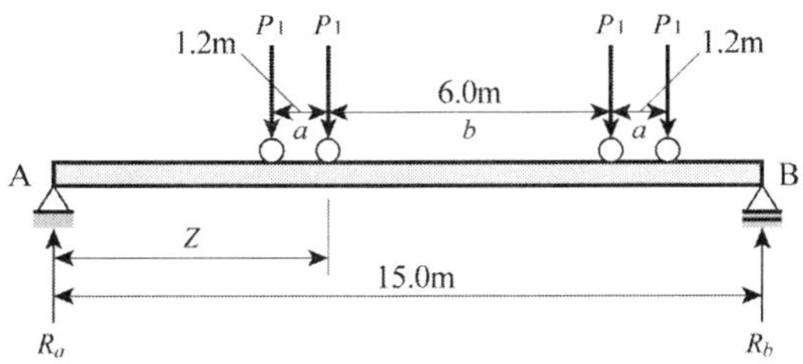

- 크레인 주행보 자중 $W_s = 6$ kN/m
- $_VP_1 = 1.25 \times 380 = 475$ kN(수직방향)
- $_HP_1 = 0.1 \times 380 = 38$ kN(수평방향)
- 수평방향으로 건물 외부벽에서는 풍하중이 작용할 수 있으나 단기하중으로 취급되며 백거더 설계시에는 고려되어야 한다.

:: **최대 응력 계산**

❶ **최대전단력**

$$_vQ_{max} = \frac{4P_1(l-a-0.5b)}{L} + \frac{1}{2} \cdot W_s \cdot l$$

$$= \frac{4 \times 475(15-1.2-0.5\times 6)}{15} + \frac{1}{2} \times 6 \times 15$$

$$= 1368 + 45 = 1413\,\text{kN}$$

❷ **최대모멘트**

- 최대모멘트 발생위치(A지점에서 Z거리)

$$Z = \left(\frac{l}{2} - \frac{b}{4}\right) = \frac{15}{2} - \frac{6}{4} = 6\text{m}$$

• 수직방향 최대휨모멘트

$$_vM_{max} = (R_a \cdot Z - P \cdot a) + \frac{W_S \cdot Z}{2}(l - Z)$$

$$= \frac{vP_1(2l-b)}{l}\left(\frac{l}{2} - \frac{b}{4}\right) - vP_1 \cdot a + \left(\frac{W_s \cdot Z}{2}\right)(l-Z)$$

$$= \frac{475(2\times15-6)}{15}\left(\frac{15}{2} - \frac{6}{4}\right) - (475\times1.2) + \frac{6\times6}{2}(15-6)$$

$$= 4560 - 570 + 162 = 4152\,\text{kN}\cdot\text{m}$$

• 수평방향 최대휨모멘트

$$_HM_{max} = \frac{_HP_1(2l-b)}{l} - \left(\frac{l}{2} - \frac{b}{4}\right) - {_HP_1} \cdot a$$

$$= \frac{38(2\times15-6)}{15}\left(\frac{15}{2} - \frac{6}{4}\right) - (38\times1.2)$$

$$= 364.8 - 45.6 = 319.2\text{kN}\cdot\text{m}$$

6.2.4 크레인 주행보 단면설계

:: 주행보 단면성능

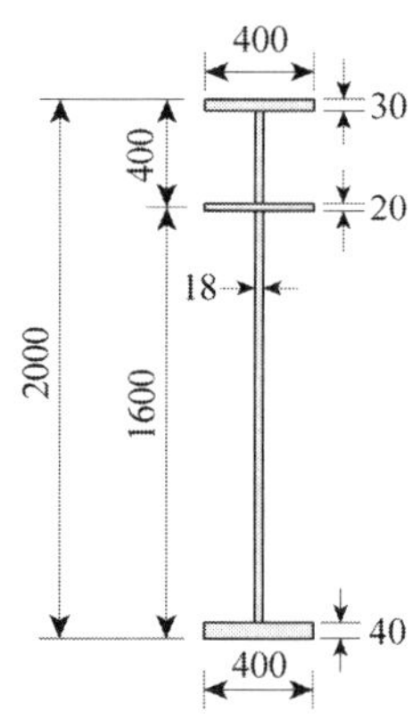

• 사용단면 : WH − 2000 × 400 × 400 × 16 × 30(40) (SM490)

• 단면적(A) = (40×3) + (40×4) + (193×1.8) + (30×2)

$$= 120 + 160 + 347 + 60 = 687\text{cm}^2$$

$$\bar{y} = \frac{a_1 \cdot y_1 + a_2 \cdot y_2 + a_3 \cdot y_3 + a_4 \cdot y_4}{A}$$

$$= \frac{120 \times (200 - 1.5) + (160 \times 2.0) + (347 \times 100.5) + (60 \times 160)}{687} \fallingdotseq 100\text{cm}$$

- 단면2차모멘트

$$I_x = \frac{40 \times 200^3}{12} - \frac{38.2 \times 193^3}{12} + (30 \times 2) \times 60^2$$

$$= 26666666 - 22885164 + 216000 = 3997500\,\text{cm}^4$$

- 단면계수

$$_tZ_x = \frac{I_x}{C_1} = \frac{3997500}{100} = 39975\,\text{cm}^3(\text{상부플랜지})$$

$$_bZ_x = \frac{I_x}{C_2} = \frac{3997500}{100} = 39975\,\text{cm}^3(\text{하부플랜지})$$

- 상부플랜지의 y축에 대한 단면계수

$$_fI_x = \frac{3 \times 40^3}{12} = 16000\text{cm}^4$$

$$_fZ_x = \frac{_fI_x}{C} = \frac{16000}{20} = 800\text{cm}^3$$

$$A_f = 3 \times 40 = 120\text{cm}^2$$

:: 주행보 단면 응력검토

❶ 웨브 플레이트의 예비 설계

$$\frac{h}{t_w} = \frac{14000}{\sqrt{F_{yf}(F_{yf} + 16.5)}} = \frac{14000}{\sqrt{46.94(46.94 + 16.5)}} = 256.5$$

여기서, $F_{yf} = 46.94\text{ksi}(3.3\text{t/cm}^2 : \text{SM490})$

$h = 155\text{cm} = 61\text{in}$

$t_w = 1.8\text{cm} = 0.71\text{in}$

$$\therefore \frac{h}{t_w} = \frac{61}{0.71} = 85.9 < 256.5 \cdots\cdots\cdots \text{OK}$$

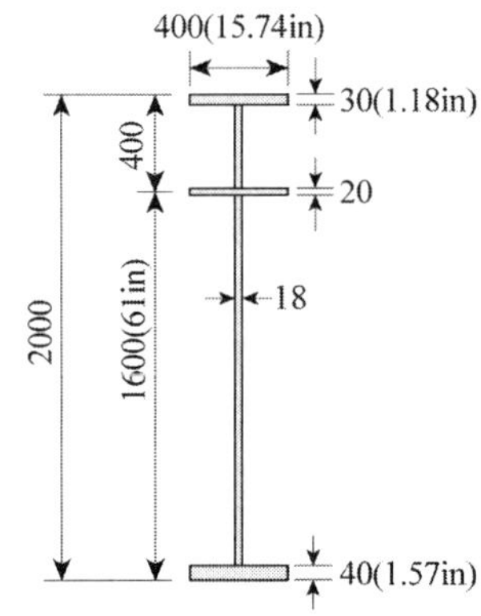

❷ **플랜지판의 예비설계**

$$\frac{b_f}{2t_f} \leq \frac{95}{\sqrt{F_y}} = \frac{95}{\sqrt{46.94}} = 13.9$$

여기서, $F_y = 46.94\text{ksi}(=3.3\text{t/cm}^2)$

$b_f = 40\text{cm} = 15.74\text{in}$

$2t_f = 2 \times 1.18\text{in} = 2.36$

$$\therefore \frac{b_f}{2t_f} = \frac{15.75}{2.36} = 6.7 < 13.9 \cdots\cdots\cdots \text{OK}$$

❸ **상부 압축플랜지의 횡좌굴에 의한 허용 휨응력도 산정**

횡좌굴을 고려하지 않을 경우의 허용 휨응력도

$F_b = 0.6F_y = 0.6 \times 46.94 = 28.16\text{ksi} = 1.98\text{t/cm}^2 = 198\text{MPa}$

압축플랜지에서의 허용 휨응력도 저감계수

$$\frac{h}{t_w} = \frac{61}{0.71} = 85.9 < 780\sqrt{F_b} = 760\sqrt{28.16} = 4033$$

$$R_{pg} = 1 - 0.0005\frac{A_W}{A_f}\left(\frac{h}{t_w} - \frac{760}{\sqrt{F_b}}\right) \leq 1.0$$

$A_w = 0.71 \times 61 = 43.3\text{in}^2$(웨브 단면적)

$A_f = 1.18 \times 15.75 = 18.57\text{in}^2$(압축플랜지 단면적)

$$\therefore R_{pg} = 1 - 0.0005 \times \frac{38.43}{18.57}\left(\frac{61}{0.71} - \frac{760}{\sqrt{28.16}}\right) = 1.059 > 1.0$$

$\therefore R_{pg} = 1.0,\ R_e = 1.0$

$\therefore F_b = 28.16\text{ksi} = 1.98\text{t/cm}^2 = 198\text{MPa}$

❹ 허용전단응력도 산정

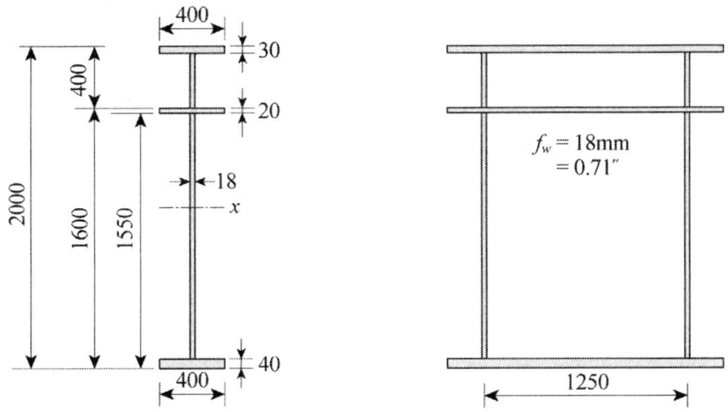

$$\frac{h}{t_w} = \frac{61}{0.71} = 85.9 > \frac{380}{\sqrt{F_y}} = \frac{380}{\sqrt{46.94}} = 55.47$$

$$F_v = \frac{F_y}{2.89} \times C_v \leq 0.4F_y$$

$$h = 61\ \text{in},\ a = 49.2\ \text{in},\quad \frac{a}{h} = \frac{49.2}{61} = 0.806 < 1.0$$

$$\therefore K_v = 4.0 + \frac{5.34}{\left(\frac{a}{h}\right)^2} = 4 + \frac{5.34}{0.806^2} = 12.22$$

$$C_v = \frac{45000K_v}{F_y\left(\frac{h}{t_w}\right)^2} = \frac{45000 \times 12.22}{46.94\left(\frac{61}{0.71}\right)^2} = 1.59 > 0.8$$

$$C_v = \frac{190}{\frac{h}{t_w}}\sqrt{\left(\frac{K_v}{F_y}\right)} = \frac{190}{85.9}\sqrt{\frac{12.22}{46.94}} = 1.12 > 0.8$$

$$\therefore F_v = \frac{F_y}{2.89} \times 0.8 = \frac{46.94}{2.89} \times 0.8 = 12.9\text{ksi} = 91\text{MPa}$$

:: 발생설계응력

- 수직방향 최대휨모멘트 $_VM_{max} = 4152\text{kN}\cdot\text{m}$
- 수평방향 최대휨모멘트 $_HM_{max} = 319.2\text{kN}\cdot\text{m}$
- 수직방향 단부 최대전단력 $_VQ_{max} = 1413\text{kN}$
- 수직방향 중앙부 최대선난력 $_VQ = 475\text{kN}$
- 상부플랜지 국부 모멘트 $M_F = \frac{1}{8} \times {_HP_1} \times l_1 = \frac{1}{8} \times 38 \times 1.25 = 5.9\text{kN}\cdot\text{m}$

:: 플랜지 판의 응력 검토

❶ 상부플랜지

$_vM_{max} = 4152\,\text{kN}\cdot\text{m}$(주행보 강축방향 휨모멘트)

압축력$(C) = \dfrac{_HM_{max}}{h_1} = \dfrac{319.2}{1.25} = 255.4\,\text{kN}$

$M_F = 5.9\,\text{kN}\cdot\text{m}$(플랜지의 국부 모멘트)

$$_c\sigma_{bx} = \frac{_vM_{max}}{_tZ_x} = \frac{4152 \times 100}{39975} = 10.4\,\text{kN/cm}^2 = 104\text{MPa}$$

$$\sigma_{cf} = \frac{C}{A_f} = \frac{255.4}{120} = 2.1\,\text{kN/cm}^2 = 21.3\text{MPa}$$

$$\sigma_{bf} = \frac{M_F}{_tZ_f} = \frac{5.9 \times 100}{800} = 0.7\text{kN/cm}^2 = 7.4\text{MPa}$$

$$\therefore\ _c\sigma_{bx} + \sigma_c + \sigma_{bf} = 104 + 21.3 + 7.4 = 132.7\text{MPa}$$

$$\frac{_c\sigma_{bx}}{f_b} = \frac{132.7}{198} = 0.67 < 1.0 \cdots\cdots\cdots \text{OK}$$

상부플랜지는 압축응력도가 발생되며 AISC 9th code ASD에서는 압축응력도는 피로설계를 고려하지 않도록 규정되어 있기 때문에 정적 허용응력도를 적용한다.

❷ 하부플랜지

$_vM_{max} = 4.52\,\text{kN}\cdot\text{m}$(주행보 강축방향 휨멘트)

$$_t\sigma_{bx} = \frac{_vM_{max}}{_bZ_x} = \frac{4152 \times 100}{39975} = 10.4\,\text{kN/cm}^2 = 104\text{MPa}$$

피로 허용응력도범위 $F_r = 114\text{MPa}$

$$\frac{_t\sigma_{bx}}{F_r} = \frac{104}{114} = 0.94 < 1.0 \cdots\cdots\cdots \text{OK}$$

:: 스티프너 설계

❶ 수직 스티프너

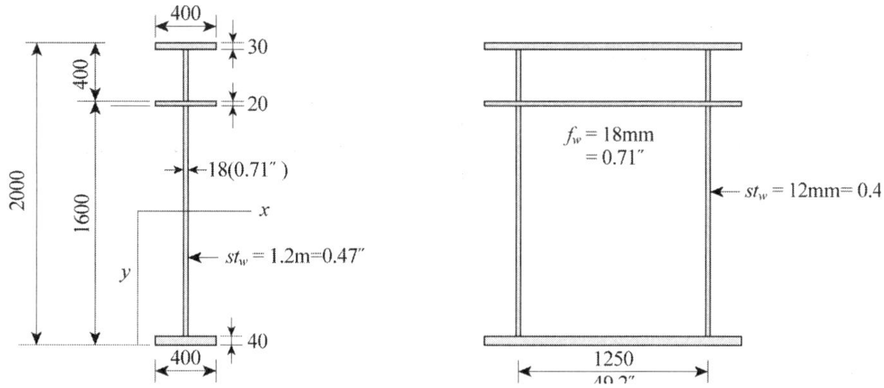

$$\frac{a}{h} \le \left(\frac{260}{\frac{h}{t_w}}\right)^2 \text{ 과 } 3.0$$

$$\frac{a}{h} = \frac{49.2}{61} = 0.81,\ \text{스티프너 두께 } st_w = 1.2\text{cm} = 0.47\text{in}$$

$$\left(\frac{260}{\frac{61}{0.71}}\right)^2 = 9.2$$

$$\therefore \frac{a}{h} = 0.81 < 9.2,\ 3.0$$

- 수직 스티프너의 필요 단면2차모멘트

$$I_{st} \ge \left(\frac{h}{50}\right)^4 = \left(\frac{61}{50}\right)^4 = 2.215\text{in}^4$$

$$\therefore\ I_{st} = 0.47 \times \frac{12.44^3}{12} = 75.4\text{in}^4 > 2.215\text{in}^4 \cdots\cdots\cdots \text{OK}$$

- 수직 스티프너의 소요 단면적(SS400)

$$A_{st} = \frac{1 - C_v}{2}\left[\frac{a}{h} - \frac{\left(\frac{a}{h}\right)^2}{\sqrt{1 + \left(\frac{a}{h}\right)^2}}\right] YDht$$

$C_v = 0.8$, $a = 49.2''$, $h = 61''$

$$\frac{a}{h} = 0.81,\ Y = \frac{{}_wF_y}{{}_sF_y} = \frac{3.3}{2.4} = 1.375$$

$D = 1.0$, $t_w = 0.71''$

$$A_{st} \geq \frac{1-0.8}{2}\left[0.81 - \frac{0.81^2}{\sqrt{1+(0.81)^2}}\right] \times 1.375 \times 1.0 \times 61 \times 0.71 \geq$$

$$0.1 \times (0.81 - 0.51) \times 59.55 = 1.78\,\text{in}^2$$

$$\therefore A_{st} = 0.47 \times 12.44 = 5.84\,\text{in}^2 > 1.78\,\text{in}^2 \cdots\cdots\cdots \text{OK}$$

❷ 단부 스티프너

$B = 400\text{mm} = 15.74''$

$D = 1550\text{mm} = 61''$

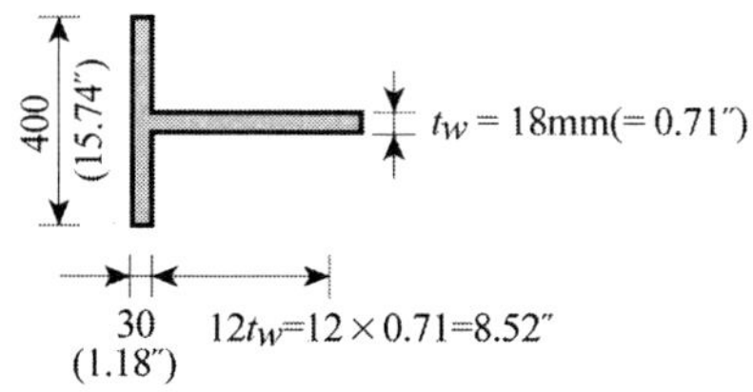

$$I_{fw} = 1.18 \times \frac{15.74^3}{12} = 383.4\,\text{in}^4$$

$$A_{fw} = (1.18 \times 15.74) + (12 \times 0.71 \times 0.71) = 24.6\,\text{in}^2 = 158.7\,\text{cm}^2$$

$$i = \sqrt{\frac{I_{fw}}{A_{fw}}} = \sqrt{\frac{383.4}{24.6}} = 3.94\,\text{in}$$

$$Kl = 0.75 \times h = 0.75 \times 61 = 45.8\,\text{in}$$

$$\frac{Kl}{i} = \frac{45.8}{3.94} = 11.6$$

$$E = 2100\text{t/cm}^2 = 29867\text{ksi}$$

$$C_c' = \sqrt{\frac{2\pi^2 E}{F_y}} = 112 > \frac{Kl}{i} = 11.6$$

$$F_a = \frac{\left[1 - \frac{\left(\frac{Kl}{i}\right)^2}{2C_c'^2}\right] F_y}{\frac{5}{3} + \frac{\frac{Kl}{i}}{8C_c'} - \frac{\left(\frac{Kl}{i}\right)^3}{8C_c'^3}} = 27.8\,\text{ksi} = 192\,\text{MPa}$$

$$f_a = \frac{Q_{\max}}{A_{fw}} = \frac{1413}{158.7} = 8.9\,\text{kN/cm}^2 = 89\text{MPa} < F_a = 192\text{MPa} \cdots\cdots\cdots \text{OK}$$

:: 주행보의 수직처짐 검토

❶ 중앙부의 최대 수직 처짐 계산

$$_v\delta = \frac{_vP_1(l-b-2a)}{48EI}\{3l^2 - (l-b-2a)^2\} + \frac{_vP_1(l-a)}{48EI}\{3l^2 - (l-a)^2\} + \frac{5W_s l^4}{384EI}$$

$$= \frac{475(1500-600-2\times120)}{48\times21000\times3997500}\{3\times1500^2 - (1500-600-2\times120)^2\}$$

$$+ \frac{475(1500-120)}{48\times21000\times3997500}\{3\times1500^2 - (1500-2\times120)^2\}$$

$$+ \frac{5\times0.06\times1500^4}{384\times21000\times3997500}$$

$$= 0.48\,\text{cm} + 0.83\,\text{cm} + 0.04\,\text{cm}$$

$$= 13.5\text{mm} < \delta_{\text{lim}} = 15\text{mm} \cdots\cdots\cdots \text{OK}$$

:: 크레인 백거더 부재 설계

크레인 백거더 부재 설계는 건물의 형태, 높이 등에 따라서 풍하중과 조합하여 설계기준에 맞게 별도 설계하여야 한다.

1. Design Conditions

Design Code : AISC-ASD89 (SI)

Wheel Load : 4 ea

P1 = 380.00 kN, P2 = 380.00 kN,

P3 = 380.00 kN, P4 = 380.00 kN

Wheel Spaci. :

S1 = 1.20 m, S2 = 6.00 m,

S3 = 1.20 m

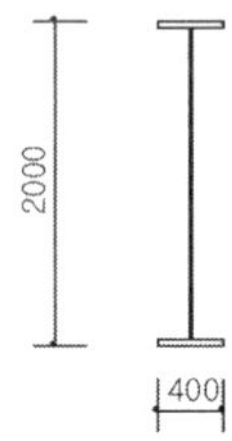

Section : bH-2000x400x18x40

Overall Depth : 2000 mm

Girder Span : 15.00 m

Material : SM490 (F_y=324 MPa, E_s=200000 MPa)

Rail Height : 135.00 mm

Steel Section Properties			Unit : mm
A_s	= 66560	X_c	= 200.00
Y_{cp}	= 1000.00	Y_{cm}	= 1000.00
I_x	= 4.13E10	S_y	= 2137999

Impact Load Factors

. Vert. Dir. : 1.25

. Hori. Dir. : 0.10

. Running Dir: 0.15

Reinforcing Stiffeners

. Vert.(Inter.) : Thk. = 12 mm, Width = 150 mm, Spaci. = 1.25 m

. Vert.(End) : S = 200 mm, $_{e}t_1$ = 30 mm, $_{e}t_2$ = 30 mm, $_{B}L$ = 120 mm

Back Girder : Spaci. (L_1) = 1.25 m, Width (W_w) = 1.25 m

2. Max. Member Forces

-. Shear : 1393.95 kN

-. React. at support: 1520.86 kN

-. Vert. Member Forces

. Reaction at A : 1172.76 kN

. Reaction at B : 804.10 kN

. Moment : 4125.11 kN-m (at X = 9.03 m)

-. Horiz. Member Forces

. Reaction at A : 90.75 kN

. Reaction at B : 61.25 kN

. Moment : 318.96 kN-m

-. Location and Distance of Wheels at Max. Moment

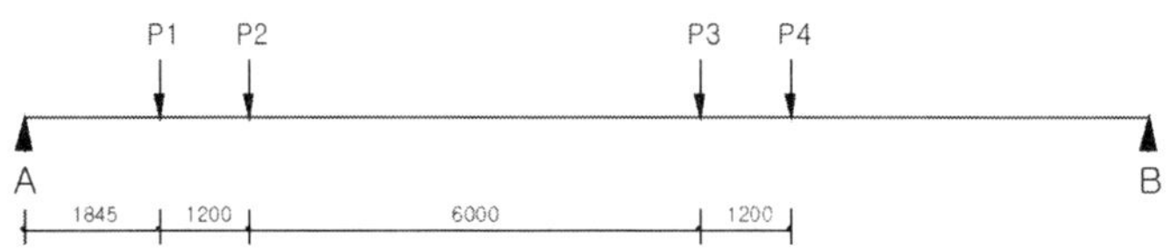

( ). Bending Stresses

-. $f_c = (M_{max} * Y_{cp})/I_x = 99.75$ MPa

-. $f_t = (M_{max} * Y_{cn})/I_x = 99.75$ MPa $< 0.6F_y = 194.17$ MPa ---> O.K.

4. Compute Allowable Fatigue Stresses

Design Category : B

No. of Iteration : Over 2,000,000

Allowable Fatigue Stresses $F_f = 110.00$ MPa

Max. Stress $f_{max} = M_{max}C_{comx}/I_x = 99.75$ MPa

Min. Stress $f_{min} = M_{min}C_{comx}/I_x = 3.34$ MPa

Stress Range $f_f = f_{max} - f_{min} = 96.41$ MPa $<$ $F_f = 110.00$ MPa ---> O.K.

5. Check Axial Stress

-. KL = 1.25 m

Slenderness ratio $KL/r = 19.0 \le 200.0$

-. $P_L = R_{max} * k_L = 162.66$ kN

Actual Axial Stress $f_a = P_L/A_{Ts} = 7.73$ MPa

$$\text{Allow. Axial Stress} \quad F_a = \frac{Q_sQ_a\left[1 - \dfrac{(KL/r)^2}{2C_c^2}\right]F_y}{\dfrac{5}{3} + \dfrac{3(KL/r)}{8C_c} - \dfrac{(KL/r)^3}{8C_c^3}} = 123.13 \text{ MPa}$$

6. Check Bending Stress about Strong Axis

Actual Bend. Stress $f_{bcx} = M_xC_{comx}/I_x = 99.75$ MPa

$f_{btx} = M_xC_{tenx}/I_x = 99.75$ MPa

-. $F_b = 194.17$ MPa, $\alpha = 0.6 * F_{yw}/F_b = 1.00$

$$\text{-. } R_{PG} = \text{Min}\left[1 - 0.0005 * \frac{A_w}{A_f}\left(\frac{h}{t} - \frac{2000}{\sqrt{F_b}}\right),\ 1.0\right] = 1.00$$

$$\text{-. } R_e = \text{Min}\left[\frac{12 + (A_w/A_f)(3\alpha - \alpha^3)}{12 + 2(A_w/A_f)},\ 1.0\right] = 1.00$$

Allow. Bend. Stress $F_{bcx} = F_b * R_{PG} * R_e = 194.17$ MPa

7. Check Bending Stress about Weak Axis

-. $A_{Ts} = 21040\ mm^2$ $S_{Ts} = 1067347\ mm^3$

-. $M_{h1} = M_{max} * K_h = 318.96$ kN-m

-. $M_{h2} = 0.15 * P_{H(MAX)} * L_1 = 7.13$ kN-m

Actual Bend. Stress $f_{by} = M_{h1}/(A_{Ts} * W_w) + M_{h2}/S_{Ts} = 18.80$ MPa

Allow. Bend. Stress $F_{by} = 0.6 * F_y = 194.17$ MPa

8. Check Combined Stress

( ). Strong & Weak-Axes Bending

-. $R_{max} = f_{bcx}/F_{bcx} + f_{by}/F_{by} = 0.6106$

Combined Stress $= R_{max} = 0.6106 \le 1.0000$ ---> O.K.

( ). Strong-Axis Bending + Axial

-. $R_{max} = f_a/F_a + f_{bcx}/F_{bcx} = 0.5765$

Combined Stress $= R_{max} = 0.5765 \le 1.0000$ ---> O.K.

9. Check Shear Stress

-. f_{sy} = V_y/A_{sy} = 38.72 MPa

-. C_v = $\frac{310000K_v}{F_y(h/t_w)^2}$ = 0.45

-. F_{sy} = $\text{Min}\left[\frac{F_y}{2.89} * C_v,\ 0.4 * F_y\right]$ = 50.34 MPa

Strong-Dir. Shear Stress Ratio f_{sy}/F_{sy} = 0.7691 ≤ 1.0000 ---> O.K.

10. Check Local Web Yielding & Web Crippling

( ). Local Web Yielding

-. P_{MAX} = 475.00 kN　　t_w = 18.00 mm

-. N = 0.00 mm　　k = 175.00 mm

-. F_a = $0.66F_y$ = 213.59 MPa

-. P_{MAX} < $F_a t_w(N+5k)$ = 3364.02 kN ---> O.K.

( ). Web Crippling

-. $R = 177 * t_w^2\left[1+3\left(\frac{N}{d}\right)\left(\frac{t_w}{t_f}\right)^{1.5}\right]\sqrt{F_{yw}t_f/t_w}$ = 1537.90 kN

-. P_{MAX} = 475.00 kN < 1537.90 kN ---> O.K.

11. Check Sidesway Web Buckling

-. $(d_c/t_w)/(l/B)$ = 34.13 > 2.30 ---> O.K.

12. Check End Bearing Stiffener

( ). Width-Thickness Ratio

-. W = $(S-t_w)/2$ = 91.00 mm

-. t = $\text{Min}[_et_1,\ _et_2]$ = 30.00 mm

-. W/t = 3.03 < $250/\sqrt{F_y}$ = 13.90 ---> O.K.

( ). For Reaction

-. V_{MAX} = 1393.95 kN

-. A_{se} = $S(_et_1+_et_2) + (BL+BL_2-_et_1-_et_2)t_w$ = 17238 mm²

-. I_{se} = $[(_et_1+_et_2)S^3+(BL+BL_2-_et_1-_et_2)t_w^3]/12$ = 4.01E7 mm⁴

-. r_{se} = $\sqrt{I_{se}/A_{se}}$ = 48.26 mm

-. Kl/r_{se} = 29.84 ---> F_a = 176.61 MPa

-. f_a = V_{MAX}/A_{se} = 80.87 MPa < F_a ---> O.K.

( ). For End Bearing Stiffener

-. P_{MAX} = 475.00 kN

-. A_e = $12t_w^2 + (S-t_w)_et_1$ = 9348 mm²

-. I_e = $t_w^4 + {}_et_1(S^3-t_w^3)/12$ = 2.00E7 mm⁴

-. r_e = $\sqrt{I_e/A_e}$ = 46.36 mm

-. Kl/r_e = 31.06 ---> F_a = 175.67 MPa

-. f_a = P_{MAX}/A_e = 50.81 MPa < F_a ---> O.K.

( ). For 2nd Bearing Stiffener

-. A_e = $25t_w^2 + (S-t_w)_et_2$ = 13560 mm²

-. I_e = $[25t_w^4 + {}_et_2(S^3-t_w^3)]/12$ = 2.02E7 mm⁴

-. r_e = $\sqrt{I_e/A_e}$ = 38.60 mm

-. Kl/r_e = 37.31 ---> F_a = 170.62 MPa

-. f_a = P_{MAX}/A_e = 35.03 MPa < F_a ---> O.K.

13. Check Deflection

-. δ_{max} = 11.79 mm (X = 7.46 m) ---> 1/1272.26 (δ_{max}/Span)

6.3 피로설계를 고려하지 않는 크레인 주행보 설계 예

6.3.1 크레인 주행보 설계도

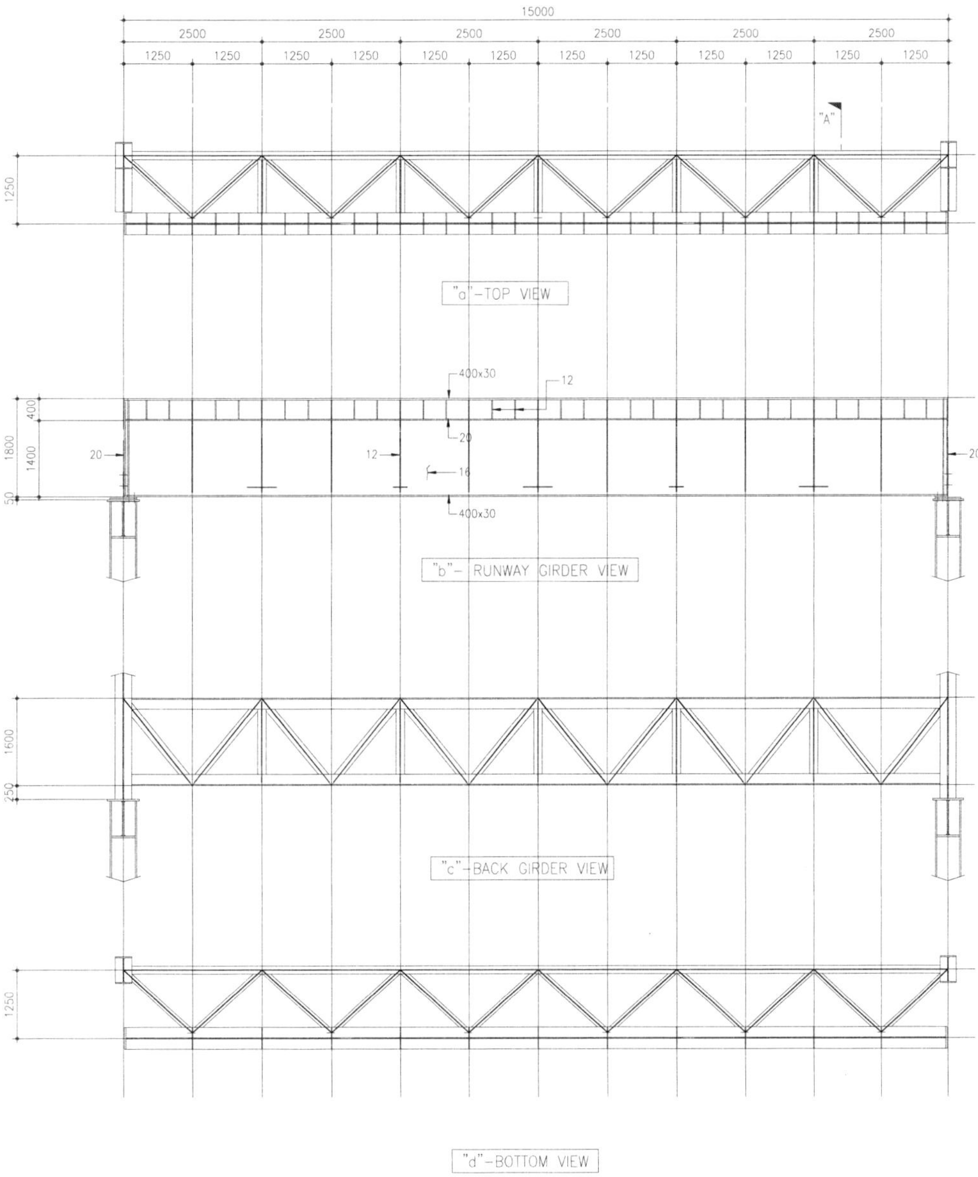

그림 6.3 피로설계를 고려하지 않은 크레인 주행보의 설계도

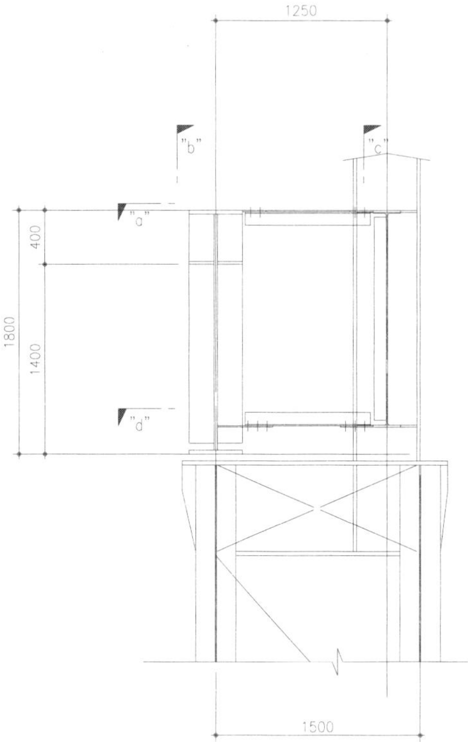

(a) "A" Section

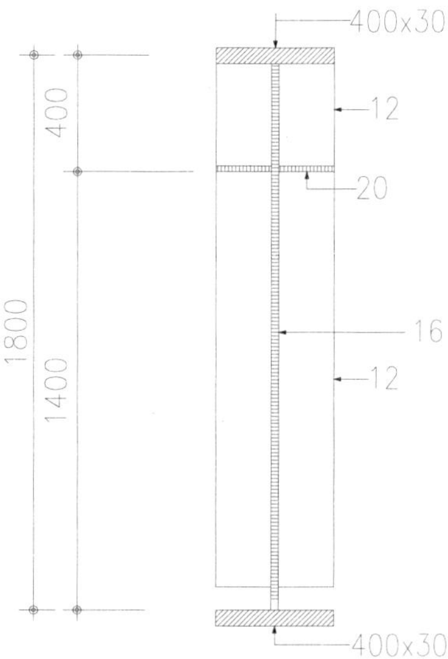

(b) 플레이트 거더 주행보 단면

그림 6.4 피로설계를 고려하지 않은 크레인 주행보의 설계단면

6.3.2 설계조건

❶ 크레인 조건

- 용량 : 500kN(OHC)
- 바퀴수 : 한쪽 4개 × 2 = 8개
- 바퀴간격 :

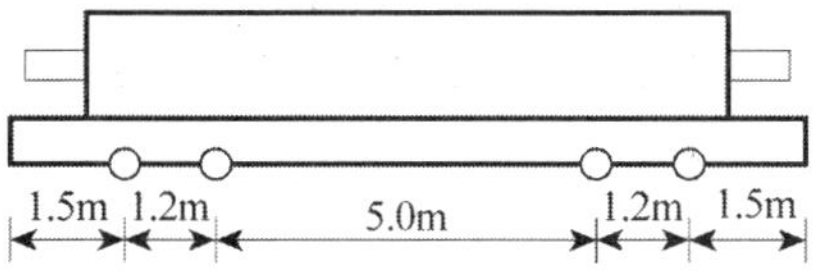

❷ 하중조건

- 최대바퀴하중(P) = 250kN/wheel
- 충격계수
  - 수직방향 : 1.25(최대바퀴하중에 대한 값)
  - 수평방향 : 0.1(최대바퀴하중에 대한 값)
  - 진행방향 : 0.5(최대바퀴하중에 대한 값)
- 하중반복횟수

  하중조건 1 : $N = 5 \times 10^4$(피로설계 고려하지 않음)

❸ 크레인 주행보 조건

- 스팬(L) : 15.0m(단순보)
- 사용재질 : SM490(주행보)
- 단면형태 : 용접조립 형강재

❹ 설계기준

KS(1983) : 허용응력설계법(ASD)

❺ 허용응력도 및 허용처짐 조건

- 허용응력도

  설계 기준에 따라 허용 휨응력도 산정

  $F_b = 220\text{MPa}(t \le 40\text{mm})$, $F_b = 200\text{MPa}(t > 40\text{mm})$

❻ 허용처짐조건

수직방향 처짐 제한 : $\dfrac{L}{1000}$ 이하

6.3.3 주행보의 구조해석

:: 구조해석 모델(단순보 해석)

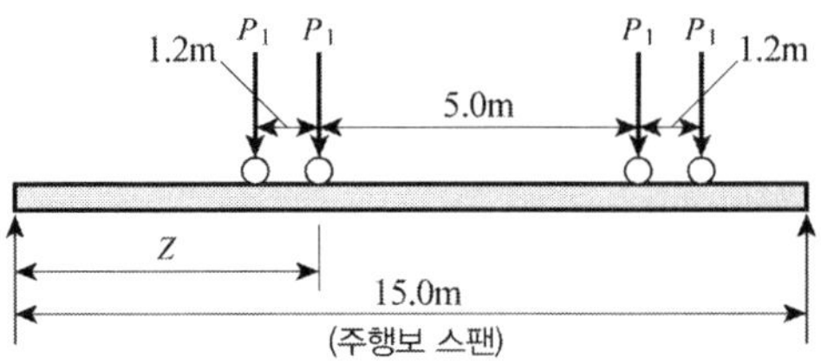

- 크레인 주행보 자중 : $W_s = 5\,\text{kN/m}$
- $_VP_1 = 1.25 \times 250 = 312\,\text{kN}$ (수직방향)
- $_HP_1 = 0.1 \times 250 = 25\,\text{kN}$ (수평방향)

:: 최대 응력 계산

❶ 최대전단력

$$_vQ_{\max} = \frac{4P_1(l - a - 0.5b)}{L} + \frac{1}{2} \cdot W_s \cdot l$$

$$= \frac{4 \times 312(15 - 1.2 - 0.5 \times 5)}{15} + \frac{1}{2} \times 5 \times 15$$

$$= 940 + 38 = 978\text{kN}$$

❷ 최대휨모멘트

- 최대모멘트 발생위치(A지점에서 Z거리)

$$Z = \left(\frac{l}{2} - \frac{b}{4}\right) = \frac{15}{2} - \frac{5}{4} = 6.25\text{m}$$

- 수직방향 최대휨모멘트

$$_vM_{\max} = (R_a \cdot Z - P_1 \cdot a) + \frac{W_S \cdot Z}{2}(l - Z)$$

$$= \frac{_vP_1(2l - b)}{l}\left(\frac{l}{2} - \frac{b}{4}\right) - {_vP_1} \cdot a + \left(\frac{5 \cdot 6.25}{2}\right)(15 - 6.25)$$

$$= \frac{312(2 \times 15 - 5)}{15}(6.25) - (312 \times 1.2) + 137$$

$$= 3250 - 374 + 137 = 3013\,\text{kN} \cdot \text{m}$$

- 수평방향 최대휨모멘트

$$_{H}M_{max} = \frac{_{H}P_1(2l-b)}{l} - \left(\frac{l}{2} - \frac{b}{4}\right) - {_{H}P_1} \cdot a$$

$$= \frac{25(2\times 15-5)}{15}(6.25) - (25\times 1.2)$$

$$= 230\text{kN}\cdot\text{m}$$

6.3.4 크레인 주행보 단면설계

:: 주행보 단면성능

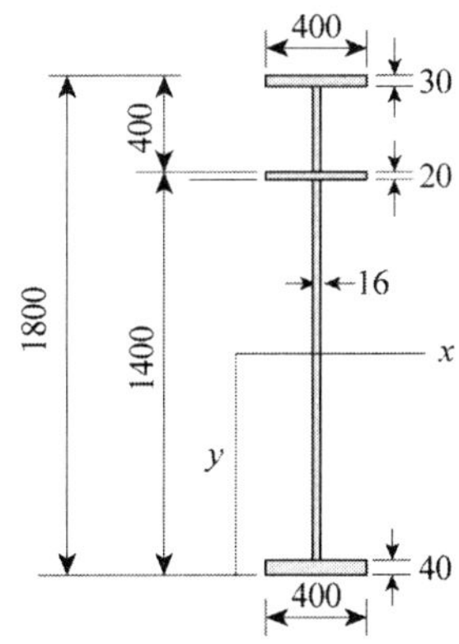

사용단면 : WH－1800×400×400×16×30 (SM400)

단면적(A)$= (40\times 3)+(40\times 3)+(194\times 1.6)+(30\times 2)$

$$= 120+120+278+60 = 578\text{cm}^2$$

$$\bar{y} = \frac{a_1\cdot y_1 + a_2\cdot y_2 + a_3\cdot y_3 + a_4\cdot y_4}{A}$$

$$= \frac{120\times(180-1.5)+(120\times 1.5)+(278\times 90)+(60\times 140)}{578}$$

$$= 95\text{cm}$$

- 단면2차모멘트

$$I_x = \frac{40 \times 180^3}{12} - \frac{38.4 \times 174^3}{12} + (30 \times 2) \times 45^2$$

$$= 19440000 - 16857676 + 121500$$

$$= 2703824\text{cm}^4$$

$$i_x = \sqrt{\frac{I_x}{A}} = \sqrt{\frac{2703824}{578}} = 68.4\,\text{cm}$$

- 단면계수

$${}_tZ_x = \frac{I_x}{C_1} = \frac{2703824}{85} = 31809\text{cm}^3(\text{상부플랜지})$$

$${}_bZ_x = \frac{I_x}{C_2} = \frac{2703824}{95} = 28461\text{cm}^3(\text{하부플랜지})$$

- 상부플랜지의 y축에 대한 단면계수

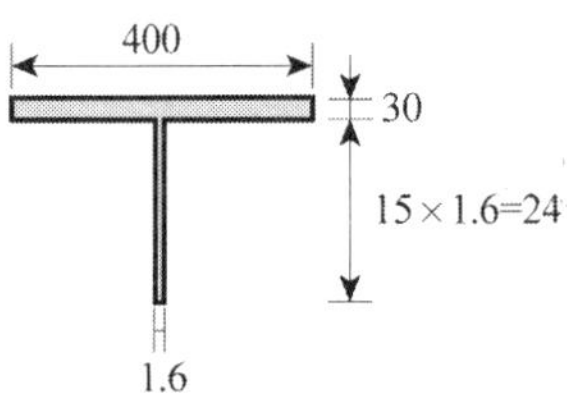

$$I_0 = \frac{3 \times 40^3}{12} = 16000\text{cm}^4$$

$$A_f = (3 \times 40) + (1.6 \times 24) = 158\text{cm}^2$$

$$i_y = \sqrt{\frac{I_0}{A_f}} = \sqrt{\frac{16000}{158}} = 10\text{cm}$$

$$Z_f = \frac{3 \times 40^2}{6} = 800\text{cm}^3$$

:: 주행보 단면 응력검토

❶ 판 두께 검토

- 플랜지

$$\frac{B}{t_f} = \frac{40}{3.0} = 13.3 < \frac{24}{\sqrt{F}} = 15.5$$

- 웨브

$$\frac{d}{t_w} = \frac{135}{1.6} = 84.4 > \frac{110}{\sqrt{F}} = 71 \rightarrow \text{스티프너의 보강 필요}$$

❷ 상부플랜지판의 허용 응력도

$$l_y = 125\text{cm} \quad i_y = 10.0\text{cm} \quad \lambda_y = \frac{l_y}{i_y} = \frac{125}{10} = 12.5$$

$$l_x = 1500\text{cm} \quad i_x = 68.4\text{cm} \quad \lambda_x = \frac{1500}{68.4} = 21.9 \rightarrow f_c = 2.12\text{t/cm}^2 = 212\text{MPa}$$

$$\therefore f_b = f_t = 2.2\text{t/cm}^2 = 220\text{MPa}$$

❸ 허용 휨응력도 검토

- 발생설계응력
  - 수직방향 최대휨모멘트 : $_V M_{\max} = 3013\text{kN}\cdot\text{m}$
  - 수평방향 최대휨모멘트 : $_H M_{\max} = 230\text{kN}\cdot\text{m}$
  - 수직방향 단부 최대전단력 : $_V Q_{\max} = 978\text{kN}$
  - 수직방향 중앙부 전단력 : $_V Q = 312\text{kN}$
  - 상부플랜지 국부 휨모멘트 : $M_F = \frac{1}{8} \times {_H P_1} \times l_1 = \frac{1}{8} \times 25 \times 1.25 = 3.9\text{kN}\cdot\text{m}$
- 상부플랜지 응력검토

$$\sigma_{uc} = \frac{_v M}{_t Z_x} + \frac{\frac{_H M}{B}}{A_f} + \frac{M_f}{Z_f}$$

$$= \frac{3013 \times 100}{31809} + \frac{\frac{230}{1.25}}{158} + \frac{3.9 \times 100}{800}$$

$$= 9.47 + 1.16 + 0.49 = 11.1\text{kN/cm}^2 = 111\text{MPa}$$

$$\frac{\sigma_{uc}}{f_c} = \frac{111}{212} = 0.52 < 1.0 \cdots\cdots\cdots\cdots \text{OK}$$

- 하부플랜지 응력검토

$$\sigma_t = \frac{_v M}{_b Z_x} = \frac{3013 \times 100}{28461} = 10.6\text{kN/cm}^2 = 106\text{MPa}$$

$$\frac{\sigma_t}{f_t} = \frac{106}{220} = 0.48 < 1.0 \cdots\cdots\cdots\cdots \text{OK}$$

- **웨브의 국부좌굴 검토**

  바퀴의 집중하중에 의한 상부플랜지와 웨브의 용접이음부(필렛부)의 검토

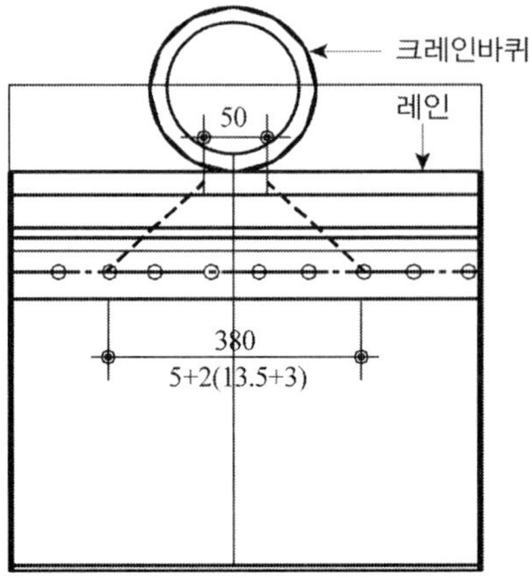

$$\sigma_x = \frac{P_L}{(5+2h)t_w} = \frac{312\,\text{kN}}{(5+2(13.5+3.0))\times 1.6}$$

$$= \frac{312}{60.8} = 51.3\,\text{kN/cm}^2 = 51.3\text{MPa}$$

$$\sigma_y = \frac{{}_vM \cdot y_w}{I_x} = \frac{3013\times 100\times(85-3)}{2703824}$$

$$= 9.13\,\text{kN/cm}^2 = 91.3\text{MPa}$$

$$\sigma_c = \sqrt{(\sigma_x^2+\sigma_y^2)} = \sqrt{(51.3^2+91.3^2)}$$

$$= 104.7\text{MPa} < f_c = 212\text{MPa} \cdots\cdots\cdots\cdots \text{OK}$$

- **웨브판의 검토**

  $d = 135\text{cm}$

  $t_w = 1.6\text{cm}$

  $F_y = 2.4\text{t/cm}^2$

  $= 240\text{MPa}$(SM400)

  $\alpha = 1.5$(가정)

  스티프너 간격 $a = 125\text{cm}$

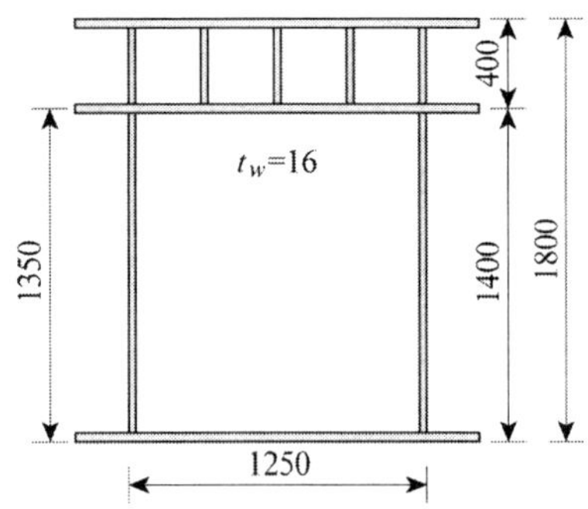

$$\beta = \frac{a}{d} = \frac{125}{135} = 0.925$$

$$K_1 = \left(1+\frac{\alpha}{6}\right)(\alpha^3+3\alpha^2+4) = 17.7$$

❹ 허용 압축판좌굴응력도

$$F_y = 2.4\,\text{t/cm}^2,\ C_1 = \sqrt{\frac{f_y}{K_1}} = \sqrt{\frac{2.4}{17.7}} = 0.368$$

$$\frac{d}{t_w} = \frac{13.5}{1.6} = 84 < \frac{56}{C_1} = \frac{56}{0.368} = 152$$

$$\therefore\ \sigma_0 = \left(1.78 - 0.021 \cdot C_1 \cdot \frac{d}{t_w}\right) f_t$$

$$= (1.78 - 0.021 \times 0.368 \times 84) \times 1.6 = 1.8\text{t/cm}^2 = 180\,\text{MPa}$$

$$\therefore \sigma_0 = 2.2\text{t/cm}^2 = 220\text{MPa}$$

❺ 허용 전단판좌굴응력도

$$\beta = 0.925 < 1.0,\ K_2 = 4.0 + \frac{5.34}{\left(\frac{a}{d}\right)^2} = 10.24$$

$$C_2 = \sqrt{\frac{F_y}{K_2}} = \sqrt{\frac{2.4}{10.24}} = 0.483$$

$$\frac{d}{t_w} = 84 < \frac{74}{C_2} = 153.2$$

$$v_0 = \left(1.74 - 0.0154 \times C_2 \times \frac{d}{t_w}\right) \times f_v$$

$$= (1.74 - 0.0154 \times 0.483 \times 84) \times 0.9 = 1.0\text{t/cm}^2 = 100\,\text{MPa}$$

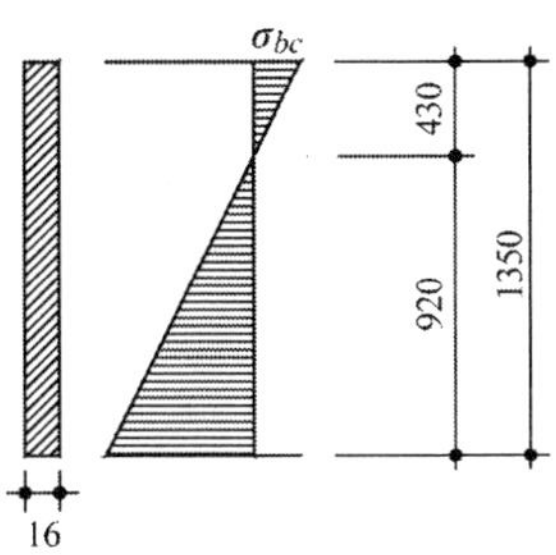

$${}_vM = 3013\text{kN·m},\ Q = 312\text{kN}$$

$$v = \frac{Q}{A_w} = \frac{312}{135 \times 1.6} = 1.44\,\text{kN/cm}^2 = 14.4\,\text{MPa}$$

$$\sigma_{bc} = \frac{{}_vM \cdot C_2}{I_x} = \frac{3013 \times 100 \times 43}{2703824} = 4.79\text{kN/cm}^2 = 47.9\,\text{MPa}$$

$$\therefore\ \left(\frac{\sigma_{bc}}{\sigma_0}\right)^2 + \left(\frac{v}{v_0}\right)^2 = \left(\frac{47.9}{160}\right)^2 + \left(\frac{14.4}{90}\right)^2 = 0.115 < 1.0 \cdots\cdots\cdots\cdots\ \text{OK}$$

중간 스티프너 검토

$\beta = 0.925 < 1.0$

소요 단면2차모멘트

$$I_0 > 1.1dt^3\left(\frac{1}{\beta^2} - 0.5\right) = 1.1 \times 135 \times 1.6^3\left(\frac{1}{0.925^3} - 0.5\right) = 464\text{cm}^4$$

$2PL - 150 \times 12$ 를 사용하면

$$I = \frac{1.2 \times 30^3}{12} = 2700\text{cm}^4 > I_0 = 464 \cdots\cdots\cdots\cdots\cdots \text{OK}$$

:: 주행보의 수직처짐 검토

- 중앙부의 최대수직처짐 계산

$$_v\delta = \frac{_vP_1(l-b-2a)}{48EI}\{3l^2 - (l-b-2a)^2\} + \frac{_vP_1(l-a)}{48EI}\{3l^2 - (l-a)^2\} + \frac{5W_s l^4}{384EI}$$

$$= \frac{312(1500-500-2\times120)}{48\times21000\times2703824}\{3\times1500^2 - (1500-500-2\times120)^2\}$$

$$+ \frac{312(1500-120)}{48\times21000\times2703824}\{3\times1500^2 - (1500-120)^2\}$$

$$+ \frac{5\times0.05\times1500^4}{384\times21000\times2703824}$$

$$= 0.53\,\text{cm} + 0.76\,\text{cm} + 0.06\,\text{cm} = 1.35\text{cm}$$

$$= 13.5\,\text{mm} < \frac{l}{1000} = \frac{1500}{1000} = 15\,\text{mm} \cdots\cdots\cdots\cdots\cdots \text{OK}$$

:: 크레인 백거더 부재 설계

크레인 백거더 부재설계는 건물의 형태, 높이 등에 따라서 풍하중과 조합하여 설계기준에 맞게 별도 설계하여야 한다.

⊙ CRANE RUNWAY GIRDER DESIGN ⊙

1) DESIGN DATA - 50T

* GIRDER NAME = [50T(FS)] CRANE SHOCK 25 %]
* Girder Length = 15 m
* No of Wheel = 4

* 1 Wheel Load = 25 tf		* 1 - 2 Wheel Dist. =	1.20 m
* 2 Wheel Load = 25 tf		* 2 - 3 Wheel Dist. =	5.00 m
* 3 Wheel Load = 25 tf		* 3 - 4 Wheel Dist. =	1.20 m
* 4 Wheel Load = 25 tf			

	Max. Ra(tf)	Max. Rb(tf)	Max. M(tfm)
VERTICAL	97.92	97.92	301.70
HORIZONTAL	7.53	7.53	23.04
REQ. Ix(cm^4)			2234519.1

* Deflection Limit = L/ 1000
* Back Girder Width = 1.25 m
* Steel Type = SM490
* Yielding Strength = 3.3 tf/cm^2
* Fatigue Stress = 2.17 tf/cm^2
* Girder Self Load = 0.5 tf/m
* 상부플랜지 정적 허용응력 = 2.2 tf/cm^2

2) MEMBER ASSUMPTION

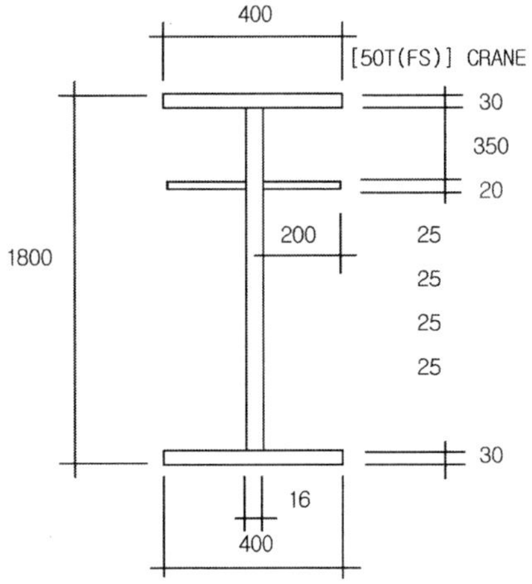

[50T(FS)] CRANE SHOCK

A =	598.40 cm²	w =	469.74 kgf/m
Yo =	6.818 cm		
Ix =	2762612 cm⁴	Iy =	44057 cm⁴
ix =	67.95 cm	iy =	8.58 cm
Af =	163.20 cm²	If =	16010 cm⁴
if =	9.9 cm	5 Zf =	800.5 cm³
Yfu =	83.18 cm	Zxfu =	33212.5 cm³
Yfb =	96.82 cm	Zxfb =	28533.5 cm³
Ywu =	80.18 cm	Zxwu=	34455.1 cm³
Ywb =	93.82 cm	Zxwb=	29445.9 cm³
Yhs =	44.18 cm	Zhs =	62530.8 cm³
Xu =	20 cm	Zyu =	2202.9 cm³
Xb =	20 cm	Zyb =	2202.9 cm³

δmax = 1.213 cm = L / 1236 - OK -

flange width / thk. = 6.67

df_b/tf_b = 6.67 < 24 / √Fy = 13.21 - O.K -

web width / thk. =

Yfu(dw)/tw = 30.51 < 110 / √Fy = 60.55 - O.K -

σc	=	0.48	- OK -
σt	=	0.48	- OK -
τ1	=	0.29	- OK -
τ2	=	0.14	- OK -

3) STRESS CHECK OF BEAM-COLUMN

* Lb = 1.25 m

* End Depth = 1.80 m

* $\lambda p = \sqrt{(\pi^2 * E/(0.6*Fy))}$ = 102.31

* $fbx1 = [1-0.4*(Lb/if)^2 / (C*\lambda p^2)]*ft$ = 2.19tf/cm²

* fbx2 = 900*Af / (Lb*h) = 4.8 tf/cm²

상부플랜지 정적허용휨응력이 2.2 tf/cm² 이므로

∴ fbx = 2.2 tf/cm²

* σb = 100* Mmax / Zx 2.2 0.9084 tf/cm²

(σb/ fbx) = 0.41291

* Lk (buckl. Span) = 1.25 m

* if = 9.9 cm

* λ = Lk / if = 12.63

λ < λp 이므로

* $fc = [1-0.4(\lambda/\lambda p)^2]*Fy/n$ = 2.1719 tf/cm²

상부플랜지 허용압축응력이 2.17 tf/cm² 이므로 ∴ fc = 2.17 tf/cm²

* Ph = max Mh /back gird. (1.25) = 18.433 tf

* σc = Ph / Af = 0.15361 tf/cm²

∴ (σb/fbx) + (σc/fc) = 0.4837 - OK -

하부플랜지 정적허용휨응력 = 2.2 tf/cm² 이므로

* ft = 2.2 tf/cm²

* σt = 100*Mmax / Zxb = 1.0574 tf/cm²

∴ (σt/ ft) = 0.48 - OK -

4) PLATE BUCKLING CHECK

a) 'A' part check : HOR. Stiffner Top. part

* compressive flexural plate buckling
* $\alpha = (1 - \sigma min / \sigma max) =$ 0.449
* $k1 = (1 + \alpha/6)(\alpha^3 + 3\alpha^2 + 4) =$ 5.0467
* $C1 = \sqrt{(Fy/k1)} =$ 0.80864
* 56/C1 = 69.252
* d/t = 21.875
* $\sigma_0 =$ 2.2 tf/cm^2
* $\sigma =$ 0.8756 tf/cm^2
* $(\sigma / \sigma_0) =$ 0.398

b) 'B' part check : HOR. Stiffner Bot. part

* compressive flexural plate buckling
* $\alpha = (1 - \sigma min / \sigma max) =$ 1.471
* $k1 = (1 + \alpha/6)(\alpha^3 + 3\alpha^2 + 4) =$ 17.027
* $C1 = \sqrt{(Fy/k1)} =$ 0.44024
* 56/C1 = 127.2
* d/t = 85.625
* $\sigma_0 =$ 2.1745 tf/cm^2
* $\sigma =$ 0.4825 tf/cm^2
* $(\sigma / \sigma_0) =$ 0.2219

c) plate shear buckling

* a (stiffener span) = 1.25 m
* $\beta = a / d =$ 0.71839
* k2 = 43.578
* $C2 = \sqrt{(Fy/k2)} =$ 0.27518
* 74/C2 = 268.91
* d/t = 108.75
* $\tau_0 =$ 0.9238

********** between suport point *************

* $\tau =$ Rmax/Aw = 0.34

$\therefore (\sigma / \sigma_0)^2 + (\tau / \tau_0)^2 =$ 0.294 - OK -

********** at support point *****************

* $\tau =$ Rmax/Aw = 0.34

$\therefore (\sigma / \sigma_0)^2 + (\tau / \tau_0)^2 =$ 0.135 - OK -

5) LOCAL BUCKLING CHECK

a) local buckling check under wheel load

* rail의 높이를 10cm 로 가정하면
* k = 5+2(rail+flange thk.+welding neck) = 35
* Aw = k*tw = 56
* σc = Pwheel/Aw = 0.558 tf/cm²
* fc = 2.5385 ----> 허용압축응력 2.17 적용

∴ σ/fc = 0.26 - OK -

b) local buckling check at end

* area = 115.2
* σc = Rmax/Ae = 0.84997
* iye = 9.63
* Le = 0.7 * h = 126 cm
* λ = Le/iye = 13.08
* fc = 2.17 ----> 허용압축응력 2.17 적용

∴ σc/fc = 0.39169 - OK -

6) STIFFENER CHECK

* (req'd vert.) Ist = 1.1*d*t³ (1/β² -0.5) = 1127.1
* (act. Vert.) Ist = 7199

∴ (req'd vert.) Ist / (act. Vert.) = 0.157 - OK -

************* S U M M A R Y ****************************

* NAME = [50T(FS)] CRANE SHOCK 25 %] SPAN 15.0 m
* 강재 = SM490

USE WH - 1800 x { 400 / 400 } x 16 x { 30 / 30 }

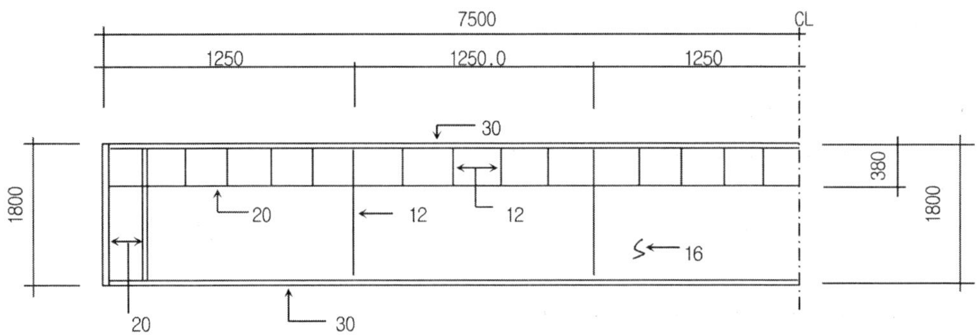

6.4 장스팬 트러스형태의 크레인 주행보 설계 예

6.4.1 크레인 주행보 설계도

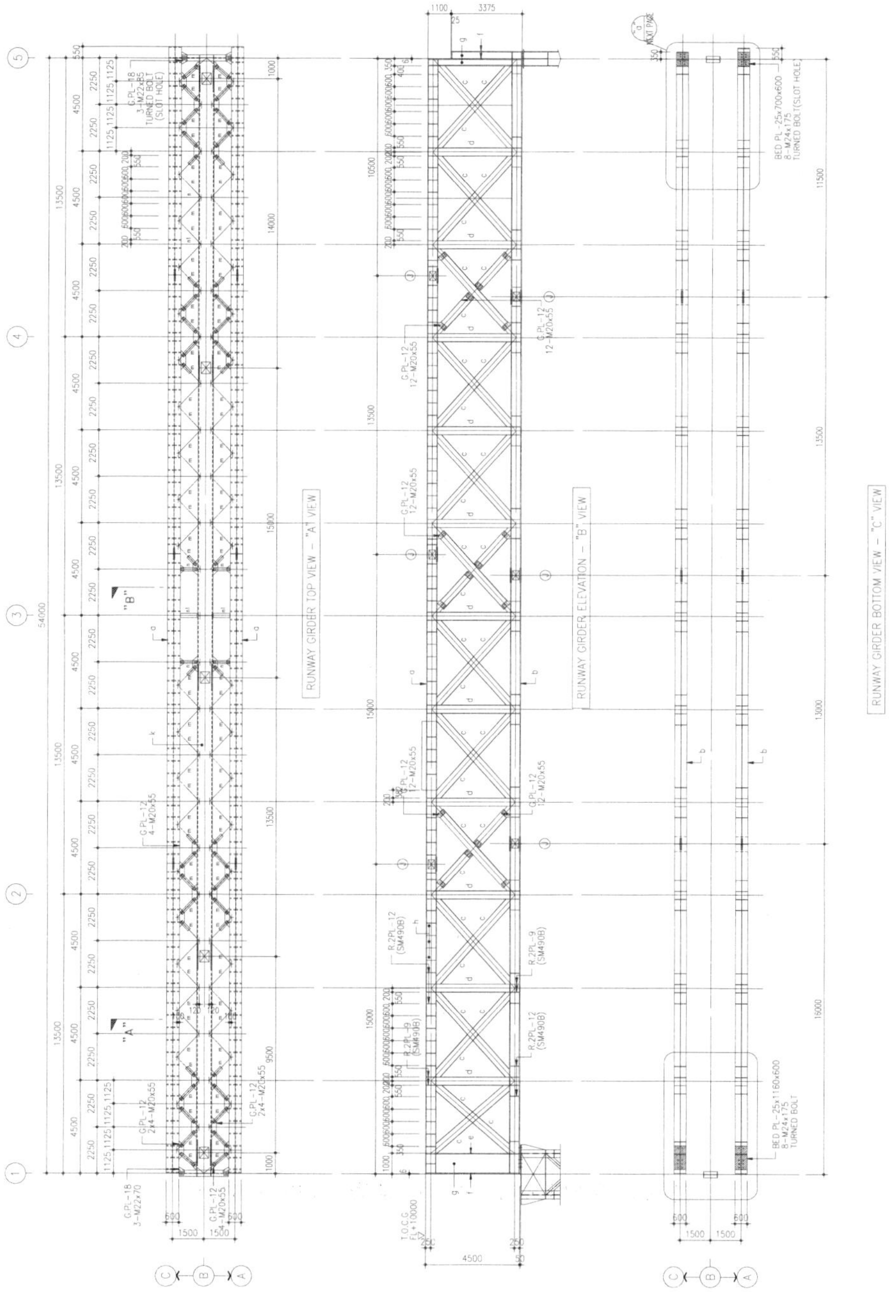

그림 6.5 장스팬 트러스형태의 크레인 주행보 설계도-1

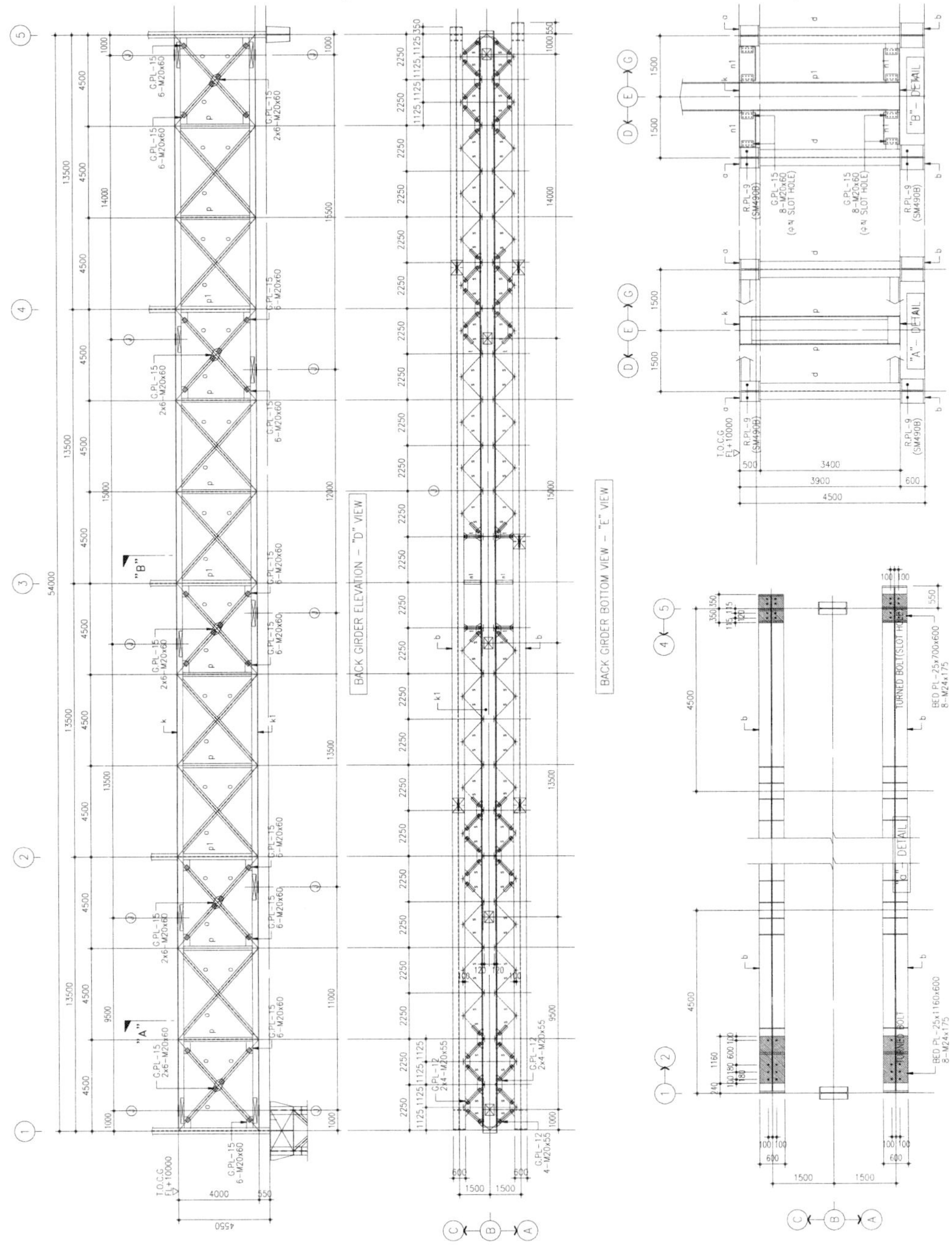

그림 6.6 장스팬 트러스형태의 크레인 주행보 설계도-2

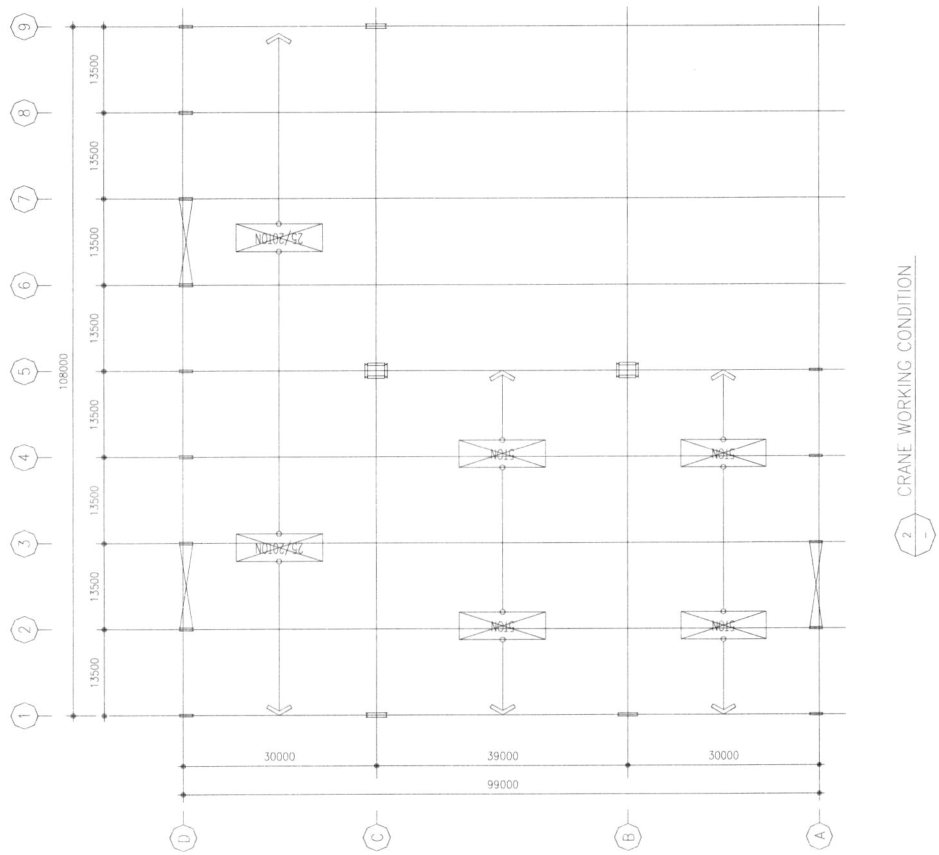

<u>그림 6.7</u> 크레인 주행보의 운행조건

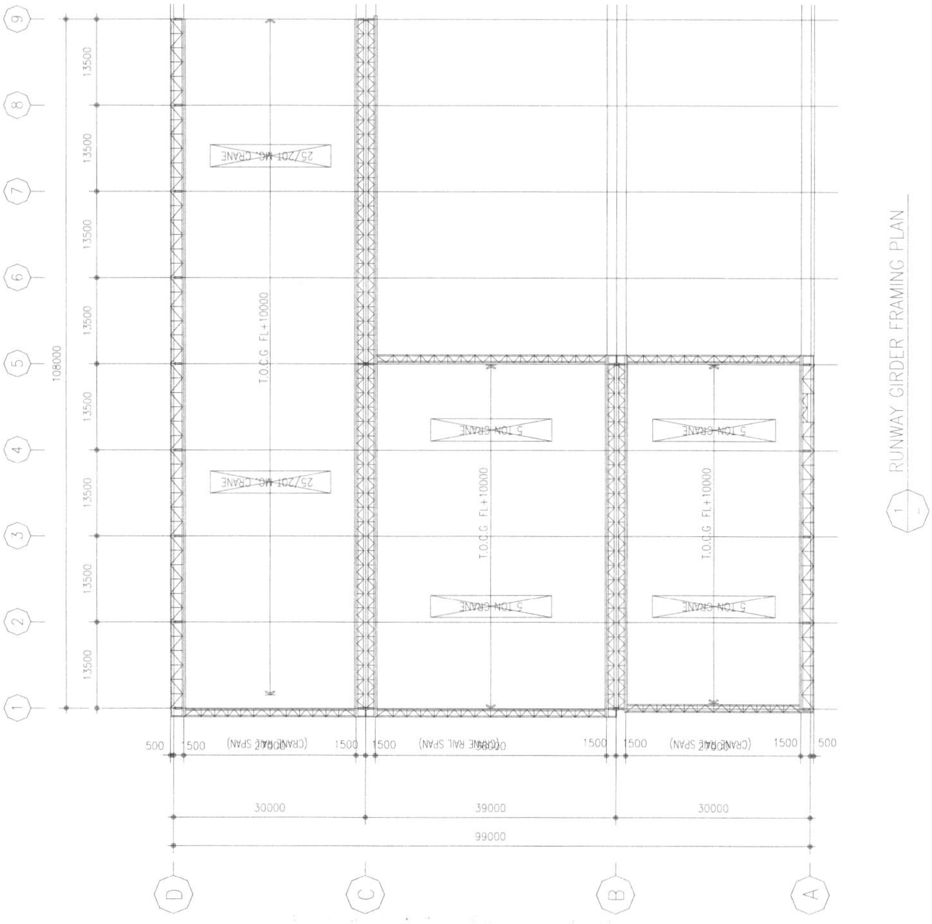

그림 6.8 크레인 주행보의 구조평면도

6.4.2 크레인 주행보 구조해석

:: **운행조건** : 5톤 크레인 2대가 접근하여 운행

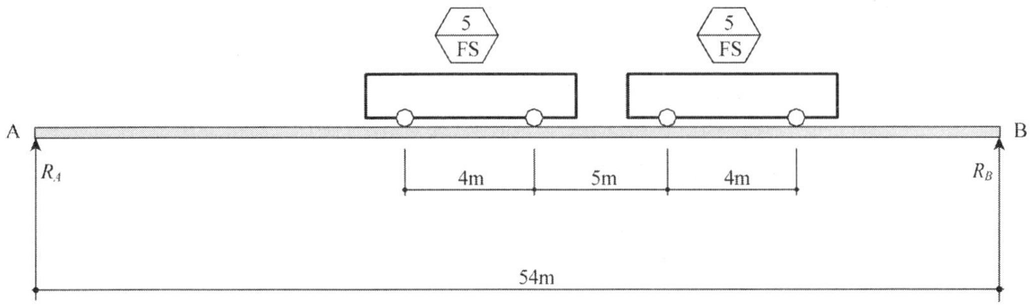

- **하중조건** 1 : $N= 5\times 10^5$ (피로설계 고려하지 않음)
- **바퀴하중**

  최대바퀴하중(P)=110kN/wheel

  수직방향충격계수 =1.25

  수평방향력=바퀴하중의 10%

:: **해석모델링**(단순보 해석)

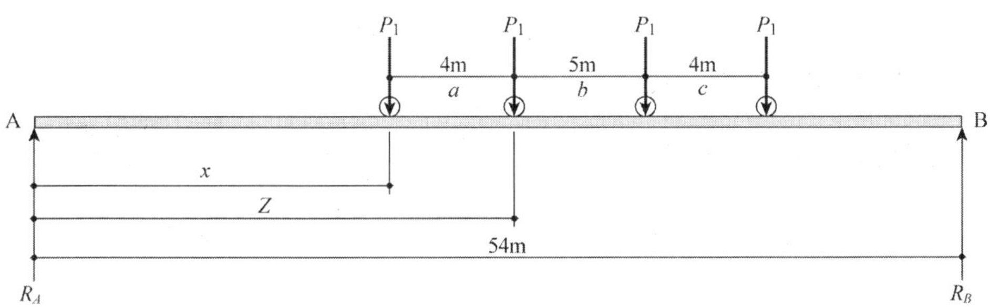

- 자중 $W_s=$ 10.0kN/m(가정)
- $_VP_1=$ 1.25×110=137kN(수직방향)
- $_HP_1=$ 0.1×110=11kN(수평방향)

:: 발생응력 계산

❶ 최대 지점 반력

$$ {}_{V}R_{A_{\max}} = \frac{4P_1(l-a-0.5b)}{l} + \frac{1}{2}\times W_s \times l $$

$$ = \frac{4\times 137(54-4-0.5\times 5)}{54} + \frac{1}{2}\times 10\times 54 $$

$$ = 482 + 270 = 752\,\text{kN} $$

$$ {}_{H}R_{A_{\max}} = \frac{4\times 11(54-4-0.5\times 5)}{54} = 39\,\text{kN} $$

❷ 최대휨모멘트 산정

- **최대휨모멘트가 발생되는 위치 및 지점 반력 계산**

  $Z=\left(\frac{l}{2}-\frac{b}{4}\right)$인 위치에서 최대모멘트 발생, 즉 지점 A로부터 $Z=\left(\frac{54}{2}-\frac{5}{4}\right)=25.75\text{m}$ 에서 최대휨모멘트가 발생된다.

  이 경우의 A점 수직반력 $ {}_{V}R_a = \frac{{}_{v}P_1(2l-b)}{l} + \frac{1}{2}\cdot W_s \cdot l$

$$ = \frac{137(2\times 54-5)}{54} + \frac{1}{2}\times 10\times 54 $$

$$ = 261 + 270 = 531\,\text{kN} $$

- **수직방향 최대모멘트 계산**

$$ {}_{V}M_{\max} = R_a \cdot Z - {}_{V}P_1 a = \frac{P_1(2l-b)}{l}\left(\frac{l}{2}-\frac{b}{4}\right) - {}_{V}P_1 \cdot a + \frac{W\cdot Z}{2}(l-Z) $$

$$ = (261\times 25.75) - (137\times 4.0) + \frac{10\times 25.75}{2}\times(54-25.75) $$

$$ = 6173 + 3637 = 9810\text{kN}\cdot\text{m} $$

- **수평방향 최대모멘트 계산**

  A점의 수평방향 반력

$$ {}_{H}R_a = \frac{{}_{H}P_1(2l-b)}{l} = \frac{11(21.54-5)}{54} = 21\,\text{kN} $$

$$ {}_{H}M_{\max} = {}_{H}R_a \times Z - {}_{H}P_1 \times a = 21\times 25.75 - 11\times 4.0 = 497\,\text{kN}\cdot\text{m} $$

:: 크레인 주행보 트러스 전산 구조해석

❶ 해석모델

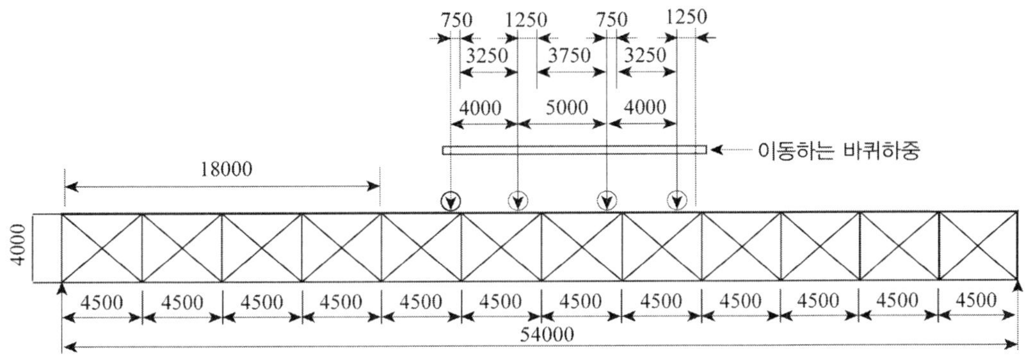

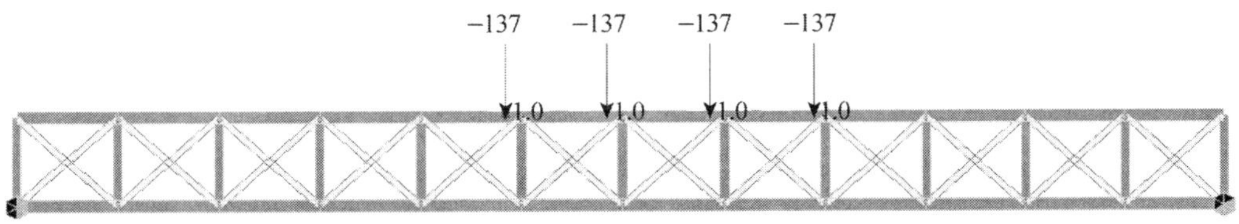

❷ 해석조건

- **하중** : ${}_{v}P_1 = 137$kN(수직하중)

  ${}_{H}P_1 = 110 \times 0.1 = 11$kN(수평하중)

  자중은 자동으로 계산
- **부재단면**

  −상하현재 WH−600×600×20×30

  −수직재 WH−400×400×15×15

  −사재 WH−300×300×12×12

❸ Output

<table>
<tr><th rowspan="2">구분</th><th rowspan="2">단면치수</th><th rowspan="2" colspan="2">부재력</th><th colspan="2">최대 처짐</th></tr>
<tr><th>크레인 운행시</th><th>크레인 미운행시</th></tr>
<tr><td>상현재</td><td>WH−600×600×20×30</td><td>압축</td><td>2428 kN</td><td rowspan="5">43.2 mm</td><td rowspan="5">17.4 mm</td></tr>
<tr><td>하현재</td><td>WH−600×600×20×30</td><td>인장</td><td>2447 kN</td></tr>
<tr><td>수직재</td><td>WH−400×400×15×15</td><td>압축</td><td>32 kN</td></tr>
<tr><td rowspan="2">사재</td><td rowspan="2">WH−300×300×12×12</td><td>인장</td><td>363 kN</td></tr>
<tr><td>압축</td><td>472 kN</td></tr>
</table>

6.4.3 크레인 백거더 구조해석

:: 하중조건 및 해석모델링(양단 고정보 해석)

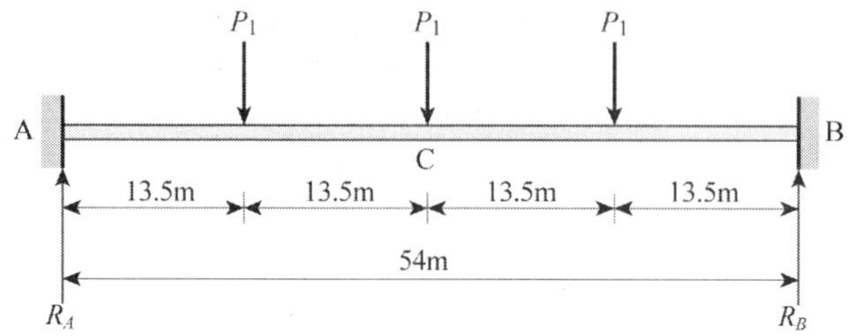

$P_1 = 13.5\text{m}$(지붕 트러스 폭)$\times 30\text{m}$(지붕 트러스 스팬)$\times (W_d + W_l)$

$= 13.5 \times 30 \times 1.5 = 607.5\,\text{kN}$

$W_d =$ 지붕의 고정하중 $\fallingdotseq 1.0\,\text{kN/m}^2$(기둥 자중 포함)

$W_l =$ 지붕의 활하중 $\fallingdotseq 0.5\,\text{kN/m}^2$

$W_S =$ 백거더 자중 $\fallingdotseq 6\,\text{kN/m}$

:: 최대휨모멘트 산정

❶ 지점 반력 계산

$$R_a = 1.5 \times P_1 + \frac{1}{2} \times W_s \times l$$
$$= 1.5 \times 607.5 + \frac{1}{2} \times 6 \times 54$$
$$= 911 + 162 = 1073\,\text{kN}$$

❷ 수직방향 모멘트 산정

- 양단부 모멘트

$$M_A = M_B = \frac{5}{16} P_1 \cdot l + 1/12 \times w \cdot l^2$$
$$= \frac{5}{16} \times 607.5 \times 54 + 1/12 \times 0.5 \times 54^2$$
$$= 10243 + 1458 = 11701\,\text{kN}\cdot\text{m}$$

- 중앙부 모멘트

$$M_C = \frac{3}{16} P_1 \cdot l + 1/24 \times w \cdot l^2 = \frac{3}{16} \times 607.5 \times 54 + 1/24 \times 0.5 \times 54^2$$
$$= 6146 + 729 = 6875\,\text{kN}\cdot\text{m}$$

:: 크레인 백거더 트러스 전산 구조해석

❶ 해석모델

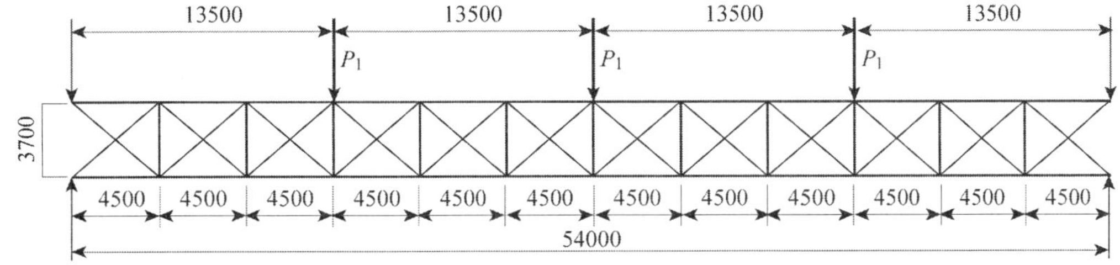

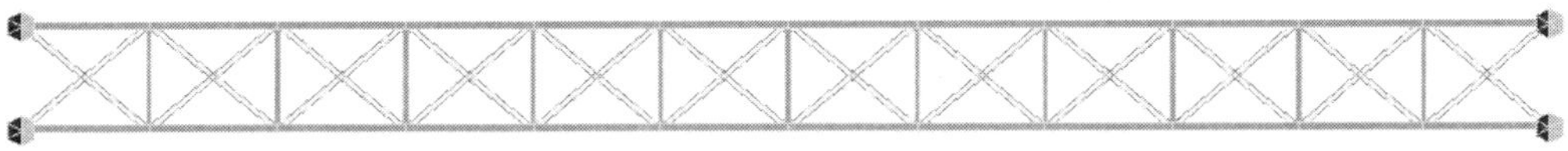

❷ 해석조건

- 하중 : $P_1 = 13.5\text{ m} \times 30.0\text{ m} \times (W_d + W_l)$

  $= 13.5\text{ m} \times 30.0 \times 1.5\text{kN/m}^2 = 607.5\text{kN}$(지붕의 활하중이 있을 때)

  $= 13.5\text{ m} \times 30.0 \times 1.0\text{kN/m}^2 = 405.0\text{kN}$(지붕의 활하중이 없을 때)

  $W_d =$ 지붕의 고정하중 ≒ 1.0kN/m^2(기둥 자중 포함)

  $W_l =$ 지붕의 활하중 ≒ 0.5kN/m^2

  $W_S =$ 백거더 자중 ≒ 6kN/m

- 부재단면

  −상하현재 WC−700×300×20×30

  −수직재 H−700×200×12×12

  −사재 H−700×200×12×12

❸ 해석결과

구분	단면치수	부재력		최대 처짐	
				지붕의 활하중이 있을 때	지붕의 활하중이 없을 때
상현재	H−700×300×15×30	인장	2200kN	36 mm	24 mm
하현재	H−700×300×15×30	압축	2226kN		
수직재	H−600×200×12×12	압축	1.8kN		
사재	H−600×200×12×12	인장	718kN		
		압축	724kN		

:: 트러스 형태에 따른 응력 및 수직처짐 비교검토

트러스형태의 장스팬 크레인 주행보에서 부재별 응력과 중앙부의 수직 처짐량이 설계할 때 매우 중요한 요소가 된다는 것은 이미 설명되었다.

트러스의 형태에 따른 구조 안전성과 경제성등을 고려하여 효율적으로 주행보를 설계할 수 있도록 주로 사용되는 사재가 ＼형인 플렛(pratt) 트러스 형태와 X형의 사재를 가지는 트러스 형태의 예제를 구조해석하여 그 결과를 비교 검토하면 다음과 같다.

❶ 해석모델

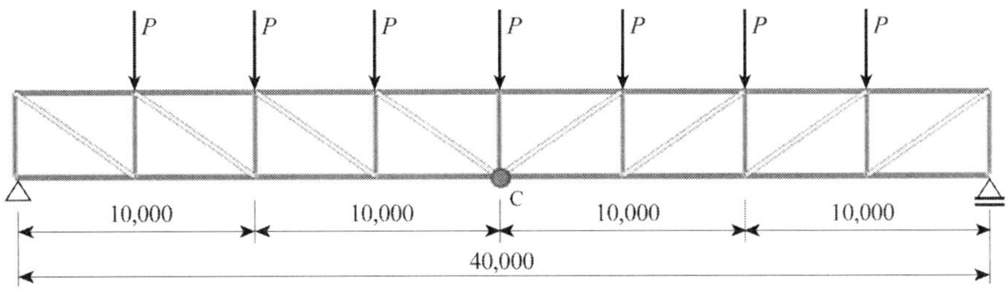

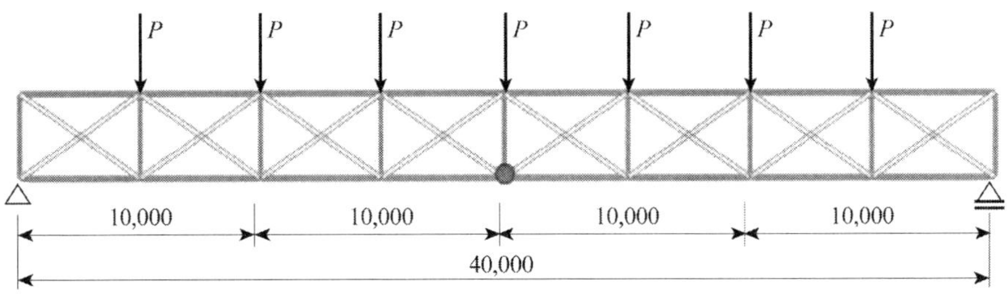

❷ 해석조건

- **하중** : P=100kN
- **부재단면**

  －상하현재 H－310×310×20×20

  －수직재 H－200×200×8×12

  －사재 H－200×200×8×12

❸ 해석결과

구분		단면치수	부재력(중앙부)		C점의 처짐
\ Type	상현재	H−310×310×20×20	압축	1367kN	53mm
	하현재	H−310×310×20×20	인장	1285kN	
	수직재	H−200×200×8×12	압축	401kN	
	사재	H−200×200×8×12	인장	710kN	
X Type	상현재	H−310×310×20×20	압축	1355kN	42mm
	하현재	H−310×310×20×20	인장	1372kN	
	수직재	H−200×200×8×12	압축	28kN	
	사재	H−200×200×8×12	인장	341kN	
			압축	405kN	

❹ 분석결과

- 상기 2가지 형태의 트러스를 구조해석한 결과를 분석해 보면 상·하현재재의 인장·압축응력은 X형과 \형 트러스에서 거의 비슷한 값을 보이지만 사재에서는 \형 트러스에서는 매우 큰 인장력만 발생되어 좌굴의 영향은 없지만 중요한 구조부재역할을 하고 있고 X형 트러스에서는 인장력과 압축력이 교대로 발생되어 \형 트러스에서의 인장력을 비슷한 값으로 나누어 부담하고 있다.(사재의 압축력은 \형 트러스 사재에서 발생된 인장력의 약 50%값이 발생)

  또한 수직재의 응력은 \형 트러스에서는 큰 압축력이 발생되어 보의 전단응력 부담부재로서 중요한 역할을 하지만 X형 트러스에서는 아주 미미한 값의 압축력이 발생되어(\형 트러스의 수직재에서 발생된 압축력의 약 7%값이 발생) 구조부재로서의 중요도가 떨어진다고 할 수 있다.

  따라서 발생응력만 비교하면 \형 트러스에서는 수직재와 사재가 부분적으로 서로 다른 부재로 제작되어야 하는 설계가 될 수 있고, X형 트러스에서는 사재와 수직재가 큰 차이가 나는 부재로 설계 될 수 있지만 전체적인 강재의 물량은 비슷하게 소요된다고 할 수 있다.
- 중앙부에서의 수직 처짐량은 \형 트러스가 X형트러스 보다 약 25% 정도 처짐량이 증대된다. 이러한 현상은 트러스 구조체의 수직강성 차이에 의해서 야기된다고 할 수 있다. \형 트러스에서 이러한 수직처짐의 값을 줄이려면 더 큰 부재사용이나 트러스 춤의 증대가 필요하며 이럴 경우 강재의 물량의 증대로 이어진다.

  특히, 크레인 주행보에서는 수직 처짐제한이 엄격하게 요구되므로($l/800 \sim l/1200$) 장스팬 트러스 형태의 크레인 주행보에서는 응력보다 처짐에 유리한 X형 트러스형태가 전체적인 물량도 늘어나지 않으면서 수직강성이 향상되는 측면에서 합리적인 형태라 할 수 있다.

:: 크레인 주행보와 백거더 트러스 구조단면 가정

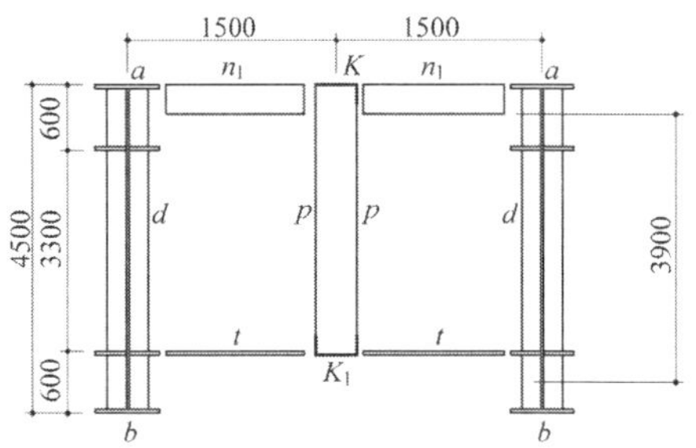

a : WH − 600×600×20×30(SM490)
b : WH − 600×600×20×30(SM490)
c : WH − 400×400×20×30(SM490)
d : WH − 400×400×20×30(SM490)
k : WC − 700×300×15×20(SM490)
k_1: WC − 700×300×15×20(SM490)
n_1: H − 400×300× 8×12(SS400)
p : T − 220×300×11×18(SS400)
t : T − 100×200× 8×12(SS400)

❶ 크레인 주행보 트러스의 단면 성능

(WH−600×600×20×30) 사용

- 상·하현재의 단면적$(A) = (60 \times 3 \times 2) + (54 \times 2) = 468\text{cm}^2$
- 상·하현재 중심간 거리$(d) = 4.5 - 0.6 = 3.9\text{m}$
- 트러스 중심부에서의 단면2차모멘트 계산

$$I_x = 2(I_{x_1} + Ad_1^{\,2}) = 2\left\{\times\left(\frac{60\times 60^3}{12} - \frac{58\times 54^3}{12}\right) + (468\times 195^2)\right\}$$
$$= 2\times(318924 + 17795900) = 36229248\text{cm}^4$$

❷ 크레인 백거더 트러스의 단면 성능

(WC−700×300×15×20)

- 상·하현재 단면적$(A) = (66\times 1.5) + (30\times 2.0\times 2) = 219\text{cm}^2$
- 상·하현재 중심간 거리$= 3.9 - (0.1\times 2) \fallingdotseq 3.7\text{m}$

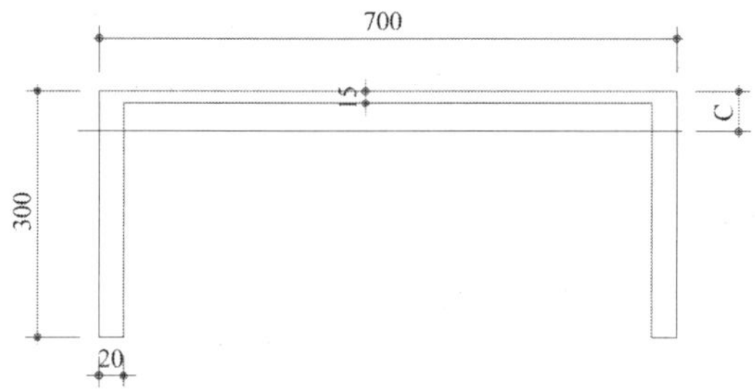

$$c = \frac{(66\times 1.5\times 0.75) + (30\times 2\times 2\times 15)}{(66\times 1.5) + (30\times 2\times 2)} \fallingdotseq 8.6\text{cm}$$

- 트러스 중심부에서의 단면2차모멘트

$$I_x = 2\times(I_{x_1} + Ad_1^{\,2})$$
$$= 2\times\left\{\left(\frac{2\times 2\times 30^3}{12}\right) + (219\times 186^2)\right\} = 15171000\text{cm}^4$$

6.4.4 크레인 주행보 트러스 부재 내력검토

:: **부재별 발생응력 약산 :** 컴퓨터 정밀해석 결과와 차이가 있을 수 있다.

- 상현재의 압축력 $C \fallingdotseq \dfrac{{}_VM_{\max}}{d_1} + \dfrac{{}_HM_{\max}}{b_1}$

$$\fallingdotseq \frac{9810}{3.9} + \frac{497}{1.5} = \underline{2515} + 331 = 2846\text{kN(약산값)}$$

(2428) → 전산해석값

- 상현재의 국부 응력 $M_x = \dfrac{P_1 \cdot l_1}{8} = \dfrac{137 \times 4.5}{8} \fallingdotseq 77\,\text{kN} \cdot \text{m}$

- 하현재의 인장력 $T \fallingdotseq \dfrac{{}_VM_{\max}}{d_1}$

$$\fallingdotseq \frac{9810}{3.9} = 2515\,\text{kN(약산값)},\ T = 2447\,\text{kN(전산해석값)}$$

- 사재의 최대 압축력

$$C \fallingdotseq {}_VR_{a_{\max}} \times \frac{5.9}{3.9} = 752 \times \frac{5.9}{3.9} \fallingdotseq 1137\,\text{kN} \times 0.5^{\star}$$

$$\fallingdotseq 568\,\text{kN(약산값)},\ C = 472\text{kN(전산해석값)}$$

- 수직재의 최대 압축력

$$C = 1137 \times 0.07^{\star} = 79\,\text{kN(약산값)}$$

$$C = 32\,\text{kN(전산해석값)}$$

:: **부재 내력검토**

❶ 상현재 내력검토

- 단면성능

WH－600×600×20×30 (SM490)

$A = 468\text{cm}^2 \quad I_x = 318924\text{cm}^4$

$Z_x = 10630\text{cm}^3 \quad i_x = 26.1\text{cm} \qquad Z_y = 3600\text{cm}^3$

$I_y = 108000\text{cm}^4 \quad i_y = 15.1\text{cm}$

- **응력계산**

압축력(C)=2846kN

휨모멘트(M_x)=77kN·m

허용압축응력도(f_c)

$$l_y = 225\,\mathrm{cm} \quad \lambda = \frac{l_y}{i_y} = \frac{225}{15.1} = 14.9$$

f_c= 216MPa

허용압축응력도(f_b)=220MPa

$$\therefore \sigma_c = \frac{C}{A} = \frac{2846}{468} = 6.1\,\mathrm{kN/cm^2} = 61\mathrm{MPa}$$

$$\sigma_b = \frac{M_x}{Z_x} = \frac{77\times10^2}{10630} = 0.78\,\mathrm{kN/cm^2} = 7.2\mathrm{MPa}$$

$$\frac{\sigma_c}{f_c} + \frac{\sigma_b}{f_b} = \frac{61}{216} + \frac{7}{220} = 0.31 < 1.0 \cdots\cdots\cdots\cdots \mathrm{OK}$$

❷ 하현재 내력검토

- **단면성능**

WH−600×600×20×30 (SM490)

$A = 468\mathrm{cm}^2$ $I_x = 318924\mathrm{cm}^4$

$Z_x = 10630\mathrm{cm}^3$ $i_x = 26.1\mathrm{cm}$ $Z_y = 3600\mathrm{cm}^3$

$I_y = 108000\mathrm{cm}^4$ $i_y = 15.1\mathrm{cm}$

- **응력계산**

인장력(T)= 2515kN

허용피로응력도(f_r) = 200MPa(하중조건 2)

$$\sigma_t = \frac{T}{A} = \frac{2515}{468} = 5.4\,\mathrm{kN/cm^2} = 54\mathrm{MPa}$$

$$\frac{\sigma_r}{f_r} = \frac{54}{200} = 0.25 < 1.0 \cdots\cdots\cdots\cdots \mathrm{OK}$$

❸ 수직재 내력검토

- **단면성능**

WH－400×200×9×12(SS400)

$A = 81\text{cm}^2$ $I_x = 22057\text{cm}^4$

$I_y = 1600\text{cm}^4$ $Z_x = 1100\text{cm}^3$

$Z_y = 160\text{cm}^3$ $i_x = 16.4\text{cm}$ $i_y = 4.4\text{cm}$

- **응력계산**

압축력(C)＝79kN

좌굴길이(l_k)＝4.5m－1.2m＝3.3m＝330cm

$$\lambda_k = \frac{l_k}{i_y} = \frac{330}{4.4} = 75$$

∴ 허용압축응력도(f_c)≒115MPa

$$\text{발생압축응력도}(\sigma_c) = \frac{C}{A} = \frac{79}{81} = 1.0\text{kN/cm}^2 = 10\text{MPa}$$

$$\therefore \frac{\sigma_c}{f_c} = \frac{10}{115} = 0.09 < 1.0 \cdots\cdots\cdots\cdots \text{OK}$$

❹ 사재 내력검토

- **단면성능**

WH－400×400×12×12(SS400)

$A = 141\text{cm}^2$ $I_x = 41457\text{cm}^4$

$I_y = 12800\text{cm}^4$ $Z_x = 2073\text{cm}^3$

$Z_y = 640\text{cm}^3$ $i_x = 17.1\text{cm}$ $i_y = 9.6\text{cm}$

- **응력계산**

압축력(C)≒568kN

$$l_{Kx} = 590\text{cm} \quad \lambda_x = \frac{l_{Kx}}{i_x} = \frac{590}{17.1} = 35$$

$$l_{Ky} = 295\text{cm} \quad \lambda_y = \frac{l_{Ky}}{i_y} = \frac{295}{9.6} = 30$$

∴ 허용압축응력도(f_c)＝149MPa

$$\sigma_C = \frac{C}{A} = \frac{568}{141} = 4.0\text{kN/mm}^2 = 40\text{MPa}$$

$$\frac{\sigma_C}{f_C} = \frac{40}{149} = 0.27 < 1.0 \cdots\cdots\cdots\cdots \text{OK}$$

:: 처짐 검토

❶ 중앙부에서의 수직 처짐량 계산

- 크레인 주행보 트러스의 단면2차모멘트

$$I_x = 36229248\,\text{cm}^4$$

- 허용 수직처짐량(δ_{lim}) $\le \dfrac{l}{1000} = \dfrac{5400}{1000} = 5.4\text{cm}$
- 중앙부 최대 처짐량

$$\delta_c = \frac{{}_VP_1(l-b-2a)}{48EI}\{3l^2-(l-b-2a)^2\} + \frac{{}_VP_1(l-a)}{48EI}\{3l^2-(l-a)^2\} + \frac{5W_s l^4}{384EI}$$

$$= \frac{137(5400-500-2\times400)}{48\times21000\times36229248}\{3\times5400^2-(5400-500-2\times400)^2\}$$

$$+ \frac{137(5400-400)}{48\times21000\times36229248}\{3\times5400^2-(5400-400)^2\}$$

$$+ \frac{5\times0.1\times5400^4}{384\times21000\times36229248}$$

$$= 1.0+1.08+1.35$$

$=3.4$cm(약산값), 4.3cm(전산해석값)$< \delta_{\text{lim}} = 5.4$cm··········· OK

6.4.5 크레인 백거더 트러스 부재 내력검토

:: 부재별 발생응력 약산 : 컴퓨터 정밀해석 결과와 차이가 있을 수 있다.

- 상현재의 인장력 $T \fallingdotseq \dfrac{{}_VM_{\max}}{d_1} + \dfrac{{}_HM_{\max}}{b_1}$

$$\fallingdotseq \frac{11701}{3.7} + \frac{497}{1.5} = 3162 + 331 = 3493\text{kN}$$

→ (2200)★ → (전산해석값)

- 하현재의 압축력 $C \fallingdotseq \dfrac{{}_VM_{\max}}{d_1} \fallingdotseq \dfrac{11701}{3.7} = 3162\,\text{kN}$
- 사재의 최대 인장력 및 압축력

$C = R_a \times \dfrac{5.9}{3.9} = 1073 \times \dfrac{5.9}{3.9} \times 0.5$★ ≒812kN(약산값), $C=724$kN(전산해석값)

- 수직재의 압축력

$C \fallingdotseq 1073 \times 0.07$★ ≒ 75kN(약산값), $C=1.8$kN(전산해석값)

:: 부재 내력검토

❶ 상현재 내력검토

- 단면성능

WC − 700 × 300 × 15 × 20 (SM490)

$A = 219\text{cm}^2$ $I_x = 174600\text{cm}^4$

$I_y = 20000\text{cm}^4$ $Z_x = 4990\text{cm}^3$ $Z_y = 930\text{cm}^3$

$i_x = 28.2\text{cm}$ $i_y = 9.5\text{cm}$

- 응력계산

인장력(T)=3493kN

허용인장응력도(f_t)=220MPa

$$\sigma_t = \frac{T}{A} = \frac{3493}{219} = 15.9\,\text{kN/cm}^2 = 159\,\text{MPa}$$

$$\frac{\sigma_t}{f_t} = \frac{159}{220} = 0.72 < 1.0 \cdots\cdots\cdots\cdots \text{OK}$$

❷ 하현재 내력검토

- 단면성능

WC − 700×300×15×20(SM490)

$A = 219\text{cm}^2$, $i_x = 28.2\text{cm}$, $i_y = 9.5\text{cm}$

$l_y = 450\text{cm}$

$$\lambda = \frac{l_y}{i_y} = \frac{450}{9.5} = 47 \rightarrow f_c = 184\text{MPa}(\text{허용압축응력도})$$

- 응력계산

압축력 C=3162kN(약산값), C=2226kN(전산해석값)

$$\sigma_c = \frac{C}{A} = \frac{3162}{219} = 14.4\,\text{kN/cm}^2 = 144\,\text{MPa}$$

$$\frac{\sigma_c}{f_c} = \frac{144}{184} = 0.78 < 1.0 \cdots\cdots\cdots\cdots \text{OK}$$

❸ 사재 내력검토

- 단면성능

T − 220 × 300 × 11 × 18(SS400) 2개 사용

$A = 78.6\text{cm}^2$, $i_x = 5.84\text{cm}$ $i_y = 7.68\text{cm}$

- 응력계산

압축력 C=812kN, 허용압축응력도(f_c), 좌굴길이(l_{kx}) =580cm

$$\lambda = \frac{l_{kx}}{i_x} = \frac{580}{5.84} = 99$$

$\therefore$ 허용압축응력도$(f_c) = 89\,\text{MPa}$

$$\sigma_c = \frac{C}{A} = \frac{812}{2\times 78.6} = 5.2\,\text{kN/cm}^2 = 52\,\text{MPa}$$

$$\therefore \frac{\sigma_c}{f_c} = \frac{52}{89} = 0.58 < 1.0 \cdots\cdots\cdots\cdots \text{OK}$$

❹ 수직재의 내력검토

- **단면성능**

  T－147×200×8×12 2개 사용

  $A = 36.1\,\text{cm}^2$

- **응력계산**

  허용인장응력도 $f_t = 160\,\text{MPa}$

  인장력$(T) = 75\,\text{kN}$

  $$\sigma_t = \frac{T}{A} = \frac{75}{2\times 36.1} = 1.04\,\text{kN/cm}^2 = 10\,\text{MPa}$$

  $$\frac{\sigma_t}{f_t} = \frac{10}{160} = 0.06 < 1.0 \cdots\cdots\cdots\cdots \text{OK}$$

:: 처짐검토

- **크레인 백거더 트러스의 단면2차모멘트**

  $I_x = 15171000\,\text{cm}^4$

- **하용 수직 처짐량** $\delta_{\lim} \le \dfrac{l}{400} = \dfrac{5400}{400} = 13.5\,\text{cm}$

- **중앙부 최대 처짐량**

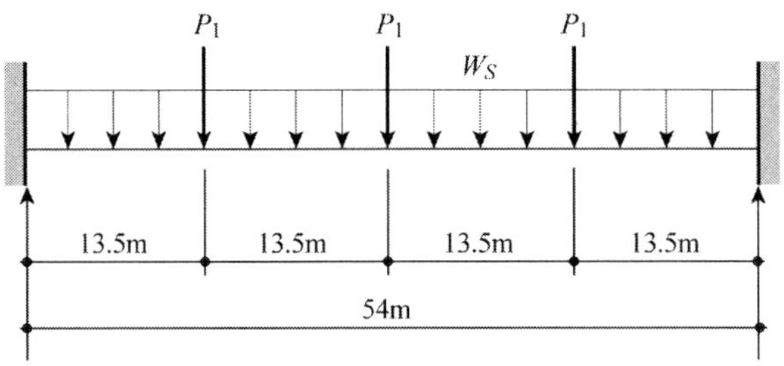

$P_1 = 607.5\text{kN}$(지붕층의 하중), $W_s = 6\text{kN/m}$

$$\delta_c = \frac{P_1 \cdot l^3}{96EI} + \frac{W_s \cdot l^4}{384EI}$$

$$= \frac{607.5 \times 5400^3}{96 \times 21000 \times 15171000} + \frac{0.06 \times 5400^4}{384 \times 21000 \times 15171000}$$

$$= 3.1 + 0.4 = 3.5\,\text{cm} < \delta_{\text{lim}} = 13.5\,\text{cm}$$

$$= 3.5\,\text{cm} \; < \; \delta_{\text{lim}} = 13.5\,\text{cm} \cdots\cdots\cdots\cdots\cdots \text{OK}$$

:: 주행보 트러스와 백거더 트러스의 중앙부에서 수직처짐 차이에 대한 수평연결재의 상세접합부

구조해석결과 백거더 트러스 중앙부에 상부기둥을 태울 때 수직방향 처짐량은 약 36mm 가 발생되는데 지붕의 활하중을 무시해도 약 24mm의 시공 후 장기처짐량이 발생되어 있다고 할 수 있다.

반면에 크레인 주행보 트러스 중앙부에서는 크레인 바퀴의 이동하중에 의해서 약 43mm의 수직처짐이 발생되었다가 크레인이 지나가면 자중에 의한 약 17mm의 수직처짐만 발생되어 이러한 처짐량 차이가 반복적으로 발생되면 백거더 트러스에 연결되는 수평재가 파손될 가능성이 예상된다.

따라서 상부기둥이 올라타는 중앙부에서 수평연결재는 수직방향으로 슬롯홀을 설치하여 처짐을 일부 흡수할 수 있는 접합상세도로 시공하는 것이 바람직하다. (그림 6.9)

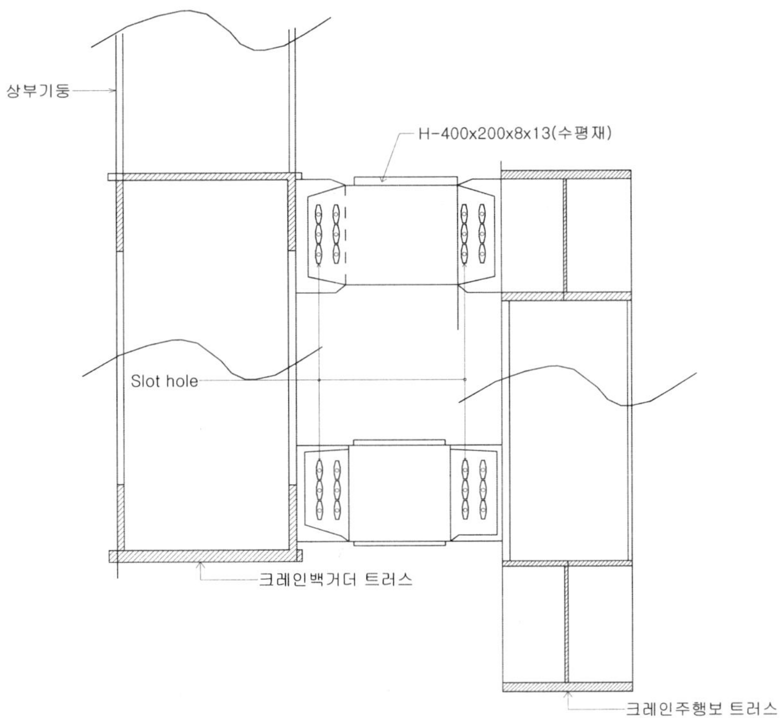

그림 6.9 주행보 트러스와 백거더 트러스의 상세접합부

6.5 켄틸레버 크레인(Wall 크레인) 주행보 설계 예

6.5.1 크레인 주행보 설계도

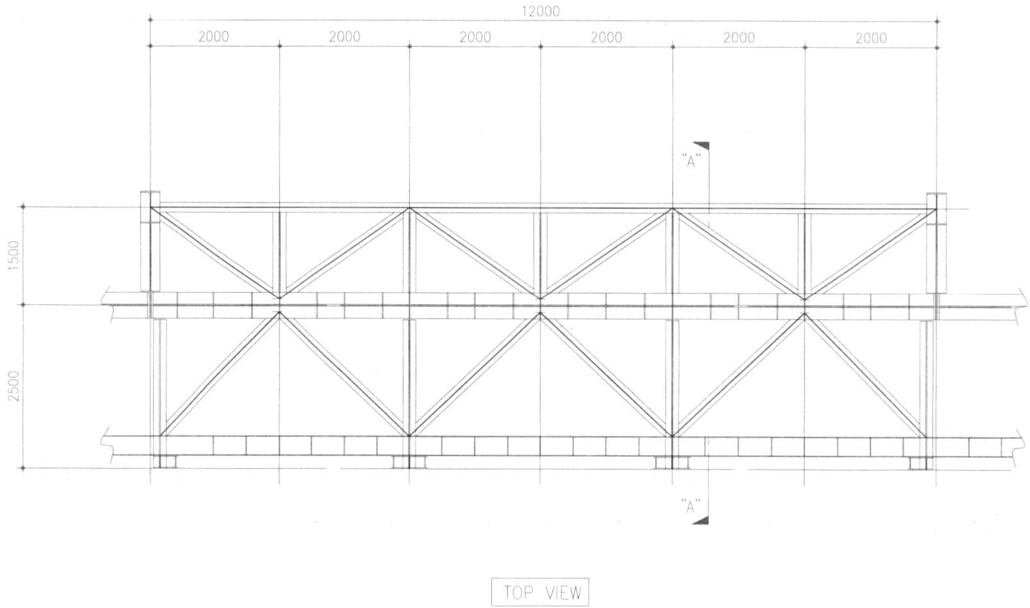

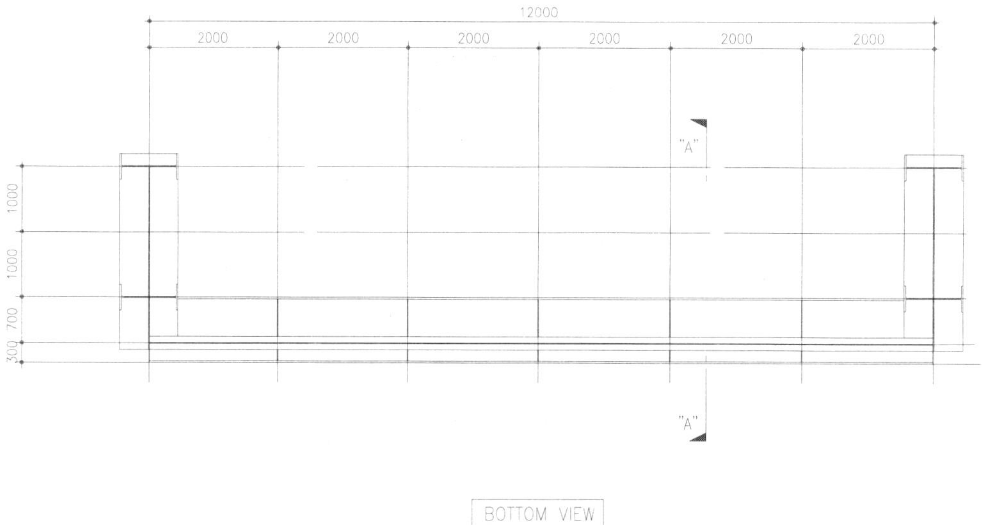

그림 6.10 켄틸레버 크레인 주행보의 설계도

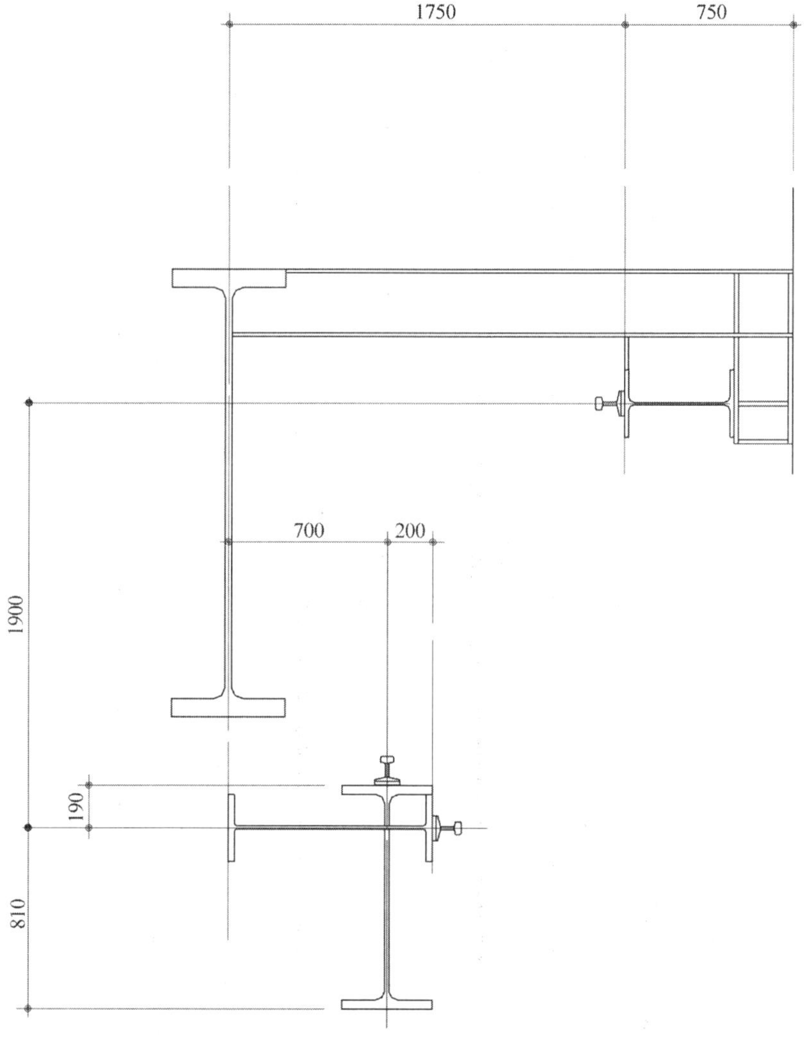

그림 6.11 켄틸레버 크레인 주행보의 설계단면

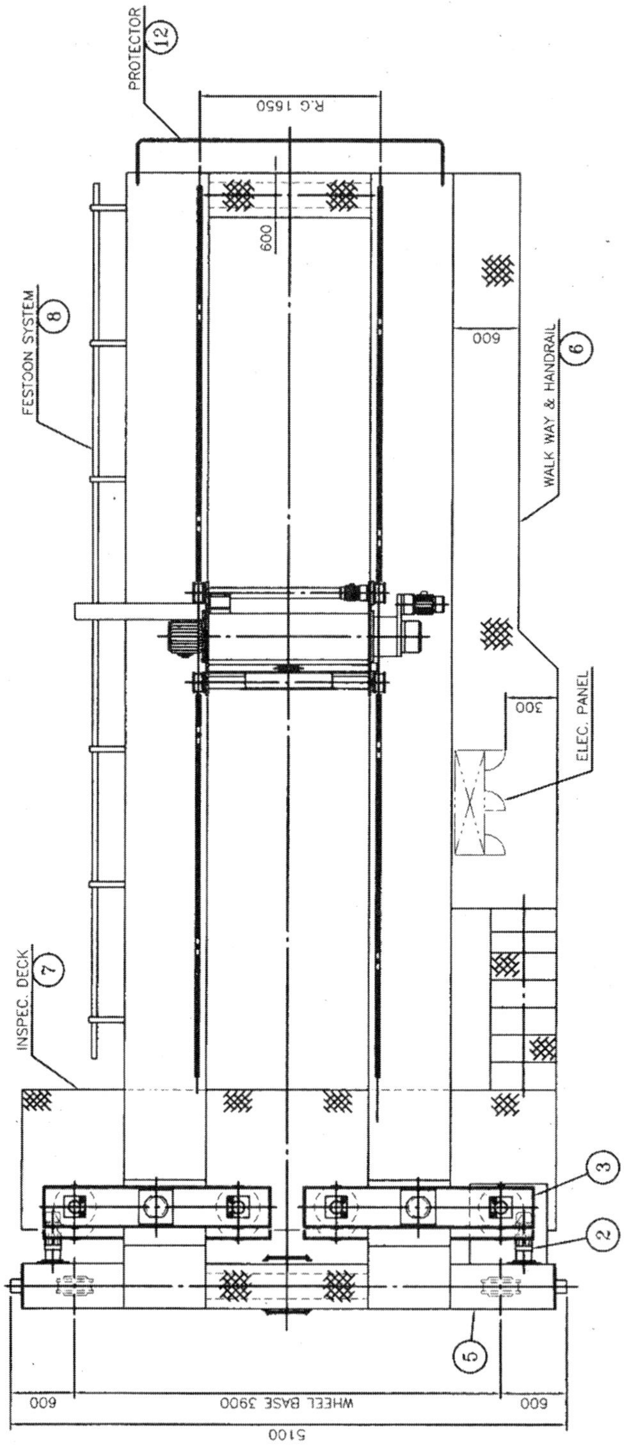

그림 6.12 Wall crane Top view

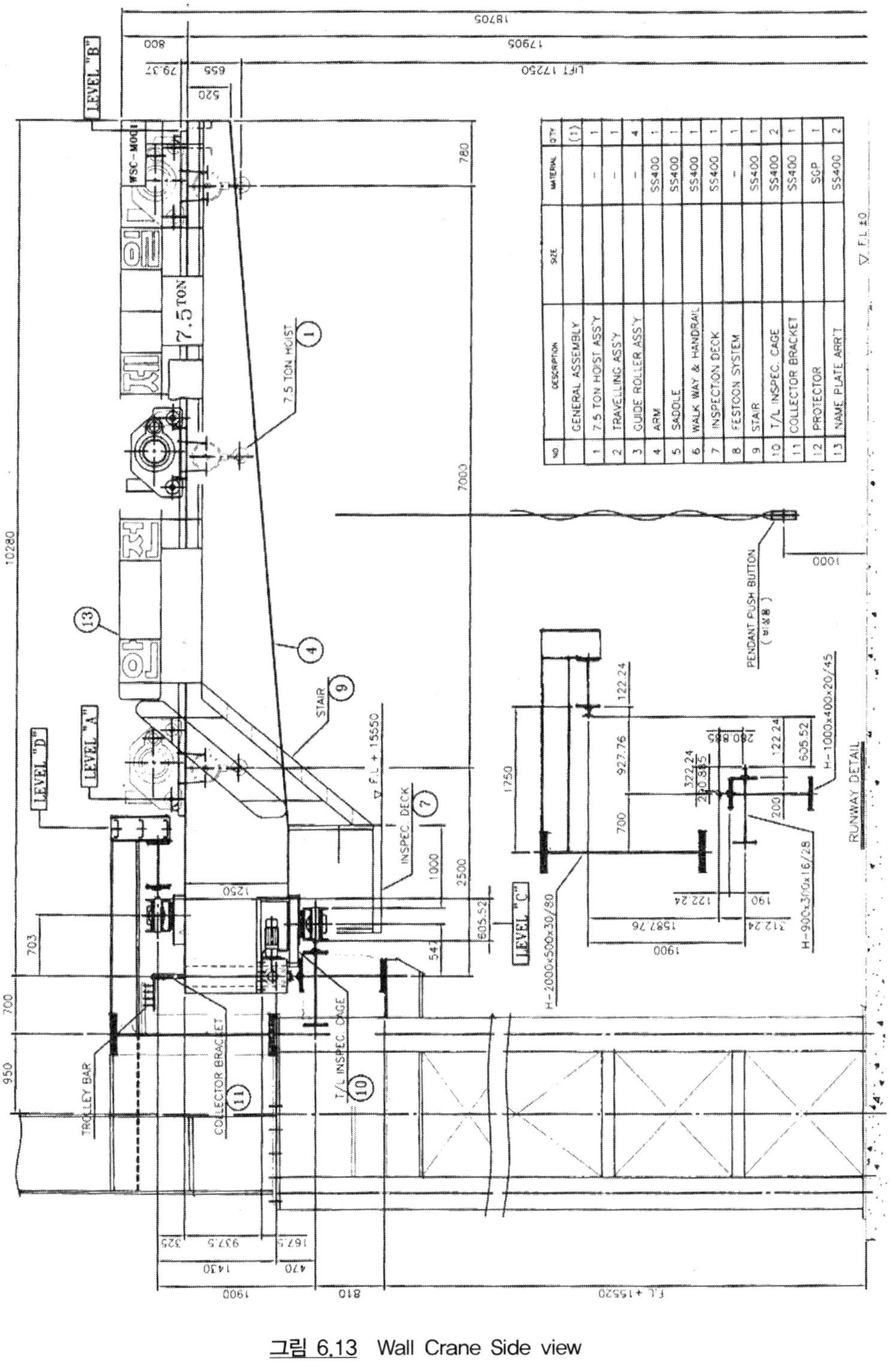

그림 6.13 Wall Crane Side view

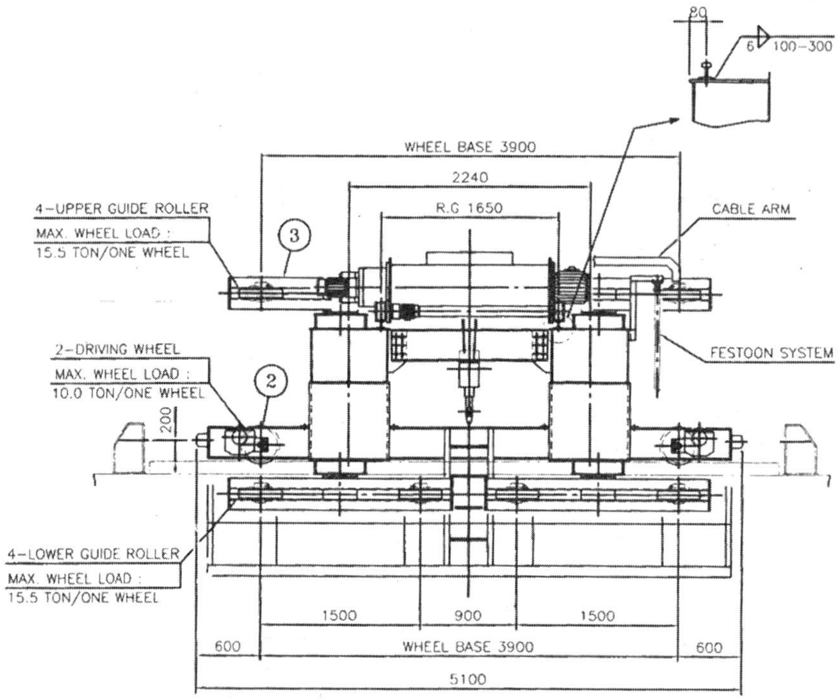

그림 6.14 Wall Crane Side view

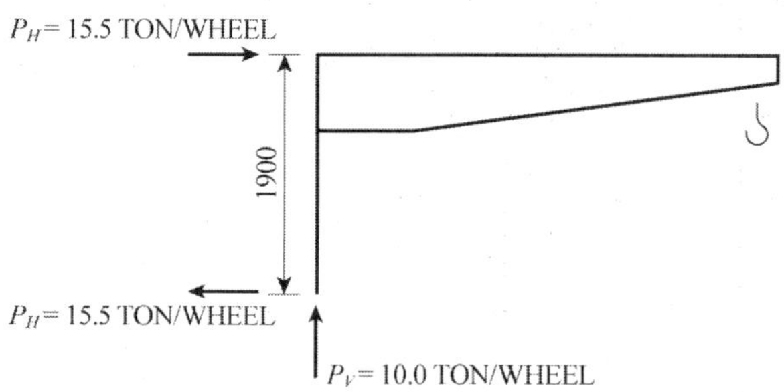

그림 6.15 Loading Data(Without Factor)

6.5.2 Wall 크레인 주행보 구조해석

:: 상부 Wall 크레인 주행보

❶ 구조해석 모델

2-span 연속보를 기본으로 하지만 전체 주행길이에 따라 어느 한 곳에 단순보의 가능성이 있어 단순보로 해석

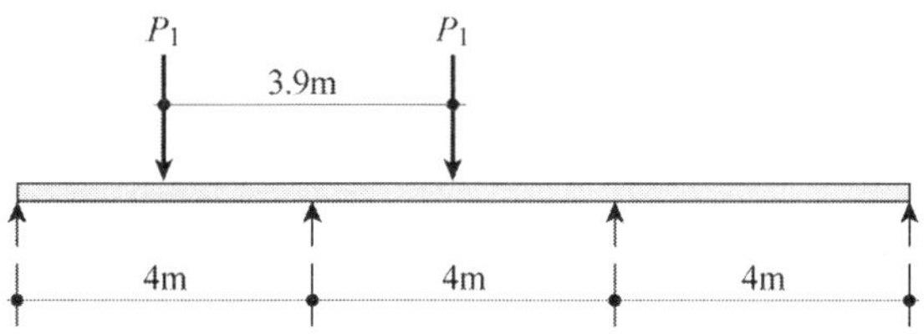

❷ 크레인 하중조건 및 휨모멘트 계산

- 최대 바퀴하중(P): 155 kN/wheel
- 충격계수 : 1.25

$$\therefore P_1 = 1.25 \times 155 = 194\,\text{kN}$$

$$M_{max} = \frac{1}{4} \times P_1 l$$

$$= \frac{1}{4} \times 194 \times 4 = 194\,\text{kN} \cdot \text{m}$$

:: 하부 Wall 크레인 주행보

❶ 구조해석모델 : 1구간에 용량 7.5톤 크레인 1대만 운행하는 조건

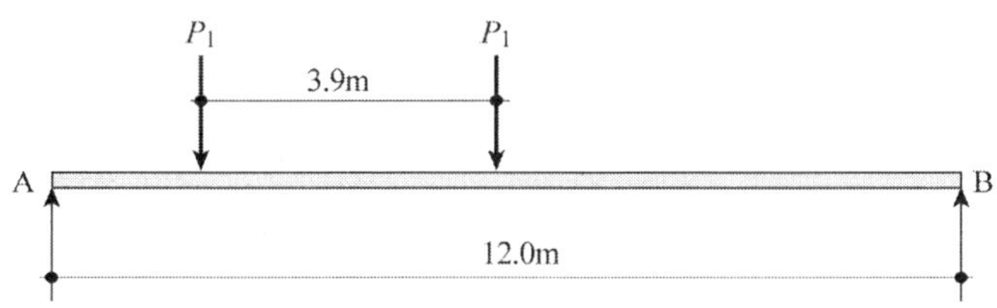

❷ 하중조건

- 최대 바퀴 하중 : $_VP = 100\text{kN/wheel}$(수직하중)
  $_HP = 155\text{kN/wheel}$(수평하중)

- 충격계수 : 1.25

$_VP_1 = 1.25 \times 100 = 125\text{kN}$

$_HP_1 = 1.25 \times 155 = 194\text{kN}$

자중(W_s) $= 8.0\text{kN/m}$

❸ 최대 모멘트 계산

- 수직방향 모멘트

$$
\begin{aligned}
{}_VM_{max} &= \frac{P}{2l}\left(l - \frac{a}{2}\right)^2 + \frac{1}{8} \times W_s \times l^2 \\
&= \frac{125}{2 \times 12}\left(12 - \frac{3.9}{2}\right)^2 + \frac{1}{8} \times 8 \times 12^2 \\
&= 526 + 144 = 670\,\text{kN}\cdot\text{m}
\end{aligned}
$$

- 수평방향 최대 모멘트

$$
\begin{aligned}
{}_HM_{max} &= \frac{P}{2l}\left(l - \frac{a}{2}\right)^2 \\
&= \frac{155}{2 \times 12} \times \left(12 - \frac{3.9}{2}\right)^2 = 652\,\text{kN}\cdot\text{m}
\end{aligned}
$$

6.5.3 크레인 주행보 단면 내력검토

:: 상부 크레인 주행보

❶ 부재단면 성능

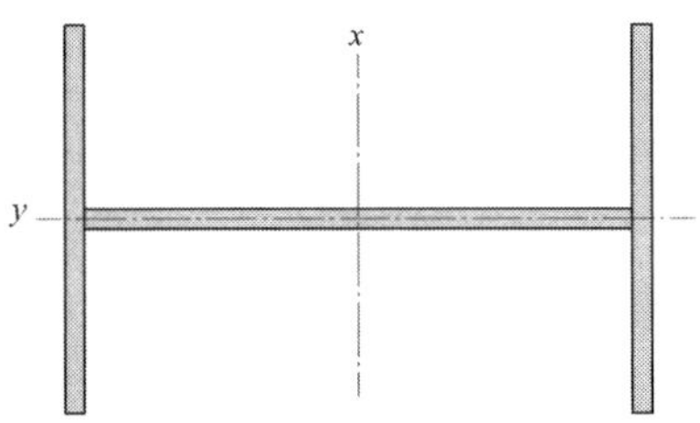

H−482×300×11×15(SS400)

$Z_x = 2500\text{cm}^3$

$I_x = 60400\text{cm}^4$

❷ 응력계산

발생휨모멘트(M_x) = 194kN·m

$$\sigma_b = \frac{M_x}{Z_x} = \frac{194 \times 10^2}{2500} = 7.76\text{kN/cm}^2 = 78\text{MPa}$$

허용휨응력도(f_{bx}) = 160MPa

$$\frac{\sigma_{bx}}{f_{bx}} = \frac{78}{160} = 0.49 < \ 1.0 \cdots\cdots\cdots\cdots \text{OK}$$

:: 하부 크레인 주행보

❶ 부재단면 성능

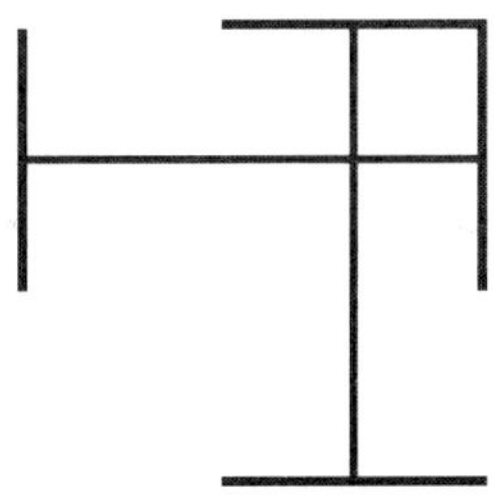

WH－1000×400×20×30(SM490)

I_x=70300cm^4

Z_x=14060cm^3

i_b=10.2cm

WH－900×300×15×30(SM490)

I_x=400,000cm^4

Z_x=8880cm^3

i_b=7.9cm

❷ 응력계산

$_V M_{max}$ = 872kN·m(수직방향모멘트)

$_H M_{max}$ = 1129kN·m(수평방향모멘트)

〈내력검토〉

• **수직방향 휨 응력도**

WH－1000×400×20×30 사용

$$\sigma_{bx} = \frac{_V M_{max}}{Z_x} = \frac{670 \times 100}{14060} = 4.76\text{kN/cm}^2 = 48\text{MPa}$$

허용 휨 응력도 : 수평보의 하부플랜지에 의해 압축플랜지가 구속되므로 횡좌굴이 방지됨

$\therefore f_{bx} = 200\text{MPa}$

$$\frac{\sigma_{bx}}{f_{bx}} = \frac{48}{200} = 0.25 < 1.0 \cdots\cdots\cdots\cdots \text{OK}$$

- 수평방향 휨 응력도

  WH－900×300×15×30 사용

$$\sigma_{bx} = \frac{{}_H M_x}{Z_x} = \frac{652 \times 100}{8880} = 7.34\text{kN/cm}^2 = 72\text{MPa}$$

  허용응력도 산정 : 수직보의 상부플랜지에 의해 압축 플랜지가 구속되므로 횡좌굴이 방지됨

$\therefore f_{bx} = 200\text{MPa}$

$$\frac{\sigma_{bx}}{f_{bx}} = \frac{73}{200} = 0.37 < 1.0 \cdots\cdots\cdots\cdots \text{OK}$$

:: 처짐검토

❶ **허용처짐량**$(\delta_{\text{lim}}) \le \dfrac{l}{1000} = \dfrac{12000}{1000} \le 12\text{mm}$

- 수직방향 최대 처짐

$${}_V\delta = \frac{{}_V P_1}{48EI}(l-a)\{3l^2 - (l-a)^2\}$$

$$= \frac{125}{48 \times 21000 \times 703000}(1200-390)\{3 \times 1200^2 - (1200-390)^2\}$$

$$= 5.2\text{mm} < \delta_{\text{lim}} = 12\text{mm} \cdots\cdots\cdots\cdots \text{OK}$$

- 수평방향 최대 처짐

$${}_H\delta = \frac{{}_H P_1}{48EI}(l-a)\{3l^2 - (l-a)^2\}$$

$$= \frac{155}{48 \times 21000 \times 400000}(1200-390)\{3 \times 1200^2 - (1200-390)^2\}$$

$$= 11.4\text{mm} \le \delta_{\text{lim}} = 12\text{mm} \cdots\cdots\cdots\cdots \text{OK}$$

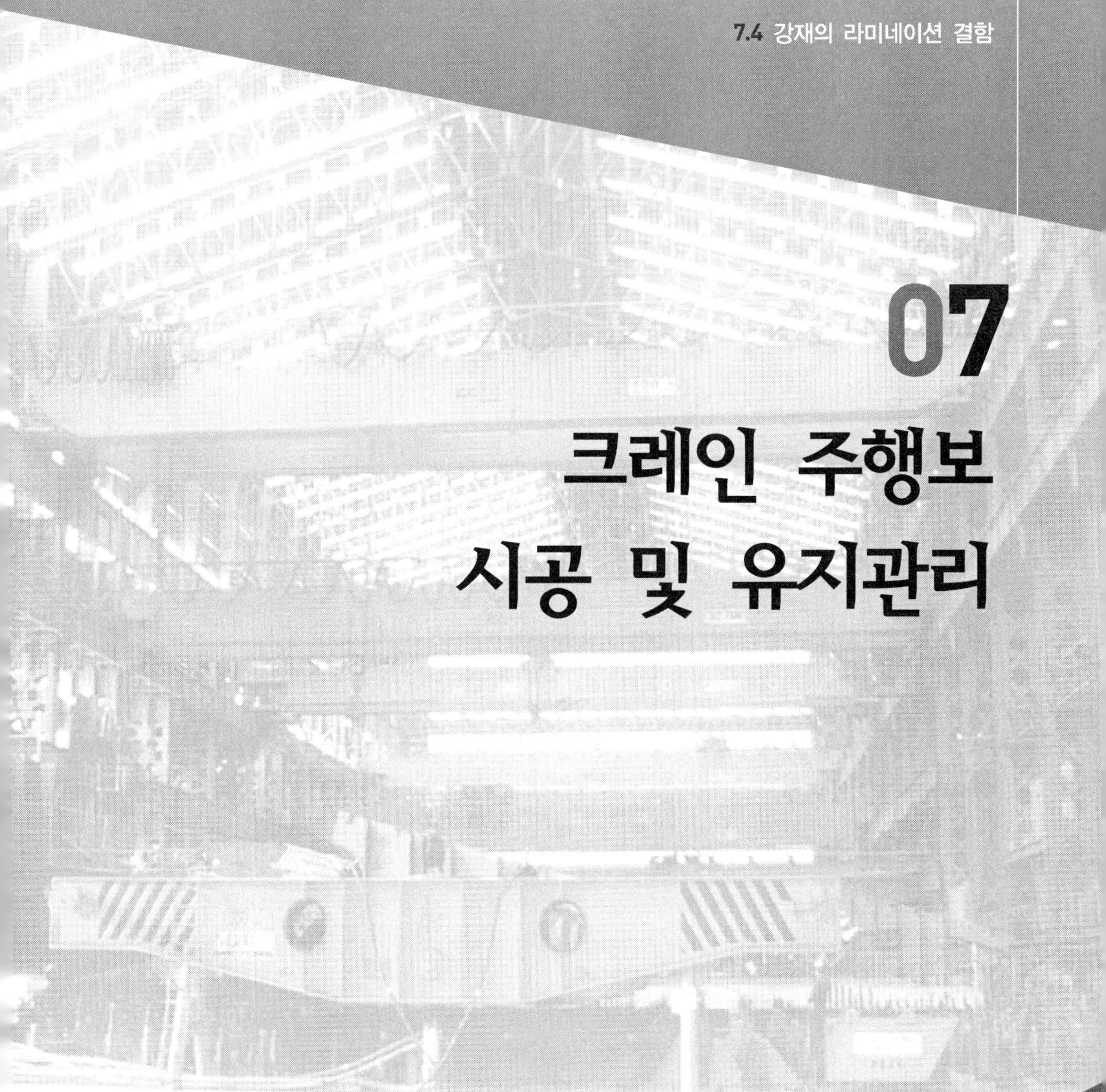

07

크레인 주행보 시공 및 유지관리

07 크레인 주행보 시공 및 유지관리

7.1 피로손상 사례

7.1.1 개요

공장건축물에 설치되어 조업 중인 천정크레인은 운전상황과 크레인 주행보 및 구조물의 시공정밀도에 따라 진동, 흔들림 등의 충격이 반복적으로 발생하여 구조물의 다른 부분에 문제가 생기게 하고 건물수명동안 수많은 반복하중작용으로 용접구조물에 강재 피로현상으로 인한 손상을 일으키고 있다. 이러한 피로손상 및 일반적인 부재결함을 발생시키는 주요 원인은 여러 가지가 있지만 여기서는 피로에 의한 손상으로 생각할 수 있는 사례를 고찰해 본다.

우리나라에서는 대형 산업공장의 역사가 50년 전후로 크레인 주행보에 대한 피로설계 개념이 거의 고려 대상이 되지 않았으나 이제부터는 서서히 이전의 공장크레인 주행보에서 피로손상이 발생될 수 있는 수명에 도달되어 세심한 점검이 요구되고 있다.

선진 외국에서는 오래 전부터 피로설계에 대한 이론과 수많은 손상사례를 통하여 피로설계 기준을 정립하여 적용하고 있기 때문에 우리에게도 소중한 설계 자료가 되어 다행이라고 할 수 있다.

7.1.2 외국의 크레인 주행보 피로손상 사례

일본에서는 1935～1975년 사이에 건설된 제철소의 크레인 주행보의 손상 사례로 총 52건을 수집하여 공장별, 사용기간별, 운행횟수별 등으로 사고 건수를 분석하였다. 오래 전에 건설된 제철소의 크레인은 가동률도 낮고 크레인의 속도도 느려서 그 공장의 내용 연한내에서는 반복하중에 의한 피로파괴가 발생되는 것이 매우 드물었으나 근대화된 제철소에서는 크레인의 대형화 및 고속화와 함께 가동률도 높아져 상당히 빠른 기간 내에 피로파괴가 발생되는 것으로 나타났다.

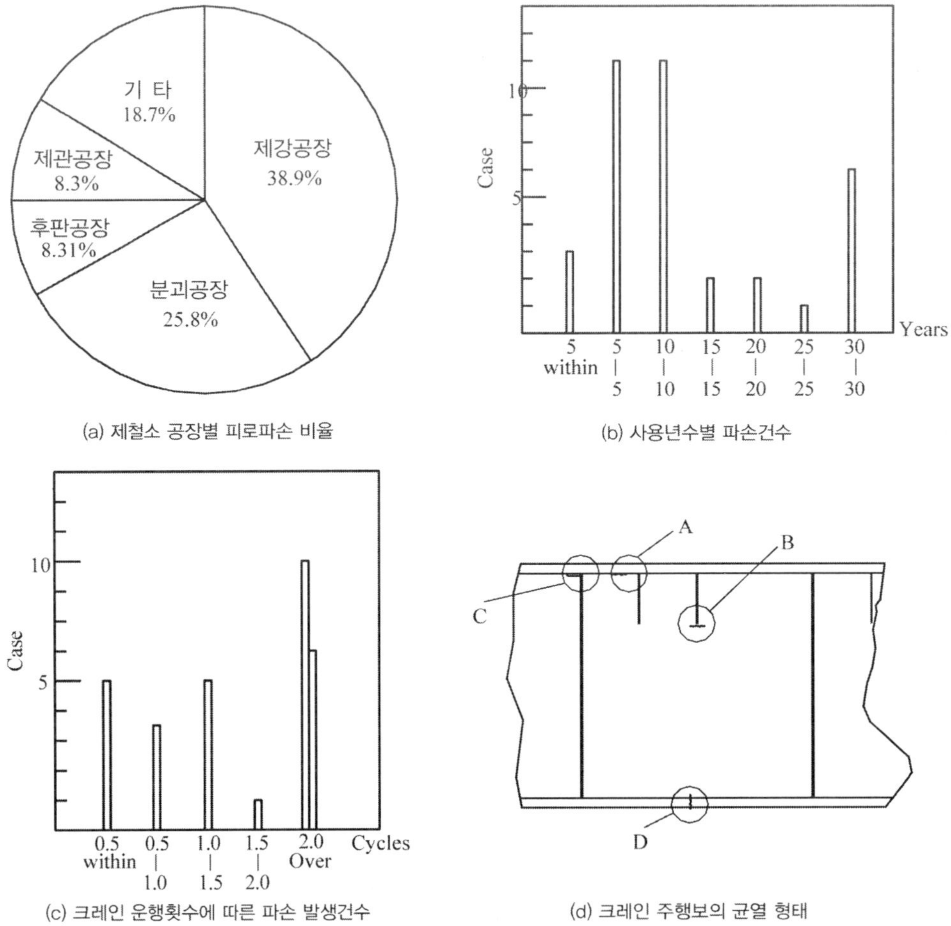

그림 7.1 구미 각국 제철소 크레인 주행보 손상사례

그림 7.1(a)는 제철소 내의 각 공장별 파손 비율을 나타낸 것으로써 대형크레인이 많이 사용되는 제강공장에서 크레인 주행보 파손이 가장 빈번하게 발생하고 있음을 알 수 있다. 제강공장에서 전체 파손 사고의 약 40%, 분괴공장에서 26%로 대부분의 손상이 두 공장에 집중되어 있으며 그 외 후판공장 및 제관공장에서도 크레인 주행보의 파손사고가 가끔씩 발생되고 있다.

그림 7.1(b)는 크레인의 설치 시부터 손상이 발견될 때까지의 사용년수를 나타낸 것이다.

5년 이내에 손상이 생긴 경우는 전체의 약 8%이지만 그중에는 약 40개월 사용 후에 균열이 발생된 경우도 있다. 10년 이내의 사고가 발생한 경우는 전체 사고건수의 약 40%, 15년 이내에는 약 70%로써 대부분의 사고가 사용년수 15년 이내에 발생되었음을 알 수 있다.

그림 7.1(c)는 크레인의 운행횟수에 따른 사고 발생건수를 나타낸 것이다.

운행횟수는 크레인이 사고 발생부위를 한 번 통과한 경우를 1회로 계산한 것이다.

50만 회 이하의 반복횟수에서 손상이 발행한 경우는 전체의 약 15% 정도이나 대부분 크레인 주행보 본체보다는 볼트의 파단 또는 수평브레이스 등 2차 부재가 손상된 경우가 많다. 200만 회 이상에서 손상이 생긴 경우는 전체의 약 50%를 점유하고 있으며, 이러한 경우는 어느 정도 피로 수명에 도달하여 파손이 발생된 것으로 생각할 수 있다. 크레인의 사용기간이 5년~15년 사이일 때 손상이 가장 많이 발생됨을 고려해 보면 크레인의 사용빈도가 상당히 높은 것을 알 수 있다.

즉, 오래 전에 건설되었으나 사용빈도가 적은 크레인보다는 최근에 건설되었어도 사용빈도가 많은 크레인들이 파손사고를 쉽게 유발할 수 있는 것으로 나타났다.

크레인 주행보의 파손은 주로 크레인의 왕복에 의한 피로작용이지만, 피로 응력을 유발하는 원인은 여러 가지가 있을 수 있다. 즉, 크레인 및 운반물에 의한 굽힘 모멘트에 따른 응력, 크레인 바퀴가 운행되는 레일의 편심에 의한 측방향 응력, 크레인의 사행이나 제동시 주행보의 흔들림에 의한 하중작용 등이 피로응력으로 작용될 수 있으며 이러한 응력작용은 크레인 주행보의 용접부나 볼트 부위 등 응력집중 부위에서 더욱 심화 될 수 있다.

그림 7.1(d)는 용접플레이트 형태의 크레인 주행보에서 피로균열이 나타나는 여러 가지 형태를 나타내고 있다. 그림에서 균열 A의 경우는 상부플랜지와 웨브의 용접부에서 피로균열이 발생한 경우이고, 균열 B는 보강용 리브 용접부 끝에 균열이 발생한 경우이다. 보의 상부 쪽에 발생되는 이러한 균열들은 주로 레일과 웨브의 편심에 의한 하중 때문이다. 즉 크레인이 운행될 때마다 레일편심에 의한 반복 모멘트가 작용하여 상당히 높은 인장응력이 발생되고 응력집중이 일어날 수 있는 용접부에서 피로균열이 생성, 성장하게 된다. 이 국부적인 반복 모멘트는 크레인 바퀴 1개가 지나갈 때마다 발생된다고 보면 크레인의 1회 통과시에 바퀴 1개의 개수만큼 피로 사이클이 적용되는 것이므로 상당히 빠른 기간 내에 피로손상이 일어날 수 있는 것이다.

균열 D의 경우는 하부플랜지와 웨브에 걸쳐 균열이 발생하는 경우로서 크레인 및 운반물의 자중에 의한 굽힘 응력이 가장 큰 부위에서 발생하는 것이므로 예상되는 사용기간에 비해 피로강도가 충분치 못하거나 플랜지와 웨브의 용접부에 용접 결함이 있어 응력집중이 심하게 일어날 수 있기 때문인 것으로 생각된다. 이러한 균열은 다른 균열(A, B, C 형태)과는 다른 균열의 방향이 수직방향이고 균열의 전파도 신속하게 이루어질 수 있는 것이므로 크레인 운행의 안전성에 심각한 위협이 될 수 있다.

이러한 크레인 주행보의 파손사고는 구미의 각 제철소에서도 발생된 예들이 있으며 사고형태 및 원인 추정 결과를 요약하면 표 7.1과 같다. 주로 크레인 바퀴가 통과하는 레일 웨브의 편심에 의해 상부플랜지와 웨브의 용접부에서 균열이 발생하는 경우가 많은 것으로 나타났으며, 그 대책으로써 용접부 강도를 향상시키기 위해 용접 시에 완전용입용접을 권장하고 있다. 또한, 크레인 주행보의 피로수명 및 피로강도를 고려할 설계 지침을 작성하여 피로손상을 방지할 수 있도록 해야 한다.

표 7.1 구미 각국 제철소 크레인 주행보 손상사례

국명	손상내용	원인 추정 및 대책
영국	상부플랜지 웨브의 필렛용접부 균열	• 바퀴하중의 집중에 의해 발생되는 국부응력의 반복 작용에 따라 피로균열 발생 • 완전용입용접
소련	상부플랜지와 웨브의 용접부 균열	• 편심하중 또는 수평방향 하중에 의한 웨브의 휨 • 용접부에서의 언더컷
독일, 프랑스	상부플랜지와 웨브 또는 플랜지와 스티프너의 용접부 균열	• 수직방향 집중응력, 편심하중 측방향 하중에 의한 국부응력 작용
미국	중간 스티프너의 균열	• 완전용입용접

7.1.3 국내 제철소공장 크레인 주행보 피로손상 사례

:: 사례 조사 개요(1991년 1월 조사)

1990년 12월 공장 내 대형용량(450톤)의 천정크레인 주행보에서 갑작스런 하부플랜지의 파괴 균열 발생으로 발생원인 조사와 보수보강방안 수립을 위한 조사를 저자본인이 직접 수행하였고 기타 주변의 다른 공장에 설치되어 운행되고 있는 천정크레인 주행보에 대해서도 조사를 하게 되었다.

외국의 사고사례를 토대로 각 크레인 주행보에 대한 점검항목을 선정하여 정리하였고. 점검방법은 1차로 각 공장의 조업상황과 크레인의 운행횟수, 사용수명 등의 기초자료를 수집한 후 결함여부를 육안조사 하였다.

1차 육안검사 결과 결함이 발생된 부위에 대해서는 손상발생 원인을 유추하여 2차로 비파괴검사와 계측조사(strain gage, crack gage, 변위 측량 등)를 행하였으며 이러한 계측조사 결과는 구조해석 결과와 종합·분석되어 보수 방안을 수립하는 기초자료로 쓰인다.

각 공장별로 동일 유형의 손상이 여러 부위에서 발견되었으며 그러한 손상을 구분하여 설명한다.

:: 공장-1

공장-1은 조사당시 12년 이상 조업을 계속해 온 공장으로 용량 450톤의 초대형 크레인 2대가 하루 24시간 계속하여 조업운행을 수행하고 있었다.

따라서 크레인 주행보는 구간에 따라서 이미 반복횟수가 100만 회에 육박하고 있는 구간도 존재하고 있었다.

그림 7.2는 크레인 주행보에 발생된 손상부를 보여준다. 그림에서 보는 바와 같이 하부수평 스트프너와 거셋 플레이트 사이의 용접부에서 전반적으로 균열이 발생되었고 그 중 일부는 이미 주행보의 구조본체인 웨브판까지 진전하고 있다. (그림 7.2의 Ⓐ, Ⓑ, Ⓒ)

이러한 균열의 크기는 보의 양단부 보다 중앙부에 더 크게 나타나고 있으며 반복하중 횟수가 적은 스팬에서는 아직 크게 성장하지 않고 있다.

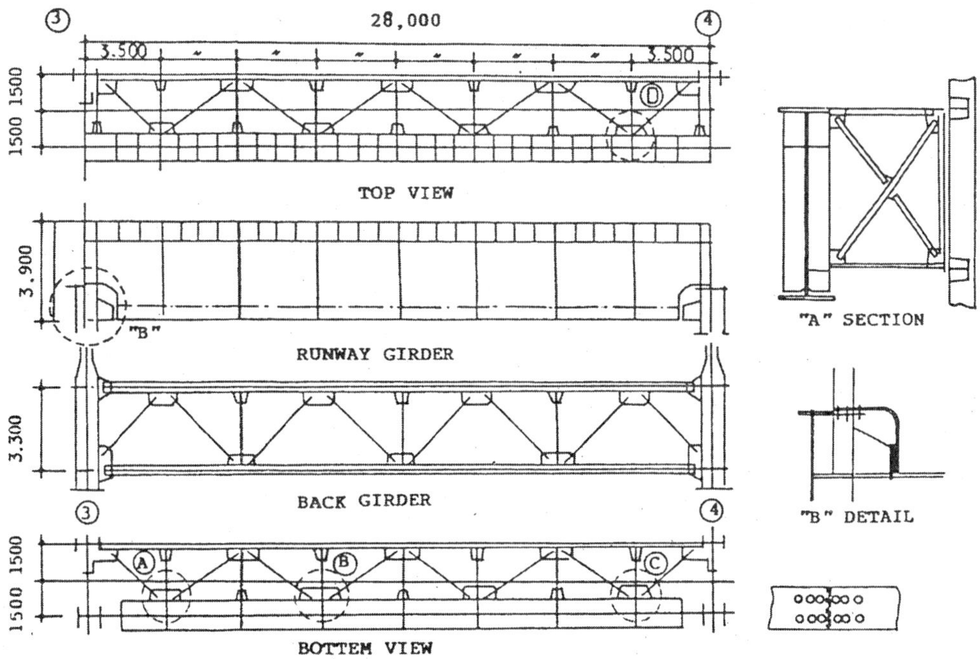

그림 7.2 균열발생위치도

그림 7.3은 상기균열을 좀 더 자세히 나타낸 그림으로써 균열은 접합부위 중 가장 높은 응력집중이 예상되는 코너부위에서 시작하여 하부수평 스티프너를 가로질러 진행하고 있다. 발생 원인으로서는 주행보의 크레인 하중에 의한 처짐이 이 부위에 응력을 유발하게 됨으로 설명할 수 있다. 이러한 백거더에 의한 주행보의 처짐 구속은 상부플랜지와 거셋 플레이트 사이의 용접부에도 균열을 발생시키고 있는데(그림 7.4) 이러한 경우는 상부플랜지의 두께(60mm)와 거셋 플레이트 두께(9mm)와의 차이가 커서 균열이 상부플랜지로 진전하지 못하고 용접선을 따라서 진전하고 있다.

상기 두 가지 유형의 균열은 모두 동일한 원인, 즉 백거더의 거셋 플레이트를 통한 주행보의 처짐 구속에 기인한 것으로서 구조설계상 피할 수 없는 것으로 판단되며, 다만 거셋 플레이트와 주행보 사이의 용접부 형상, 즉 거셋 플레이트 형태를 변경함으로써 코너 부위의 응력집중현상을 완화시키는 것이 필요하다. 또한 하부에 나타난 균열에 대해서는 수평스티프너의 두께를 좀더 크게 함으로써 균열이 주부재 웨브로 진전하지 못하게 하는 것이 중요하다.

손상 원인은 다음과 같이 요약할 수 있다.

① 주거더의 처짐에 의한 백거더의 상대적 처짐 구속에 따른 2차 응력의 발생(그림 7.5)
② 크레인의 과다한 하중에 의한 Box 트러스 단면에서의 비틀림 모멘트 발생으로 거더 단부 쪽의 거셋 플레이트에 응력 과다 발생
③ 거셋 플레이트 용접부 모서리에서의 응력집중

이러한 손상에 대한 유해도를 유추해 보면 다음 그림 7.6과 같다.

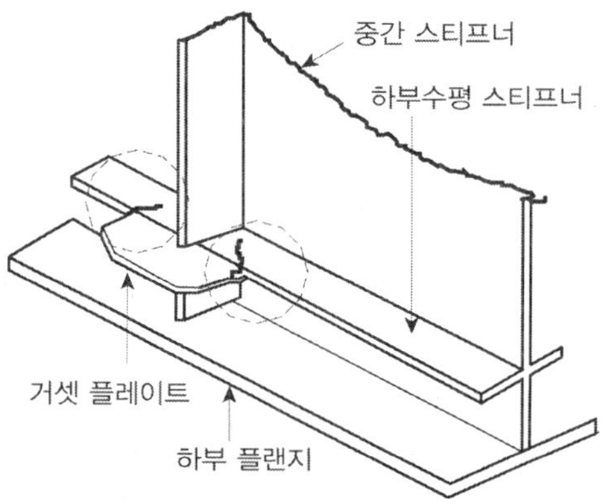

그림 7.3 균열상세도-1

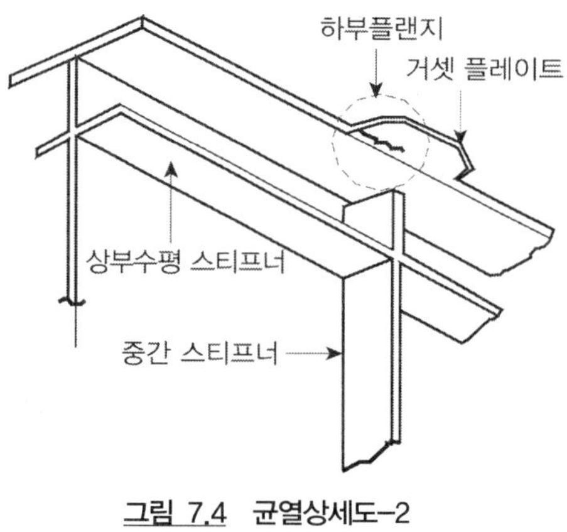

그림 7.4 균열상세도-2

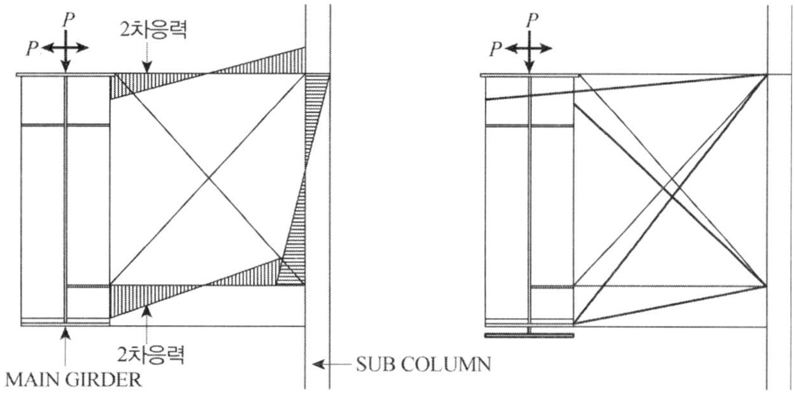

그림 7.5 백거더의 구속에 의한 2차모멘트

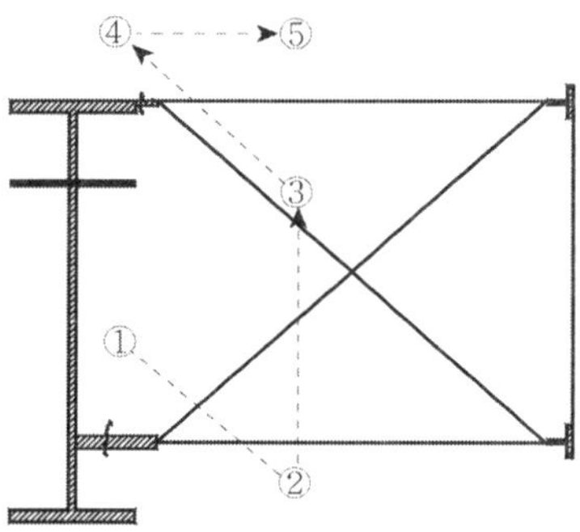

① 하부 수평 STIFFENER 파손

MAIN GIRDER쪽으로 진전 가능
MAIN GIRDER의 강성 부족

↓

② 하부 BRACE재의 내력 상실

BOX GIRDER로서의 역할 상실
하부 FLANGE의 수평방향 쳐짐
과다 발생 및 응력 증대

↓

③ X-BRACE재의 내력상실

응력의 과다 발생
BOX GIRDER로서의 역할 상실

↓

④ 상부 FLANGE 접합부 파단

응력 과다 집중으로 GUSSET 파단
횡방향 지점 기능 상실

↓

⑤ 하부수평 STIFFENER 파손

압축 FLANGE의 횡좌굴 발생
구조 강도 부족

그림 7.6 손상부의 유해도 유추

:: 공장－2

공장-2는 1973년에 준공되고 1975년에 증설된 공장으로서 용량 150톤의 크레인 3대가 운행되고 있는 대형공장이다.

이 공장의 크레인 주행보는 단부에서는 춤이 작아지지 않고 전체 스팬에서 동일한 춤을 가진 H형강 조립재로서 그 형태가 비교적 단순하고, 1차점검 결과 크레인 주행보 본체에서는 큰 결함이 발견되지 않았다. (그림 7.7)

그러나 그림 7.8에서 보는 바와 같이 주행보 본체와 기둥을 연결시켜 주는 볼트가 파단된 곳이 여러 군데에서 발생되고 있다. 이러한 볼트의 파단은 크레인 운행 중에 주행보의 수직변위에 따라 끝부분에서 회전 변형이 일어나며, 이러한 회전 변형을 볼트가 구속함으로서 볼트에 인장력 및 굽힘력이 발생하여 파단에 이르는 것으로 추정할 수 있다. (그림 7.9)

주행보와 기둥 사이의 볼트 체결 목적은 수직방향으로의 변위 구속에 있는 것이 아니고 수평방향, 즉 보 상부의 크레인이 운행중 정지를 하게 되면 이에 대한 반력으로 보가 밀리는 것을 막기 위함에 있기 때문에 상기 수직방향의 구속은 볼트 체결의 원래 목적과 관계가 없는 것으로 나타났다. 그러므로 이러한 파단에 대해서는 일단 파단된 볼트를 교체하고, 볼트를 회전운동과 약간의 상하 변위를 허용하도록 체결하여야 하거나 또는 아예 볼트가 없는 쉬어키 형태의 지지방법을 채택해야 한다.

이러한 손상에 대한 유해도를 유추하면 그림 7.10과 같다.

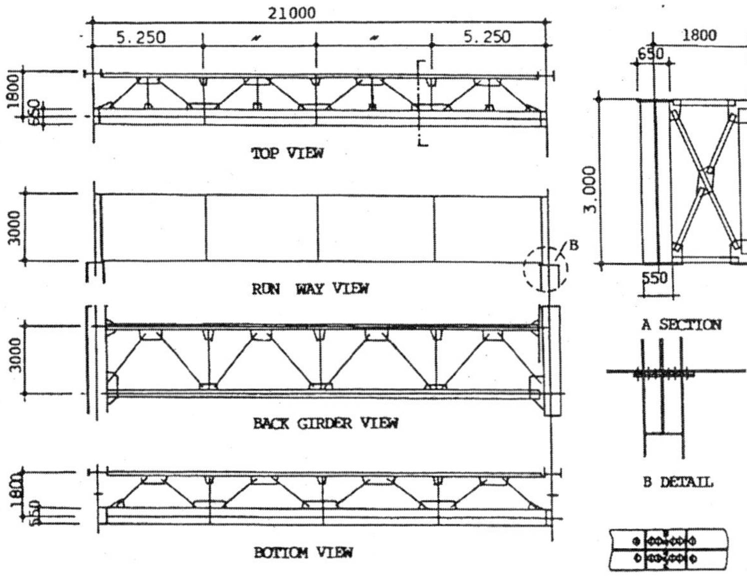

그림 7.7 크레인 주행보 설계도

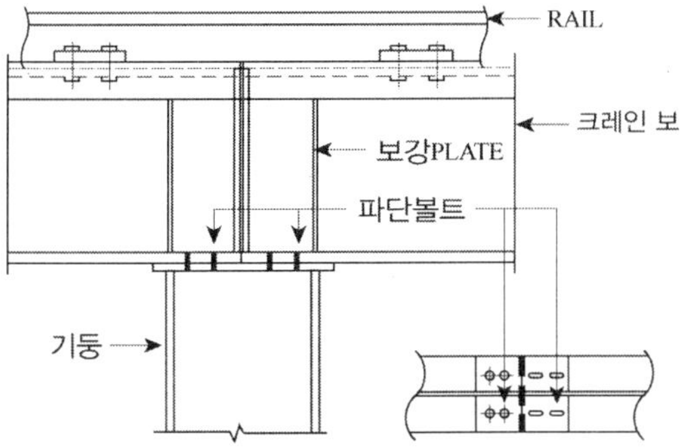

그림 7.8 단부지지 Bolt의 절단

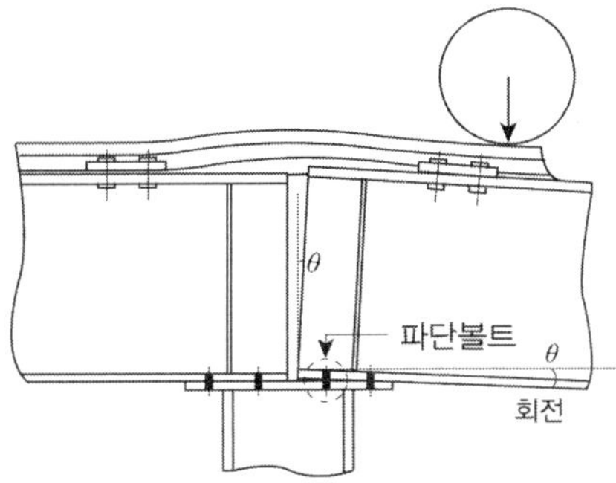

그림 7.9 단부회전변위 detail

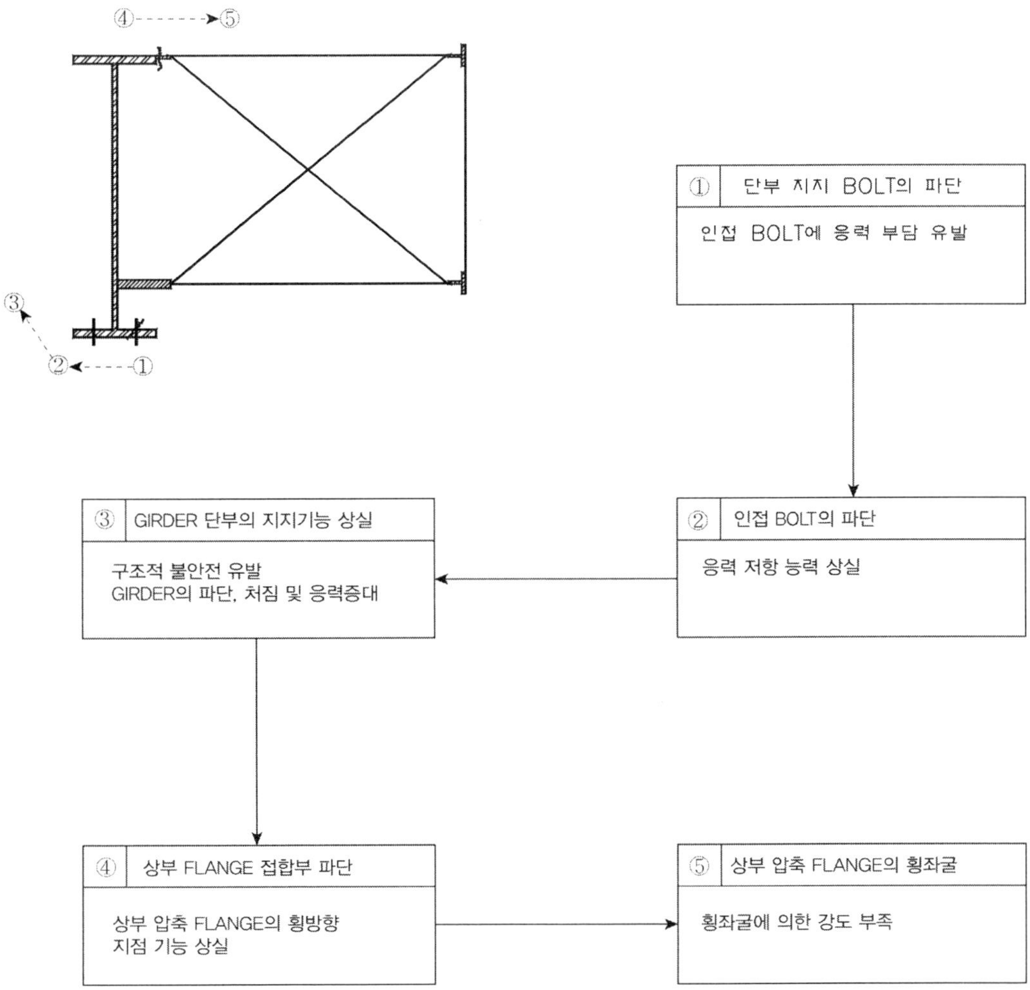

그림 7.10 손상부의 유해도 유추

:: 공장 – 3

공장-3은 1978년 2월 조업이 시작된 공장으로서, 총 19개의 크레인이 운행 중에 있다. 비교적 용량이 적은 30톤 크레인 3대가 24시간 가동되어 크고 작은 제품을 운송하고 있으며 특히 제품의 분류를 위하여 반복운행횟수가 매우 크다.

발견된 균열의 위치는 그림 7.11과 같으며 균열을 유형별로 살펴보면 그림 7.12에서 보는 바와 같이 중간 스티프너 플레이트와 웨브플레이트 용접부 선단에서 발생된 웨브 균열과 웨브의 상부플랜지 용접부 및 중간 스티프너 또는 리브 플레이트와 상부플랜지 하부의 용접부에서 발생된 용접균열 그리고 용접균열이 성장하여 웨브 균열로 진전된 균열 등이 발견되고 있다.

이 중 웨브 균열은 중간 스티프너와 웨브 플레이트 사이 용접부의 선단에서 시작하며 대부분 상부플랜지와 평행하게 성장하고 있으며 용접균열의 경우 웨브와 상부플랜지 사이 용접부의 열영향부에서 발생하여 용접부 길이를 따라 성장하고 있으며 웨브 쪽으로 방향을 바꾸어 웨브를 45° 각도로 관통, 성장하는 균열도 발견되었다. 균열의 길이는 10cm에서 100cm 사이로 이미 보의 강도에 상당한 영향을 미치고 있으리라고 예상되고 있다.

이러한 균열의 원인으로는 용접에 의한 용접접합부의 잔류응력과 레일의 편심에 의한 상부플랜지의 회전모멘트 등을 들 수가 있다. 실제로 균열이 발생된 부위는 수평과 수직의 용접부가 만나는 곳으로, 수직 용접선 선단에 작용하고 있는 인장잔류응력만으로도 용접에 의한 열영향으로 재질이 열화되고 있는 수평용접선을 따라 균열을 발생시킬 가능성이 많다. 이와 더불어 실측조사에 의하면 레일이 상부플랜지의 중심에서 10～20mm 정도로 편심되어 있는 곳이 발견되었으며 크레인 주행 중 사행에 의한 수평력과 크레인 중량에 의한 수직력이 같이 작용하여 웨브에 휨응력이 발생하는 것도 이 부위의 균열 전진에 많은 영향을 미칠 것이라고 생각된다. (그림 7.13)

이 공장의 경우 균열의 발생 개소도 많으며, 균열 길이도 스팬 전체 길이의 1/5 가까이 되는 균열이 존재하므로 이에 대해 동역학적 부하계측 실험을 수행하였다. 그 결과 크레인 주행보의 수직 충격계수(동적계수)의 범위는 1.14～1.24로 계측되었다.

한편 설계에 있어서는 중간 스티프너와 웨브 접합부의 코프 춤(cope depth)을 증가시켜 열영향부와 용접선 선단에서의 인장잔류응력 작용부위를 분리시키고, 상부플랜지와 중간 스티프너 및 리브 플레이트의 교점은 용접을 회피함으로써 균열의 발생을 저감시킬 수 있을 것으로 생각되어진다.

발견된 손상에 대한 유해도를 유추하면 그림 7.14와 같다.

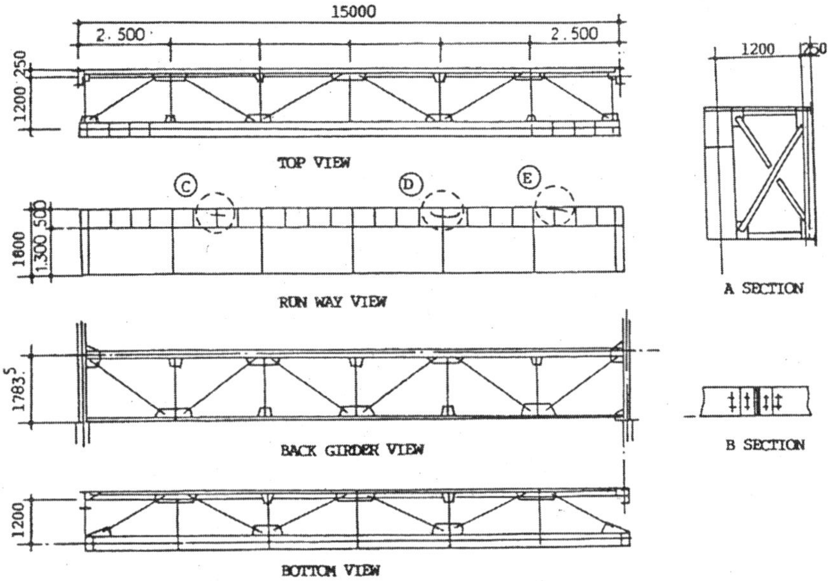

그림 7.11 균열발생위치도

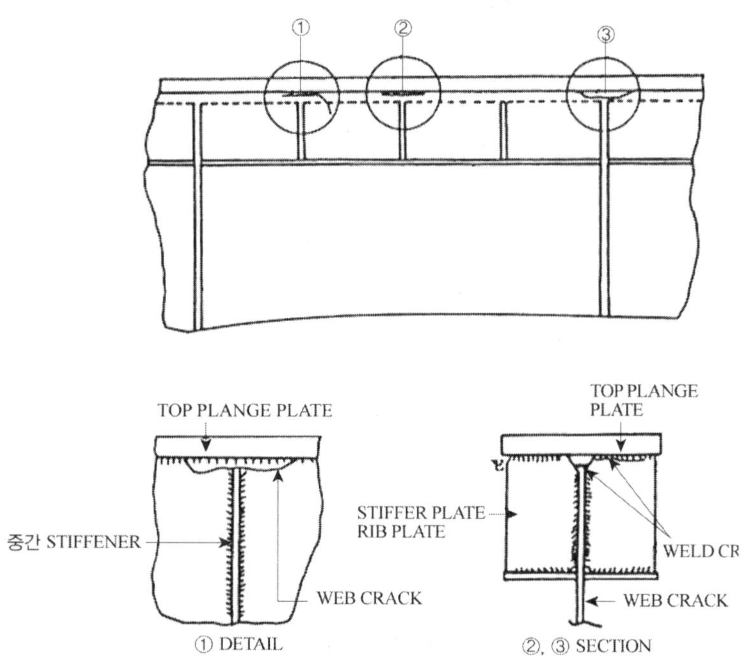

그림 7.12 균열상세도

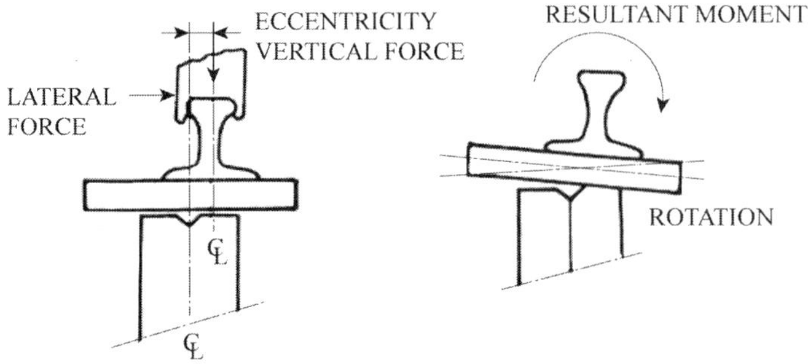

그림 7.13 레일편심에 의한 회전모멘트

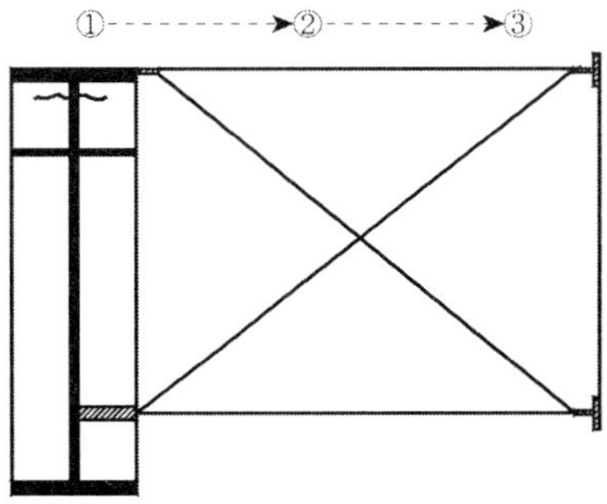

① 상부 FLANGE 접합부위의 CRACK

국부 응력의 과다 발생
단면 강성의 저하

↓

② WEB 하부로의 CRACK 성장

응력의 과다 중대 발생
단면 강성의 부족

↓

③ Girder의 취성 파괴

CRACK 하부 FLNGE로의 급속 진전
갑작스런 파괴 유발

그림 7.14 손상부의 유해도 유추

7.2 시공정밀도 및 관리지침

7.2.1 크레인 주행의 장해

천정크레인은 운행하면서 진동이나 움직임이 둔해지고 심한 소리가 나는 장해가 발생된다. 이러한 장해가 심해지면 운전자가 불안이나 불쾌감을 느끼고 레일과 바퀴에 마모와 손상이 심해지며 바퀴가 탈선하거나, 건물의 다른 구조부에 진동이 전달되어 문제를 일으킬 수 있다.

이러한 장해의 원인으로 고려되어야 할 것은 그림 7.15와 같이 크레인 주행보, 주행레일, 지지기둥, 기초 등이 시공당시 부정확하고 오차가 많아졌거나 사용 중에 기초의 부동침하나 부재의 변형이 발생되는 문제 등이다.

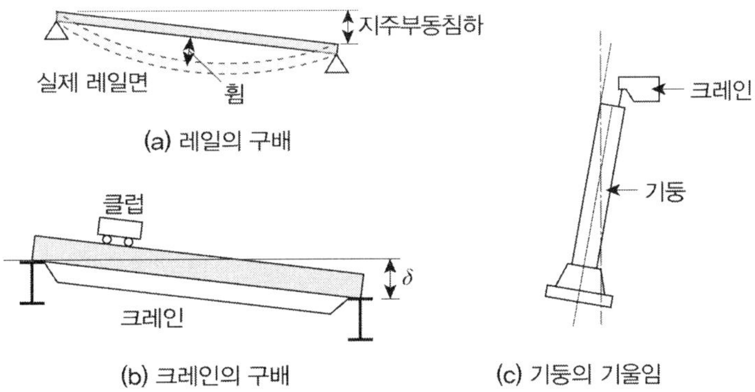

그림 7.15 크레인 주행의 장해요인

7.2.2 크레인 지지구조부 및 레일의 설치 관리기준

크레인 지지구조부는 크레인이 지속 운행함에 따라 다소의 변형과 결함이 발생하는 것은 피할 수 없는 현상이라 할 수 있다. 따라서 최초 시공당시의 정밀도를 유지관리 할 수 있도록 합리적인 치수기준을 설정해 둘 필요가 있다. 이러한 치수관리기준에 만족되도록 보수, 조정이 용이한 상세설계와 시공이 필요하다. 그리고 크레인 주행보의 정밀시공이 우선적으로 필요하지만 기초의 침하나 기둥이 부정확하게 시공되어 주행보의 시공오차가 발생되고 건축골조공사가 완료된 후 별도의 기계공사로 레일이 시공되므로 오차가 자주 발생될 수 있다.

이러한 레일의 시공오차는 크레인 주행보에 부가적인 응력을 발생시키고 레일 자체도 편마모 현상, 진동소음 등을 유발시켜 크레인 운행에 장해를 일으킨다. 따라서 오차 시공된 주행보 위에 레일을 설치할 때는 그 오차를 교정하는 시공조치가 크레인 운행의 장해를 최소화하는데 매우 중요하다.

표 7.2는 크레인 지지구조부와 레일의 정밀시공관리 기준을 제시해 주는 지침의 한 예이다.

표 7.2 크레인 주행 레일 시공 관리지침

항목	설치기준	관리기준	측정방법
직진도	전체 길이의 ±30mm 이하	전체길이의 ±50mm 이하	 레벨 또는 트랜싯으로 측정
좌우 고저차	스팬의 1/1000 이하	스팬의 1/500 이하	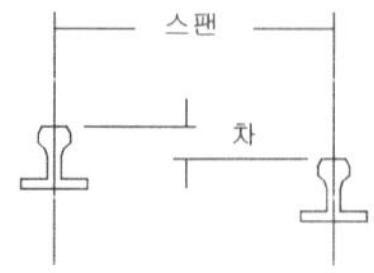 트랜싯 또는 피아노선으로 측정
좌우 만곡도	10m마다 5mm 이하	10m마다 10mm 이하	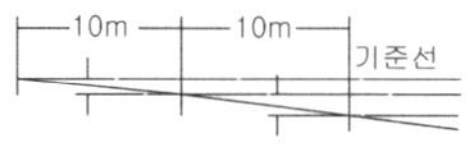 피아노선 또는 트랜싯으로 측정
기울기	스팬의 1/1000 이하	스팬의 1/500 이하	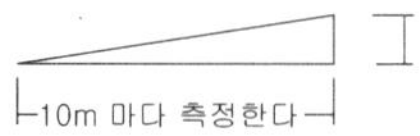 레벨 또는 트랜싯으로 측정
스팬	±10mm 이하	±15mm 이하	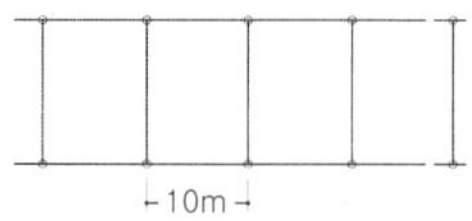 스케일로 측정
이음부 엇갈림	상·측면 모두 0.5mm 이하	상·측면 모두 1mm 이하	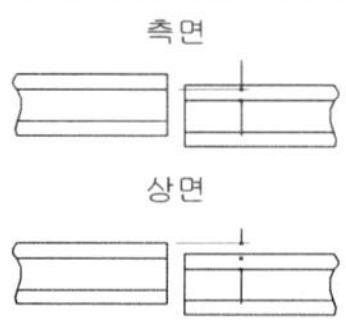 스케일로 측정
이음부 간격	2mm 이하	1mm 이하	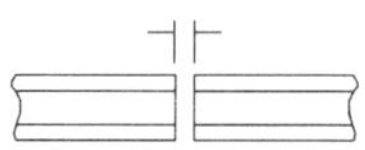
레일의 주행보 웨브의 편심 (e)	웨브 두께	허용한도(e)	레일중심에서와 웨1 브면에서 플랜지 끝부분까지 거리측정 ($e=a-b-\frac{tw}{2}$) 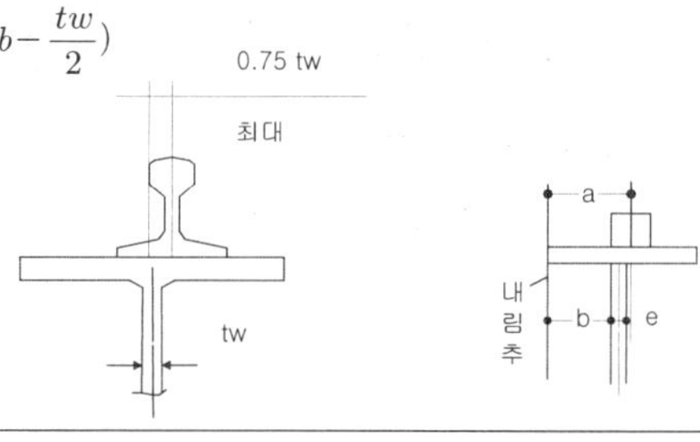
	6~12mm	3.5mm	
	12~32mm	5.0mm	
	단, 웨브 두께의 1/2 이하		
	웨브 두께의 3/4 이하(AISE)		
주행보 수직처짐도	스팬의 1/800~1/1000	스팬의 1/800~1/1000	크레인의 운행중지 상태에서 측량이나, 피아노선으로 측정

주행보의 수평곡선도	스팬 15m 길이당 6mm 이하(AISE)	각 스팬 포인트 간의 중심간 거리 측량
도장	5년에 1회	도장검사
부식	판 두께의 10% 이하	부식측정, 노기스, 스케일
레일의 마모	원상태의 10% 이하	노기스, 스케일로 측정

7.2.3 안전점검 및 단면보강

:: 안전점검

모든 시설물은 시설물안전관리에 관한 특별법에 의해서 안전점검과 정밀안전진단이 주기적으로 시행되어야 한다.

그러나 이러한 법적인 의무사항에 의해서 크레인 주행보에 대해서도 주어진 매뉴얼에 따라 단순하게 점검과 진단이 수행되고 있는 실정이다.

크레인 주행보는 동적인 구조적 특성으로, 정적인 일반 강구조 구조물과 달리 피로파손에 대한 기초적 이론을 이해하면서 점검과 진단이 수행되어야 하며 특히 피로에 의한 손상은 서서히 발생되어 예고 없이 급작스런 파괴로 진행되는 특성으로 일반적인 점검 및 진단행위와는 별도로 특별점검형태로 내부적인 점검계획에 의해 정기적으로 수행되어야 한다.

다음 표 7.3은 크레인 주행보에 대한 점검항목을 보여준다.

표 7.3 크레인 주행보의 점검항목

부재명	기호	세부점검내용
크레인 주행보	A	상부플랜지와 웨브의 용접부 균열
	B	스티프너와 웨브의 용접선단부에서의 웨브 균열
	C	상부플랜지와 스티프너 리브의 용접부 균열
	D	상부 수평 스티프너와 웨브의 용접부 균열
	E	중간 스티프너와 웨브의 용접부 균열
	F	하부플랜지에서 웨브에 걸친 균열
	G	하부플랜지와 웨브이 용접부 균열
	H	하부 수평 스티프너의 균열
보조거더	I	상·하면 플랜지와 보조 트러스 부재의 접합부가 플레이트의 균열
	J	상하면 보조 트러스 부재의 균열
	K	보조 트러스에서 중간 대각선 브레이스의 균열
	L	백거더의 부재 균열
기타	M	주행보의 단부지지 볼트의 파단, 누락, 이완
	N	보조거더의 접합부 및 기타 접합부에서 볼트의 파단, 누락 이완

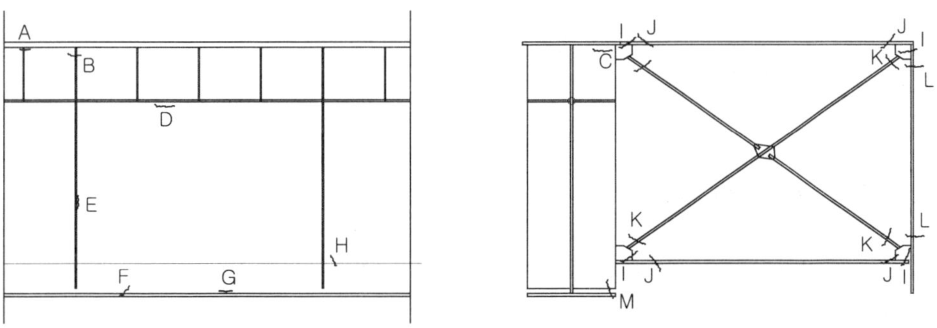

:: 크레인 주행보의 단면 보강

공장 최초 설계시에 계획했던 천정크레인이 생산조업의 변경에 의해 크레인의 용량을 증대시키거나 크레인 수량 증대의 필요성이 발생할 경우 기존의 크레인 주행보의 단면 내력이 부족하여 단면의 내력보강을 해야 할 경우가 자주 발생된다. 이미 설치되어 사용 중인 주행보를 철거하여 교체 또는 보강한 후 재설치한다는 것은 현실적으로 매우 어려운 방법이다. 따라서 가장 합리적인 보강방안을 채택하는 것이 엔지니어의 역할이라 할 수 있다.

여러 가지의 현장상황을 고려하여야 하며 보강효과가 우수하고 시공성·경제성이 좋아야 한다. 그리고 특히 피로손상을 예측하여 최소화하는 방안이 매우 중요하다.

첫 번째 보강원칙은 하부플랜지 판에 직접 보강판을 용접해서는 안 된다는 것이다.

왜냐하면 하부플랜지는 피로응력전달이 가장 크게 발생되는 중요한 부분이므로 이 부분에 현장용접에 의한 노치를 발생시키거나 국부적인 일그러짐을 주는 것을 피하지 않으면 안 되기 때문이다. 그림 7.16은 조립형강재의 합리적인 단면보강법을 나타낸다.

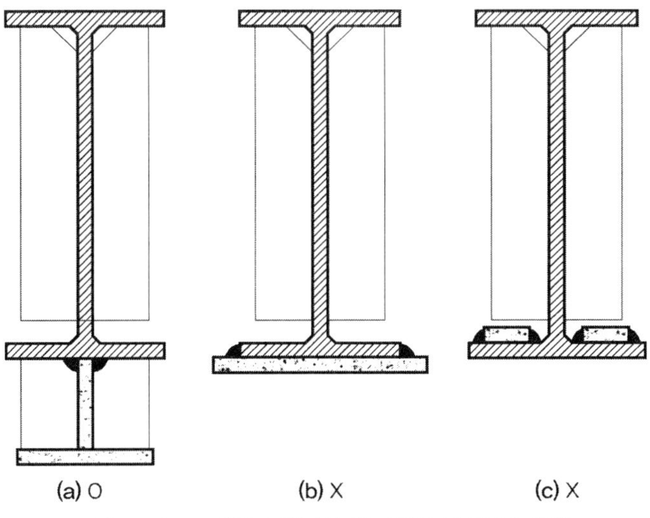

그림 7.16 크레인 주행보의 합리적인 단면보강 방법

7.3 각부의 상세설계

7.3.1 일반적 주의사항

피로파괴는 대부분 용접부 혹은 부재의 단면 혹은 강성이 급변하는 곳부터 발생하고 있다. 이것은 기하학적 형태에 기인하는 이음새의 응력집중이 피로강도를 현저히 저하시키는 것을 의미하고 있다. 따라서 응력집중이 높은 이음새 및 디테일을 배제하는 것이 허용응력을 높이게 된다. 그 때문에 크레인 주행보로서 불가결한 이음새 및 디테일과 설계상의 배려로 응력집중 개소를 줄여 허용응력을 높이는 것이 중요하다.

또한, 다음과 같은 주의도 필요하다.

① 형상은 급격한 단면변화를 피하고, 가능한 한 응력집중을 일으키지 않는 것으로 한다.
② 크레인 레일은 이음새 목부, 머리부분 및 측면부 등이 마모하기 쉽고, 소모품이라고 생각하고, 레일을 직접 플랜지판에 용접해서는 안 된다.
③ 차륜하중이 큰 크레인이 타는 크레인 레일 아래의 타이퍼트를 까는 것은 레일손상을 저감시키는 것에 효과가 있으므로 바람직하다.
④ 크레인 레일과 주행보의 편심은 피할 수 없다. 편심을 고려해서 여유있게 설계를 실시한다.
⑤ 상부플랜지판에 웨브판을 잇는 리브 플레이트는 크레인 레일의 편심에 의한 국부응력(비틈응력)을 받고, 이로 인해 균열이 발생하는 일이 있다. 리브 플레이트는 가능한 한 크게(30cm 이상) 한다.
⑥ 경사지게 엮어지는 것은 가능한 한 넣지 않는다.

7.3.2 크레인 주행보 모재판계 요령도

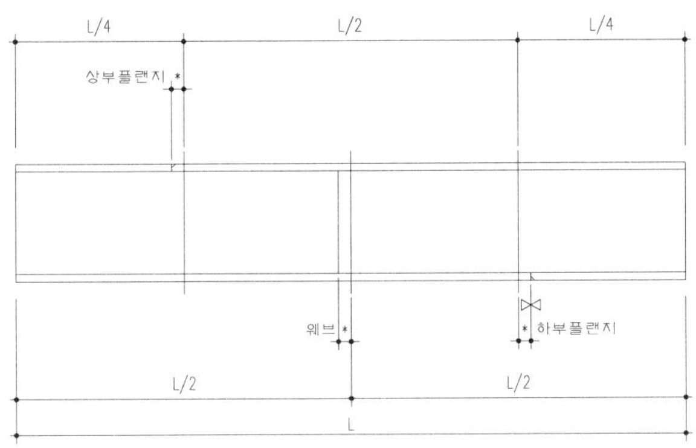

판계를 할 때 주의사항

플랜지 : 판계개소는 보 단부에 설치, 가능한 한 개소 수를 줄인다.
상하부플랜지 판계부는 대립되는 위치로 한다.
웨브 : 판계개소는 보 단부를 피한 위치로 한다.
판 폭 : 플랜지판의 폭을 변경할 경우, 급격한 단면변화를 피한다. (기울기를 1/5 이하로 한다)
가능한 응력집중을 일으키지 않도록 한다.
※ 1/4, 1/2 위치에는 다른 스티프너가 올 경우가 많기 때문에 리브 위치와 겹쳐지지 않도록 100mm 정도 조금 옮긴다.

:: 크레인 주행보 상세설명

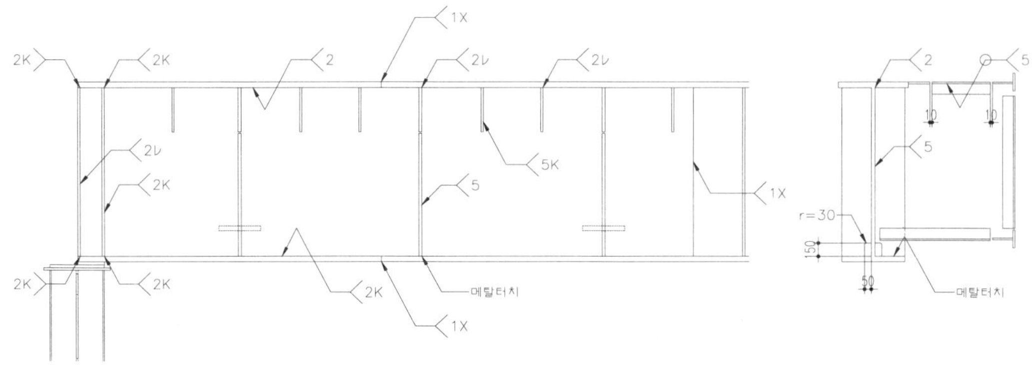

1. 하단플랜지 플레이트에는 세로 스티프너나 그 외의 플레이트를 용접하지 않는다.
2. 리브 플레이트는 가능한 한 크게(30cm 이상) 한다.

:: 크레인 주행보 상세설명

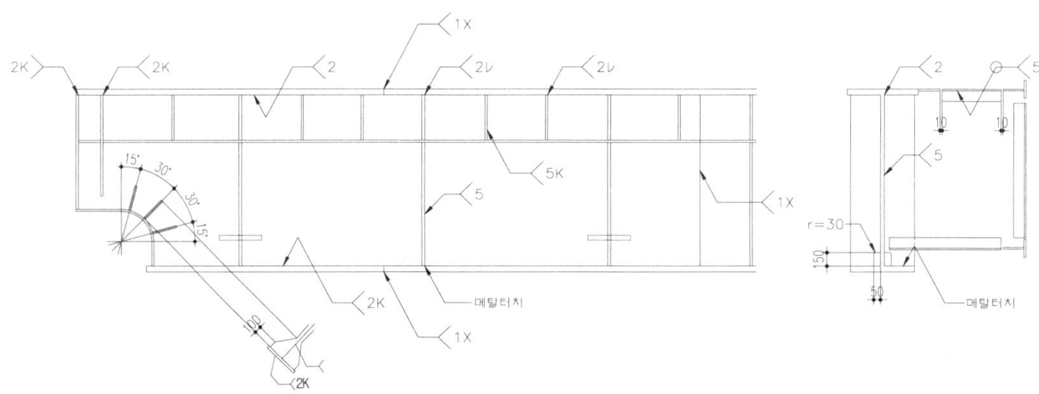

하단플랜지 판에는 세로 스티프너나 그 외의 플레이트를 용접하지 않는다.

:: 크레인 주행보 상세설명

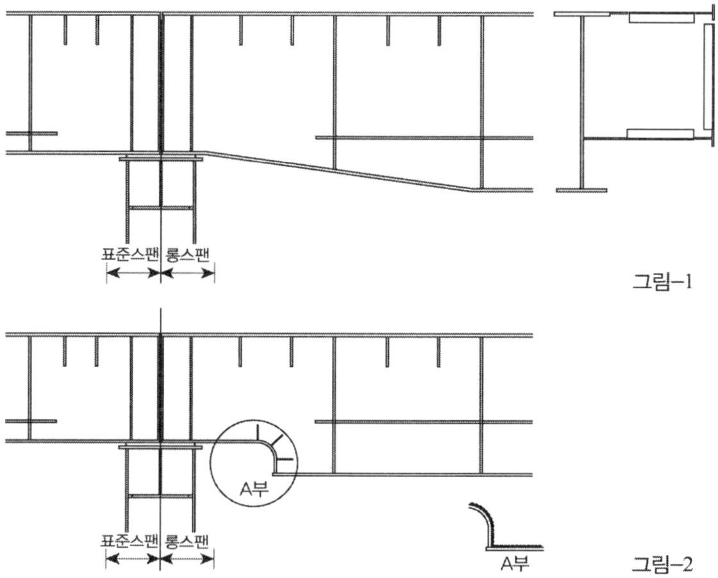

(주의)

- 첫 번째 그림과 같이 가능한 한 경사지게 길이를 변화시킨다.
- 두 번째 그림의 디테일을 채용하는 경우는 A부의 용접을 완전용입 맞대용접으로 하고, 충분한 검사를 실시한다. 또 크레인 주행보에 준하는 보강 플레이트를 설치한다.

:: 크레인 주행보 상세설명 – 상부 수평부재(레티스의 경우)

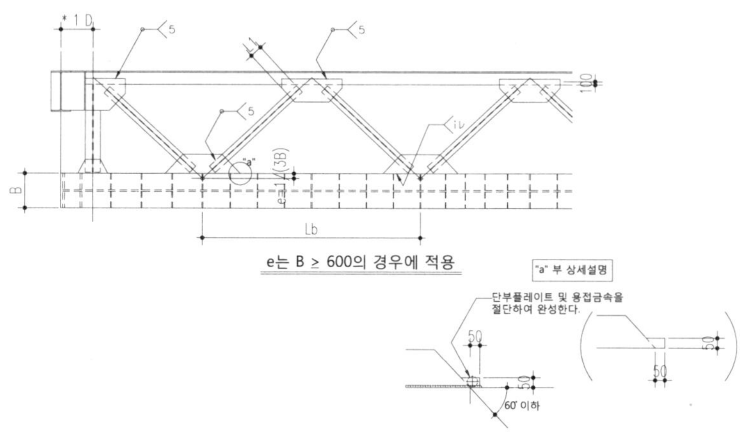

1. 플랜지판과 거셋 플레이트와의 용접은 완전용입 맞대용접으로 하고, 용접시 단부에는 노치가 들어가지 않도록 충분히 주의한다.

:: 크레인 주행보 상세설명 – 하부 수평부재

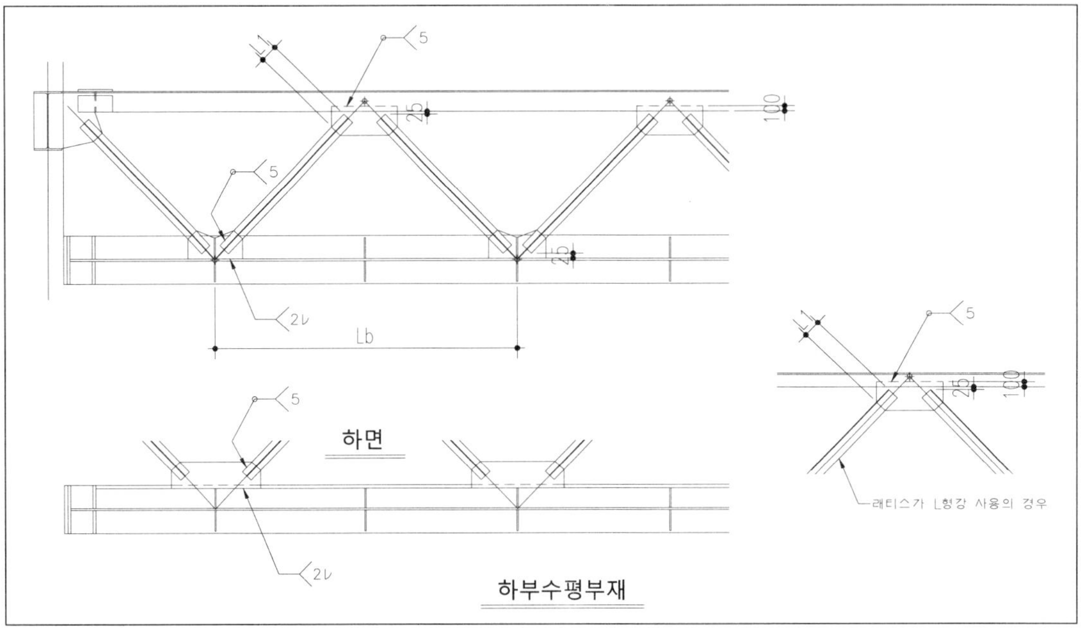

:: 크레인 주행보 상세설명 – 백트러스

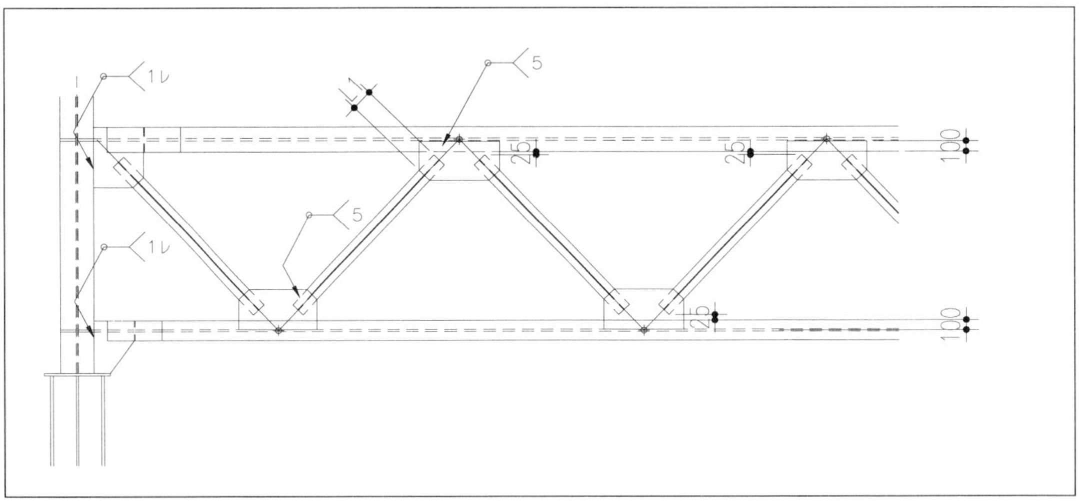

:: 상부플랜지의 판 폭(width)

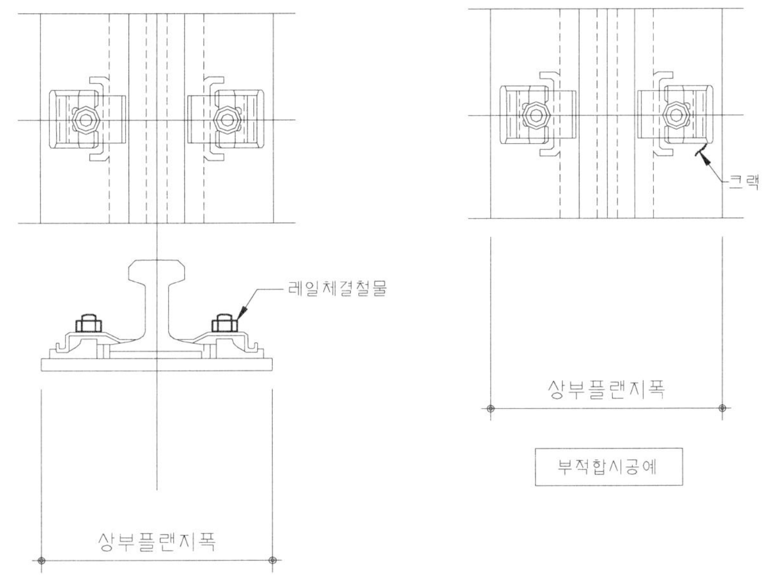

- 주행보의 상부플랜지 폭은 레일체결철물과 플랜지단부와의 안목치수 및 레일 중심이 벗어나는 것을 고려해야 한다.
- 부적합한 시공 예는 레일 중심이 벗어나는 것에 의해 상부플랜지의 모서리에 크랙이 발생한 사례

:: 2절 기둥과의 접합

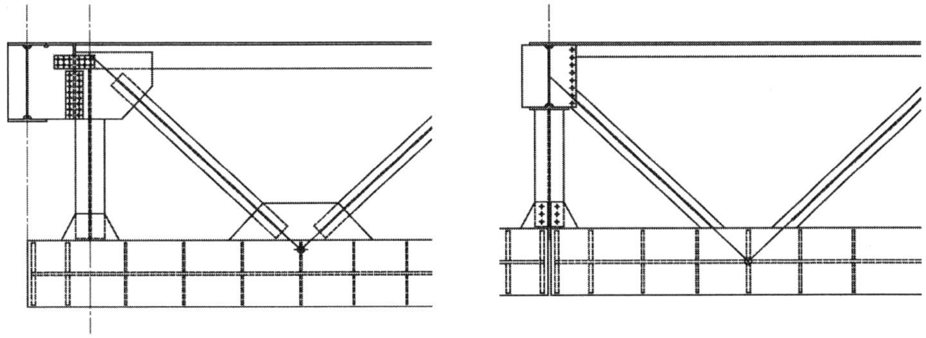

- 첫 번째 그림은 크레인 주행보를 2절 기둥과 직접 체결시키지 않는 것이 바람직하다.
- 두 번째 그림에서 좌우 양 크레인 주행보간의 열림(크레인 주행보의 휨에 의해)에 의해 볼트가 파손되는 일이 많다.

:: 주행부 단부의 쉬어키(shear key)

주) 쉬어키의 재질은 SM490A 상당의 품질로 한다.

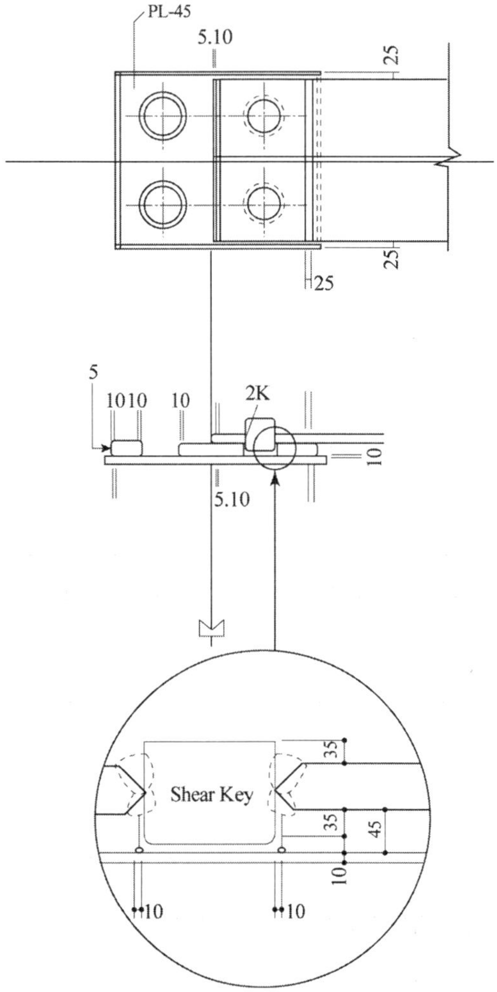

쉬어키 선정표		
크레인 용량	쉬어키 직경	비고
10톤 > 크레인	40ϕ 또는 H.T.B	
50톤 > 크레인	60ϕ	
50톤 ≤ 크레인 ≤ 100톤	80ϕ	
100톤 ≤ 크레인 ≤ 200톤	100ϕ	
200톤 ≤ 크레인	120ϕ	

:: 크레인 주행보의 치올림(camber) 기준 예

❶ 크레인 주행보의 치올림(camber) 값은 크레인 주행보의 자중(self load)에 의한 처짐량(deflection value)을 적용하게 되나, camber 값이 작을 경우 철골 제작상의 어려움이 수반된다. 일반적으로 크레인 주행보의 스팬의 1/1500을 camber 값으로 사용한다.

표 7.4 우리나라 P-제철소 예

span(mm)	camber(mm)	
7,000	0	※ 적용 span의 범위는 제반여건을 고려하여 결정하게 된다. 통상적으로 Crane R/W Girder의 span을 20m를 기준으로 이상인 경우에만 적용한다.
10,000	0	
12,000	8	
13,000	8	
15,000	10	
21,000	14	

❷ 미국 AISE 기술보고서 # 1

주행보 스팬이 75ft(약 22m)를 초과하는 경우에는 개략적으로 충격을 고려하지 않은 고정하중과 활하중의 1/2값에 의한 처짐량만큼의 치올림(camber)을 둔다.

7.4 강재의 라미네이션 결함

:: 개요

크레인 주행보에 대한 피로설계에서 중요한 고려사항은 응력반복횟수와 단면용접접합부의 상태이며 따라서 허용 피로강도는 응력집중계수에 따라 결정된다고 할 수 있다.

이러한 응력집중계수는 용접부의 결함의 존재 여부에 따라 결정된다.

그러나 대형크레인의 장스팬 주행보에서는 용접되지 않은 두꺼운 강판으로 플랜지와 웨브를 용접하여 큰 춤의 조립형강재가 사용된다.

이러한 경우 두께가 두꺼운 압연강판 내부에 두께 방향 응력에 의해 구속이 심할 때 두께와 평행하게 존재하는 층 형태의 내부균열이 생기고 또는 비금속의 내용물을 포함하는 강도가 약한 부분의 내부결함이 존재하는 현상을 라미네이션(Lamination)이라 한다. 이러한 결함이 존재할 경우 반복응력에 따른 육안으로 확인할 수 없는 응력집중계수가 증가되어 피로 균열이 발생될 수 있다. 이러한 라멜라 균열 현상은 다음 그림에서 볼 수 있다.

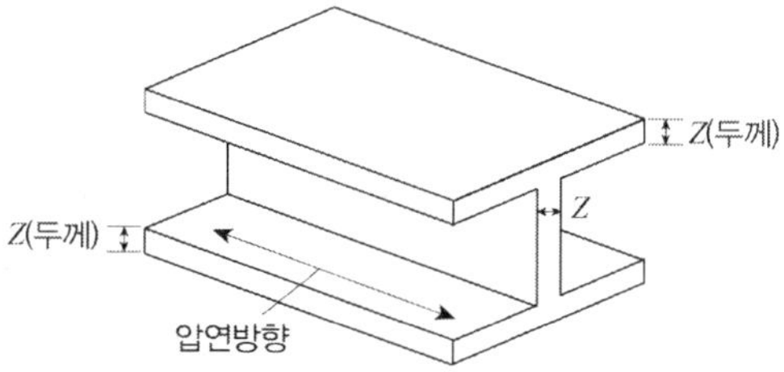

그림 7.17 강재의 두께방향 응력

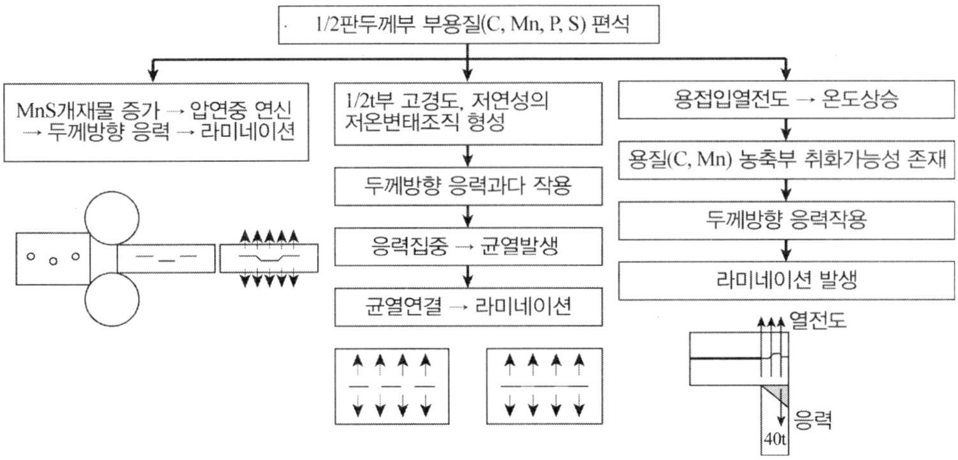

그림 7.18 라미네이션 발생 메커니즘

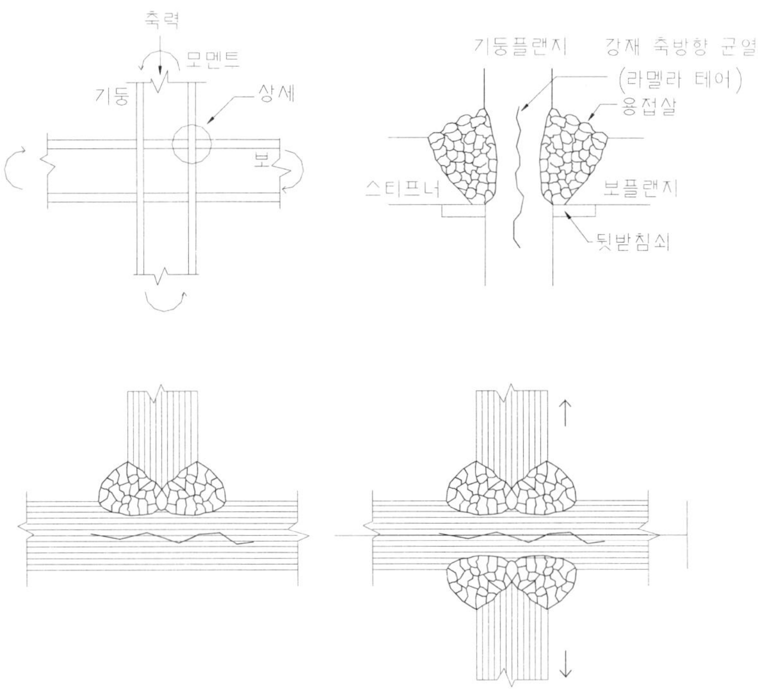

그림 7.19 강재의 라멜라 균열현상

:: 발생원인 및 대책

이 균열은 주로 용접이음의 판 두께 방향 구속과 압연방향으로 존재하는 강판의 층 상호작용에 의해 발생하는 것으로 층 사이에 존재하는 불순물(MnS, MnSi)이 다층 용접에 의한 반복열로 인해 판 두께 방향으로 큰 구속을 받아서 분리되고 이에 따라서 순차적으로 불순물에 전달되어 계단모양으로 커지는 것이다.

발생요인은 용접자체의 결함보다는 판 두께 방향의 연성 등과 같은 재질의 성능저하와 관련이 있고 용접이음부의 설계 등 구조상의 문제와 시공상의 문제도 있다. 그 대책은 다음 그림과 같이 용접부의 디테일의 개선과 1-path 용접이나 저층용접 적용, 시공시 접합부에 예열과 후열처리, 저강도의 용접봉 사용, 넓은개선각 대신 좁은개선각(narrow gap welding) 적용 등이 있다.

또한 주행보의 조립 판재에 대한 사전에 용접부 결함 뿐만 아니라 내부 결함 존재 여부를 검사하기 위한 비파괴검사를 철저히 시행하는 것이 매우 중요하다.

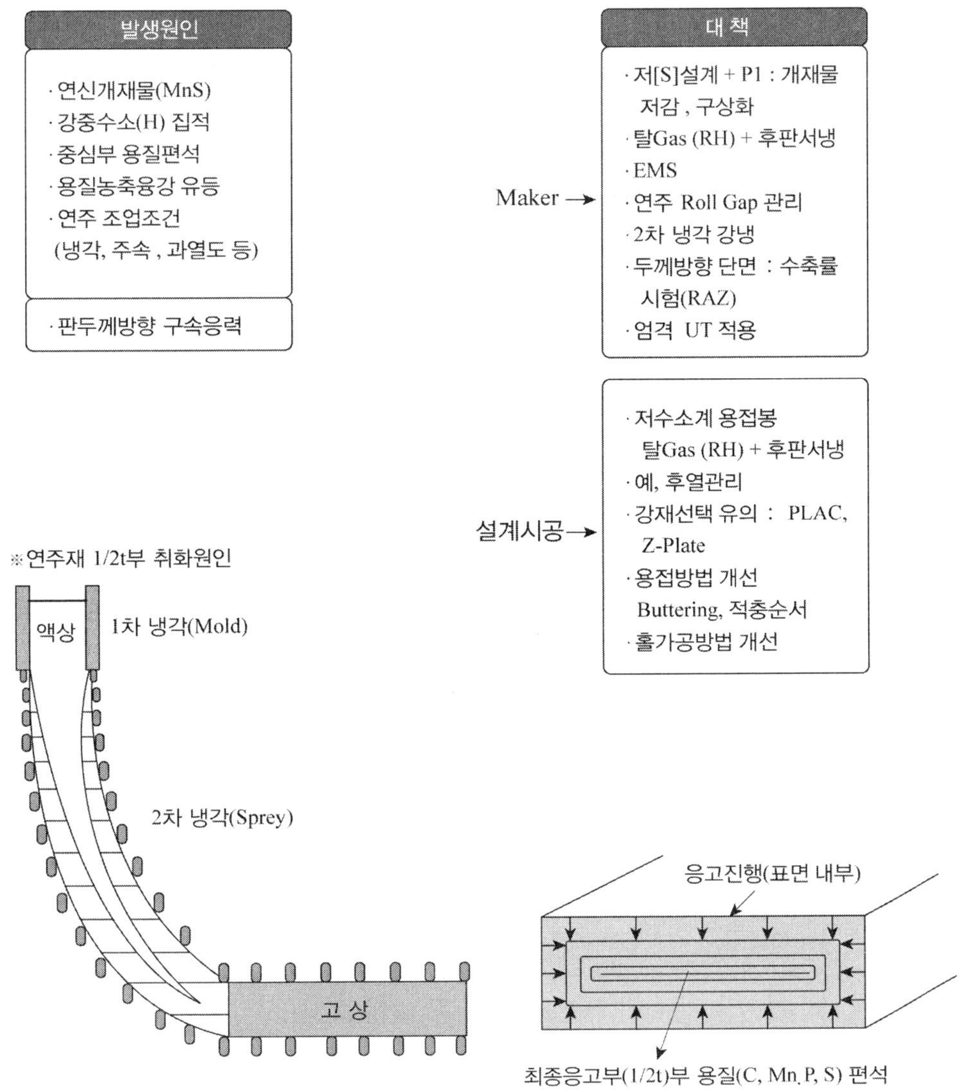

그림 7.20 라미네이션 발생원인 및 대책

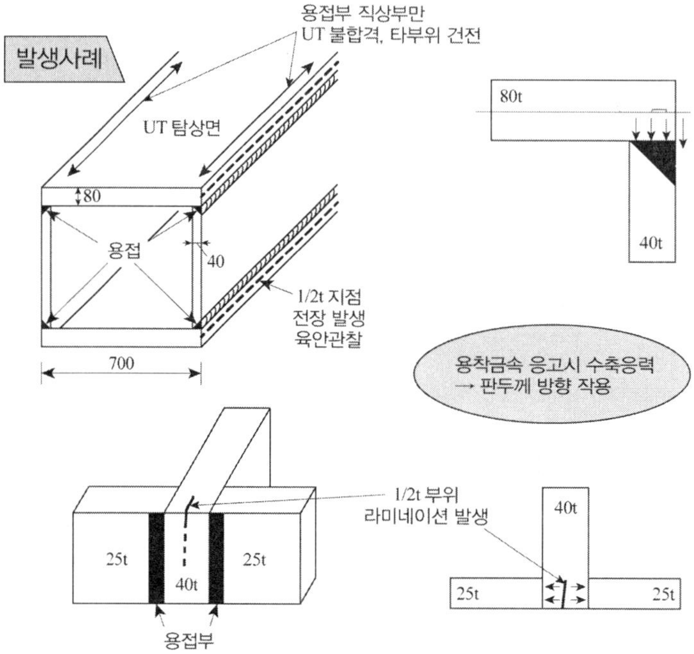

그림 7.21 라미네이션 발생사례

:: 개선방안

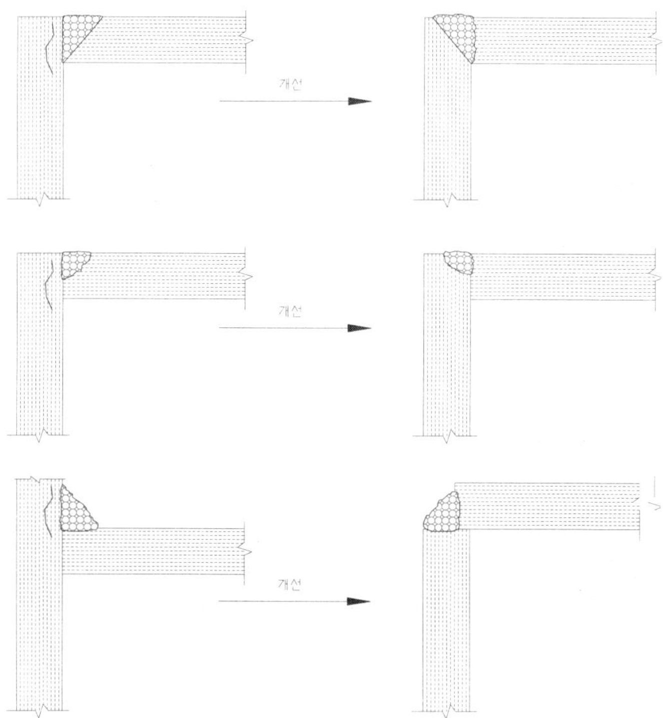

그림 7.22 강재의 라멜라 균열 현상 개선방안

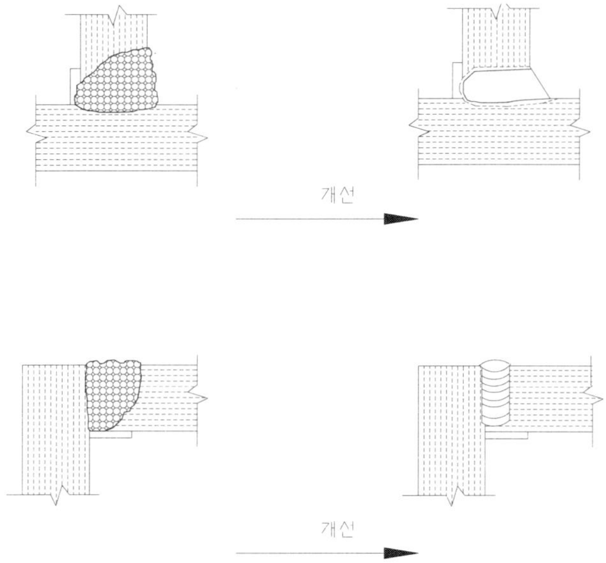

<u>그림 7-23</u>　1-path 용접이나 저층용접 적용

:: 라미네이션 결함검사 사례

BH－1800×950×28×55×80 : ㅇㅇ제철소 크레인 주행보

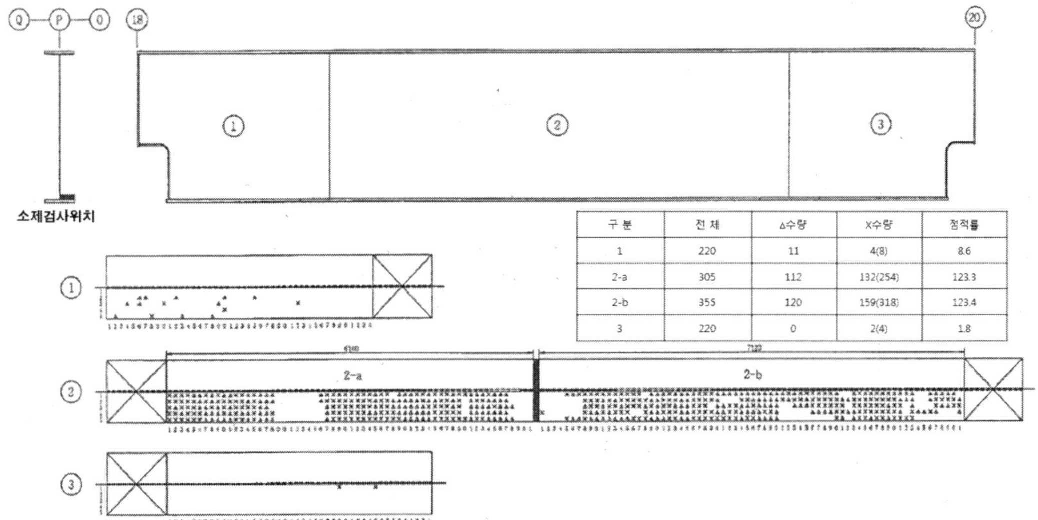

구 분	전 체	Δ수량	X수량	점적률
1	220	11	4(8)	8.6
2-a	305	112	132(254)	123.3
2-b	355	120	159(318)	123.4
3	220	0	2(4)	1.8

부 록

A-1 일본 피로설계지침(일본 강구조협회, 1990)

:: 용접안한 연결 및 용접한 연결

❶ 용접안한 연결

표 A-1.1 용접안한 연결

연결의 종류		강도등급 ($\Delta\sigma f$)	비고
1. 대강	① 표면 및 끌면 기계적 다듬질 (거칠기 50s 이하)	A (190)	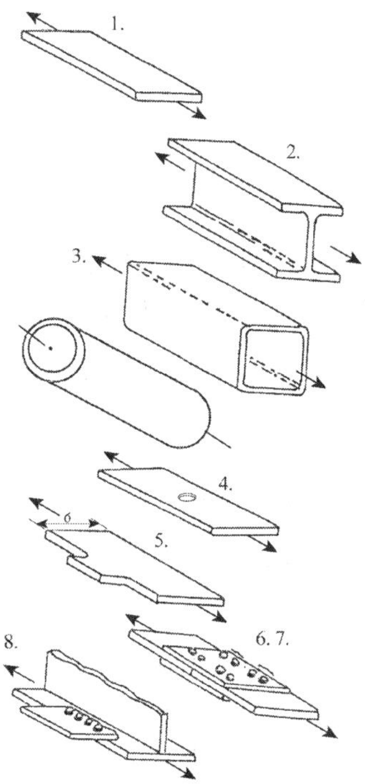
	② 흑피대로가스절단끝 (거칠기 100s 이하)	B (155)	
	③ 흑피대로가스절단끝 (뚜렷한 흔적제거)	C (125)	
2. 형강	① 흑피대로	B (155)	
	② 흑피대로가스절단끝 (거칠기 100s 이하)	B (155)	
	③ 흑피대로가스절단끝 (뚜렷한 흔적제거)	C (125)	
3. 시이임레스관		B (155)	
4. 원형구멍이 있는 모재		C (125)	
5. 필렛을 갖는 잘라낸 연결 판이 있는 모재	① $1/5 \le r/d$ (절단면 거칠기 50s 이하)	B (155)	
	② $1/10 \le r/d < 1/5$ (절단면 거칠기 50s 이하)	C (125)	
	③ $1/5 \le r/d$ (절단면 거칠기 100s 이하)	C (125)	
	④ $1/10 \le r/d < 1/5$ (절단면 거칠기 100s 이하)	D (100)	
6. 고장력볼트 마찰 연결모재(순단면 연결)	$1 \le n_b \le 4$	B (155)	
	$5 \le n_b \le 15$	C (125)	n_b : 응력방향의 볼트 수 ※ (4.6.7.8) 구멍을 전단천공으로 가공하는 경우에는 강도등급을 1등급 낮춘다.
	$16 \le n_b$	D (100)	
7. 고장력볼트 지압연결 모재($n \le 4$, 순단면응력)		B (155)	
8. 검산대상방향의 응력을 전달안하는 고장력 볼트구멍을 가진 모재 (순단면응력)		B (155)	

❷ 횡맞대기 용접연결(완전용입용접으로 용접부가 건전한 것을 전제한다.)

표 A-1.2 횡맞대기 용접연결

연결의 종류		강도등급 ($\Delta\sigma f$)	비고
1. 덧살을 제거한 연결		B (155)	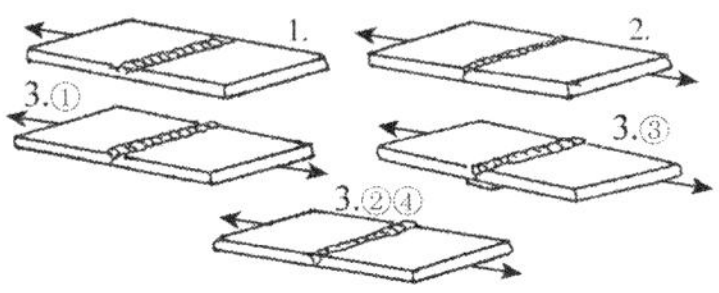 ※ 용접부에 테이퍼가 있는 경우에는 기울기를 1/5 이하로 ※ (3.)깊이 0.5mm 이하의 언 컷을 제거 ※ (1. 2.)다듬질은 언더컷을 남기지 않고 다듬질 방향은 응력방향과 나란하게
2. 토우 다듬질한 연결		C (125)	
3. 다듬질 안 한 연결	① 양면용접	D (100)	
	② 양호한 형상의 흑피를 갖는 한 면 용접	D (100)	
	③ 받침쇠를 갖는 한 면 용접	F (65)	
	④ 뒷면이 확인되는 한 면 용접	F (65)	

❸ 종방향 용접 연결

표 A-1.3 종방향 용접연결

연결의 종류		강도등급 ($\Delta\sigma f$)	비고
1. 완전용입용접연결 (용접부가 건전한 것이 전제)	① 덧살 제거	B (155)	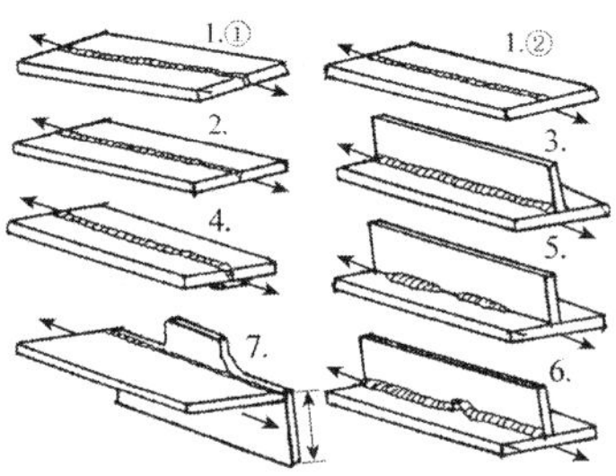 ※ 1.②, 2, 용접과정에서 일어난 비이드의 심한 凹凸을 제거 ※ (2, 3)용접안에 존재하는 결함이 폭 1.5mm 높이 4mm 이하인 것이 포함된 경우에는 강도 등급을 C로 할수있다.
	② 다듬질 안함	C (125)	
2. 부분용입용접연결		D (100)	
3. 필렛용접연결		D (100)	
4. 받침쇠용접연결		E (80)	
5. 단순용접연결		E (80)	
6. 스크램을 포함한 용접연결		F (65)	
7. 잘라낸 연결 판의 필렛부에 접하는 용접	① $1/5 \le r/d$	D (100)	
	② $1/10 \le r/d < 1/5$	E (80)	

❹ +자 용접연결

표 A-1.4 +자 용접연결

연결의 종류			강도등급 ($\Delta\sigma f$)	비고
하중비전달형	1. 평활한 토우를 갖는 필렛용접		D (100)	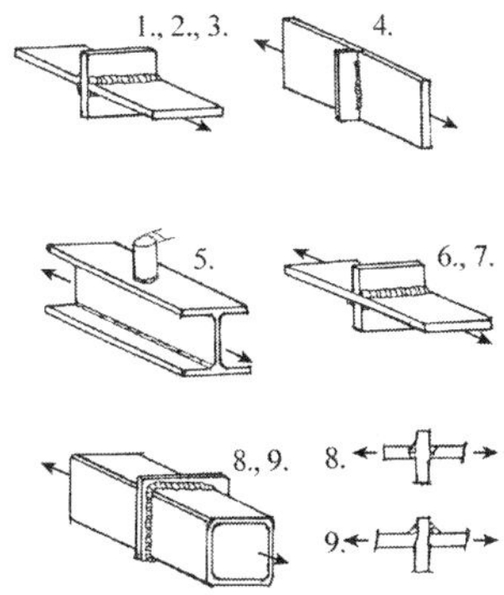 ※(2., 6.②) 다듬질은 언더컷을 남기지 않을것 그라인더로 다듬질할 경우에는 다듬질방향을 응력방향과 나란하게 ※(3., 4., 5., 6.③,6.④ . 8.) 깊이 0.5mm이상의 언더컷은 제거
	2. 토우를 다듬질한 필렛용접		D (100)	
	3. 다듬질 안 한 필렛용접 연결		E (80)	
	4. 용접의 시, 종점부를 갖는 필렛용접 연결		E (80)	
	5. 속이 빈 단면부재를 필렛용접한 연결	$d_0 \leq$ 100mm	F (65)	
		$d_0 >$ 100mm	G (50)	
하중전달형	6. 토우 파괴	① 평활한 토우를 갖는 연결	D (100)	
		② 토우 다듬질 연결	D (100)	
		③ 다듬질 안 한 연결	E (80)	
		④ 용접의 시, 종점을 포함하는 연결	E (80)	
	7. 루우트 파괴(목두께 단면에서의 표면전단응력)		S (80)	
	8. 속이 빈 단면부재를 강판을 끼우고 편측으로부터 홈용접한 완전 용입용접		F (65)	
	9. 속이 빈 단면부재를 강판을 끼우고 필렛용접한 연결	① 토우 파괴	H (40)	
		② 목두께 단면에서의 표면전단응력	S (80)	

⑤ 연결판용접연결(부가판을 용접하는 연결을 포함)

표 A-1.5 연결판 용접연결

<table>
<tr><th colspan="3">연결의 종류</th><th>강도등급 ($\Delta\sigma f$)</th><th>비고</th></tr>
<tr><td rowspan="4">면외연결판</td><td rowspan="2">1. 부가판을 필렛용접 한 연결 ($\ell \leq 100mm$)</td><td>① 토우 다듬질</td><td>E (80)</td><td rowspan="10">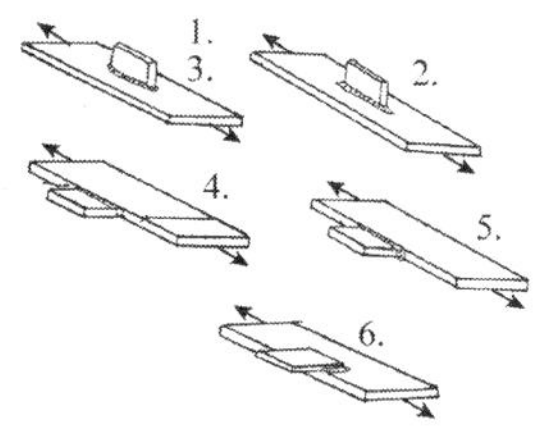
※(1.①, 2., 4., 5.①) 다듬질은 언더컷이 남지 않도록하고 그라인더로 다듬질하는 경우에는 다듬질을 응력의 방향과 나란하게
※(1.②, 3., 5.②, 6.) 깊이 0.5mm이상의 언더컷은 제거</td></tr>
<tr><td>② 다듬질 안함</td><td>F (65)</td></tr>
<tr><td colspan="2">2. 필렛을 가진 연결판을 홈용접한 연결 (필렛부 다듬질)</td><td>F (65)</td></tr>
<tr><td colspan="2">3. 연결판을 필렛용접한 연결</td><td>G (50)</td></tr>
<tr><td rowspan="5">면내연결판</td><td rowspan="3">4. 필렛을 가진 연결판을 홈용접한 연결(필렛부다듬질)</td><td>① $1/3 \leq r/d$</td><td>D (100)</td></tr>
<tr><td>② $1/5 \leq r/d < 1/3$</td><td>E (80)</td></tr>
<tr><td>③ $1/10 \leq r/d < 1/5$</td><td>F (65)</td></tr>
<tr><td rowspan="2">5. 연결판을 홈용접한 연결</td><td>① 토우 다듬질</td><td>G (50)</td></tr>
<tr><td>② 다듬질 안함</td><td>H (40)</td></tr>
<tr><td colspan="3">6. 연결판을 겹친 연결의 모재</td><td>H (40)</td></tr>
</table>

⑥ 기타의 용접연결

표 A-1.6 기타 용접연결

<table>
<tr><th colspan="2">연결의 종류</th><th>강도등급 ($\Delta\sigma f$)</th><th>비고</th></tr>
<tr><td rowspan="2">1. 겹판을 필렛용접으로 붙인 연결 ($\ell \leq 300mm$)</td><td>① 토우 다듬질</td><td>E(80)</td><td rowspan="10">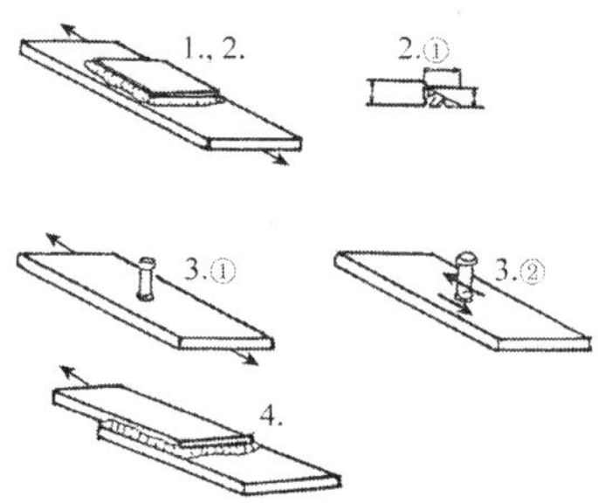
※(1.c, 2., 4., 5.①) 다듬질은 언더컷이 남지 않도록 하고 그라인더로 다듬질하는 경우에는 다듬질을 응력의 방향과 나란하게
※(1.②, 3., 5.②, 6.) 깊이 0.5mm 이상의 언더컷은 제거</td></tr>
<tr><td>② 다듬질 안함</td><td>F(65)</td></tr>
<tr><td rowspan="2">2. 덮개판을 필렛용접으로 붙인 연결</td><td>① 용접부다듬질</td><td>D(100)</td></tr>
<tr><td>② 다듬질 안함</td><td>H(40)</td></tr>
<tr><td rowspan="2">3. 스터드를 용접한 연결</td><td>① 주판단면</td><td>E(80)</td></tr>
<tr><td>② 스터드 단면</td><td>S(80)</td></tr>
<tr><td rowspan="4">4. 겹치기 연결</td><td>① 주판단면</td><td>H(40)</td></tr>
<tr><td>② 겹판단면</td><td>H(40)</td></tr>
<tr><td>③ 전면필렛용접의 목두께 단면</td><td>S(80)</td></tr>
<tr><td>④ 측면필렛용접의 목두께 단면</td><td>S(80)</td></tr>
</table>

A-2 미국 피로설계기준-1 (AISC 9th, 1989)

:: 부재의 형태 및 위치별 응력도의 분류

표 A-2.1 부재의 형태 및 위치별 응력도의 분류

일반 조건	상태	응력 종류	응력 분류 (표 5.8 참조)	그림 예 (그림 A-2.1, A-2.2 참조)
평활재	압연재 또는 표면이 청소된 모재	T 또는 REV.	A	1, 2
조립재	연속 완전 용입 그루브용접 또는 작용응력방향과 평행한 연속 필렛용접으로 연결된 강판 또는 형강으로 조립된 부착물이 없는 모재	T 또는 REV.	B	3, 4, 5, 6
	뒷면 덧판을 가진 연속 완전 용입 그루브용접 또는 작용응력방향과 평행한 부분 용입 그루브용접으로 연결된 강판 또는 형강으로 조립된 부착물이 없는 모재	T 또는 REV.	B'	3, 4, 5, 6
	거더의 웨브 또는 플랜지에 수평 스티프너가 용접되어 용접 끝 (toe) 부분에 휨을 받는 모재	T 또는 REV.	C	7
	양단을 가로지르는 용접부가 있거나 또는 없는 정사각형 또는 테이프 단부를 갖는 단속용접된 덧판의 단부상의 모재	T 또는 REV		
	플랜지 두께 ≤ 8 in		E	5
	플랜지 두께 > 8 in		E'	5

T : 인장응력만 발생되는 하중
REV : 인장응력과 압축응력이 교대로 발생되는 역전 응력(reversed stress)

표 A-2.2 부재의 형태 및 위치별 응력도의 분류(계속)

일반 조건	상태	응력 종류	응력 분류 (표 5.8 참조)	그림 예 (그림 A-2.1, A-2.2 참조)
그루브 용접	완전용입 그루브용접된 압연재의 모재와 용접재의 용접면이 그라인드 처리 되었으며 비파괴 시험으로 용접의 건전성이 입증된 경우의 단면	T 또는 REV.	B	10, 11
	용접부가 그라인드 처리되었으며 비파괴 시험에 의해 용접의 건전성이 입증된, 경사 1～2.5 이하의 폭 또는 두께 변화가 있는 완전용입그루브용접부 또는 그 부분의 모재와 용접재	T 또는 REV.	B, B′	12, 13
	경사 1～2.5 이하의 폭 또는 두께 변화가 있거나 없든 두 경우 모두 보강재가 제거되지 않고 비파괴 시험으로 용접의 건전성이 입증된 경우의 완전용입 그루브용접부 또는 부근의 모재와 용접재	T 또는 REV.	C	10, 11, 12, 13
부분 용입 그루브 용접	용접부의 유효목 두께 부분에 부분용입 그루브용접된 용접재	T 또는 REV.	F	16
필렛 용접 연결부	단부연결을 필렛용접으로 연결한 축하중을 받는 모재	T 또는 REV.	E, E′	17, 18
	직각방향으로 필렛용접된 연결부재의 모재	T 또는 REV.	C	20, 21

표 A-2.3 부재의 형태 및 위치별 응력도의 분류(계속)

일반조건	상태	응력 종류	응력 분류 (표 5.8 참조)	그림 예 (그림 A-2.1, A-2.2 참조)
기계적인 연결재에 의한 접합	고장력볼트로 연결된 전단면에 대한 모재 단면의 힘을 유발하는 축하중을 받는 연결부는 제외	T 또는 REV.	B	8
	다른 긴결재로 접합된 연결부의 순단면에 대한 모재	T 또는 REV.	D	8, 9
	지압형 고장력볼트로 연결된 연결부의 순단면에 대한 모재	T 또는 REV.	B	8, 9
부착재	완전용입그루브용접으로 부착된 접합부의 모재의 길이방향 하중작용	T 또는 REV.		
	R > 24 in		B	14
	6 in < R < 24 in		C	14
	2 in < R < 6 in		D	14
	2 in > R		E	14
	동일두께와 보강재가 없는 직각방향의 하중이 작용하는 모재	T 또는 REV.		
	R > 24 in		B	14
	6 in < R < 24 in		C	14
	2 in < R < 6 in		D	14
	2 in > R		E	14, 15
	동일두께와 보강재가 있는 직각방향의 하중이 작용하는 모재	T 또는 REV.		
	R > 24 in		C	14
	6 in < R < 24 in		C	14
	2 in < R < 6 in		D	14
	2 in > R		E	14, 15

표 A-2.4 부재의 형태 및 위치별 응력도의 분류(계속)

일반 조건	상태	응력 종류	응력 분류 (표 5.8 참조)	그림 예 (그림 A-2.1, A-2.2 참조)
부착재	두께가 다르고 보강재가 없는 직각방향의 하중이 작용하는 모재	T 또는 REV.		
	R > 2 in		D	14
	R < 2 in		E	14, 15
	두께가 다르고 보강재가 있는 경우 모든 R	T 또는 REV.	E	14, 15
	직각방향의 하중을 받는 모재	T 또는 REV.		
	6 in < R		C	19
	6 in > R > 2 in		D	19
	2 in > R		E	19
	길이 방향 하중을 받는 완전용입그루브 용접으로 부착된 모재	T 또는 REV.		
	2 in < a < 12b 또는 4 in		D	15
	a > 12b 또는 4 in, b ≤ 1 in		E	15
	a > 12b 또는 4 in, b > 1 in		E'	15
	길이 방향 하중을 받는 필렛용접 또는 부분용입 그루브용접으로 부착된 모재	T 또는 REV.		
	2 in > a		C	15, 23, 24, 26
	2 in < a < 12b 또는 4 in		D	
	a > 12b 또는 4 in, b ≤ 1 in		E	
	a > 12b 또는 4 in, b > 1 in		E'	
	길이 방향 하중을 받는 필렛용접 또는 부분용입 그루브용접으로 부착된 모재	T 또는 REV.		
	R > 2 in		D	19
	R ≤ 2 in		E	
	필렛용접이나 자동용접으로 부착된 쉬어커넥터 스터드 볼트가 연결된 모재	T 또는 REV.	C	22

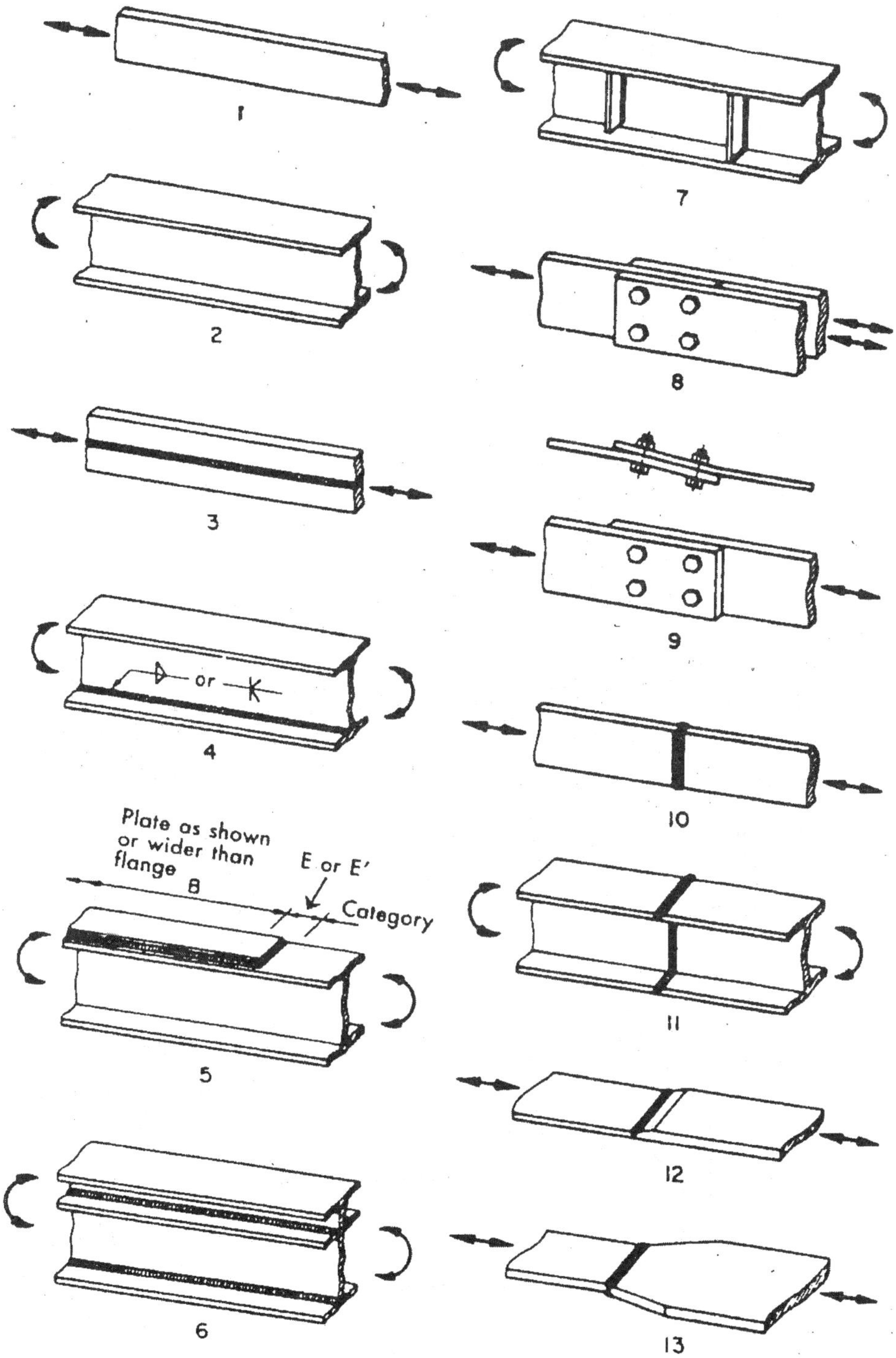

Illustrative examples

그림 A-2.1

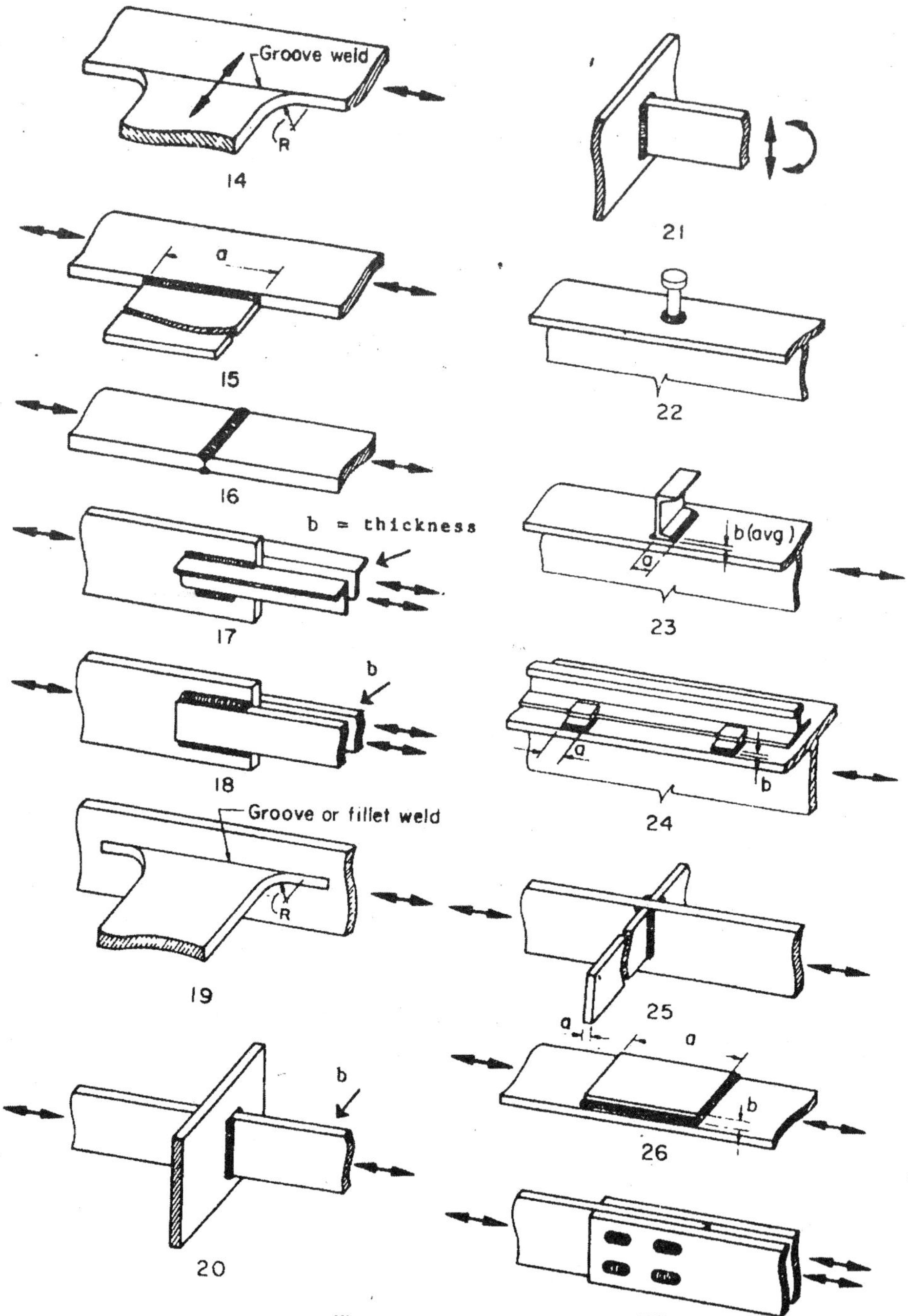

Illustrative examples (cont.)

그림 A-2.2

A-3 미국 피로설계기준–2(AISC 13th, 2005)

:: Fatigue Design Parameters

TABLE A–3.1(Cont.) Fatigue Design Parameters	Stress Category	Constant C_f	Threshold F_{TH} ksi(MPa)
Section 1 – Plain material away from any welding			
	A	250×10^8	24(165)
	B	120×10^8	16(110)
	B	120×10^8	16(110)
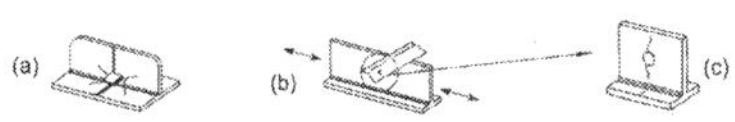	C	44×10^8	10(69)
Section 2 – Connected material in mechanically fastened joints			
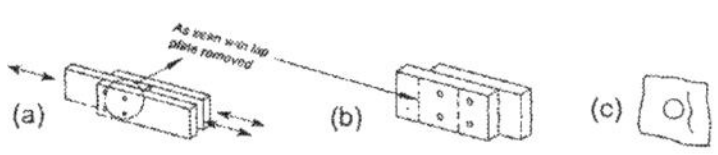	B	120×10^8	16(110)
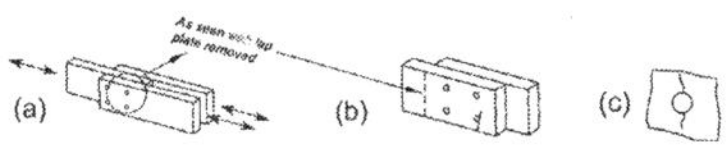	B	120×10^8	16(110)
	D	22×10^8	7(48)
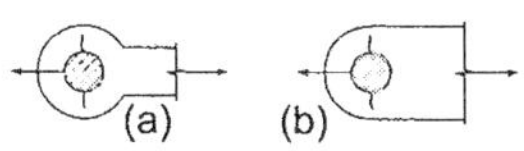	E	11×10^8	4.5(31)

TABLE A-3.2(Cont.) Fatigue Design Parameters	Stress Category	Constant C_f	Threshold F_{TH} ksi(MPa)
Section 3 – Welded joints joining components of built-up members			
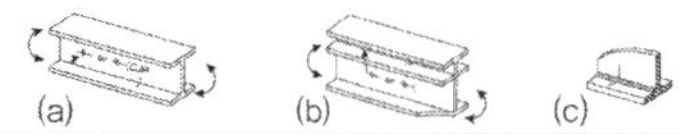	B	120×10^8	16(110)
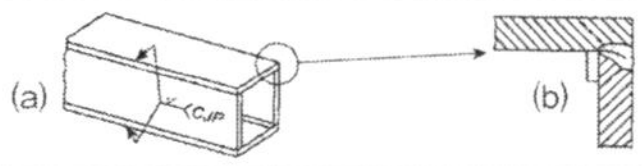	B`	61×10^8	12(83)
	D	22×10^8	7(48)
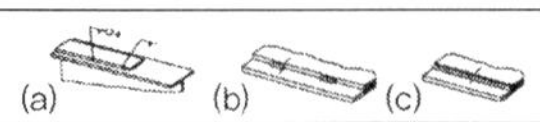	E	11×10^8	4.5(31)
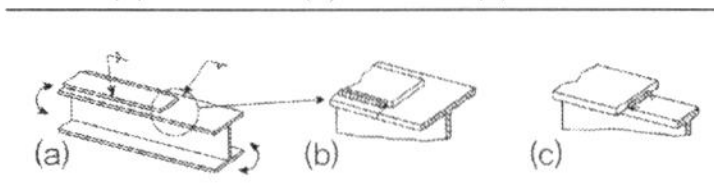	E E'	11×10^8 3.9×10^8	4.5(31) 2.6(18)
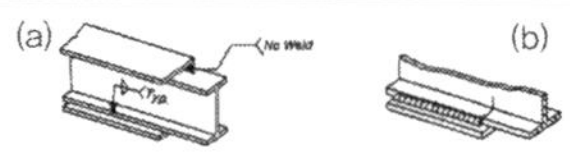	E'	3.9×10^8	2.6(18)
Section 4 – Longitudinal fillet welded end connections			
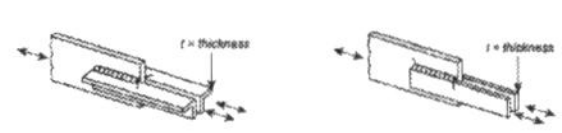	E E'	11×10^8 3.9×10^8	4.5(31) 2.6(18)

TABLE A-3.3(Cont.) Fatigue Design Parameters	Stress Category	Constant C_f	Threshold F_{TH} ksi(MPa)
Section 5 – Welded joints transverse to direction of stress			
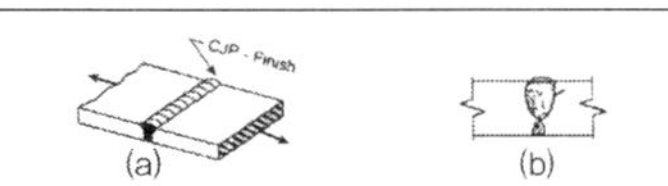	B	120×10^8	16(110)
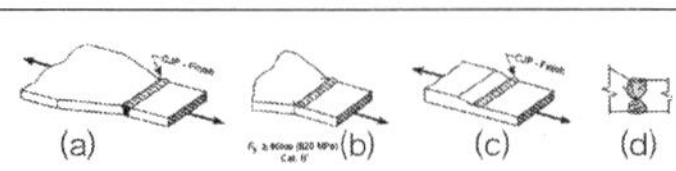	B B`	120×10^8 61×10^8	16(110) 12(83)
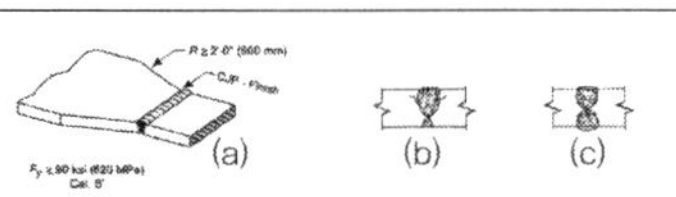	B	120×10^8	16(110)
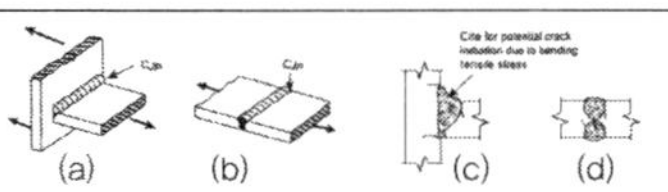	C	44×10^8	10(69)
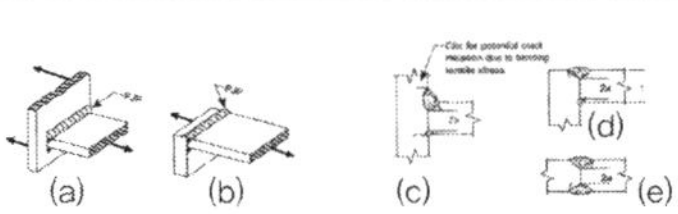	C C'	44×10^8 Eqn.A-3-4 or A-3-4M	10(69) None provided

TABLE A-3.4(Cont.) Fatigue Design Parameters	Stress Category	Constant C_f	Threshold F_{TH} ksi(MPa)
Section 5 – Welded joints transverse to direction of stress (cont'd)			
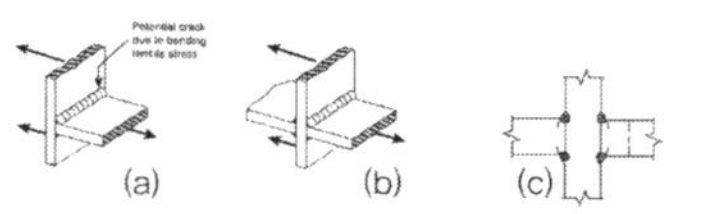	C C"	44×10^8 Eqn. A-3-5 or A-3-5M	10(69) None provided
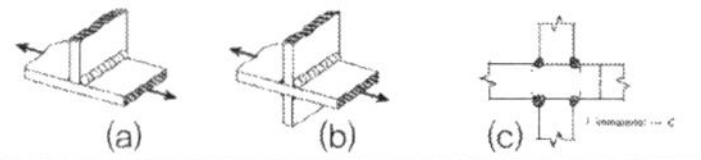	C	44×10^8	10(69)
Section 6 – Base metal at welded transverse member connections			
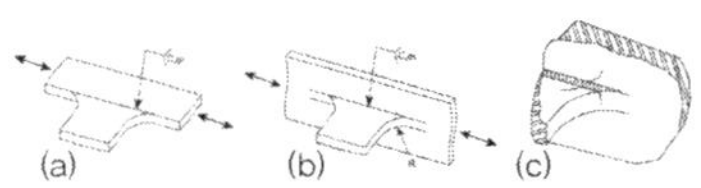	B C D E	120×10^8 44×10^8 22×10^8 11×10^8	16(110) 10(69) 7(48) 4.5(31)

TABLE A-3.5(Cont.) Fatigue Design Parameters	Stress Category	Constant C_f	Threshold F_{TH} ksi(MPa)
Section 6 – Base metal at welded transverse member connections (cont'd)			
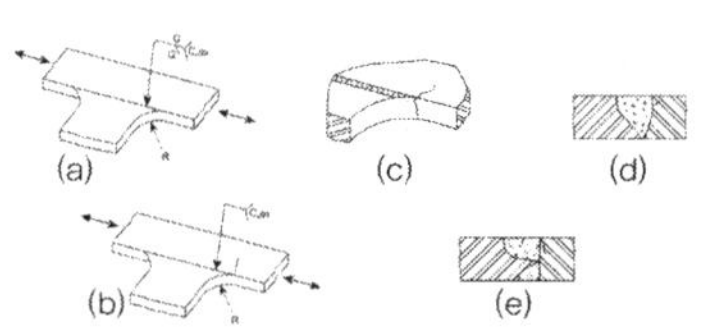	B C D E C C D E	120×10^8 44×10^8 22×10^8 11×10^8 44×10^8 44×10^8 22×10^8 11×10^8	16(110) 10(69) 7(48) 4.5(31) 10(69) 10(69) 7(48) 4.5(31)
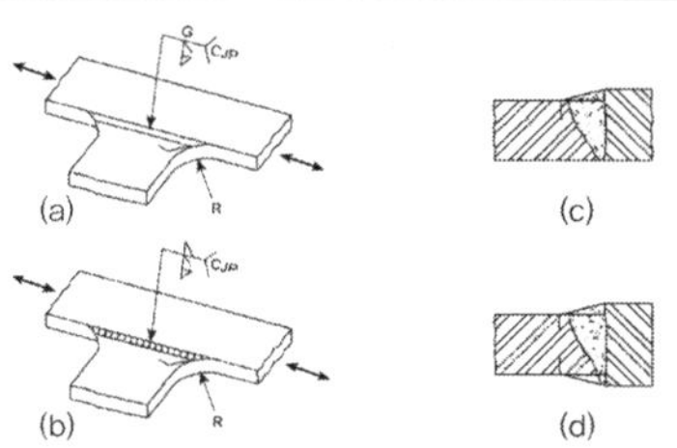	D E E	22×10^8 11×10^8 11×10^8	7(48) 4.5(31) 4.5(31)

TABLE A-3.6(Cont.) Fatigue Design Parameters	Stress Category	Constant C_f	Threshold F_{TH} ksi(MPa)
Section 6 – Base metal at welded transverse member connections (cont'd)			
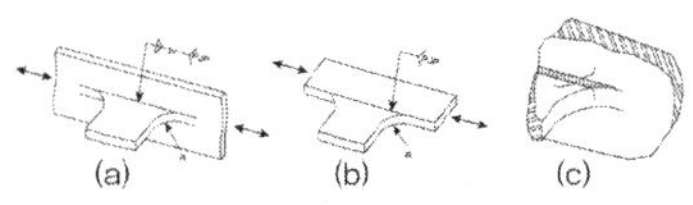	D E	22×10^8 11×10^8	7(48) 4.5(31)
Section 7 – Base metal at short attachments			
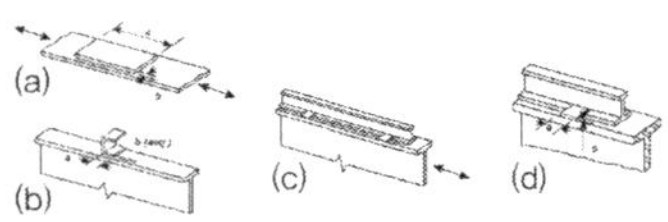	C D E E'	44×10^8 22×10^8 11×10^8 3.9×10^8	10(69) 7(48) 4.5(31) 2.6(18)
	D E	22×10^8 11×10^8	7(48) 4.5(31)

TABLE A-3.7(Cont.) Fatigue Design Parameters	Stress Category	Constant C_f	Threshold F_{TH} ksi(MPa)
Section 8 – Miscellaneous			
	C	44×10^8	10(69)
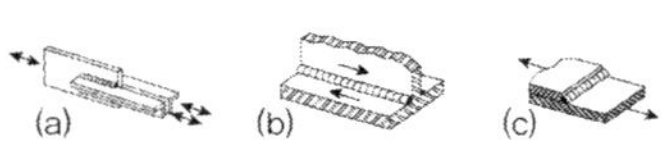	F	150×10^{10} (Eqn. A-3-2 or A-3-2M)	8(55)
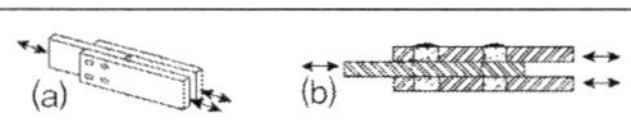	E	11×10^8	4.5(31)
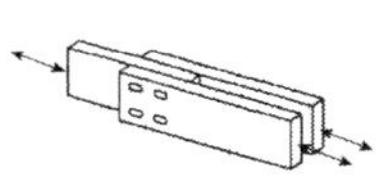	F	150×10^{10} (Eqn. A-3-2 or A-3-2M)	8(55)
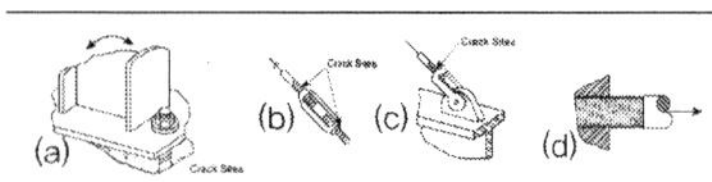	E'	3.9×10^8	7(48)

A-4 유럽 피로설계기준(Euro Code 3)

표 A-4.1 용접되지 않은 단면

상세분류	접합상세형태	개요
160	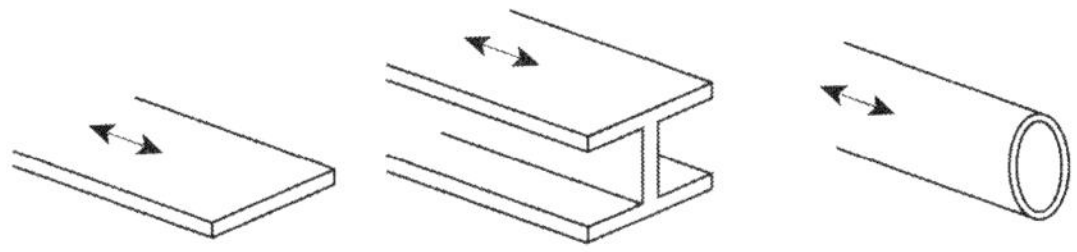 ① ② ③	① 강판 ② 공장제작형강 ③ 이음없는 강관
140	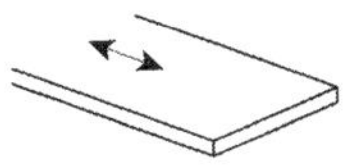 ④	④ 기계가스절단 혹은 흠집없는 절단재
125	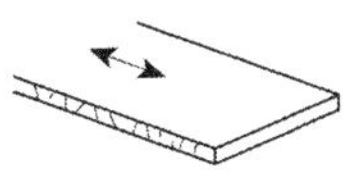 ⑤	⑤ 수작업에 의한 가스절단 혹은 좁고 규칙적인 흠집이 있는 기계가스 절단재
112	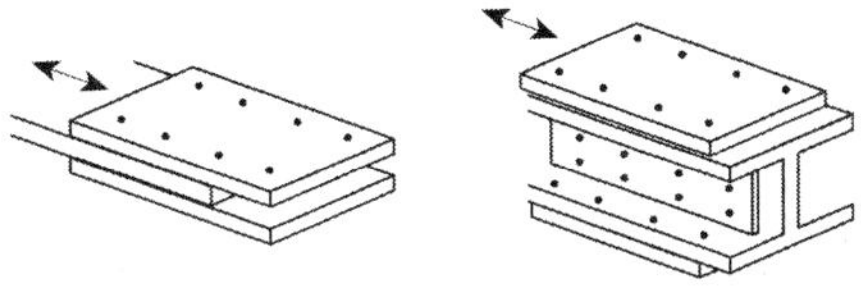 ⑥ ⑦	볼트접합 ⑥ 지지되지 않은 한쪽면 접합을 피하거나 응력을 계산할 때 편심효과를 고려해야한다. ⑦ 보의 이음이나 덧판을 볼트이음

표 A-4.2 연속 길이방향 용접

상세분류	접합상세형태	개요
125	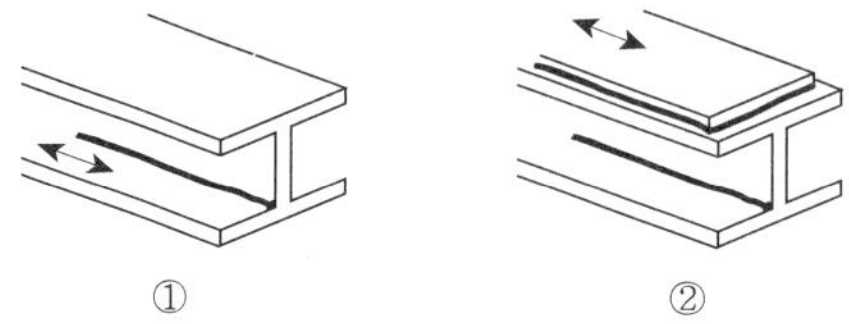	① 자동맞댐용접이 양쪽면에 시행. 특별한 검사가 시행되면 접합상세 분류 140을 사용할 수 있다. ② 자동필렛용접. 덧판의 끝부분이 표 9.8.5의 ⑤의 상세도를 사용하는 변화를 하는곳
112	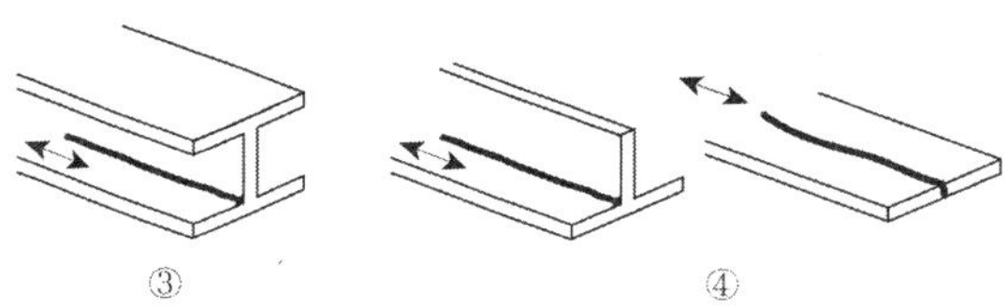	③ 양쪽면에 자동 필렛용접 또는 맞댐용접 하지만 정지/시작위치를 포함하는 곳 ④ 한쪽면만 자동맞댐용접으로 뒷면 받침판을 설치하고 정지/시작위치를 포함하는 곳
100	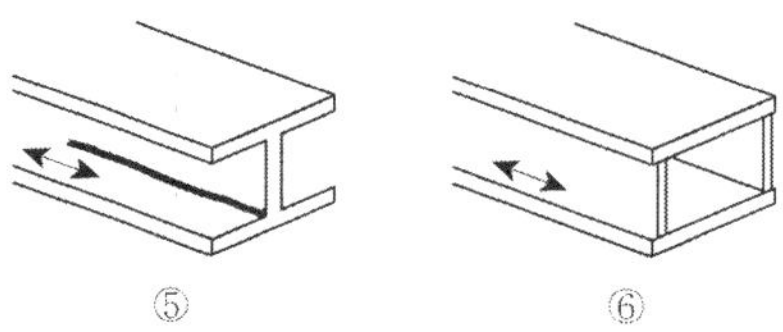	⑤ 수동필렛 혹은 맞댐용접 ⑥ 한쪽면에만 수동 혹은 자동 맞댐용접하는 특별히 박스형태 보에 해당
100	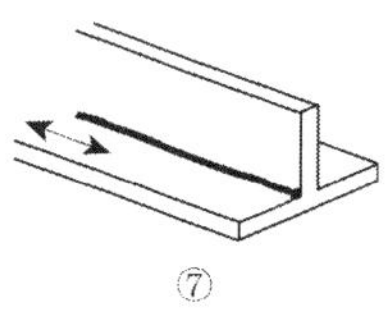	⑦ 보수용 자동 혹은 수동의 필렛 또는 맞댐용접
80	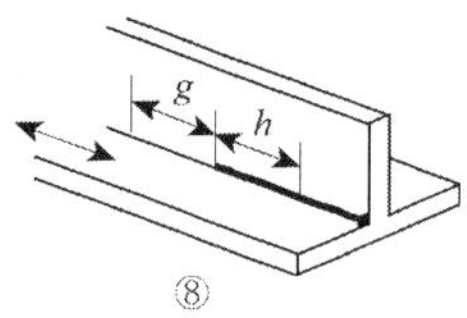	단속길이방향 용접 ⑧ 단속용접부
71	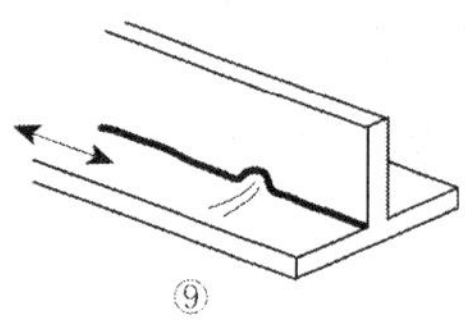	⑨ 코프 구멍에서의 연속용접의 끝부분

표 A-4.3 가로방향 맞대용접

상세분류	접합상세형태	개요
112	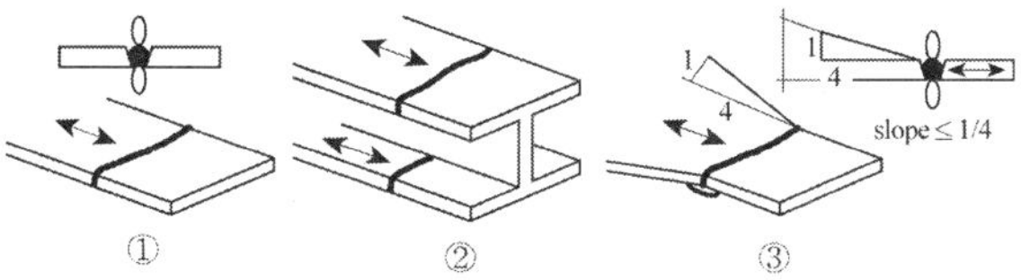	뒷받침판 없는 용접 ① 평판과 형강단면의 가로방향 이음부 ② 조립전의 플레이트 보에서 플랜지 판의 이음부 ③ 평판의 폭이나 두께의 변화경사가 1:4 이하가 되는 가로방향 이음부
90	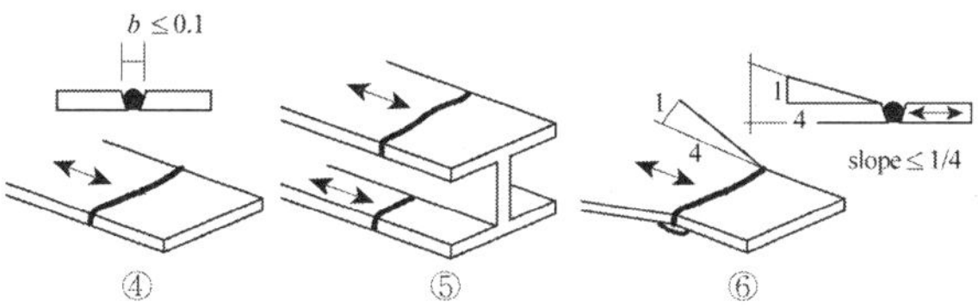	④ 평판의 가로방향 이음부 ⑤ 형강단면이나 용접 플레이트 보의 가로방향 ⑥ 평판의 폭이나 두께의 변화경사가 1:4 이하가 되는 가로방향 이음부
80	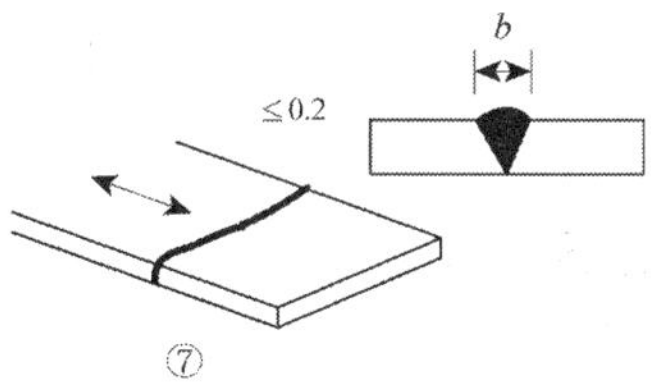	⑦ 형강단면이나 플레이트보의 평판에서 가로방향이음부
36	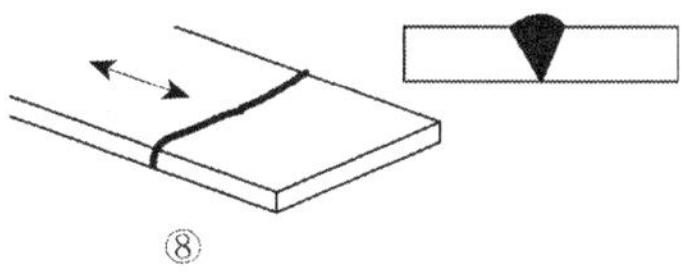	⑧ 한쪽면에만 맞댐 용접부
71	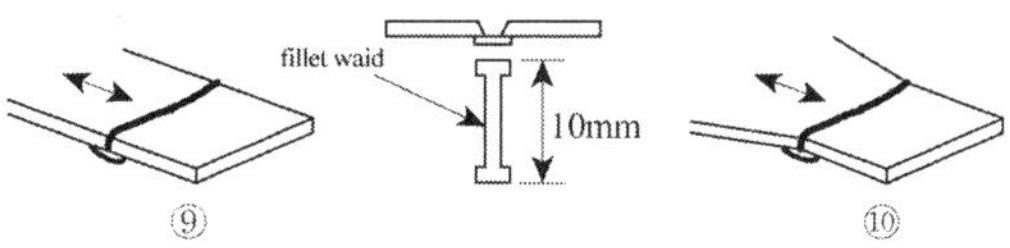	뒷받침판이 있는 용접 ⑨ 가로방향 이음부 ⑩ 변단면 폭이나 두께의 경사가 1:4이하인 가로방향 맞댐 용접부
50	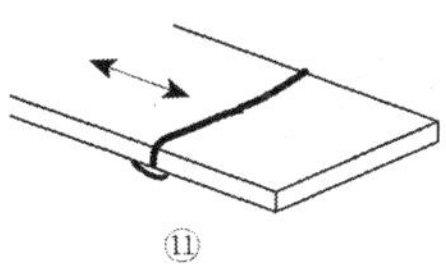	⑪ 영구적으로 뒷받침판이 설치된 가로방향 맞댐 용접부

표 A-4.4 하중을 전달하지 않는 부착재의 용접

상세분류	접합상세형태	개요
71	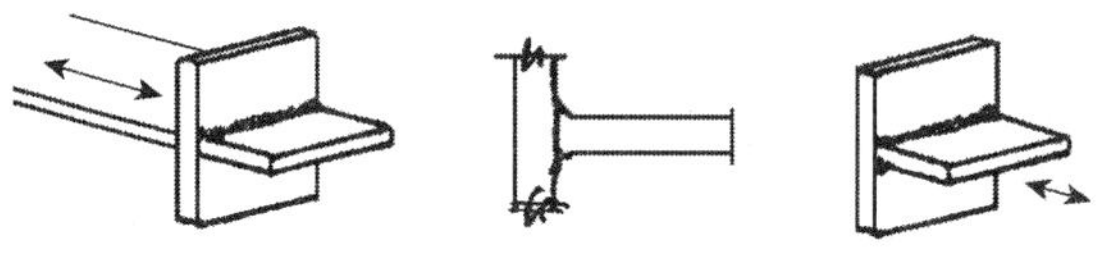 ①	십자형 연결부 ① 완전용입맞댐 용접
36	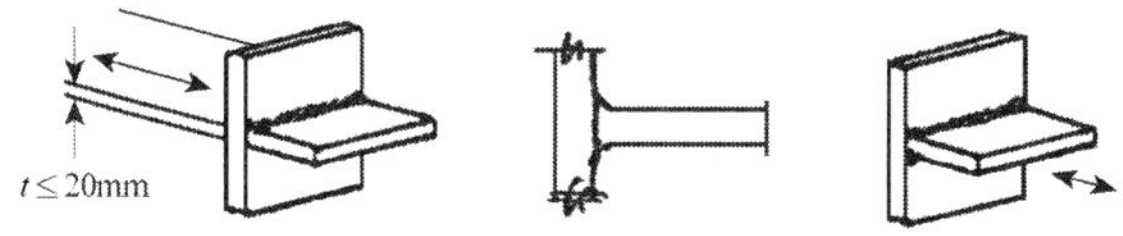	② 부분용입 T형 맞댐 연결부 혹은 필렛용접 연결부 유효완전 용입 T형 맞댐 연결부
45	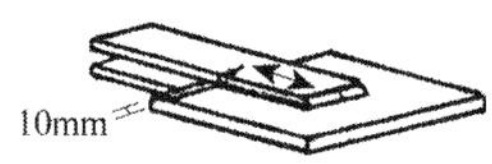 ④	중첩용접 연결부 ④ 필렛용접 겹침 이음부
50	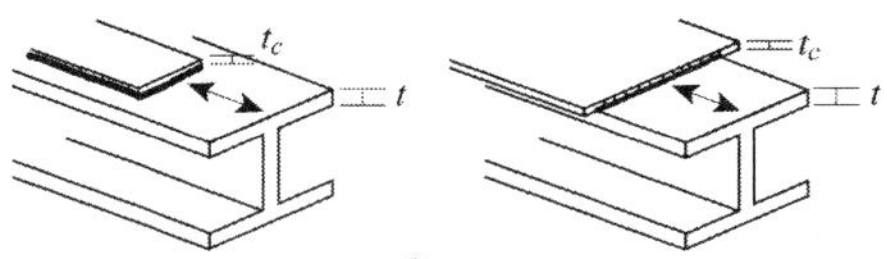 ⑤	보와 플레이트 거더위의 덧판 ⑤ 한면 혹은 다면의 용접 덧판의 끝 구간 전단용접
36		
80	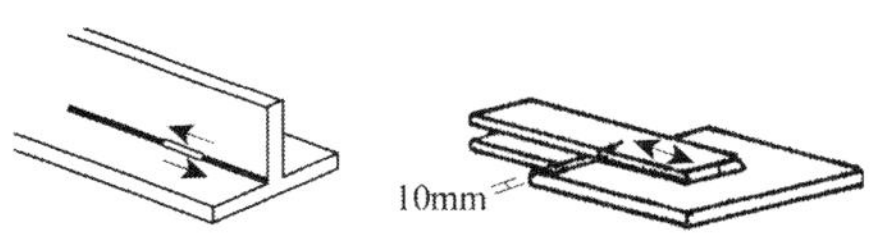 ⑥ ⑦	⑥ 플레이트 거더에서 플랜지와 웨브의 용접과 같이 전단흐름을 전달하는 연속필렛용접 ⑦ 필렛용접의 겹침 이음부

A-5 독일 피로설계기준(DIN 4132)

:: 연결 상세 분류

표 A-5.1 노치분류 W0과 W1

분류번호	설명	도해
W01	형태상 추가적인 노치효과가 없거나 노치가 있더라도 응력해석시 고려할 필요가 없는 절단부를 가진 부재와 일반적인 표면처리 부재, 가스절단 표면은 DIN 2310 Part3, 2절(1975년 2월 판)의 품질 12 이상 이여야 한다.	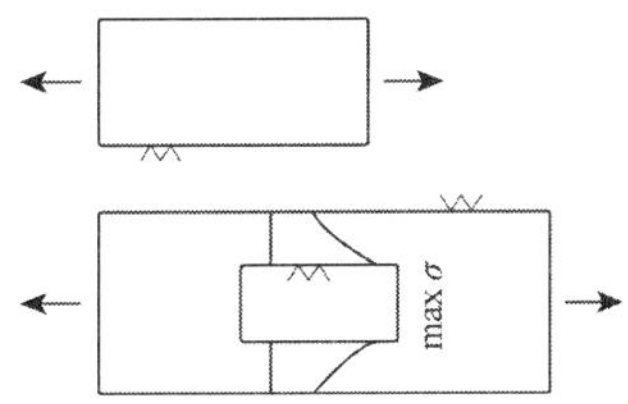
W11	형태상 추가적인 노치효과가 없거나 노치가 있더라도 응력해석시 고려할 필요가 없는, DIN 2310 Part 3, 2절(1975년 2월 판)의 품질 23 이상인 전단 또는 가스절단면을 가진 부재	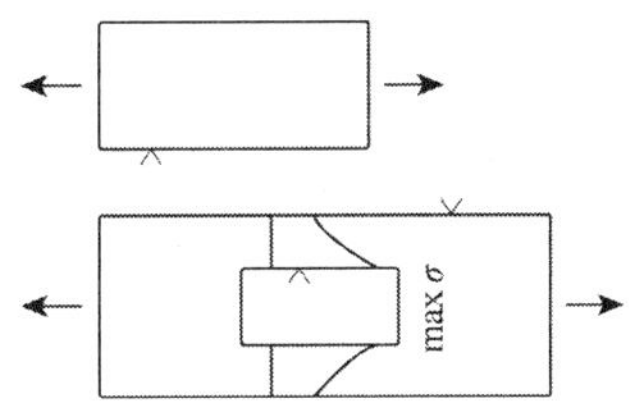
W12	리벳과 볼트의 경우 최대허용치의 20%, 고인장볼트의 경우 최대허용치의 100%에 달하는 하중을 받는 리벳과 볼트를 포함한 천공부재, 노치분류 W22와 W23에 대한 제한도 한면 전단 연결에서는 이 적용을 받는다.	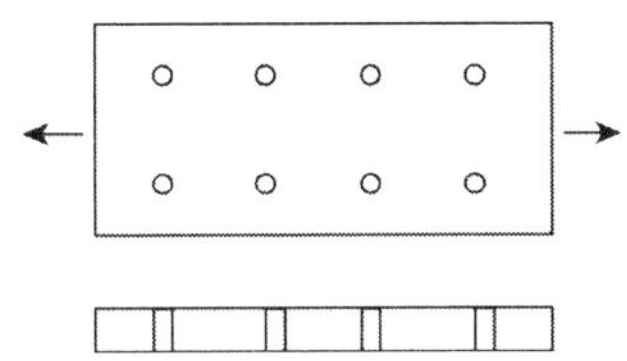
W13	차륜하중이 작용하는 압연의 웨브 돌출부	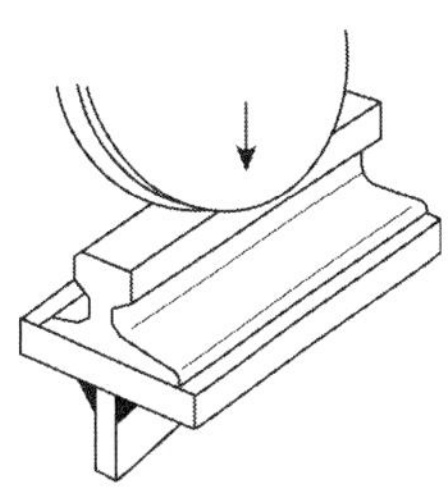

표 A-5.2 노치분류 W2 – 리벳연결, DIN 7968에 따른 SLP 및 GVP 연결

분류번호	설명	도해
W21	양면 전단을 받는 리벳 또는 볼트연결의 천공부재	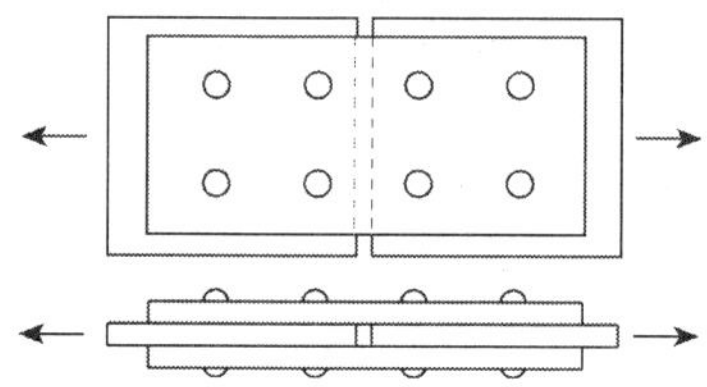
W22	뒷댐판이 있는 한면 전단을 받는 리벳 또는 볼트연결의 천공부재 뒷댐판은 $b \leq 15t$의 경우에만 사용	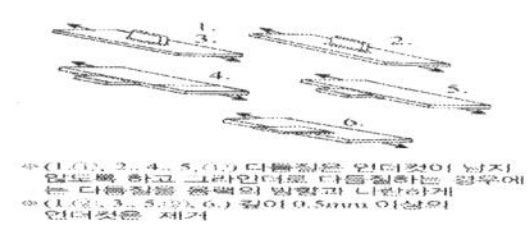
W23	뒷댐판이 없고 편심의 한면 전단을 받는 리벳 또는 볼트연결의 천공부재	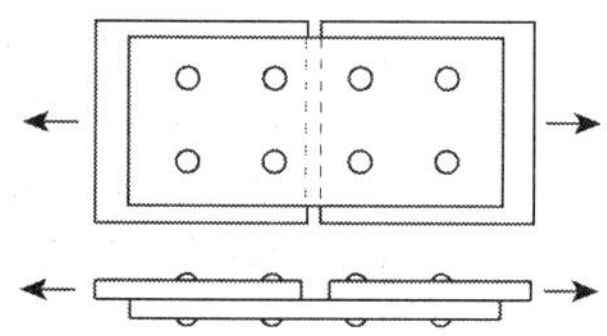

표 A-5.3 노치분류 K0 – 노치효과 : 극소(slight notch effect)

분류번호	설명	도해
011	하중방향과 수직으로 특수품질의 맞댐용접 연결 부재	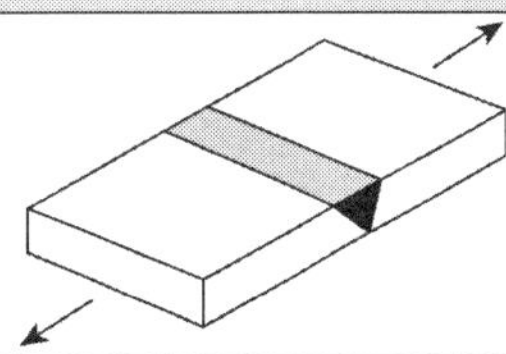
012	비대칭연결의 경우 경사 1:4 이하, 대칭인 경우 경사 1:3 이하인 특수품질의 맞댐용접 연결한, 두께차가 있는 부재	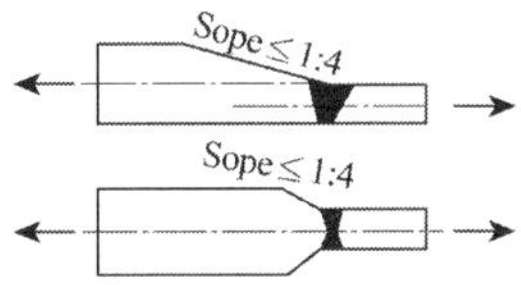
021	하중방향으로 보통품질의 맞댐용접, 연결부재, 한면 필렛용접된 사각 맞댐용접 연결 부재 또는 양면 필렛용접된 사각 맞댐용접 연결 부재	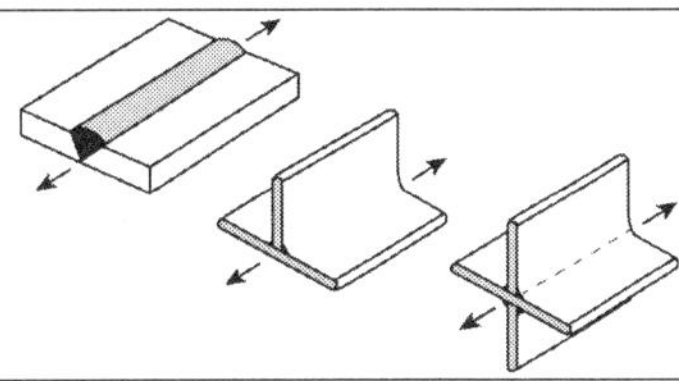
022	강판과 강봉이 보통품질의 맞댐 용접 연결된 웨브 플레이트와 플랜지 단면	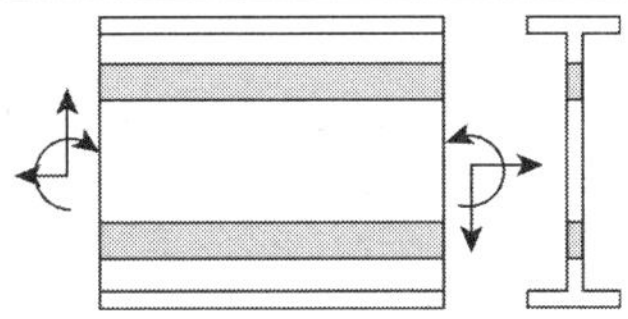

표 A-5.4 노치분류 K1–노치효과 : 중약(moderate notch effect)

분류번호	설명	도해
111	하중방향과 수직으로 보통품질의 맞댐용접 연결부재	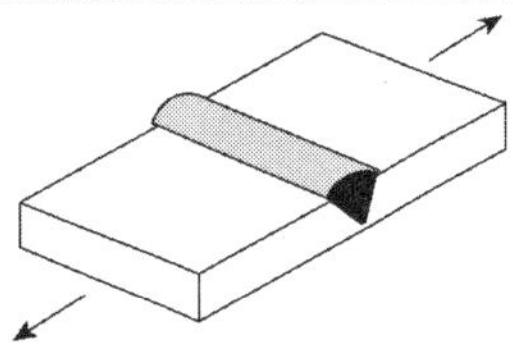
112	비대칭연결의 경우 경사 1:4 이하, 대칭인 경우 경사 1:3 이하인 보통품질의 맞댐용접 연결한, 두께차가 있는 부재	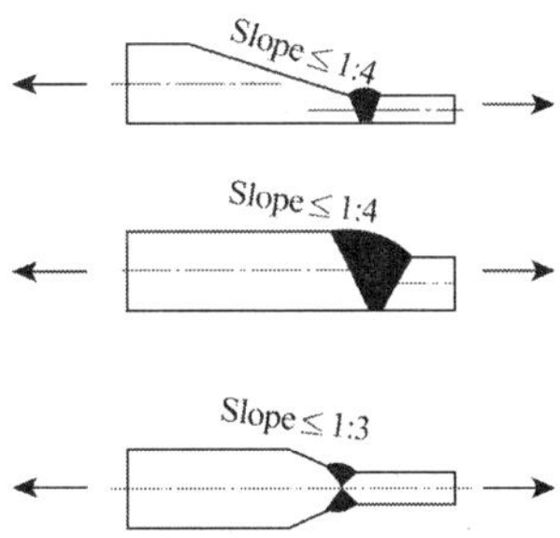
123	하중방향으로 보통품질의 맞댐용접 연결부재, 한면 필렛용접된 사각 맞댐용접 연결 부재 또는 양면 필렛용접된 사각 맞댐용접 연결 부재	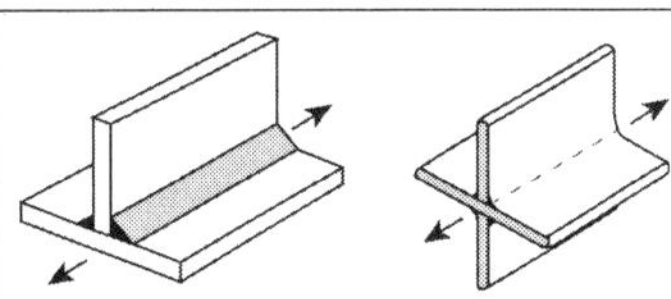

표 A-5.5 노치분류 K1 (계속)

분류번호	설명	도해
131	강판과 강봉이 보통품질의 맞댐용접 연결된 웨브 플레이트와 플랜지 단면	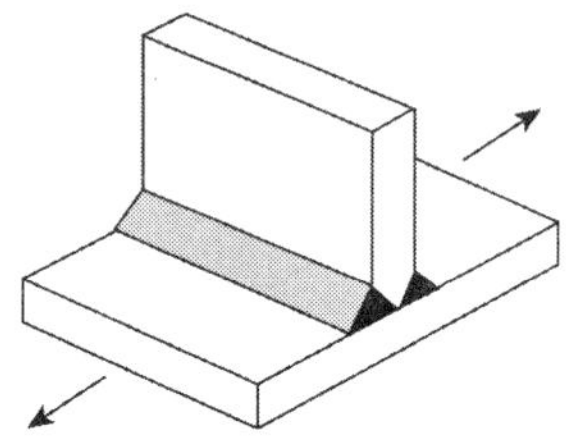
151	하중방향에 직각으로 양면 필렛용접된 양면 사각 맞댐용접연결 부재	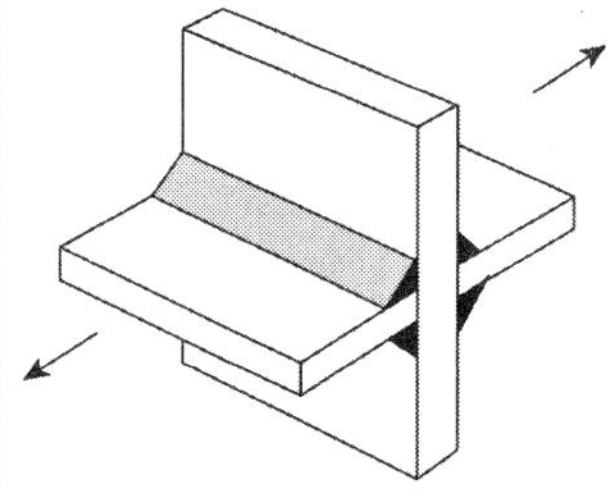
152	힘을 받는 양면 필렛용접된 양면 사각 맞댐용접 연결	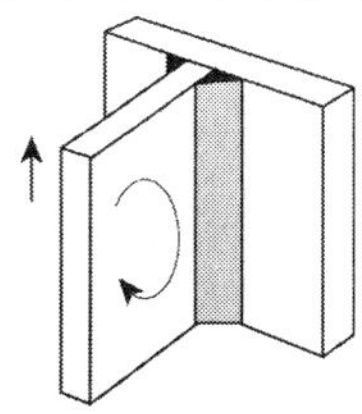
153	집중하중이 작용하는 플랜지와 웨브를 양면 필렛용접으로 양면 사각 맞댐용접한 연결, 압축과 인장은 용접방향과 직각으로 사용	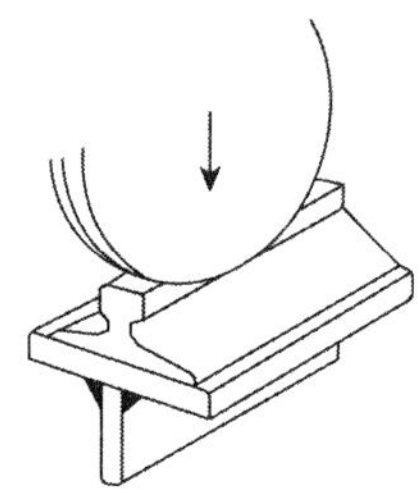

표 A-5.6 노치분류 K2-노치효과 : 중(medium notch effect)

분류번호	설명	도해
211	강재원형단면 및 강봉 예외 : 하중방향에 직각으로 보통품질의 맞댐 용접 연결된 평판	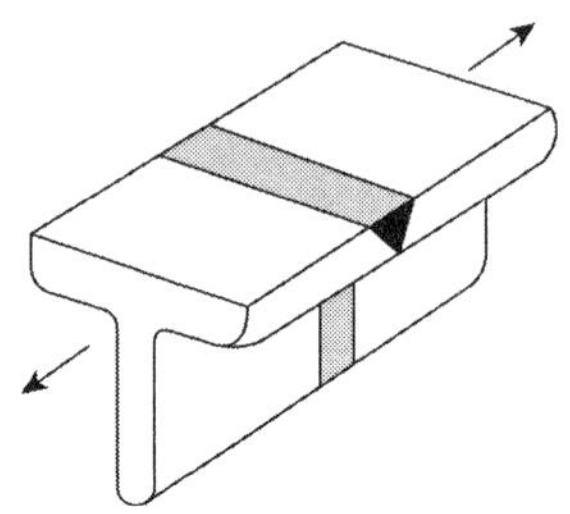

표 A-5.7 노치분류 K2-노치효과 : 중(medium notch effect) (계속)

분류번호	설명	도해
212	비대칭 연결의 경우 경사 1:3 이하, 대칭연결의 경우 경사 1:2 이하인 보통품질의 맞댐용접 연결된, 두께 차가 있는 부재	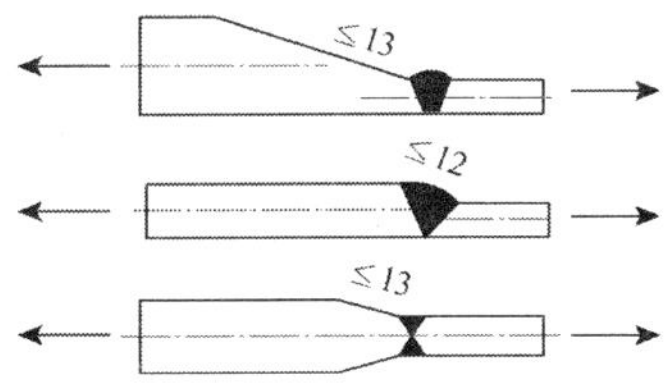
231	하중방향과 직각으로 특수품질의 연속 이중필렛용접 연결된 부재위에 있는 부재용접면은 노치 없음	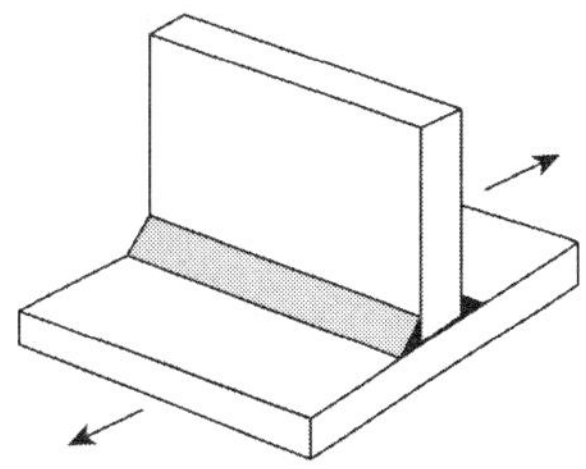
233	하중방향에 수직으로 특수 품질의 이중필렛용접된 수직보강재(코너절단)위의 플랜지 및 웨브 플레이트 용접면은 노치 없음	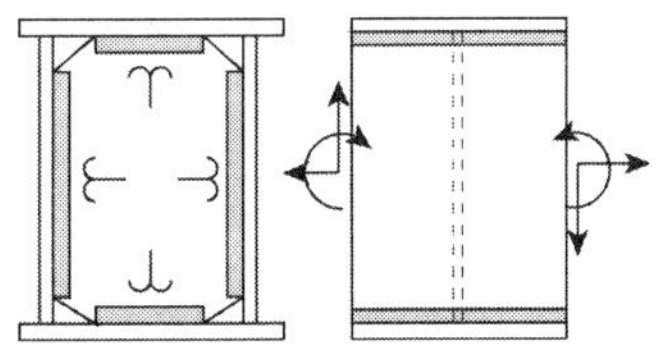
241	하중방향으로 보통품질의 맞댐용접된 단부를 경사 또는 곡률 처리한 부재, 용접단부는 기계적 다듬질	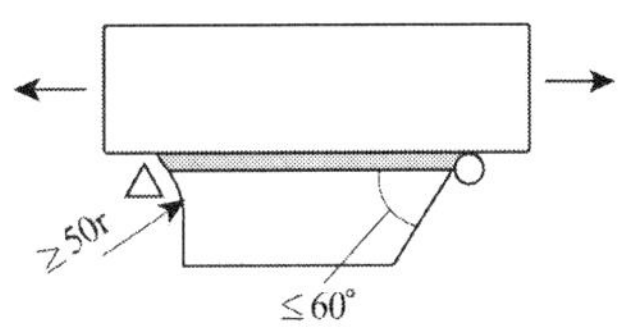
242	하중방향으로 단부를 경사 또는 곡률 처리한 보강재 또는 부재 단부는 5t 이상 양면 사각 맞댐용접, 용접면은 노치 없음	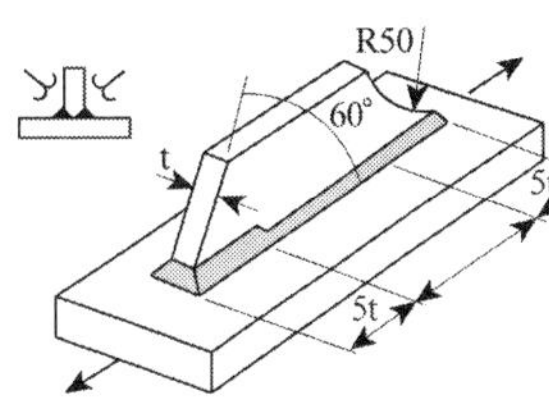
244	단부경사 1:3 이하로 용접된 플랜지 플레이트 5t 이상. a = 0.5t인 특수품질의 필렛용접한 것. 용접면은 노치 없음	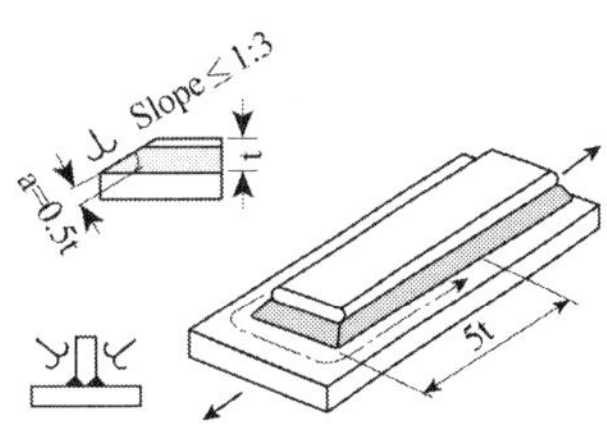

표 A-5.8 노치분류 K3-노치효과 : 강(strong notch effect)

분류번호	설명	도해
311	뒷댐재가 있는, 하중방향에 직각으로 맞댐용접 연결한 부재	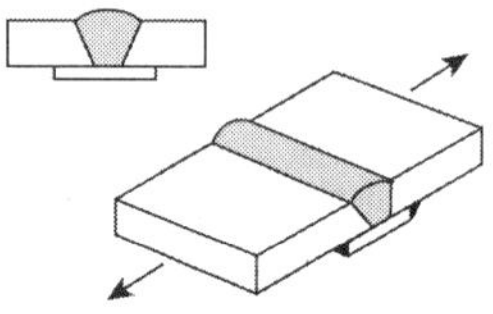
312	경사 1:2 이하인 비대칭연결, 두께가 3mm 이하인 경사 없는 비대칭 연결, 또는 경사 없는 대칭연결 - 연결부는 하중방향에 직각으로 보통품질의 맞댐용접연결	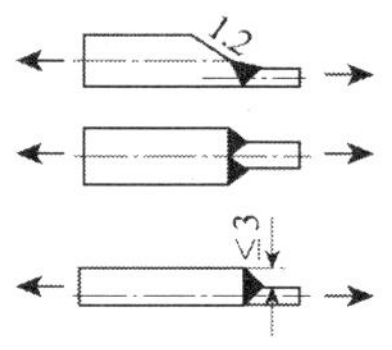
313	하중방향과 직각으로 보통품질의 맞댐용접된 부재 - 예를 들면 보통품질의 맞댐 용접된 보강판을 가진 플랜지 플레이트 접합부. 용접단부는 기계적 다듬질	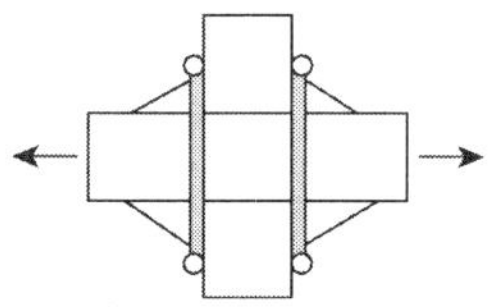
331	하중방향과 직각으로 연속 이중 필렛용접된 연결부재	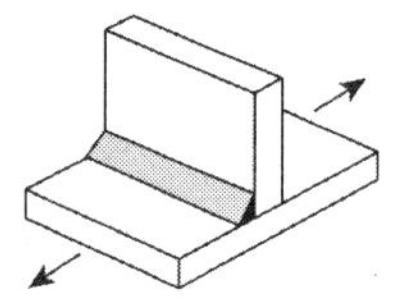
333	하중방향과 직각으로 연속 이중필렛용접된 수직보강재와 연결된 플랜지와 웨브 플레이트, 이 분류는 수직의 필렛용접부에만 적용	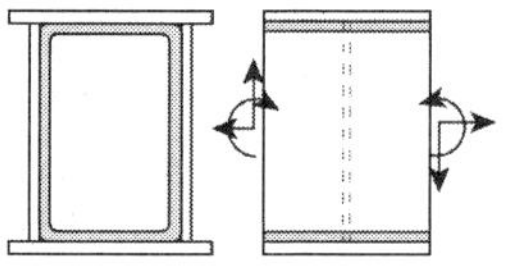
341	하중방향으로 필렛용접 또는 이중필렛용접된 경사를 가진 단부, 용접단부는 기계적 다듬질	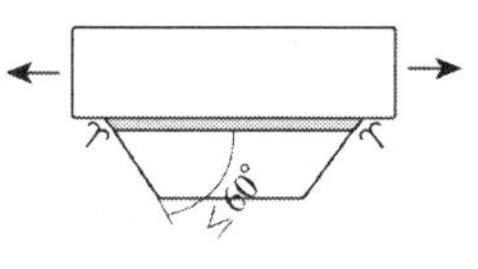
342	하중방향으로 용접된 경사가 있는 보강재. 용접단부는 5t이상 기계적 다듬질	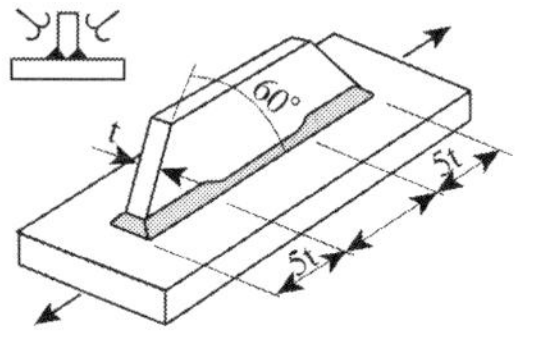

표 A-5.9 노치분류 K3-노치효과 : 강(strong notch effect) (계속)

분류번호	설명	도해
343	경사 또는 곡률이 있고 플레이트를 위해 슬롯을 가진 이중 연결부재. 용접단부는 5t이상 이중필렛용접으로 사각 맞대용접 (기계적 다듬질)	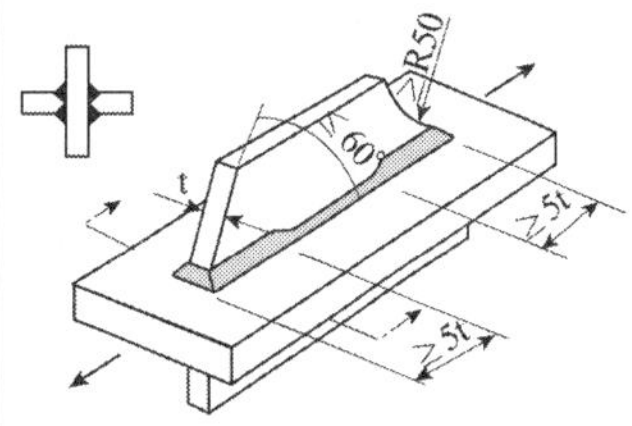
344	$t_o \le 1.5t_u$ 인 플랜지 플레이트에 용접된 연결부재, 용접단부는 $5t_o$ 이상 특수품질의 필렛용접	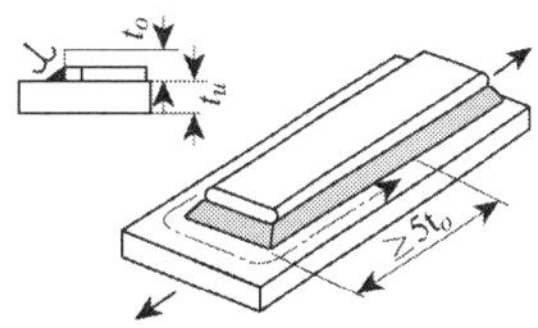
346	단속 이중필렛용접 또는 이중필렛 유공용접된 수평 보강재	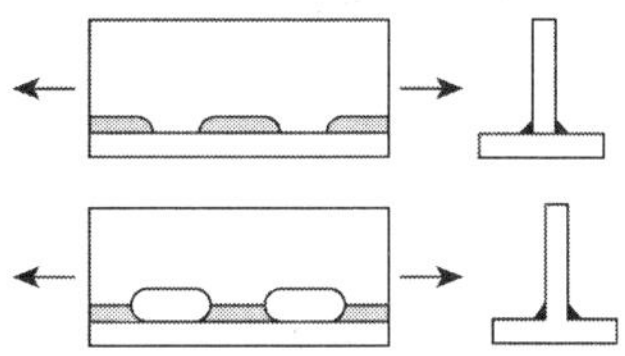
351	하중방향과 수직으로 이중필렛용접으로 양면 사각 맞댐용접한 연결부재	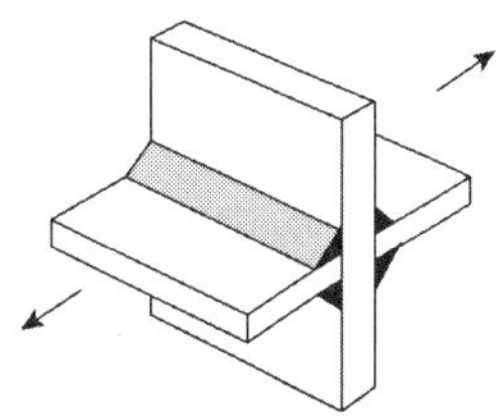
352	휨을 받는 이중필렛용접으로 양면 사각 맞댐 용접 연결	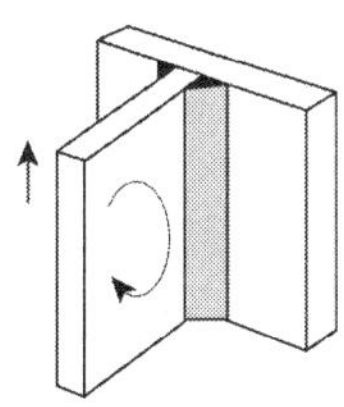
353	웨브면에 집중하중이 작용하는 플랜지와 웨브사이를 이중필렛용접으로 양면사각용접된 연결. 압축과 인장은 용접방향과 수직	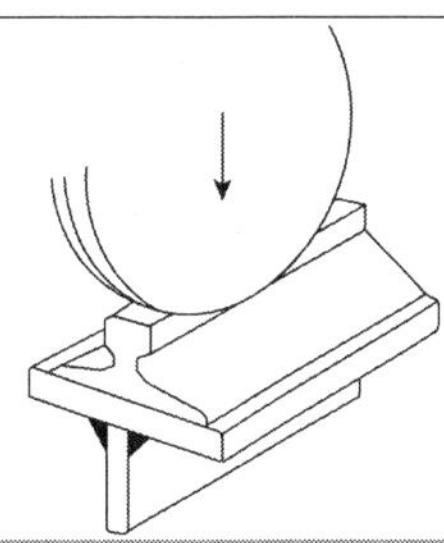

표 A-5.10 노치분류 K4-노치효과 매우 강(very strong notch effect)

분류번호	설명	도해
412	하중방향과 수직으로 보통 품질의 맞댐용접 연결된, 두께차가 있는 부재(비대칭 연결, 뒷댐재 있고 경사 없음) 뒷댐재가 없고 비대칭인 경우도 포함	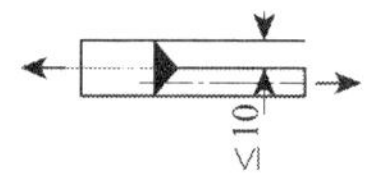
413	플랜지 플레이트와 같은 하중방향과 직각으로 연결부가 보통품질의 맞댐용접으로 연결한 부재	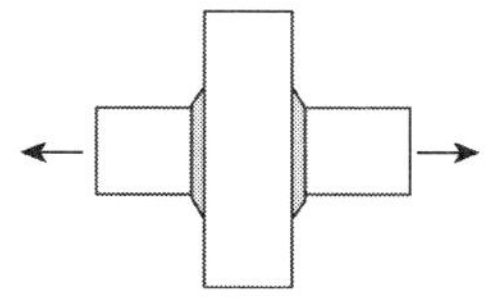
433	하중방향과 수직으로 한면 연속필렛용접된 수직보강재에서의 플랜지와 웨브 플레이트	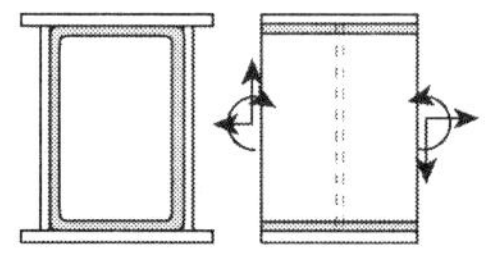
441	하중방향으로 용접된 직각으로 처리된 연결부재의 단부	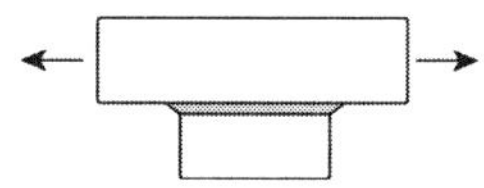
442	하중방향으로 이중필렛용접된 단부가 직각인 보강재	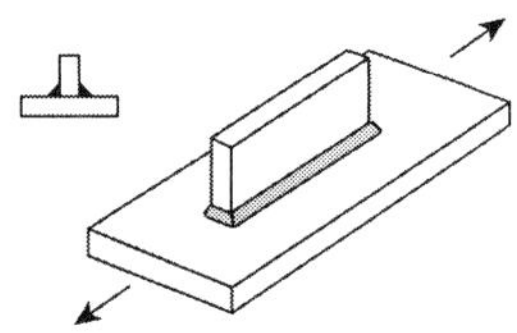
443	플레이트를 관통하는 이중필렛용접으로 연결된 직각단부를 가진 연결부재	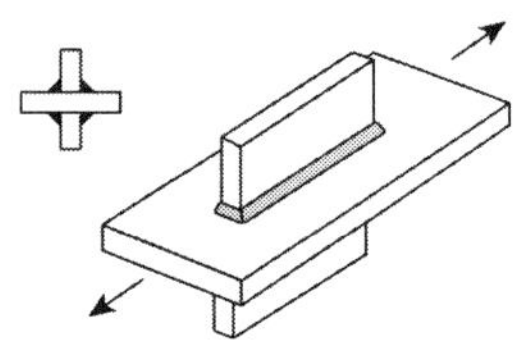
444	주위 전부를 필렛용접한 웨브 플레이트의 연결부재 단부	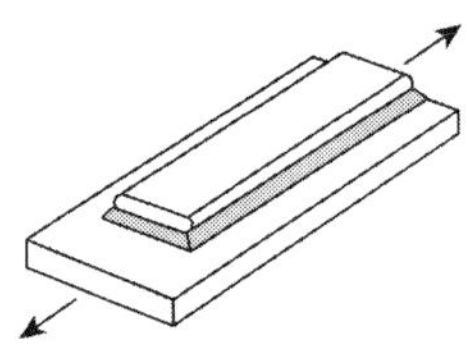

표 A-5.11 노치분류 K4 (계속)

분류번호	설명	도해
446	필렛용접 또는 보통품질의 맞댐용접 연결된 본드제를 가진 연결부재	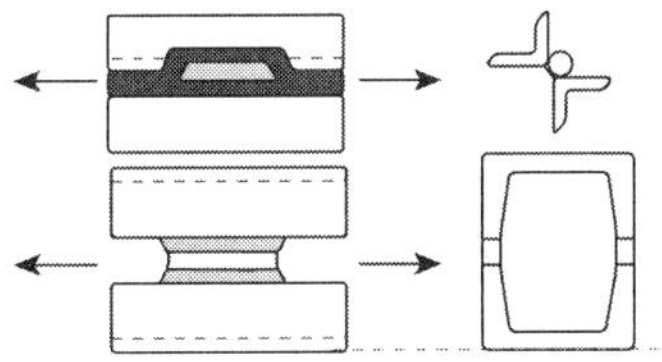
447	주위 전부를 필렛용접 연결한 연결부재	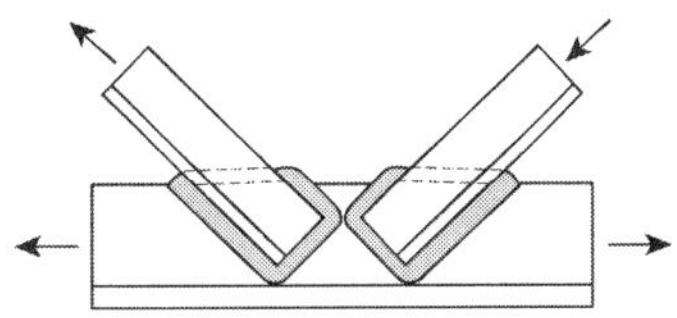
448	주위 전부를 필렛용접한 관상연결부재	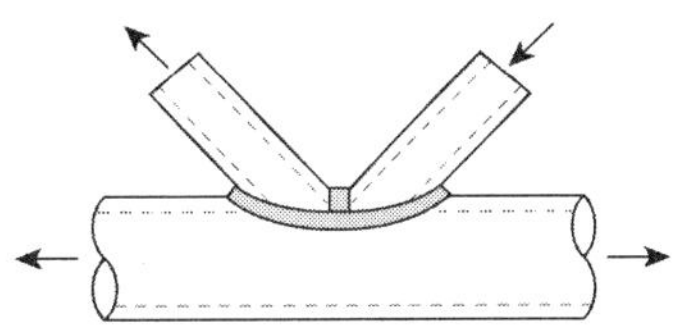
449	$t_u \geq t_o$인 부재에 수직 및 수평으로 전단을 받는, 필렛용접된 맞댐스트랩(strap)부	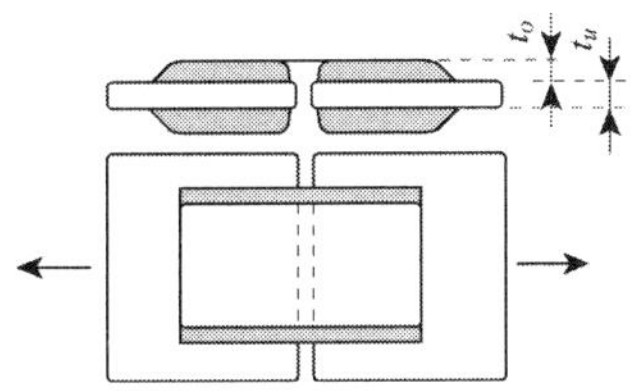
451	하중방향과 직각으로 이중필렛용접 또는 뒷댐재를 사용하여 필렛용접으로 한번 사각용접 연결한 부재 (십자연결)	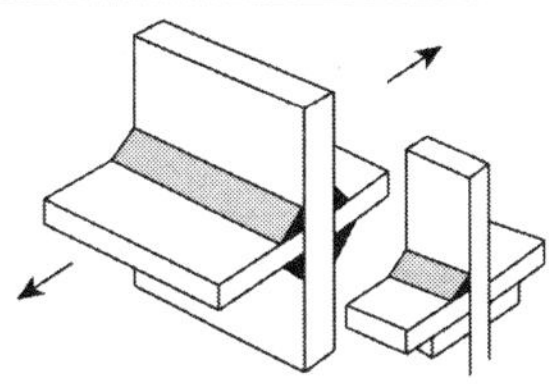
452	휨을 받는 이중 필렛용접연결	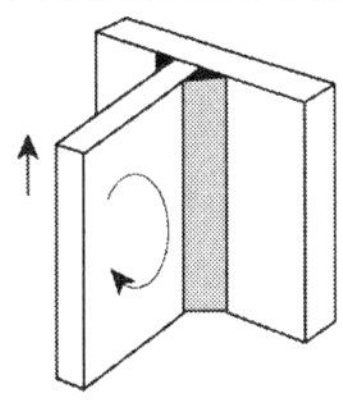
453	웨브면에 집중하중이 작용하는 플랜지와 웨브의 이중 필렛용접연결부, 압축과 인장은 용접방향과 수직으로 작용	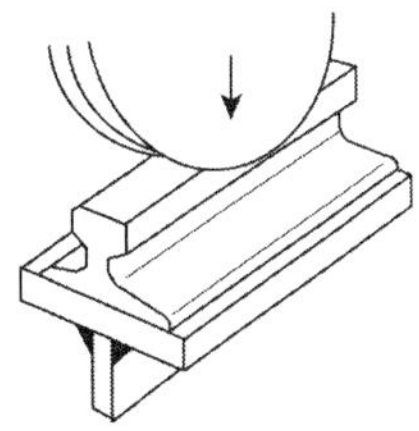

표 A-5.12 ST 37 강의 허용응력(하중등급 B5)

응력비 χ	노치 분류에 따른 허용응력 σ_{Be} (N/mm²)															
	W0 최대응력		W1 최대응력		W2 최대응력		K0 최대응력		K1 최대응력		K2 최대응력		K3 최대응력		K4 최대응력	
	인장	압축	인장	압축	인장	압축	인장	압축	인장	압축	인장	압축	인장	압축	인장	압축
-1.0	142.7	142.7	114.2	114.2	99.9	99.9	118.8	118.8	106.1	106.1	89.1	89.1	63.6	63.6	38.2	38.2
-0.9	148.7	150.2	119.0	120.2	104.1	105.2	123.8	125.1	110.5	111.7	92.8	93.8	66.3	67.0	39.8	40.2
-0.8	155.1	158.6	124.0	126.9	108.6	111.0	129.1	132.0	115.3	117.9	96.8	99.0	69.2	70.7	41.5	42.4
-0.7	162.2	167.9	129.7	134.3	113.5	117.5	135.0	139.8	120.6	124.8	101.2	104.8	72.3	74.9	343.4	44.9
-0.6	169.9	178.4	135.9	142.7	118.9	124.9	141.4	148.5	126.3	132.6	136.1	111.4	75.8	79.5	45.5	47.7
-0.5	178.4	190.3	142.7	152.2	124.9	133.2	148.5	158.4	132.6	141.5	111.4	118.8	79.5	81.9	47.7	50.9
-0.4	187.8	203.9	150.2	163.2	131.4	142.7	156.3	169.7	139.6	151.6	117.2	127.3	83.7	90.9	50.2	54.5
-0.3	198.2	219.5	158.6	175.7	138.7	153.7	165.0	182.8	147.4	163.2	123.7	137.1	88.4	97.9	53.0	58.7
-0.2	209.9	237.8	167.9	190.4	146.9	166.5	174.7	198.0	156.0	176.8	131.0	148.5	93.6	106.1	56.1	63.6
-0.1	223.0	(259.5)	178.4	207.6	156.1	181.6	185.6	216.0	165.8	183.5	139.2	162.0	99.4	115.7	59.7	69.4
0	237.8		190.3	228.4	166.5	199.8	198.0	237.6	176.8	190.6	148.5	178.2	106.1	127.3	63.6	76.4
+0.1	(241.3)		196.5	235.8	173.4	208.1	203.8	(244.6)	183.5	198.4	155.7	186.8	113.1	135.7	68.9	82.7
+0.2			203.1	(243.7)	181.0	217.2	210.0		190.6	206.8	163.7	196.4	121.1	145.3	75.2	90.2
+0.3			210.1		189.2	227.0	216.6		198.4	216.0	172.6	207.1	130.2	156.2	82.7	99.2
+0.4			217.7		198.2	237.8	223.6		206.8	226.0	182.4	218.9	140.9	169.1	92.0	110.4
+0.5			225.8		208.1	(249.7)	231.1		216.0	237.0	193.5	232.2	153.5	184.2	103.5	124.2
+0.6			234.5		219.1		239.1		226.0	(249.1)	205.9	(247.1)	168.6	202.3	118.3	142.0
+0.7			(244.0)		231.3		(247.7)		237.0		220.1		186.9	224.4	138.1	165.7
+0.8					(244.9)				(249.1)		236.4		209.7	(251.6)	165.9	199.1
+0.9											(255.3)		248.9		207.0	(249.2)
+1.0	240.0	240.0	240.0	240.0	240.0	240.0	240.0	240.0	240.0	240.0	240.0	240.0	(277.5)	240.0		

표 A-5.13 ST 37 강의 허용응력(하중등급 B6) (계속)

응력비 χ	노치 분류에 따른 허용응력 σ_{Be} (N/mm²)															
	W0 최대응력		W1 최대응력		W2 최대응력		K0 최대응력		K1 최대응력		K2 최대응력		K3 최대응력		K4 최대응력	
	인장	압축	인장	압축	인장	압축	인장	압축	인장	압축	인장	압축	인장	압축	인장	압축
-1.0	120.0	120.0	96.0	96.0	84.0	84.0	84.0	84.0	75.0	75.0	63.0	63.0	45.0	45.0	27.0	27.0
-0.9	125.0	126.3	100.0	101.1	87.5	88.4	87.5	88.4	78.1	78.9	65.6	66.3	46.9	47.4	28.1	28.4
-0.8	130.4	133.3	104.3	106.6	91.3	93.3	91.3	93.3	81.5	83.3	68.5	70.0	48.9	50.0	29.3	30.0
-0.7	136.4	141.2	109.1	112.9	95.5	98.8	95.5	98.8	85.2	88.2	71.6	74.1	51.1	52.9	30.7	31.8
-0.6	142.9	150.0	114.3	120.0	100.0	105.0	100.0	105.0	89.3	93.8	75.0	78.8	53.6	56.3	32.1	33.8
-0.5	150.0	160.0	120.0	128.0	105.0	112.0	105.0	112.0	93.8	100.0	78.8	84.0	56.3	60.0	33.8	36.0
-0.4	157.9	171.4	126.3	137.1	110.5	120.0	110.5	120.0	98.7	107.1	82.9	90.0	59.2	64.3	35.5	38.6
-0.3	166.7	184.6	133.4	147.7	116.7	129.2	116.7	129.2	104.2	115.4	87.5	96.9	62.5	69.2	37.5	41.5
-0.2	176.5	200.0	141.2	160.0	123.5	140.0	123.5	140.0	110.36	125.0	92.6	105.0	66.2	75.0	39.7	45.0
-0.1	187.5	218.2	150.0	174.6	131.3	152.7	131.3	152.7	117.2	136.4	98.4	114.5	70.3	81.8	42.2	49.1
0	200.0	240.0	160.0	192.0	140.0	168.0	140.0	168.0	125.0	150.0	105.0	126.0	75.0	90.0	45.0	54.0
+0.1	205.7		167.1	200.5	147.3	176.8	147.3	176.8	132.3	158.8	112.0	134.4	80.9	97.1	49.1	58.9
+0.2	211.8		174.8	209.8	155.4	186.5	155.4	186.5	140.4	168.5	119.9	143.9	87.8	105.4	54.1	64.9
+0.3	218.3		183.3	220.0	164.4	197.3	104.4	197.3	149.7	179.6	129.1	154.9	93.0	115.2	60.1	72.1
+0.4	225.2		192.6	231.1	174.6	209.5	174.6	209.5	160.2	192.2	139.7	167.6	105.9	127.1	67.7	81.25
+0.5	232.5		203.0	(243.6)	186.1	223.3	186.1	223.3	172.4	206.9	152.4	182.9	118.1	141.7	77.4	92.9
+0.6	(240.3)		204.5		199.2	239.1	199.2	239.1	186.35	223.8	167.5	201.0	133.6	160.1	90.5	108.6
+0.7			227.4		214.3	(257.2)	214.3	(257.2)	203.1	(243.7)	185.9	223.1	153.3	184.0	108.8	130.6
+0.8			(242.0)		231.9		231.9		223.1		208.9	(250.7)	180.2	216.2	136.5	163.8
+0.9					(252.7)		(252.7)		(247.3)		238.3		218.5	(262.2)	183.0	219.6
+1.0	240.0	240.0	240.0	240.0	240.0	240.0	240.0	240.0	240.0	240.0	(277.5)	240.0	(277.5)	240.0	(277.5)	(333.0)

표 A-5.14 ST 52 강의 허용응력(하중등급 B5) (계속)

응력비 χ	노치 분류에 따른 허용응력 $\sigma_{Be}(N/mm^2)$															
	W0 최대응력		W1 최대응력		W2 최대응력		K0 최대응력		K1 최대응력		K2 최대응력		K3 최대응력		K4 최대응력	
	인장	압축	인장	압축	인장	압축	인장	압축	인장	압축	인장	압축	인장	압축	인장	압축
-1.0	163.8	163.8	130.3	130.3	104.2	104.2	118.8	118.8	106.1	106.1	89.1	89.1	63.6	63.6	38.2	38.2
-0.9	170.6	172.4	136.7	137.1	108.6	109.7	123.8	125.1	110.5	111.7	92.8	93.8	66.3	67.0	39.8	40.2
-0.8	178.1	182.1	141.6	144.7	113.3	115.8	129.1	132.0	115.3	117.9	96.8	99.0	69.2	70.7	41.5	42.4
-0.7	186.1	192.7	148.0	153.3	118.4	122.6	135.0	139.8	120.6	124.8	101.2	104.8	72.3	74.9	43.4	44.9
-0.6	195.0	204.7	155.1	162.8	124.1	130.3	141.4	148.5	126.3	132.6	106.1	111.4	75.8	79.5	45.5	47.7
-0.5	204.7	218.4	162.8	171.7	130.3	139.0	148.5	158.4	132.6	141.5	111.4	118.8	79.5	84.9	47.7	50.9
-0.4	215.5	234.0	171.4	186.1	137.2	148.9	156.3	169.7	139.6	151.6	117.2	127.3	83.7	90.9	50.2	54.5
-0.3	227.5	252.0	180.9	200.4	144.8	160.4	165.0	182.8	147.4	163.2	123.7	137.1	88.4	97.9	53.0	58.7
-0.2	240.9	273.0	191.5	217.2	153.3	173.7	174.7	198.0	156.0	176.8	131.0	148.5	93.6	106.1	56.1	63.6
-0.1	256.0	297.8	203.6	236.8	162.9	189.5	185.6	216.0	165.8	192.9	139.2	162.0	99.4	115.7	59.7	69.4
0	273.0	327.6	217.2	260.5	173.7	208.5	198.0	237.6	176.8	212.2	148.5	178.2	106.1	127.3	63.6	76.4
+0.1	281.4	337.7	227.3	272.9	183.9	220.7	208.3	250.0	187.0	224.4	158.3	190.0	114.4	137.3	69.4	83.3
+0.2	290.4	348.5	238.3	286.0	195.4	234.5	219.6	263.5	198.5	238.2	169.5	203.4	124.2	149.0	76.4	91.7
+0.3	300.0	360.0	250.5	300.6	208.4	250.1	232.3	278.8	211.5	253.8	182.4	218.9	135.7	162.8	84.9	101.9
+0.4	310.2		264.0	316.8	223.2	267.8	246.6	295.9	226.3	271.	197.4	236.9	149.7	179.6	95.6	114.7
+0.5	321.2		279.0	334.8	240.4	288.5	262.7	315.2	243.3	292.0	215.1	258.1	166.8	200.2	109.4	131.3
+0.6	332.9		295.9	355.1	260.3	312.4	281.0	337.2	263.1	315.7	236.3	283.6	188.4	226.1	127.8	153.4
+0.7	345.6		314.9	(377.9)	283.9	340.7	302.1	(362.5)	286.4	343.7	262.1	314.5	216.3	259.6	153.6	184.3
+0.8	359.2		336.5		312.2	(374.6)	326.6		314.2	(377.0)	294.3	353.2	254.0	304.8	192.5	231.0
+0.9	(374.0)		(361.3)		346.8		355.5		348.0		335.4	(402.5)	307.7	(369.2)	257.7	319.2
+1.0	360.0	360.0	360.0	360.0	(390.0)	360.0	(390.0)	360.0	(390.0)	360.0	(390.0)	360.0	(390.0)	360.0	(390.0)	(408.0)

표 A-5.15 ST 52 강의 허용응력(하중등급 B6) (계속)

응력비 χ	노치 분류에 따른 허용응력 $\sigma_{Be}(N/mm^2)$															
	W0 최대응력		W1 최대응력		W2 최대응력		K0 최대응력		K1 최대응력		K2 최대응력		K3 최대응력		K4 최대응력	
	인장	압축	인장	압축	인장	압축	인장	압축	인장	압축	인장	압축	인장	압축	인장	압축
-1.0	132.0	132.0	105.0	105.0	84.0	84.0	84.0	84.0	75.0	75.0	63.0	63.0	45.0	45.0	27.0	27.0
-0.9	137.5	138.9	109.4	110.6	87.5	88.4	87.5	88.4	78.1	78.9	65.6	66.3	46.9	47.4	28.1	28.4
-0.8	143.4	146.6	114.2	116.6	91.3	93.3	91.3	93.3	81.5	83.3	68.5	70.0	48.9	50.0	29.3	30.0
-0.7	149.9	155.3	119.3	123.5	95.5	98.8	965.5	98.8	85.2	88.2	71.6	74.1	51.1	52.9	30.7	31.8
-0.6	157.2	165.0	125.0	131.2	100.0	105.0	100.0	105.0	89.3	93.8	75.0	78.8	53.6	56.3	32.1	33.8
-0.5	165.0	176.0	131.2	140.0	105.0	112.0	105.0	112.0	93.8	100.0	78.8	84.4	56.3	60.0	33.8	36.0
-0.4	173.7	188.5	138.1	150.0	110.5	120.0	110.5	120.0	98.37	107.1	82.9	90.0	59.2	64.3	35.5	38.6
-0.3	183.4	203.1	145.9	161.5	116.7	129.2	116.7	129.2	104.2	115.4	87.5	96.9	62.5	69.2	37.5	41.5
-0.2	194.2	220.0	154.4	175.0	123.5	140.0	123.5	140.0	110.3	125.0	92.6	105.0	66.2	75.0	39.7	45.0
-0.1	206.3	240.0	164.1	191.0	131.3	152.7	131.3	152.7	117.2	136.4	98.4	114.5	70.3	81.8	42.2	49.1
0	220.0	264.0	175.0	210.0	140.0	168.0	140.0	168.0	125.0	150.0	105.0	126.0	75.0	90.0	45.0	54.0
+0.1	230.0	276.0	185.2	222.2	149.6	179.5	149.6	179.5	134.1	160.9	113.3	136.0	81.6	97.9	49.4	59.3
+0.2	241.0	289.2	196.7	236.0	160.6	192.7	160.6	192.7	144.7	173.6	123.0	147.6	89.4	107.3	54.7	65.6
+0.3	253.1	303.7	209.7	251.6	173.3	208.0	173.3	208.0	157.0	188.4	134.5	161.4	99.0	118.8	61.3	73.6
+0.4	266.5	319.8	224.5	269.4	188.3	226.0	188.3	226.0	171.7	206.0	148.4	178.1	110.8	133.0	39.6	83.5
+0.5	281.3	337.6	241.6	289.9	206.0	247.2	206.0	247.2	189.3	227.2	165.5	198.6	125.8	151.0	80.7	96.8
+0.6	297.9	357.5	261.5	313.8	227.5	273.0	227.5	273.0	211.0	253.2	187.0	224.4	145.5	174.6	95.9	115.1
+0.7	316.6	(379.9)	285.0	342.0	254.0	304.8	254.0	340.8	238.4	286.1	215.0	258.0	172.6	207.1	118.2	141.8
+0.8	337.8		313.1	(375.7)	287.4	344.9	287.4	311.0	273.3	328.7	252.8	303.4	212.0	254.4	153.9	184.7
+0.9	(362.0)		347.3		330.9	(397.1)	330.9	(397.1)	321.8	(386.2))	306.7	(368.0)	274.6	329.5	220.8	265.0
+1.0	360.0	360.0	(390.0)	360.0	(390.0)	360.0	(390.0)	360.0	(390.0)	360.0	(390.0)	360.0	(390.0)	(468.0)	(390.0)	(468.0)

B-1 천정크레인의 JIS규격(JIS B 8801)

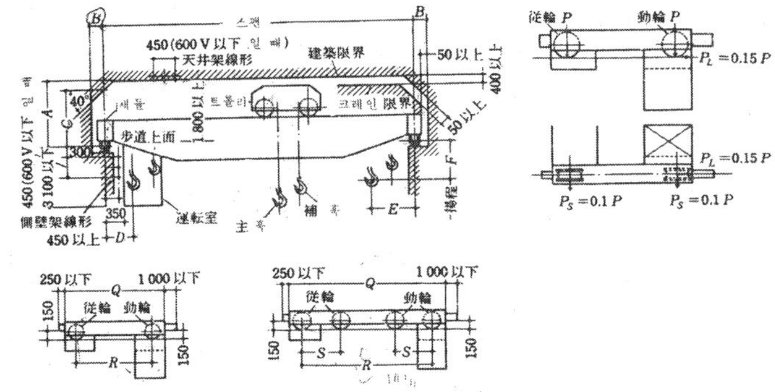

표 B-1.1 최대 바퀴하중

(단위 : 톤)

종류	고정하중 주권	고정하중 보권	스팬(m) 6	8	10	12	14	16	18	20	22	24	26	28	30	32	바퀴 총 수량
고속형	5	–	–	–	–	6.20	6.50	6.90	7.30	7.70	8.10	8.60	9.10	9.70	10.3	11.4	4
	7.5	–	–	–	–	7.80	8.20	8.60	9.00	9.50	10.0	10.6	11.2	11.8	12.5	13.3	
	10	–	–	–	–	9.50	10.0	10.5	13.9	11.5	12.0	12.6	13.2	11.0	14.7	15.5	
	15	없음 또는 5	–	–	–	13.8	14.4	15.0	15.6	16.3	17.0	17.8	18.6	19.4	20.2	21.0	
	20	없음 또는 7.5	–	–	–	–	–	18.6	19.2	19.9	20.6	21.4	22.3	23.2	24.1	25.0	
	25	없음 또는 7.5	–	–	–	–	–	21.6	22.4	23.3	24.2	25.1	26.0	26.9	27.8	28.7	
	30	10	–	–	–	–	–	24.5	25.4	26.3	27.2	28.2	29.2	30.2	31.2	32.2	
	40	10	–	–	–	–	–	–	32.1	33.1	34.1	35.2	36.3	37.4	38.6	39.8	
	50	15	–	–	–	–	–	–	38.8	39.9	41.1	42.4	22.1	22.8	23.5	24.3	8
	60	20	–	–	–	–	–	–	–	–	24.7	25.5	26.3	27.2	28.1	29.1	
	80	25	–	–	–	–	–	–	–	–	32.1	33.4	34.4	35.6	36.8	37.9	
	100	30	–	–	–	–	–	–	–	–	39.3	40.5	41.7	43.0	44.3	45.6	
보통형 및 저속형	3	–	3.20	3.40	3.60	3.80	4.00	4.20	4.40	4.60	4.80	5.00	–	–	–	–	4
	5	–	4.95	5.20	5.45	5.70	6.00	6.25	6.50	6.75	7.05	7.30	–	–	–	–	
	7.5	–	–	6.70	7.00	7.30	7.65	7.95	8.25	8.55	8.90	9.20	–	–	–	–	
	10	–	–	8.00	8.35	8.75	9.15	9.50	9.90	10.3	10.5	11.0	–	–	–	–	
	15	없음 또는 3	10.5	11.0	11.5	12.0	12.5	13.0	13.5	14.0	14.5	15.0	–	–	–	–	
	20	없음 또는 5	13.9	14.4	15.0	15.5	16.0	16.6	17.1	17.6	18.2	18.8	19.3	–	–	–	
	25	5	16.6	17.2	17.8	18.4	19.0	19.6	20.2	20.8	21.4	22.0	22.6	–	–	–	
	30	5	19.1	19.7	20.4	21.1	21.8	22.5	23.2	23.9	24.6	25.2	25.9	–	–	–	
	40	10	24.6	25.4	26.2	27.0	27.8	28.6	29.4	30.2	31.0	31.8	32.6	–	–	–	
	50	10	–	30.7	31.6	32.5	33.4	34.4	35.3	36.2	37.2	38.1	39.0	–	–	–	
	60	10	–	19.7	20.3	20.9	21.6	22.2	22.8	23.4	24.1	24.7	25.3	–	–	–	8
	80	20	–	24.4	25.3	36.2	27.0	27.9	28.8	29.7	30.5	31.4	32.3	–	–	–	
	100	20	–	–	31.6	32.7	33.8	34.9	36.0	37.1	38.2	39.3	40.4	–	–	–	

표 B-1.2 최대 바퀴하중 (계속)

종류	정격하중[t] 주권	정격하중[t] 보권	스팬 [m]	양정 [m]	주권 정도x전동기 [m/min]X[kW]	보권 정도x전동기 [m/min]X[kW]	횡행 정도x전동기 [m/min]X[kW]	주행 정도x전동기 [m/min]X[kW]	주행레일 [kg]	건축한계 [mm] 궤상공간 (A)	건축한계 [mm] 측방공간 (B)	건축한계 [mm] 궤상직상 높이(C)	주측으로, 오름 [mm] 운전실측 으로(D)	주측으로, 오름 [mm] 운전실 반대측 (E)	주측으로, 오름 [mm] 오름 (F)	새들(참고) [mm] 길이 (Q)	새들(참고) [mm] 축간거리 (R)	새들(참고) [mm] 축간거리 (S)	차륜총수 (참고)
고속형	5	-	13~19	12.5	18X20	-	40X2	120X15	30	2500	400	2500	900	900	300	4100	3400	-	4
			20~26				또는	120X20		2600		2600			200	5200	4500		
			27~32				60X3	120X20		2700		2700			100	6100	5400		
	7.5	-	13~19	12.5	18X30	-	40X3	120X20	30	2600	400	2600	1000	1000	300	4400	3800	-	4
			20~26				또는	120X20		2700		2700			200	5300	4500		
			27~32				60X5	120X30		2800		2800			100	6200	5400		
	10	-	13~19	12.5	13X30	-	40X5	120X20	37	2700	400	2700	1100	1200	300	5000	4100	-	4
			20~26				또는	120X20		2800		2800			200	5400	4500		
			27~32				60X5	120X30		2900		2900			100	6400	5500		
	15	없음 또는 5	13~19	10 또는 15	12X40	18X20	40X5	120X30	37	2800	500	2800	1400	1600 (1300)	700	5200	4200	-	4
			20~26				또는	120X30		2900		2900			600	5400	4500		
			27~32				60X7.5	120X40		3000		3000			500	6400	5500		
	20	없음 또는 7.5	16~25	10 또는 15	11X50	18X30	40X7.5	100X30 또는 120X40	37	2900	500	2900	1500	1700 (1400)	800	6000	5000	-	4
			26~32				60X10	100X40 또는 120X50		3000		3000			700	6500	5500		
	25	없음 또는 7.5	16~25	10 또는 15	8.5X50	18X30	40X7.5	100X40 또는 120X50	74	3000	560	3000	1600	1700 (1400)	900	6000	5000	-	4
			26~32				60X10	100X50 또는 120X60		3100		3100			800	6500	5500		
	30	10	16~25	10 또는 15	8.5X60	13X30	40X10	100X40	74	3100	560	3100	1700	1900	900	6200	5000	-	4
			26~32					100X50		3200	600	3200			800	6500	5500		
	40	10	18~25	10 또는 15	6.5X60	13X30	40X10	100X50	74	3200	600	3200	1900	2000	1100	6500	5000	-	4
			26~32					100X60		3300		3300			1000	6800	5800		
	50	15	18~25	15	6.5X75	12X40	40X15	90X60	74	3600	600	3600	2000	2100	900	6800	5600	900	4
			26~32					90X75		4000		4000			500	6800	5800		8
	60	20	23~32	15	5X75	11X50	12X40	40X15	74	4300	600	4300	2100	2200	500	7000	6000	1000	8
	80	25	23~32	15 또는 20	5X100	8.5X50	35X20	80X100	74	4500	600	4500	2300	2400	500	7500	6400	1200	8
	100	30	23~32	15 또는 20	4X100	8.5X60	30X20	80X100	74	4700	600	4700	2400	2500	500	8000	6800	1300	8

C-1 강재의 좌굴길이에 따른 허용응력압축응력도(KS, 강구조계산규준, 1983)

• $F_y = 2.4 t/cm^2$ 장기허용압축응력도 $f_c(t/cm^2)$ [SS41, SWS41, SPS41, SPSR41, t≤40mm]

λ	f_c	λ	f_c	λ	f_c	λ	f_c	λ	f_c
1	1.60	51	1.37	101	0.872	151	0.420	201	0.237
2	1.60	52	1.37	102	0.861	152	0.414	202	0.235
3	1.60	53	1.36	103	0.850	153	0.409	203	0.232
4	1.60	54	1.36	104	0.839	154	0.403	204	0.230
5	1.60	55	1.34	105	0.828	155	0.398	205	0.228
6	1.60	56	1.33	106	0.817	156	0.393	206	0.225
7	1.60	57	1.32	107	0.806	157	0.388	207	0.223
8	1.59	58	1.31	108	0.795	158	0.383	208	0.221
9	1.59	59	1.30	109	0.784	159	0.378	209	0.219
10	1.59	60	1.30	110	0.773	160	0.374	210	0.217
11	1.59	61	1.29	111	0.762	161	0.369	211	0.215
12	1.59	62	1.28	112	0.751	162	0.365	212	0.213
13	1.58	63	1.27	113	0.740	163	0.360	213	0.211
14	1.58	64	1.26	114	0.729	164	0.356	214	0.209
15	1.58	65	1.25	115	0.719	165	0.351	215	0.207
16	1.58	66	1.24	116	0.708	166	0.347	216	0.205
17	1.57	67	1.23	117	0.697	167	0.343	217	0.203
18	1.57	68	1.22	118	0.686	168	0.339	218	0.201
19	1.57	69	1.21	119	0.675	169	0.335	219	0.200
20	1.56	70	1.20	120	0.664	170	0.331	220	0.198
21	1.56	71	1.19	121	0.654	171	0.327	221	0.196
22	1.56	72	1.18	122	0.643	172	0.323	222	0.194
23	1.55	73	1.17	123	0.632	173	0.320	223	0.192
24	1.55	74	1.16	124	0.622	174	0.316	224	0.191
25	1.54	75	1.15	125	0.612	175	0.312	225	0.189
26	1.54	76	1.14	126	0.603	176	0.309	226	0.187
27	1.53	77	1.13	127	0.593	177	0.305	227	0.186
28	1.53	78	1.12	128	0.584	178	0.302	228	0.184
29	1.52	79	1.11	129	0.575	179	0.299	229	0.182
30	1.52	80	1.10	130	0.566	180	0.295	230	0.181
31	1.51	81	1.09	131	0.558	181	0.292	231	0.179
32	1.51	82	1.08	132	0.549	182	0.289	232	0.178
33	1.50	83	1.07	133	0.541	183	0.286	233	0.176
34	1.50	84	1.06	134	0.533	184	0.283	234	0.175
35	1.49	85	1.05	135	0.525	185	0.280	235	0.173
36	1.48	86	1.03	136	0.517	186	0.277	236	0.172
37	1.48	87	1.02	137	0.510	187	0.274	237	0.170
38	1.47	88	1.01	138	0.502	188	0.271	238	0.169
39	1.46	89	1.00	139	0.495	189	0.268	239	0.168
40	1.48	90	0.992	140	0.488	190	0.265	240	0.166
41	1.45	91	0.981	141	0.481	191	0.262	241	0.165
42	1.44	92	0.970	142	0.475	192	0.260	242	0.163
43	1.44	93	0.959	143	0.468	193	0.257	243	0.162
44	1.43	94	0.948	144	0.461	194	0.254	244	0.161
45	1.42	95	0.937	145	0.455	195	0.252	245	0.159
46	1.42	96	0.937	146	0.455	196	0.252	246	0.159
47	1.41	97	0.916	147	0.443	197	0.247	247	0.157
48	1.40	98	0.905	148	0.437	198	0.244	248	0.156
49	1.39	99	0.894	149	0.431	199	0.242	249	0.154
50	1.38	100	0.883	150	0.425	200	0.239	250	0.153

• F_y=2.4t/cm² 강재의 장기허용압축응력도 f_c(t/cm²) [SWS50, SPS50, t≤40mm]

λ	f_c	λ	f_c	λ	f_c	λ	f_c	λ	f_c
1	2.20	51	1.78	101	0.937	151	0.420	201	0.237
2	2.20	52	1.77	102	0.919	152	0.414	202	0.235
3	2.20	53	1.75	103	0.902	153	0.409	203	0.232
4	2.20	54	1.74	104	0.885	154	0.403	204	0.230
5	2.20	55	1.72	105	0.868	155	0.398	205	0.228
6	2.19	56	1.71	106	0.852	156	0.393	206	0.225
7	2.19	57	1.69	107	0.836	157	0.388	207	0.233
8	2.19	58	1.68	108	0.820	158	0.383	208	0.221
9	2.19	59	1.66	109	0.805	159	0.378	209	0.219
10	2.18	60	1.65	110	0.791	160	0.374	210	0.217
11	2.18	61	1.63	111	0.777	161	0.369	211	0.215
12	2.17	62	1.61	112	0.763	162	0.365	212	0.213
13	2.17	63	1.60	113	0.749	163	0.360	213	0.211
14	2.17	64	1.58	114	0.736	164	0.356	214	0.209
15	2.16	65	1.56	115	0.724	165	0.351	215	0.207
16	2.16	66	1.55	116	0.711	166	0.347	216	0.205
17	2.15	67	1.53	117	0.699	167	0.343	217	0.203
18	2.14	68	1.51	118	0.687	168	0.339	218	0.201
19	2.14	69	1.50	119	0.676	169	0.335	219	0.200
20	2.13	70	1.48	120	0.664	170	0.331	220	0.198
21	2.12	71	1.46	121	0.654	171	0.327	221	0.196
22	2.12	72	1.45	122	0.643	172	0.323	222	0.194
23	2.11	73	1.43	123	0.632	173	0.320	223	0.192
24	2.10	74	1.41	124	0.622	174	0.316	224	0.191
25	2.09	75	1.39	125	0.612	175	0.312	225	0.189
26	2.08	76	1.38	126	0.603	176	0.309	226	0.187
27	2.07	77	1.36	127	0.593	177	0.305	227	0.186
28	2.07	78	1.34	128	0.584	178	0.302	228	0.184
29	2.06	79	1.32	129	0.575	179	0.299	229	0.182
30	2.05	80	1.31	130	0.566	180	0.295	230	0.181
31	2.04	81	1.29	131	0.558	181	0.292	231	0.79
32	2.03	82	1.27	132	0.549	182	0.289	232	0.178
33	2.02	83	1.25	133	0.541	183	0.286	233	0.176
34	2.00	84	1.24	134	0.533	184	0.283	234	0.175
35	1.99	85	1.22	135	0.525	185	0.280	235	0.173
36	1.98	86	1.20	136	0.517	186	0.277	236	0.172
37	1.97	87	1.18	137	0.510	187	0.274	237	0.172
38	1.96	88	1.17	138	0.502	188	0.271	238	0.169
39	1.95	89	1.15	139	0.495	189	0.268	239	0.168
40	1.93	90	1.13	140	0.488	190	0.265	240	0.166
41	1.92	91	1.11	141	0.481	191	0.262	241	0.165
42	1.91	92	1.09	142	0.475	192	0.260	242	0.163
43	1.90	93	1.08	143	0.468	193	0.257	243	0.162
44	1.88	94	1.06	144	0.461	194	0.254	244	0.161
45	1.87	95	1.04	145	0.455	195	0.252	245	0.159
46	1.86	96	1.02	146	0.449	196	0.249	246	0.158
47	1.84	97	1.01	147	0.443	197	0.247	247	0.157
48	1.83	98	0.989	148	0.437	198	0.244	248	0.156
49	1.81	99	0.972	149	0.431	199	0.242	249	0.154
50	1.80	100	0.954	150	0.425	200	0.239	250	0.153

D-1 각종 단위환산계

:: 전통적인 미국단위계(USCS)의 국제단위계(SI)로의 변환

USCS 단위		※ 변환계		SI 단위	
		정밀	실례		
동력					
foot-pound per second	ft-lb/s	1.35582	1.36	watt	W
foot-pound per minute	ft-lb/min	0.00225970	0.0226	watt	W
horsepower (550foot-pounds per second)hp		745.701	746	watt	W
pound per square foot	psf	47.8803	47.9	pascal(N/m^2)	Pa
pound per square inch	psi	6894.76	6890	pascal	Pa
kip per square foot	ksf	47.8803	47.9	kilopascal	kPa
kip per square inch	ksi	6894.76	6890	kilopascal	kPa
inch to third power	in^3	16,387.1	46,400	milimeter to third power	mm^3
inch to third power	in^3	16.3871×10^{-6}	16.4×10^{-6}	meter to third power	
pound per cubic foot	lb/ft^3	157.087	157	newton per cubic meter	N/m^3
pound per cubic foot	lb/in^3	271.447	271	kilonewton per cubic meter	kN/m^3
foot per second	ft/s	0.3048	0.305	meter per second	m/s
inch per second	in./s	0.0254	0.0254	meter per second	m/s
mile per hour	mph	0.44704	0.447	meter per second	m/s
mile per hour	mph	1.609344	1.61	kilometer per hour	km/h
cubic foot	ft^3	0.0283168	0.0283	cubic meter	m^3
cubic inch	$in.^3$	16.3871×10^{-6}	16.4×10^{-6}	cubic meter	m^3
cubic inch	$in.^3$	16.3871	16.4	cubic centimeter	cm^3
gallon	gal.	3.78541	3.79	liter	L
gallon	gal.	0.00378541	0.00379	cubic meter	m^3

USCS 단위		※ 변환계		SI 단위	
		정밀	실례		
동력					
foot per second squared	ft/s^2	0.3048	1.36 0.0226	meter per second squared	m/s^2
inch per second squared	in./s^2	0.0254	746	meter per second squared	m/s^2
square foot	ft^2	47.8803	47.9	square meter	m^2
square inch	in.^{2}	6894.76	6890	square milimeter	mm^2
slug per cubic foot	slug/ft^3	515.379	515	kilogram per cubic meter	kg/m^3
에너지, 일					
foot-pound	ft/lb	157.087	157	joule	J
kilowatt-hour	kWh	271.447	271	megajoule	MJ
British thermal unit	Btu			joule	J
힘					
pound	lb	0.3048	0.305	newton	N
kip(1000 pounds)	k			kilonewton	kN
힘의세기					
pound per foot	lb/ft	0.0283168	0.0283	newton per meter	N/m
kip per foot	k/ft	3.78541 0.00378541	3.79 0.00379	kilonewton per meter	kN/m
길이					
foot	ft	0.3048	0.305	meter	m
inch	in.	25.4	25.4	millimeter	mm
mile		1.609344	1.61	kilogram	km
slug		14.5939	14.6	kilogram	kg
힘의 모멘트, 토오크					
foot-pound	ft-lb	1.35582	1.36	newton meter	N·M
inch-pound	in.-lb	0.112985	0.113	newton meter	N·M
foot-kip	ft-k	1.35582	1.36	kilonewton meter	kN·M
inch-kip	in.-k	0.112985	0.113	kilonewton meter	kN·M
slug foot squared		1.35582	1.36	kilogram meter squared	kg·m^2
(　)모멘트					
inch to fourth power	in.^{4}	416,231	416,000	millimeter to fourth power	mm^4
inch to fourth power	in.^{4}	0.416231×10^{-6}	0.416×10^{-6}	meter to fourth power	m^4

:: 철골 KS에서 사용되는 주 SI 단위

양의 명칭	규격의 특성값 명칭	SI 단위				CGS단위계의 기호
		기호	읽기	정의	실용기호	
질량	질량	kg	킬로그램		kg	kg
힘	하중	N	뉴턴	$1N=1kg\cdot m/s^2$	K, kN	kgf
응력	인장강도 항복점 내력	N/mm^2	–	$1N/m^2=1Pa=10^{-6}N/mm^2$	N/mm^2	kgf/mm^2
압력	수압, 공기압	Pa	파스칼	$1Pa=1N/m^2=10^{-6}N/mm^2$	MPa	kgf/cm^2
에너지	흡수에너지	J	줄	$1J=1N\cdot m$	J	$kgf\cdot m$
	샬피 충격치	–	–	$1J/m^2=1N\cdot m/m^2$	J/cm^2	$kgf\cdot m/cm^2$

:: 철골 KS에서 사용되는 주 SI 단위

특성값의 명칭	환 산 식	
하 중	y(kgf)	$=X$ (N) $\div$ 9.80665 $=X$ (N) $\times$ 0.101972
인장강도, 항복점내력, 고온내력	$y(kgf/mm^2)$	$=X$ (N/mm^2) $\div$ 9.80665 $=X$ (N/mm^2) $\times$ 0.101972
수압, 공기압	$y(kgf/cm^2)$	$=X$ (MPa) $\div$ 0.0980665 $=X$ (MPa) $\times$ 10.1972

참고문헌

1. 강구조 계산 규준 및 해설, 대한 건축학회, 1983
2. 건축구조기준 및 해설, 대한건축학회, 2009
3. "피로설계지침, 동해설", 일본 강구조협회, 1974.5
4. 강구조물의 피로설계지침·동해설, 일본 강구조협회, 1993
5. 강구조물의 피로설계법, ㈜제철엔지니어링, 1990. 4
6. 용접 구조설계와 시공, 원창출판사
7. Crane Runway Girder 안전조사보고서, 포항종합제철 주식회사, 1991. 5
8. Crane Runway Girder 안전조사보고서(Ⅱ), 포항종합제철 주식회사, 1993. 9
9. Crane Runway Girder 설계법 Ⅰ, 포스코개발 주식회사, 1995
10. 철골구조의 설계, 실례와 해설, 건설이공학사, 1979
11. 철골구조의 설계, 신종순, 1982
12. 제철소 공장건물의 보전지침(크레인 주행보편), 가와자키제철, 1996
13. 공장건물의 설계와 시공지침 AISE기술보고서 NO. 13, 1997
14. 강구조 건축설계 가이드부, 포항종합제철(주), 1995
15. A.R Ingraffee, W. H. Gerstle, K.I Mettam, P. Wawrzynek and A. Heiller, Cracking of Welded crane ruawaygirder : physical testing and computer simulation, Iron and Steel Engineer, Dec. 1985, pp 46-52
16. H. S. Reemsnyder and D. A. Demo, Fatigue cracking in welded crane runway girders : causes and repair procedures, Iron and Steel Engineer, April 1978, pp 52-56
17. "Data Book on Fatigue Strength of Metallic Materials", Ed. bu T. Tanaka, 1982, The Society of Materials Science, Japan
18. Steel Construction Manual - ASD. AISC. 9th ed., 1989
19. Steel Construction Manual - LRFD/ASD AISC, 13th ed., 2005
20. Specifications for Running Bridge and Gantrytype Multiple Girder Electric Overhead Traveling Cranes, CMAA SPEC. NO. 70-7994
21. Craneways Steel Structures - Principle for Calculation, Design and Construction, DIN 4132
22. Cranes, Steel Structures Verficaion and Analysis, DIN 15 018
23. Design of crane runways according to DIN 4132, 1985
24. EURO CODE NO 3 CHAPTER 9 Fatigue
25. Minimum Design loads for Building and other Structures, ASCE, 1990

천정크레인 주행보
피로설계 및 유지관리

값 25,000원

저 자	임 영 도
발행인	문 형 진

판 권
검 인

2013년 11월 11일 제1판 1쇄 인쇄
2013년 11월 13일 제1판 1쇄 발행

발행처 세 진 사

136-087 서울특별시 성북구 보문동 7가 112-8(세진빌딩)
TEL : 922-6371~3, 923-3422·7224 / FAX : 927-2462
〈1976. 9. 21. / 등록·서울 제6-28호 / 등록번호〉